普通高等学校经济数学规划教材

# 概率论与数理统计

（第 三 版）

主　编　范国兵

副主编　陈丽萍　李兰平



湖南大學出版社·长沙

## 内容简介

本书根据教育部颁布的高等学校经管类数学课程教学基本要求编写而成。主要包括随机事件及其概率、一维随机变量及其分布、多维随机变量及其分布、随机变量的数字特征、数理统计的基本概念、参数估计、假设检验、方差分析与回归分析等内容。

本书可作为高等院校经济、管理类本科专业的概率论与数理统计课程教材，亦可作为考研资料或其他相关专业人员的参考书。

**图书在版编目（CIP）数据**

概率论与数理统计/范国兵主编. —3 版. —长沙：湖南大学出版社，2021.2（2022.1 重印）

普通高等学校经济数学规划教材/吴建国主编

ISBN 978-7-5667-1939-3

Ⅰ.①概… Ⅱ.①范… Ⅲ.①概率论—高等学校—教材 ②数理统计—高等学校—教材 Ⅳ.①021

中国版本图书馆 CIP 数据核字（2019）第 299554 号

**概率论与数理统计**（第三版）

GAILÜLUN YU SHULI TONGJI (DI-SAN BAN)

**主　　编**：范国兵

**责任编辑**：郭　蔚　金红艳　　**责任印制**：陈　燕

**印　　装**：长沙市昱华印务有限公司

**开　　本**：787 mm×1092 mm　1/16　**印　张**：18.5　**字　数**：440 千字

**版　　次**：2021 年 2 月第 3 版　**印　次**：2022 年 1 月第 2 次印刷

**书　　号**：ISBN 978-7-5667-1939-3

**定　　价**：48.00 元

**出 版 人**：李文邦

**出版发行**：湖南大学出版社

**社　　址**：湖南·长沙·岳麓山　　**邮　　编**：410082

**电　　话**：0731-88822559(营销部),88820006(编辑室),88821006(出版部)

**传　　真**：0731-88822264(总编室)

**网　　址**：http://www.hnupress.com

**电子邮箱**：549334729@qq.com

# 再版说明

本书自2015年出版以来,受到广大读者欢迎,累计已发行万余册。为了提高本书的编写质量,我们对本书进行了一次全面修订,除了订正原书的疏漏之外,还精简了部分章节内容,同时对例题、习题进行了甄选优化。

本书由湖南财政经济学院教师范国兵、李兰平、陈丽萍、罗太元、刘薇等共同编写与修订。本书由范国兵担任主编,负责全书写作大纲的拟定和编写修订组织工作,并对全部书稿进行了审定。陈丽萍、李兰平担任副主编,负责部分初稿的修改和复核。各章编写人员依次是:第一章、第二章由陈丽萍编写,第三章、第四章由罗太元编写,第五章、第六章由李兰平编写,第七章由刘薇编写,第八章由范国兵编写。

本书立项为湖南财政经济学院精品教材,得到了学院领导及同行们的热情关心与大力支持;作者编写与修订过程中参阅了大量书籍,引用了一些典型例子,在此一并向他们表示感谢!

由于水平有限,编写与修订过程中疏漏与不当之处仍在所难免,恳切希望专家和读者给予批评指正。

编　者

2020年12月

# 前 言

本书是根据教育部颁布的高等学校经管类数学课程教学基本要求编写的。本书主要包括随机事件及其概率、一维随机变量及其分布、多维随机变量及其分布、随机变量的数字特征、数理统计的基本概念、参数估计、假设检验、方差分析与回归分析等内容。本书主要的特点有：

第一，内容紧凑，深入浅出。在编写过程中做到由浅入深，语言简练，通俗易懂，便于教师教学和学生自学。通过精选例题加深对概念的理解，力求在循序渐进的过程中，使读者逐步掌握概率论与数理统计的基本方法。

第二，突出重点，系统性强。合理整合了基本知识与内容体系，自始至终强调基础知识、基本思想、基本方法，删除了重技巧性的繁、难、偏、旧的内容，适度增加了数学思想背景资料和应用前景案例。

第三，大量引用了应用于各个领域的随机现象的实际问题，以体现本书的实用性特点。

本书由湖南财政经济学院范国兵担任主编，负责本书写作大纲的拟定和编写组织工作，陈丽萍、李兰平担任副主编，负责部分内容的修改和复核。各章编写人员依次是：第一章、第二章由陈丽萍编写，第三章、第四章由罗太元编写，第五章、第六章由李兰平编写，第七章由刘薇编写，第八章由范国兵编写。全书由吴建国教授审定。

本书的成稿得到了学院领导及同行们的热情关心与大力支持，作者编写过程中参阅了大量书籍，引用了一些典型例子，恕不一一指明出处，在此一并致谢！

由于时间仓促，编写过程中疏漏与不当之处在所难免，恳请专家和读者在使用过程中予以指正。

**编 者**

**2017 年 11 月**

# 前言

# 目　次

# 第一章　随机事件及其概率

概率论与数理统计是研究和揭示随机现象统计规律性的一门数学学科.由于随机现象的普遍性,概率论与数理统计的理论与方法得到了越来越广泛的应用,其应用几乎遍及所有科学技术领域,工、农业生产和国民经济的各个部门,例如,气象预报、水文、地震预报、寻求最佳生产条件的试验设计等.同时与其他学科相结合发展了许多边缘学科,如生物统计、数学地质、环境数学等.概率论与数理统计也是一些重要学科的理论基础,如可靠性理论、控制论、人工智能等.

## 第一节　随机试验与随机事件

### 一、随机试验

**例 1**　先从实例来看自然界和社会上存在着的两类不同的现象.

(1)水在一个标准大气压下,加热到 100 ℃就沸腾.

(2)向上抛掷一个五分硬币,往下掉.

(3)太阳从东方升起.

(4)在一个标准大气压下,20 ℃的水结冰.

(5)用大炮轰击某一目标,可能击中,也可能击不中.

(6)在相同的条件下,抛一枚质地均匀的硬币,其结果可能是正面(我们常把有币值的一面称作正面)朝上,也可能是反面朝上.

(7)次品率为 50%的产品,任取一个产品可能是正品,也可能是次品.

(8)种下一粒种子,它可能发芽,也可能不发芽.

这里,前三种现象是必然发生的,而(4)是必然不发生的,但它们都属于**确定性现象**.微积分、线性代数等就是研究确定性现象的数学工具. 而后四种现象是有可能出现,也有可能不出现的,这类在一定条件下有可能出现,也有可能不出现的现象称为**随机现象**.

随机现象的结果事先不能预知,初看似乎毫无规律, 但是人们发现同一随机现象大量重复出现时,其每种可能的结果出现的频率具有稳定性,从而表明随机现象也有其固有的规律性. 人们把随机现象在大量重复出现时所表现出的量的规律性称为随机现象的**统计规律性**.概率论与数理统计是研究随机现象统计规律性的一门学科.

为了对随机现象的统计规律性进行研究,就需要对随机现象进行重复观察,我们把对随机现象的观察称为**随机试验**,简称为**试验**,记为 $E$. 例如,观察某射击选手对固定目标进行射击;抛一枚硬币两次,观察出现正面的次数等. 随机试验具有下列特点:

(1)可重复性：试验可以在相同的条件下重复进行；

(2)可观察性：试验结果可观察，所有可能的结果是明确的；

(3)不确定性：每次试验出现的结果事先不能准确预知.

## 二、样本空间

随机试验的所有可能结果的集合称为这个随机试验的**样本空间**，记作 $\Omega$(或 $S$)，其中的每个元素称为**样本点**，记作 $\omega$.

**例 2** 上抛一枚硬币，可能是正面(有币值的面)朝上，也可能是反面朝上. 因此，上抛一枚硬币是随机试验. 若正面朝上记作 $H$，反面朝上记作 $T$，那么样本空间 $\Omega=\{H,T\}$.

将一枚硬币上抛两次，观察其出现正面或反面的次数，这也是随机试验. 它的样本空间 $\Omega=\{HH,HT,TH,TT\}$.

**例 3** 抛掷一粒骰子，观察掷出的点数，如果把点数 $i$ 朝上的结果记作 $i$，那么掷一粒骰子的样本空间 $\Omega=\{1,2,3,4,5,6\}$.

掷两粒骰子或多粒骰子也是随机试验.掷两粒骰子的样本空间 $\Omega=\{(i,j)\mid i,j=1,2,3,4,5,6\}$，其中 $(i,j)$ 表示"第一粒骰子朝上的点数为 $i$，第二粒骰子朝上的点数为 $j$".

**例 4** 测量某品牌灯泡的使用寿命，可能出现的结果是时间 $t$(单位：h)，样本空间 $\Omega=\{t\mid 0\leqslant t<+\infty\}$.

## 三、随机事件

我们把由某些样本点 $\omega$ 构成的集合，即样本空间 $\Omega$ 的子集称为**随机事件**，简称为**事件**，通常用大写字母 $A,B,C,\cdots$ 来表示. 在一次试验中，事件 $A$ 中的一个样本点出现时就称事件 $A$ 发生.

特别地，由一个样本点组成的单点集，称为**基本事件**，它是不能再分的最简单的事件. 在例 3 中，随机试验有 6 个基本事件 $\{1\},\{2\},\cdots,\{6\}$. $\Omega$ 的子集 $A=\{1,3,5\}$ 是一个随机事件，它表示事件"奇数点朝上".

样本空间 $\Omega$ 是自身的子集，它包含所有样本点，在每次试验中必然发生，称为**必然事件**.空集 $\varnothing$ 是 $\Omega$ 的子集，但它不包含任何样本点，故每次试验中都不可能发生，称为**不可能事件**.

## 四、事件间的关系与运算

概率论的任务之一，是研究随机事件的规律，通过对较简单的事件规律的研究去掌握较复杂事件的规律，为此，需要研究事件之间的关系和运算. 因为事件是样本空间的一个集合，故事件之间的关系与运算可按集合之间的关系和运算来处理.

设 $A,B$ 是样本空间 $\Omega$ 的两个随机事件，则

(1)如果事件 $A$ 发生必然导致事件 $B$ 发生，则称**事件 $B$ 包含事件 $A$** 或**事件 $A$ 包含于事件 $B$**，记作 $A\subset B$.

(2)如果 $A\subset B$ 并且 $B\subset A$，则称**事件 $A$ 与事件 $B$ 相等**(或**等价**)，记作 $A=B$.

(3)事件 $A$ 与 $B$ 至少有一个发生所构成的事件，称为事件 $A$ 与 $B$ 的**并**(或**和**)，记作

$A\cup B$ 或 $A+B$,即 $A\cup B=\{\omega|\omega\in A$ 或 $\omega\in B\}$.

类似地,$n$ 个事件 $A_1,A_2,\cdots,A_n$ 至少有一个发生所构成的事件称为 $A_1,A_2,\cdots,A_n$ 的并,记作 $\bigcup\limits_{k=1}^{n}A_k=A_1\cup A_2\cup\cdots\cup A_n$.

可列个事件 $A_1,A_2,\cdots,A_n,\cdots$ 至少有一个发生所构成的事件称为 $A_1,A_2,\cdots,A_n,\cdots$ 的并事件,记作 $\bigcup\limits_{k=1}^{\infty}A_k=A_1\cup A_2\cup\cdots\cup A_k\cup\cdots$.

(4)事件 $A$ 与事件 $B$ 都发生所构成的事件,称为事件 $A$ 与事件 $B$ 的**交**(或**积**),记作 $AB$ 或 $A\cap B$. 即 $AB=\{\omega|\omega\in A$ 且 $\omega\in B\}$.

类似地,$n$ 个事件 $A_1,A_2,\cdots,A_n$ 都发生所构成的事件称为 $A_1,A_2,\cdots,A_n$ 的交,记作 $A_1\cap A_2\cap\cdots\cap A_n$ 或 $A_1A_2\cdots A_n$ 或 $\bigcap\limits_{k=1}^{n}A_k$.

可列个事件 $A_1,A_2,\cdots,A_n,\cdots$ 都发生所构成的事件称为可列个事件 $A_1,A_2,\cdots,A_n,\cdots$ 的交,记作 $\bigcap\limits_{n=1}^{\infty}A_n$.

(5)事件 $A$ 发生而 $B$ 不发生所构成的事件,称为事件 $A$ 与 $B$ 的**差**,记作 $A-B$.即

$$A-B=\{\omega|\omega\in A,且\ \omega\notin B\}.$$

(6)如果事件 $A$ 与 $B$ 不可能同时发生,即 $AB=\varnothing$,称事件 $A$ 与 $B$ **互不相容**(或**互斥**).

(7)事件 $A$ 不发生所构成的事件称为事件 $A$ 的**对立事件**(或**逆事件**),记作 $\overline{A}$. 显然,在每次试验中,事件 $A$ 与 $\overline{A}$ 有且仅有其中之一发生,即 $A\overline{A}=\varnothing$ 且 $A+\overline{A}=\Omega$. 根据事件差的定义可以看出,$A-B=A\overline{B}$,$\Omega-A=\overline{A}$.

(8)事件的运算满足如下性质.

交换律:$A\cup B=B\cup A$, $AB=BA$.

结合律:$(A\cup B)\cup C=A\cup(B\cup C)$, $(AB)C=A(BC)$.

分配律: $A(B\cup C)=AB\cup AC$, $A\cup(B\cap C)=(A\cup B)(A\cup C)$.

对偶律:$\overline{A\cup B}=\overline{A}\cap\overline{B}=\overline{A}\ \overline{B}$,$\overline{AB}=\overline{A}\cup\overline{B}$.

一般地,对 $n$ 个事件 $A_1,A_2,\cdots,A_n$,有

$$\overline{A_1\cup A_2\cup\cdots A_n}=\overline{A_1}\ \overline{A_2}\cdots\overline{A_n},\ \overline{A_1A_2\cdots A_n}=\overline{A_1}\cup\overline{A_2}\cup\cdots\cup\overline{A_n}.$$

随机事件之间的关系与运算也可以用维恩图直观表示,见图 1.1.1.

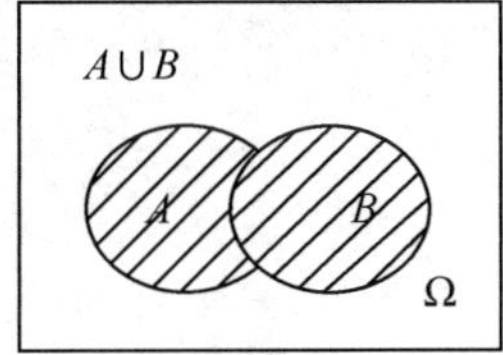


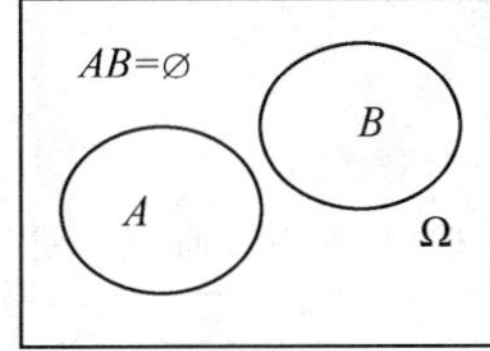


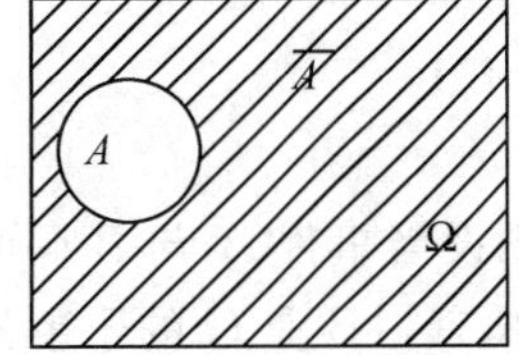


**图 1.1.1**

**例 5** 向指定目标连续射击 3 枪,设 $A_i=\{$第 $i$ 枪击中目标$\}(i=1,2,3)$,则

(1) $A_1\cup A_2\cup A_3=\{$至少有一枪击中目标$\}$;

(2) $A_1A_2A_3=\{$三枪都击中目标$\}$;

(3) $A_1\overline{A}_2\overline{A}_3$={只有第一枪击中};

(4) $A_1\overline{A}_2\overline{A}_3+\overline{A}_1A_2\overline{A}_3+\overline{A}_1\overline{A}_2A_3$={恰有一枪击中目标};

(5) $\overline{A_1\cup A_2\cup A_3}=\overline{A}_1\overline{A}_2\overline{A}_3$={三枪都没有击中目标};

(6) $\overline{A_1A_2A_3}=\overline{A}_1\cup\overline{A}_2\cup\overline{A}_3$={至少有一枪没有击中目标}.

**例 6** 甲、乙、丙三人各射一次靶,记 $A$={甲中靶},$B$={乙中靶},$C$={丙中靶},则可用上述三个事件的运算来分别表示下列各事件:

(1)"甲未中靶": $\overline{A}$;

(2)"甲中靶而乙未中靶": $A\overline{B}$;

(3)"三人中只有丙未中靶": $AB\overline{C}$;

(4)"三人中恰好有一人中靶": $A\overline{B}\,\overline{C}\cup\overline{A}B\overline{C}\cup\overline{A}\,\overline{B}C$;

(5)" 三人中至少有一人中靶": $A\cup B\cup C$;

(6)"三人中至少有一人未中靶": $\overline{A}\cup\overline{B}\cup\overline{C}$;或$\overline{ABC}$;

(7)"三人中恰有两人中靶": $AB\overline{C}\cup A\overline{B}C\cup\overline{A}BC$;

(8)"三人中至少两人中靶": $AB\cup AC\cup BC$;

(9)"三人均未中靶": $\overline{A}\,\overline{B}\,\overline{C}$;

(10)"三人中至多一人中靶": $A\overline{B}\,\overline{C}\cup\overline{A}B\overline{C}\cup\overline{A}\,\overline{B}C\cup\overline{A}\,\overline{B}\,\overline{C}$;

(11)"三人中至多两人中靶": $\overline{ABC}$或$\overline{A}\cup\overline{B}\cup\overline{C}$.

**注** 用其他事件的运算来表示一个事件,方法往往不唯一,如上例中的(6)和(11)实际上是同一事件,读者应学会用不同方法表达同一事件,特别在解决具体问题时,往往要根据需要选择一种恰当的表示方法.

**例 7** 化简下列事件.

(1)$(\overline{A}\cup\overline{B})(\overline{A}\cup B)$; (2) $A\overline{B}\cup\overline{A}B\cup\overline{A}\,\overline{B}$.

**解** (1)$(\overline{A}\cup\overline{B})(\overline{A}\cup B)=[\overline{A}(\overline{A}\cup B)]\cup[\overline{B}(\overline{A}\cup B)]$ (分配律)

$=(\overline{A}\,\overline{A}\cup\overline{A}B)\cup(\overline{B}\,\overline{A}\cup\overline{B}B)=(\overline{A}\cup\overline{A}B)\cup(\overline{B}\,\overline{A}\cup\varnothing)$ (因 $\overline{A}B\subset\overline{A}$)

$=\overline{A}\cup\overline{B}\,\overline{A}=\overline{A}$.

(2)$A\overline{B}\cup\overline{A}B\cup\overline{A}\,\overline{B}=A\overline{B}\cup\overline{A}B\cup\overline{A}\,\overline{B}\cup\overline{A}\,\overline{B}=A\overline{B}\cup\overline{A}\,\overline{B}\cup\overline{A}B\cup\overline{A}\,\overline{B}$ (交换律)

$=(A\overline{B}\cup\overline{A}\,\overline{B})\cup(\overline{A}B\cup\overline{A}\,\overline{B})$ (结合律)

$=(A\cup\overline{A})\overline{B}\cup\overline{A}(B\cup\overline{B})=\overline{B}\cup\overline{A}=\overline{AB}$. (对偶律)

## 习题 1-1

1.设当事件 $A$ 与 $B$ 同时发生时 $C$ 也发生,则( ).

A. $A\cup B$ 是 $C$ 的子事件　　B. $\overline{ABC}$或$\overline{A}\cup\overline{B}\cup\overline{C}$

C. $AB$ 是 $C$ 的子事件　　D. $C$ 是 $AB$ 的子事件

2.设事件 $A$={甲种产品畅销,乙种产品滞销},则 $A$ 的对立事件为( ).

A. 甲种产品滞销,乙种产品畅销

B. 甲种产品滞销

C. 甲、乙两种产品均畅销

D. 甲种产品滞销或者乙种产品畅销

3.指出下列各等式命题是否成立,并说明理由.

(1)$A\cup B=(A\overline{B})\cup B$;

(2)$\overline{A}B=A\cup B$;

(3)$\overline{A}\cap\overline{B}\cap C=\overline{A}\ \overline{B}\ \overline{C}$;

(4)$(AB)(A\overline{B})=\varnothing$.

4.$A,B,C$ 表示三个事件,用 $A,B,C$ 的运算表示以下事件.

(1)$A,B,C$ 三个事件中,仅事件 $A$ 发生;

(2)$A,B,C$ 三个事件都发生;

(3)$A,B,C$ 三个事件都不发生;

(4)$A,B,C$ 三个事件不全发生;

(5)$A,B,C$ 三个事件只有一个发生;

(6)$A,B,C$ 三个事件中至少有一个发生.

5.若 $\Omega=\{1,2,3,4,5,6\}$;$A=\{1,3,5\}$;$B=\{1,2,3\}$,求:

(1)$A\cup B$;　(2)$AB$;　(3)$\overline{A}$;　(4)$\overline{B}$;

(5)$\overline{A\cup B}$;(6)$\overline{AB}$;(7)$\overline{A}\cup\overline{B}$;(8)$\overline{A}\ \overline{B}$.

6.$A,B,C$ 表示三个事件,用 $A,B,C$ 的运算表示下列事件.

(1)$A,B$ 都发生且 $C$ 不发生;

(2)$A$ 与 $B$ 至少有一个发生而且 $C$ 不发生;

(3)$A,B,C$ 都发生或 $A,B,C$ 都不发生;

(4)$A,B,C$ 中最多有一个发生;

(5)$A,B,C$ 中恰有两个发生;

(6)$A,B,C$ 中至少有两个发生;

(7)$A,B,C$ 中最多有两个发生.

7. $A,B,C$ 为三事件,说明下列表示式的意义.

(1)$ABC$;　　(2)$AB\overline{C}$;　　(3)$AB$;　　(4)$\overline{ABC}$.

# 第二节　概率的定义及性质

## 一、概率的直观意义

我们知道,在一个随机试验中,各种事件出现的可能性并非都相等,有些事件出现的可能性大,而有些事件出现的可能性小.例如将一粒骰子掷在桌面上,设事件 $A=\{$出现的点数大于 2$\}$,事件 $B=\{$出现的点数大于 4$\}$,显然,$A$ 出现的可能性比 $B$ 出现的可能性大.

研究随机试验不仅要知道可能出现哪些事件,而且要研究每个事件出现的可能性大小.人们希望有一个数量指标对每个事件出现的可能性大小作出客观的描述,基本的想法是用一个数来度量事件发生的可能性的大小,这个数至少应该满足:

(1) 它是事件本身所固有的,不随人们的主观意志而改变的一种客观的量度,而且可以在相同条件下通过大量的重复试验予以识别和检验;

(2) 它必须符合一般常情,事件出现的可能性越大的值就大,事件出现的可能性越小的值就小;必然事件的值最大,不可能事件的值最小且等于零.

简单说来,随机事件 $A$ 发生的可能性大小的数量指标,称为事件 $A$ 发生的概率,记为 $P(A)$.

## 二、概率的统计定义

**定义 1** 在相同的条件下,重复进行 $n$ 次试验,随机事件 $A$ 在 $n$ 次试验中发生的次数 $r$ 称为频数,比值 $\frac{r}{n}$ 称为事件 $A$ 在这 $n$ 次试验中发生的**频率**,记作 $f_n(A)$,即 $f_n(A)=\frac{r}{n}$.

不难证明,当试验次数 $n$ 固定时,频率 $f_n(A)$ 有如下性质:

(1) $0\leqslant f_n(A)\leqslant 1$;

(2) $f_n(\Omega)=1$;

(3) 若事件 $A_1,A_2,\cdots,A_n$ 两两互不相容,则 $f_n(\sum\limits_{i=1}^{n}A_i)=\sum\limits_{i=1}^{n}f_n(A_i)$.

当试验次数很大时,事件 $A$ 发生的频率呈现出某种规律性,为此,先看下面的例子.

**例 1** 历史上,著名的抛掷硬币的试验,结果见下表:

| 试验者 | 上抛次数 | 正面朝上次数 | 正面朝上的频率 |
| --- | --- | --- | --- |
| Buffon | 4040 | 2048 | 0.5069 |
| Pearson | 12000 | 6019 | 0.5016 |
| Pearson | 24000 | 12012 | 0.5005 |

可以看出,上抛一枚均匀硬币正面朝上的频率接近 0.5.

**例 2** 检查某工厂一批产品的质量,从中分别抽取 10 件、20 件、50 件、100 件、150 件、200 件、300 件检查,检查结果及次品频率见下表:

| 抽取产品总件数 $n$ | 10 | 20 | 50 | 100 | 150 | 200 | 300 |
| --- | --- | --- | --- | --- | --- | --- | --- |
| 次品数 $\mu$ | 0 | 1 | 3 | 5 | 7 | 11 | 16 |
| 次品频率 $\mu/n$ | 0 | 0.050 | 0.060 | 0.050 | 0.047 | 0.055 | 0.053 |

可以看出,在抽出的 $n$ 件产品中,次品数 $\mu$ 随着 $n$ 的不同而取不同值,但是次品频率 $\frac{\mu}{n}$ 仅在 0.05 附近有微小变化. 所以 0.05 是次品频率的稳定值.

下面给出概率的统计定义.

当试验次数很大时,事件 $A$ 发生的频率 $f_n(A)$ 呈现出稳定性,它在某一个数值 $p$ 的附近摆动. 一般来说,随着试验次数的增多,这种摆动的幅度越来越小,则称数值 $p$ 为事件 $A$ 发生的概率,记为 $P(A)=p$,并称这样定义的概率为**统计概率**.

从统计概率的定义可以看出,当试验次数很大时,$P(A)\approx f_n(A)$,所以频率是度量概率的一个工具.

## 三、概率的公理化定义

概率的频率解释为概率提供了经验基础，但是不能作为一个严格的数学定义. 从概率论有关问题的研究算起，经过近三个世纪的漫长探索历程，人们才真正完整地给出了概率的严格数学定义. 1933 年，苏联著名的数学家柯尔莫哥洛夫在《概率论的基本概念》一书中给出了现在已被广泛接受的概率公理化体系，第一次将概率论建立在严密的逻辑基础上.

**定义 2**　设 $E$ 是随机试验，$\Omega$ 是它的样本空间，对于 $E$ 的每一个事件 $A$ 赋予一个实数，记为 $P(A)$，若 $P(A)$ 满足下列三个条件：

(1)非负性：对每一个事件 $A$，有 $P(A)\geqslant 0$；

(2)完备性：$P(\Omega)=1$；

(3)可列可加性：设 $A_1,A_2,\cdots$是两两互不相容的事件，则有

$$P(\bigcup_{i=1}^{\infty} A_i)=\sum_{i=1}^{\infty}P(A_i).$$

则称 $P(A)$为事件 $A$ 的**概率**.

## 四、概率的性质

从概率的公理化定义出发，可以得到概率的一些重要性质.

**性质 1**　$P(\varnothing)=0$.

**证明**　因为 $\Omega=\Omega\cup\varnothing\cup\varnothing\cup\cdots$，所以

$$P(\Omega)=P(\Omega\cup\varnothing\cup\varnothing\cup\cdots)=P(\Omega)+P(\varnothing)+P(\varnothing)+\cdots,$$

从而 $P(\varnothing)=0$.

在定义 2 的第 3 条可列可加性中，令 $A_{n+1}=A_{n+2}=\cdots=\varnothing$，可以得到：

**性质 2**　若事件 $A_1,A_2,\cdots,A_n$ 两两互不相容，则

$$P(A_1\cup A_2\cup\cdots\cup A_n)=P(A_1)+P(A_2)+\cdots+P(A_n).$$

**性质 3**　$P(\overline{A})=1-P(A)$.

**证明**　由于 $A\cup\overline{A}=\Omega$，所以

$$1=P(\Omega)=P(A+\overline{A})=P(A)+P(\overline{A}),$$

即有 $P(\overline{A})=1-P(A)$.

**性质 4**　若 $A,B$ 为任意两个事件，则

$$P(A-B)=P(A)-P(AB).$$

**证明**　由于 $A=AB\cup A\overline{B}$，且 $AB$ 与 $A\overline{B}$互不相容，由性质 2 得

$$P(A)=P(AB)+P(A\overline{B}),$$

因此，$P(A-B)=P(A\overline{B})=P(A)-P(AB)$.

特别地，当 $B\subset A$ 时，可以得

$$P(A-B)=P(A)-P(B),\text{且 }P(A)\geqslant P(B).$$

**性质 5**　若 $A,B$ 为任意两个事件，则

$$P(A\cup B)=P(A)+P(B)-P(AB).$$

**证明**　因为 $A\cup B=A\cup(B-AB)$，$A$ 与 $B-AB$ 互不相容，且 $AB\subset B$，所以

$$P(A\cup B)=P(A)+P(B-AB)=P(A)+P(B)-P(AB).$$

**注**　对任意三个事件 $A,B,C$,不难证得

$$P(A\cup B\cup C)=P(A)+P(B)+P(C)-P(AB)-P(BC)-P(AC)+P(ABC).$$

**例 3**　设 $P(A)=0.3,P(B)=0.5$,在下述三种情况下,分别求 $P(A\cup B)$与 $P(\overline{A}B)$.

(1)$A$ 与 $B$ 互不相容；　(2)$A\subset B$；　(3)$P(AB)=0.1$.

**解**　(1)由于 $AB=\varnothing$,所以

$$P(\overline{A}B)=P(B-A)=P(B)-P(AB)=P(B)=0.5,$$
$$P(A\cup B)=P(A)+P(B)=0.8.$$

(2)因为 $A\subset B$,所以 $A\cup B=B,AB=A$,从而

$$P(A\cup B)=P(B)=0.5,$$
$$P(\overline{A}B)=P(B-A)=P(B)-P(A)=0.2.$$

(3)
$$P(A\cup B)=P(A)+P(B)-P(AB)=0.7,$$
$$P(\overline{A}B)=P(B)-P(AB)=0.4.$$

**例 4**　已知 $P(\overline{A})=0.5,P(\overline{A}B)=0.2,P(B)=0.4$,求：

(1)$P(AB)$；　(2) $P(A-B)$；　(3) $P(A\cup B)$；　(4) $P(\overline{A}\,\overline{B})$.

**解**　(1) 因为 $AB\cup\overline{A}B=B$,且 $AB$ 与 $\overline{A}B$ 是不相容的,故有

$$P(AB)+P(\overline{A}B)=P(B).$$

于是
$$P(AB)=P(B)-P(\overline{A}B)=0.4-0.2=0.2;$$

(2)$P(A)=1-P(\overline{A})=1-0.5=0.5$,

$P(A-B)=P(A)-P(AB)=0.5-0.2=0.3$;

(3) $P(A\cup B)=P(A)+P(B)-P(AB)=0.5+0.4-0.2=0.7$;

(4) $P(\overline{A}\,\overline{B})=P(\overline{A\cup B})=1-P(A\cup B)=1-0.7=0.3$.

## 习题 1-2

1.某地区发行两种报纸甲,乙. 经调查,在这两种报纸的订户中,订阅甲报的有 45%,订阅乙报的有 35%,同时订阅两种报纸甲,乙的有 10%. 求只订一种报纸的概率.

2.若 $P(A)=0.5,P(A\cup B)=0.8,P(AB)=0.3$,求 $P(B)$.

3.已知 $P(A)=0.5,P(B)=0.4,P(C)=0.4,P(AB)=0.2,P(AC)=0.24,P(BC)=0$,求 $P(A\cup B\cup C)$.

4.已知 $P(B)=0.8,P(AB)=0.5$,求 $P(\overline{A}B)$.

5.若 $A$ 与 $B$ 互不相容,$P(A)=0.5,P(B)=0.3$,求 $P(\overline{A}\,\overline{B})$.

6. 设 $P(A)=0.4,P(B)=0.3,P(A\cup B)=0.6$,求 $P(A-B)$.

7.设事件 $A,B$ 都出现的概率与 $A,B$ 都不出现的概率相等,且 $P(A)=p$,求 $P(B)$.

8.设 $A,B$ 是两事件且 $P(A)=0.6,P(B)=0.7$,求：

(1)在什么条件下 $P(AB)$取到最大值,最大值是多少?

(2)在什么条件下 $P(AB)$取到最小值,最小值是多少?

# 第三节　古典概型

## 一、古典概型

我们称具有下列两个特征的随机试验模型为**古典概型**.

(1)随机试验只有有限个可能的结果;

(2)每一个结果发生的可能性大小相同.

因此,古典概型又称为**等可能概型**.在概率论的产生和发展过程中,它是最早的研究对象,也是在实际中最常用的一种概率模型.

如果随机试验的样本空间所含基本事件的总数为有限数 $n$,并且各个基本事件出现的可能性相同,而事件 $A$ 包含了 $r$ 个基本事件,则定义事件 $A$ 发生的概率为

$$P(A)=\frac{r}{n}=\frac{A\text{ 包含的基本事件数}}{\Omega\text{ 中基本事件的总数}}.$$

一般而言,古典概率可以根据样本空间的组成情况来进行计算.当样本空间的元素难以列出时,可以借助排列、组合的知识来进行计算.

## 二、计算古典概率的方法

### 1. 基本计数原理

(1)**加法原理**:设完成一件事有 $m$ 种方式,其中第一种方式有 $n_1$ 种方法,第二种方式有 $n_2$ 种方法,…,第 $m$ 种方式有 $n_m$ 种方法,无论通过哪种方法都可以完成这件事,则完成这件事的方法总数为 $n_1+n_2+\cdots+n_m$.

(2)**乘法原理**:设完成一件事有 $m$ 个步骤,其中第一个步骤有 $n_1$ 种方法,第二个步骤有 $n_2$ 种方法,…,第 $m$ 个步骤有 $n_m$ 种方法;完成该件事必须每一步骤均通过才算完成,则完成这件事的方法总数为 $n_1\times n_2\times\cdots\times n_m$.

### 2. 排列组合方法

排列公式:$P_n^m=\dfrac{n!}{(n-m)!}$　从 $n$ 个元素中挑出 $m$ 个进行排列的可能数。

组合公式:$C_n^m=\dfrac{n!}{m!\,(n-m)!}$　从 $n$ 个元素中挑出 $m$ 个进行组合的可能数。

**例 1**　一个袋子中装有 10 个大小相同的球,其中 3 个黑球,7 个白球,求:

(1)从袋子中任取一球,这个球是黑球的概率;

(2)从袋子中任取两球,刚好一个白球一个黑球的概率以及两个球全是黑球的概率.

**解**　(1)10 个球中任取一个,共有 $C_{10}^1=10$ 种.

根据古典概率计算,事件 $A=\{$取到的球为黑球$\}$,则 $P(A)=\dfrac{C_3^1}{C_{10}^1}=\dfrac{3}{10}$.

(2)10 个球中任取两球的取法有 $C_{10}^2$ 种,其中刚好一个白球,一个黑球的取法有 $C_3^1\cdot C_7^1$ 种取法,两个球均是黑球的取法有 $C_3^2$ 种,设 $B=\{$刚好取到一个白球一个黑球$\}$,$C=\{$两个球均为黑球$\}$,则

$$P(B)=\frac{C_3^1C_7^1}{C_{10}^2}=\frac{21}{45}=\frac{7}{15},\quad P(C)=\frac{C_3^2}{C_{10}^2}=\frac{3}{45}=\frac{1}{15}.$$

**例 2** 某个家庭有两个小孩,求至少有一个女孩的概率(设男女出生率相同).

**解** 设 $A=\{$至少有一个女孩$\}$,按孩子的大小次序,样本空间可以表示成

$$\Omega=\{(\text{男},\text{男}),(\text{男},\text{女}),(\text{女},\text{男}),(\text{女},\text{女})\}.$$

则 $$A=\{(\text{男},\text{女}),(\text{女},\text{男}),(\text{女},\text{女})\},$$

显然,基本事件总数 $n=4$,$A$ 包含的基本事件数 $r=3$,

因此 $$P(A)=\frac{3}{4}=0.75.$$

**例 3** 一盒子中有 9 张卡片分别编号 1,…,9,采用取后放回的方式,连续取三张卡片,求前两次取到卡片编号为偶数,最后取到卡片编号为奇数的概率.

**解** 设 $A=\{$前两次取到卡片编号为偶数,最后取到卡片编号为奇数$\}$.

采用取后放回的方式,连续取三张卡片,一共有 $9^3$ 种取法,即基本事件总数为 $n=729$.前两次取到卡片编号为偶数,最后取到卡片编号为奇数的取法有 $4\times4\times5$ 种,即 $A$ 包含的基本事件数 $r=80$,因此

$$P(A)=\frac{80}{729}\approx0.1097.$$

**例 4** 假设有 100 件产品,其中有 60 件一等品,30 件二等品,10 件三等品. 现从中每次随机地抽取一件,连续两次,求两次取到的产品等级相同的概率.

**解** 设事件 $B_i=\{$取到两个 $i$ 等品$\}$,$i=1,2,3$;$B=\{$取到的两个产品等级相同$\}$,显然,$B_1,B_2,B_3$ 互不相容,而且 $B=B_1+B_2+B_3$,按抽取方式的不同可分为两种情况计算:

(1)重复抽样(有放回抽样):第一次取到的产品检验后放回去,第二次仍从原来 100 件产品中随机地抽取一个.

$$P(B_1)=\frac{60^2}{100^2}=0.36,\quad P(B_2)=\frac{30^2}{100^2}=0.09,\quad P(B_3)=0.01.$$

由概率的可加性,有

$$P(B)=P(\sum_{i=1}^{3}B_i)=\sum_{i=1}^{3}P(B_i)=0.36+0.09+0.01=0.46.$$

(2)不重复抽样(无放回抽样):第一次取到的产品,检验后不放回,第二次从原来剩余的 99 件产品中再随机地抽取一个.

$$P(B_1)=\frac{60\times59}{100\times99}=\frac{59}{165},P(B_2)=\frac{30\times29}{100\times99}=\frac{29}{330},$$

$$P(B_3)=\frac{10\times9}{100\times99}=\frac{1}{110},P(B)=\frac{59}{165}+\frac{29}{330}+\frac{1}{110}=\frac{5}{11}.$$

**例 5** 将 3 个球随机放入 4 个杯子中,求杯子中球的个数最多为 1,2,3 的概率各是多少?

**解** 设 $A,B,C$ 分别表示杯子中的最多球数分别为 1,2,3 的事件. 我们认为球是可以区分的,于是,放球过程的所有可能结果数为 $n=4^3$.

(1)$A$ 所含的基本事件数:从 4 个杯子中任选 3 个杯子,每个杯子放入一个球,杯子

的选法有 $C_4^3$ 种，球的放法有 3! 种，故

$$P(A)=\frac{C_4^3\cdot 3!}{4^3}=\frac{3}{8}.$$

(2)$C$ 所含的基本事件数：由于杯子中的最多球数 3，即 3 个球放在同一个杯子中共有 4 种放法，故

$$P(C)=\frac{4}{4^3}=\frac{1}{16}.$$

(3)由于三个球放在 4 个杯子中的各种可能放法为事件 $A\cup B\cup C$，显然 $A\cup B\cup C=\Omega$，且 $A,B,C$ 互不相容，故

$$P(B)=1-P(A)-P(C)=\frac{9}{16}.$$

## 习题 1-3

1. 一批产品中有 7 件正品 3 件次品，从中任取 3 件，求取出的产品中有次品的概率.

2.货架上有外观相同的商品 15 件，其中 12 件来自产地甲，3 件来自产地乙. 现从 15 件商品中随机地抽取两件，求这两件商品来自同一产地的概率.

3.袋中装有 5 个白球，3 个黑球，从中一次任取两个，求：

(1)取到的两个球颜色不同的概率；

(2)取到的两个球中有黑球的概率.

4.袋中有红、黄、黑色球各一个，有放回地抽取 3 次，求下列事件的概率：

$A=\{$3 次都取到红球$\}$，　　$B=\{$3 次未抽到黑球$\}$，

$C=\{$3 个球颜色全不相同$\}$，　$D=\{$3 个球颜色不全相同$\}$.

5. 10 把钥匙中有 3 把能打开门，今任取 2 把，求能打开门的概率.

6.两封信随机地投入四个邮筒，求：

(1)前两个邮筒没有信的概率；

(2)第一个邮筒内只有一封信的概率.

7.某专业研究生复试时，有 3 张考签，3 个考生应考，一个人抽一张后立即放回，再由另一个人抽，如此 3 人各抽一次，求抽签结束后，至少有一张考签没有被抽到的概率.

8.袋中有 10 个球，其中有 6 个白球，4 个红球，从中任取 3 个，求：

(1)所取的 3 个球都是白球的概率；

(2)所取的 3 个球中恰有 2 个白球 1 个红球的概率；

(3)所取的 3 个球中最多有 1 个白球的概率；

(4)所取的 3 个球颜色相同的概率.

9.从 0,1,2,3,4,5,6,7,8,9 这 10 个数中，取出 3 个不同的数，求：

(1)所取 3 个数不含 0 和 5 的概率；

(2)所取 3 个数不含 0 或 5 的概率.

# 第四节　条件概率与乘法公式

## 一、条件概率

在解决许多概率问题时,往往有某些附加信息或条件. 如在事件 $A$ 发生的条件下,求事件 $B$ 发生的条件概率,记作 $P(B|A)$.

**例 1**　将一枚均匀硬币连续投两次,则样本空间为

$$\Omega=\{(\text{正},\text{正}),(\text{正},\text{反}),(\text{反},\text{正}),(\text{反},\text{反})\},$$

令 $A=\{$至少出现一次正面$\}$,$B=\{$出现一次正面一次反面$\}$,求 $P(B|A)$.

**解**　$P(B)=\dfrac{1}{2}$,对于条件概率 $P(B|A)$来说,由于事件 $A$ 已经发生,那么考虑的样本空间应该是 $\Omega_A=\{(\text{正},\text{正}),(\text{正},\text{反}),(\text{反},\text{正})\}$,所以 $P(B|A)=\dfrac{2}{3}$,且

$$P(B\mid A)=\frac{2/4}{3/4}=\frac{P(AB)}{P(A)}.$$

容易验证,对于一般的古典概率,只要 $P(A)>0$,上述等式总是成立的,受此启发我们引入一般的条件概率的定义.

**定义 1**　设 $A$,$B$ 是两个事件,且 $P(A)>0$,则称

$$P(B\mid A)=\frac{P(AB)}{P(A)} \tag{1.4.1}$$

为在事件 $A$ 发生的条件下,事件 $B$ 发生的**条件概率**.相应地,把 $P(B)$称为无条件概率.由于增加了条件"事件 $A$ 已经发生",一般地,$P(B|A)\neq P(B)$.

**例 2**　一袋中有 5 个红球 6 个白球,从中任取两球,发现它们是同一种颜色,求这两个球是白球的概率.

**解**　设 $A=\{$取到两个同颜色的球$\}$,$B=\{$取到两个白球$\}$,则

$$P(B)=\frac{\mathrm{C}_6^2}{\mathrm{C}_{11}^2}=\frac{3}{11},P(A)=1-P(\overline{A})=1-\frac{\mathrm{C}_6^1\mathrm{C}_5^1}{\mathrm{C}_{11}^2}=1-\frac{6}{11}=\frac{5}{11},$$

又 $B\subset A$,所求概率为

$$P(B\mid A)=\frac{P(AB)}{P(A)}=\frac{P(B)}{P(A)}=\frac{3}{5}.$$

**例 3**　袋中有 5 个球,其中 3 个红球 2 个白球. 现从袋中不放回地连取两个. 已知第一次取得红球,求第二次取得白球的概率.

**解**　设 $A$ 表示"第一次取得红球",$B$ 表示"第二次取得白球",求 $P(B|A)$.

**方法一**　缩减样本空间 $A$ 中的样本点数,即第一次取得红球的取法为 $P_3^1P_4^1$,其中,第二次取得白球的取法有 $P_3^1P_2^1$ 种,所以

$$P(B\mid A)=\frac{P_3^1P_2^1}{P_3^1P_4^1}=\frac{1}{2}.$$

也可以直接计算,因为第一次取出一个红球,袋中只剩下 4 个球,其中有两个白球,再

从中任取一个，取得白球的概率为$\frac{2}{4}$，所以$P(B|A)=\frac{2}{4}=\frac{1}{2}$.

**方法二**　在5个球中不放回连取两球的取法有$P_5^2$种，其中，第一次取得红球的取法有$P_3^1P_4^1$种，第一次取得红球第二次取得白球的取法有$P_3^1P_2^1$种，所以

$$P(A)=\frac{P_3^1P_4^1}{P_5^2}=\frac{3}{5},\quad P(AB)=\frac{P_3^1P_2^1}{P_5^2}=\frac{3}{10}.$$

由定义得

$$P(B\mid A)=\frac{P(AB)}{P(A)}=\frac{3/10}{3/5}=\frac{1}{2}.$$

## 二、乘法公式

由条件概率的定义，可以得到概率的乘法公式.

**定理1**　（乘法公式）设$A$，$B$为任意事件，则当$P(A)>0$时，有

$$P(AB)=P(A)P(B\mid A);$$

当$P(B)>0$时，有

$$P(AB)=P(B)P(A\mid B).$$

乘法公式可推广到多个事件，如果$P(A_1A_2\cdots A_n)>0$，则

$$P(A_1A_2\cdots A_n)=P(A_1)P(A_2\mid A_1)P(A_3\mid A_1A_2)\cdots P(A_n\mid A_1A_2\cdots A_{n-1}).$$

**例4**　已知$P(A)=0.3$，$P(B)=0.4$，$P(A|B)=0.5$，试求$P(B|A)$和$P(B|A\cup B)$.

**解**　由乘法公式，得

$$P(AB)=P(A\mid B)P(B)=0.5\times0.4=\frac{1}{5},$$

因此

$$P(B\mid A)=\frac{P(AB)}{P(A)}=\frac{0.2}{0.3}=\frac{2}{3},$$

又因为$B\subset A\cup B$，所以$B(A\cup B)=B$，从而

$$P(B\mid A\cup B)=\frac{P(B(A\cup B))}{P(A\cup B)}=\frac{P(B)}{P(A)+P(B)-P(AB)}=\frac{0.4}{0.3+0.4-0.2}=\frac{4}{5}.$$

**例5**　已知袋中有6个红球，8个白球，从中每次取一个，取后不放回，求：

(1) 第2次才取到白球的概率；

(2) 如果取到一个白球就停止取球，在两次内取到白球的概率.

**解**　(1)设$A_i=\{$第$i$次取到白球$\}$，$i=1,2$；则$\overline{A}_1A_2$表示第2次才取到白球，由乘法公式得

$$P(\overline{A}_1A_2)=P(\overline{A}_1)P(A_2\mid\overline{A}_1)=\frac{6}{14}\times\frac{8}{13}=\frac{24}{91}.$$

(2)$A_1\cup\overline{A}_1A_2$表示在2次内取到白球，因为$A_1$与$\overline{A}_1A_2$互不相容，所以

$$P(A_1\cup\overline{A}_1A_2)=P(A_1)+P(\overline{A}_1A_2)=\frac{8}{14}+\frac{24}{91}=\frac{76}{91}.$$

**例6**　有一批节能灯泡共100只，其中次品有10个，其余为正品. 从中每次取一只，

取后不放回,求第三次才取到正品的概率.

**解** 设 $A_i=\{$第 $i$ 次取到正品$\}$,$i=1,2,3$;$A=\{$第三次才取到正品$\}$,则

$$A=\overline{A}_1\cap\overline{A}_2\cap A_3,$$

于是

$$\begin{aligned}P(A)&=P(\overline{A}_1\cap\overline{A}_2\cap A_3)=P(\overline{A}_1)\cdot P(\overline{A}_2|\overline{A}_1)\cdot P(A_3|\overline{A}_1\overline{A}_2)\\&=\frac{10}{100}\cdot\frac{9}{99}\cdot\frac{90}{98}\approx 0.008\ 3.\end{aligned}$$

所以第三次才取到正品的概率为 0.008 3.

**例 7** 设某光学仪器厂制造的透镜,第一次落下时打破的概率为$\frac{1}{2}$,若第一次落下未打破,第二次落下打破的概率为$\frac{7}{10}$,若前两次落下未打破,第三次落下打破的概率为$\frac{9}{10}$.试求透镜落下三次而未打破的概率.

**解** 以 $A_i=\{$透镜第 $i$ 次落下打破$\}$,$i=1,2,3$;$B=\{$透镜落下三次而未打破$\}$.则 $B=\overline{A}_1\overline{A}_2\overline{A}_3$,故有

$$\begin{aligned}P(B)&=P(\overline{A}_1\overline{A}_2\overline{A}_3)=P(\overline{A}_1)P(\overline{A}_2\mid\overline{A}_1)P(\overline{A}_3\mid\overline{A}_1\overline{A}_2)\\&=\left(1-\frac{1}{2}\right)\left(1-\frac{7}{10}\right)\left(1-\frac{9}{10}\right)=\frac{3}{200}.\end{aligned}$$

### 习题 1-4

1.某厂有 200 名职工,男、女各占一半,男职工中有 10 人是优秀职工,女职工中有 20 人是优秀职工,从中任选一名职工.用 $A$ 表示“所选职工优秀”,$B$ 表示“所选职工是男职工”.求:

(1)$P(A)$; (2)$P(B)$; (3)$P(AB)$; (4)$P(A|B)$.

2.在 10 件产品中,有 7 件正品,3 件次品,从中每次取出一件(不放回),$A$ 表示“第一次取出正品”,$B$ 表示“第二次取出正品”,求:

(1)$P(A)$; (2)$P(B|A)$; (3)$P(AB)$.

3.若 $P(AB)=0.3$,$P(B)=0.5$,求 $P(A|B)$.

4.若 $P(A)=0.8$,$P(B)=0.4$,$P(B|A)=0.25$,求 $P(A|B)$.

5.袋中有 3 件正品,2 件次品,从中每次取出一件,取后不放回,共取 3 次,求第三次才取到次品的概率.

## 第五节 全概率公式与贝叶斯公式

### 一、全概率公式

全概率公式是概率论中的一个基本公式.它可以使一个复杂事件的概率计算问题转

化为在不同情况、不同原因或不同途径下发生的简单事件的概率求和问题.在引入全概率公式之前,首先介绍完备事件组的概念.

**定义 1**　设 $\Omega$ 为随机试验的样本空间,$A_1,A_2,\cdots,A_n$ 为一组事件,如果满足

(1)$A_i \cap A_j=\varnothing\ (i\neq j)$;

(2) $\bigcup\limits_{k=1}^{n} A_k=\Omega$.

则称 $A_1,A_2,\cdots,A_n$ 为样本空间 $\Omega$ 的一个**划分**,也称 $A_1,A_2,\cdots,A_n$ 是一个**完备事件组**.

**定理 1**　设随机事件 $A_1,A_2,\cdots,A_n$ 为样本空间 $\Omega$ 的一个划分,并且满足 $P(A_i)>0$ $(i=1,2,\cdots,n)$,则对任意一个事件 $B$,有

$$P(B)=\sum_{i=1}^{n}P(A_i)P(B|A_i). \tag{1.5.1}$$

这一公式称为**全概率公式**.

**证明**　因为 $B=B\Omega=BA_1+BA_2+\cdots+BA_n$,所以

$$\begin{aligned}P(B)&=P(BA_1)+P(BA_2)+\cdots+P(BA_n)\\&=P(A_1)P(B\mid A_1)+P(A_2)P(B\mid A_2)+\cdots+P(A_n)P(B\mid A_n),\end{aligned}$$

或

$$P(B)=\sum_{i=1}^{n}P(A_i)P(B|A_i).$$

**注**　全概率公式可用于计算较复杂事件的概率,公式指出:在复杂情况下直接计算 $P(B)$不易时,可根据具体情况,构造一个完备事件组$\{A_i\}$,使事件 $B$ 发生的概率是各事件 $A_i(i=1,2,\cdots)$发生的条件下引起事件 $B$ 发生的概率的总和.

**例 1**　袋中共装有 10 个球,3 个黑球和 7 个白球,每次从中任取一球(取后不放回),求第二次取到的是黑球的概率.

**解**　用 $A$ 表示"第一次取到的是黑球",$B$ 表示"第二次取到的是黑球",将事件"第二次取到的是黑球"根据第一次取球的情况分解成两个互不相容的部分 $AB$ 和 $\overline{A}B$,分别计算其概率,再求和.

$$P(B)=P(AB)+P(\overline{A}B)=P(A)P(B\mid A)+P(\overline{A})P(B\mid \overline{A}).$$

由题设易知

$$P(A)=\frac{3}{10},P(\overline{A})=\frac{7}{10},P(B\mid A)=\frac{2}{9},P(B\mid \overline{A})=\frac{3}{9},$$

于是

$$P(B)=\frac{3}{10}\times\frac{2}{9}+\frac{7}{10}\times\frac{3}{9}=\frac{3}{10}.$$

**例 2**　钥匙掉了,掉在宿舍里,掉在教室里,掉在路上的概率分别是 40%,35%、和 25%,而掉在这三处地方被找到的概率分别是 0.8,0.3 和 0.1.试求找到钥匙的概率.

**解**　记事件 $A_1$ 为"钥匙掉在宿舍里",$A_2$ 为"钥匙掉在教室里",$A_3$ 为"钥匙掉在路上",事件 $B$ 为"找到钥匙".由全概率公式得

$$\begin{aligned}P(B)&=P(A_1)P(B\mid A_1)+P(A_2)P(B\mid A_2)+P(A_3)P(B\mid A_3)\\&=0.4\times0.8+0.35\times0.3+0.25\times0.1=0.45.\end{aligned}$$

**例 3** 有三个盒子,其中,1 号盒子装有 2 红 1 黑共 3 个球,2 号盒子装有 3 红 1 黑共 4 个球,3 号盒子装有 2 红 2 黑共 4 个球. 某人从三个盒子中随机抽取一盒,再从该盒中任意取出一球,求取得红球的概率.

**解** 设 $B_i=\{$球取自 $i$ 号盒子$\}$,$i=1,2,3$;$A=\{$取得红球$\}$.

因为 $B_1,B_2,B_3$ 是样本空间的一个划分,并且 $A$ 的发生总是伴随着 $B_1,B_2,B_3$ 之一同时发生,所以全概率公式得

$$P(A)=\sum_{i=1}^{3}P(B_i)P(A\mid B_i).$$

依题意有

$$P(A\mid B_1)=\frac{2}{3},P(A\mid B_2)=\frac{3}{4},\ P(A\mid B_3)=\frac{1}{2},$$

$$P(B_1)=P(B_2)=P(B_3)=\frac{1}{3},$$

代入数据计算得

$$P(A)=\frac{23}{36}.$$

## 二、贝叶斯(Bayes)公式

利用全概率公式,可通过综合分析某一事件发生的不同原因、情况或途径及其可能性来求得该事件发生的概率. 有时需要考虑与之完全相反的问题,即某一事件已经发生,要考察该事件发生的各种原因、情况或途径的可能性大小. 例如,有三个放有不同数量和颜色的球的箱子,现从任一箱中任意摸出一球,发现是红球,求该球取自哪号箱的可能性最大? 下面给出的贝叶斯公式即可解决此类问题.

**定理 2** 设事件 $A_1,A_2,\cdots,A_n$ 为样本空间 $\Omega$ 的一个划分,$P(A_i)>0(i=1,2,\cdots,n)$,设 $B$ 为任意一个事件且 $P(B)>0$,则

$$P(A_j\mid B)=\frac{P(A_j)P(B\mid A_j)}{\sum\limits_{i=1}^{n}P(A_i)P(B\mid A_i)},j=1,2,\cdots,n. \tag{1.5.2}$$

这一公式称为**贝叶斯公式**.

**证明** 由乘法公式及全概率公式即可得证.

**注** 贝叶斯公式中,$P(A_i)$ 和 $P(A_i\mid B)$ 分别称为原因的**先验概率**和**后验概率**. $P(A_i)(i=1,2,\cdots)$ 是在没有进一步信息(不知道事件 $B$ 是否发生)的情况下诸事件发生的概率.当获得新的信息(知道 $B$ 发生),人们对诸事件发生的概率 $P(A_i\mid B)$ 有了新的估计. 贝叶斯公式从数量上显示这种变化. 特别地,若取 $n=2$,并记 $A_1=A$,则 $A_2=\overline{A}$,则

$$P(A\mid B)=\frac{P(AB)}{P(B)}=\frac{P(A)P(B\mid A)}{P(A)P(B\mid A)+P(\overline{A})P(B\mid \overline{A})}.$$

**例 4** 已知男性中有 5%是色盲患者,女性中有 0.25%是色盲患者,现从男女人数相等的人群中任选一人,若该人恰好是色盲患者,求该人是男性的概率.

**解** 设 $A=\{$选到一名男子$\}$,$B=\{$选到一名色盲患者$\}$,由全概率公式得

$$\begin{aligned}P(B)&=P(A)P(B\mid A)+P(\overline{A})P(B\mid\overline{A})\\&=0.5\times5\%+0.5\times0.25\%\\&=2.625\%.\end{aligned}$$

由贝叶斯公式得

$$P(A\mid B)=\frac{P(AB)}{P(B)}=\frac{P(A)P(B\mid A)}{P(B)}=\frac{2.5\%}{2.625\%}=\frac{20}{21}.$$

**例 5**　根据某车间的历史数据知，当机器调整良好时，产品的合格率为 98%，而当机器发生某种故障时，其合格率降为 55%. 每天早上机器开动时，机器调整良好的概率为 95%.已知某一天早上的第一件产品是合格的，求机器调整良好的概率.

**解**　设 $A$ 表示“产品合格”，$B$ 表示“机器调整良好”，由题意知

$$P(A\mid B)=0.98,\quad P(A\mid\overline{B})=0.55,\quad P(B)=0.95,\quad P(\overline{B})=0.05,$$

则所求的概率为

$$P(B\mid A)=\frac{P(A\mid B)P(B)}{P(A\mid B)P(B)+P(A\mid\overline{B})P(\overline{B})}\approx0.97.$$

这里，概率 0.95 是由以往的历史数据分析得到的，是先验概率；而在得到信息(即生产的第一件产品是合格品)之后再重新加以修正的概率(即 0.97)是后验概率.

## 习题 1-5

1.袋中有 5 个球，其中有 3 个红球，2 个白球，从中每次取出一个球(不放回)，用 $A$ 表示“第一次取到红球”，$B$ 表示“第二次取到红球”，求：

(1)$P(A)$；　(2)$P(B)$.

2.12 个乒乓球中有 9 个新的，3 个旧的，第一次比赛取出了 3 个，用完后放回去；第二次比赛又取出了 3 个.求第二次取到的 3 个球中有 2 个新球的概率.

3.甲、乙两台车床加工同一产品，甲车床的次品率为 0.03，乙车床的次品率为 0.02.又知，甲车床的产量是乙车床产量的两倍，现将两台车床的产品放在一起，从中任取一件，求该产品是次品的概率.

4.二门导弹射击敌机，敌机未被击中的概率为 0.25，被击中一弹的概率为 0.5，被击中二弹的概率为 0.25.若敌机中一弹时被击落的概率为 0.7，敌机中二弹时被击落的概率为 0.9，求敌机被击落的概率.

5.某地七月份下暴雨的概率为 0.7，当下暴雨时，有水灾的概率为 0.2；当不下暴雨时，有水灾的概率为 0.05，求：

(1)该地七月份有水灾的概率；

(2)当该地七月份已发生水灾时，下暴雨的概率.

6.某种产品分别由甲、乙、丙三厂生产，甲厂产量占 50%，次品率为 0.01；乙厂产量占 30%，次品率为 0.02；丙厂产量占 20%，次品率为 0.05，求：

(1)该产品的次品率；

(2)若任取一件，该件是次品，求这件次品分别是甲厂、乙厂、丙厂的产品的概率.

7.甲袋中有3个白球,2个红球;乙袋中有2个白球,3个红球.先从甲袋中取一个球放入乙袋,再从乙袋中取一个球,求:

(1)从乙袋中取出的球是白球的概率;

(2)如果从乙袋中取出的球是白球,则此时从甲袋中取出白球的概率是多少?从甲袋中取出红球的概率是多少?

8.已知 $P(A)=0.5, P(A\overline{B})=0.3$,求:

(1)$P(AB)$; (2)$P(B|A)$.

9.若 $P(A)=\frac{1}{4}, P(B|A)=\frac{1}{3}, P(B|\overline{A})=\frac{1}{9}$,求:

(1)$P(B)$; (2)$P(A\cup B)$.

10.某仓库有同样规格的产品6箱,其中3箱是甲厂生产的,两箱是乙厂生产的,另一箱是丙厂生产的,且它们的次品率依次为$\frac{1}{10},\frac{1}{15},\frac{1}{20}$,现从中任取一件产品,试求取得的这件产品是正品的概率.

## 第六节　事件的相互独立性

### 一、两个事件相互独立

在一般情况下,条件概率 $P(B|A)$ 与概率 $P(B)$ 不一定相等,但如果事件 $A$ 的发生对事件 $B$ 的发生没有影响时,就有 $P(B|A)=P(B)$,此时,由乘法公式可得:

$$P(AB)=P(A)P(B).$$

由此引入如下定义:

**定义1**　若两事件 $A,B$ 满足

$$P(AB)=P(A)P(B), \tag{1.6.1}$$

则称**事件 $A$ 和 $B$ 相互独立**.

**定理1**　设 $A,B$ 是两事件,且 $P(B)>0$,若 $A,B$ 相互独立,则 $P(A|B)=P(A)$.反之亦然.

**证明**　若 $A$ 与 $B$ 相互独立,则

$$P(AB)=P(A)P(B),$$

由乘法公式得

$$P(AB)=P(B)P(A\mid B),$$

由于 $P(B)>0$,所以,$P(A)=P(A|B)$.

反之,若 $P(A)=P(A|B)$,由乘法公式得

$$P(AB)=P(B)P(A\mid B)=P(B)P(A),$$

上式表明 $A$ 与 $B$ 相互独立.

**定理2**　设事件 $A,B$ 相互独立,则下列各对事件也相互独立:

$$A \text{ 与 } \overline{B}, \overline{A} \text{ 与 } B, \overline{A} \text{ 与 } \overline{B}.$$

**证明**　(1) 当 $A$ 与 $B$ 相互独立时，$P(AB)=P(A)P(B)$，由概率的运算性质得

$$\begin{aligned}P(\overline{A}B)&=P(B)-P(AB)\\&=P(B)-P(A)P(B)\\&=P(B)[1-P(A)]=P(\overline{A})P(B),\end{aligned}$$

故 $\overline{A}$ 与 $B$ 相互独立.

类似可证其他各对事件相互独立.

**例 1**　设 $A,B$ 为两个事件，

(1)如果 $P(A)>0,P(B)>0$，证明：$A$ 和 $B$ 相互独立与 $A,B$ 互不相容不能同时成立.

(2)如果 $P(A)=1$，证明：$A$ 和任意事件 $B$ 相互独立.

**证明**　(1) 如果 $A$ 和 $B$ 相互独立，则

$$P(AB)=P(A)P(B)>0,$$

即有 $AB\neq\varnothing$，从而 $A,B$ 不是互不相容的；如果 $A,B$ 互不相容，则

$$0=P(AB)\neq P(A)P(B)>0,$$

即有 $A$ 和 $B$ 不相互独立.

(2)由于 $A\subset A\cup B$，则 $1=P(A)\leqslant P(A\cup B)\leqslant 1$，即有 $P(A\cup B)=1$，根据概率的运算性质，有

$$P(A\cup B)=P(A)+P(B)-P(AB),$$

得

$$P(AB)=P(B)=P(A)P(B),$$

所以 $A$ 和 $B$ 相互独立.

**例 2**　有甲、乙两批种子，发芽率分别为 0.8 和 0.7，在两批种子里各随机地抽取一粒，求：

(1)两粒种子都能发芽的概率；

(2)恰好有一粒子能发芽的概率；

(3)至少有一粒种子能发芽的概率.

**解**　设 $A=\{$从甲批种子中取到某粒种子发芽$\}$，$B=\{$从乙批种子中取到某粒种子发芽$\}$，依题意，事件 $A$ 与 $B$ 相互独立，且 $P(A)=0.8,P(B)=0.7$.

(1)两粒种子都发芽的概率为

$$P(AB)=P(A)P(B)=0.8\times 0.7=0.56.$$

(2)恰好有一粒种子能发芽的概率为 $P(A\overline{B}\cup\overline{A}B)$，而 $A\overline{B}$ 与 $\overline{A}B$ 互不相容，所以

$$\begin{aligned}P(A\overline{B}\cup\overline{A}B)&=P(A\overline{B})+P(\overline{A}B)\\&=P(A)P(\overline{B})+P(\overline{A})P(B)\\&=0.8\times(1-0.7)+(1-0.8)\times 0.7=0.38.\end{aligned}$$

(3) 至少有一粒种子能发芽的概率为 $P(A\cup B)$，即

$$\begin{aligned}P(A\cup B)&=P(A)+P(B)-P(AB)\\&=P(A)+P(B)-P(A)P(B)\\&=0.8+0.7-0.8\times 0.7=0.94.\end{aligned}$$

或

$$\begin{aligned}P(A\cup B)&=1-P(\overline{A\cup B})\\&=1-P(\overline{A}\,\overline{B})\\&=1-P(\overline{A})P(\overline{B})\\&=1-0.2\times0.3=0.94.\end{aligned}$$

## 二、有限个事件的独立性

事件的相互独立性的概念可以推广到多个事件的情形.

**定义 2** 设 $A,B,C$ 为三个事件,若满足下列等式

$$\begin{aligned}&P(AB)=P(A)P(B),\\&P(AC)=P(A)P(C),\\&P(BC)=P(B)P(C),\\&P(ABC)=P(A)P(B)P(C),\end{aligned}\tag{1.6.2}$$

则称**事件 $A,B,C$ 相互独立**.

**注** 事件 $A,B,C$ 相互独立,意味着 $A,B,C$ 三个事件中的一个或两个发生与否对其他事件的概率均无影响.

对 $n$ 个事件的独立性,可类似写出其定义.

**定义 3** 设 $A_1,A_2,\cdots,A_n$ 是 $n$ 个事件,若其中任意两个事件均相互独立,则称 $A_1,A_2,\cdots,A_n$ 两两独立.

**注** 设 $A_1,A_2,\cdots,A_n$ 是 $n(n\geqslant2)$ 个随机事件,若 $A_1,A_2,\cdots,A_n$ 相互独立,则 $A_1,A_2,\cdots,A_n$ 两两独立,反之不然.

## 三、相互独立性的性质

**性质 1** 若事件 $A_1,A_2,\cdots,A_n(n\geqslant2)$ 相互独立,则其中任意 $k(1<k\leqslant n)$ 个事件也相互独立.

由独立性定义可直接推出.

**性质 2** 若 $n$ 个事件 $A_1,A_2,\cdots,A_n(n\geqslant2)$ 相互独立,则将 $A_1,A_2,\cdots,A_n$ 中任意 $m(1\leqslant m\leqslant n)$ 个事件换成它们的对立事件,所得的 $n$ 个事件仍相互独立.

对 $n=2$ 时,定理 2 已作证明,一般情况可利用数学归纳法证之,此处略.

在实际应用中,我们常常是根据问题的实际意义来确定多个事件的相互独立性.

**例 3** 加工某一零件,共需先后经过四道工序,设第一、二、三、四道工序的次品率分别是 2%,3%,5%,3%,假定各道工序是互不影响的,求加工出来的零件的次品率.

**解** 本题考虑对立事件,先计算合格品率,可以使计算简便.

设 $A_1,A_2,A_3,A_4$ 依次表示四道工序分别发生次品,事件 $D$ 表示"加工出来的零件为次品",则事件 $\overline{D}$ 表示"加工的产品合格",故有 $\overline{D}=\overline{A}_1\overline{A}_2\overline{A}_3\overline{A}_4$,

$$\begin{aligned}P(\overline{D})&=P(\overline{A}_1)P(\overline{A}_2)P(\overline{A}_3)P(\overline{A}_4)\\&=(1-2\%)(1-3\%)(1-5\%)(1-3\%)=87.597\,79\%\approx87.60\%;\end{aligned}$$

$$P(D)=1-P(\overline{D})=1-87.60\%=12.40\%.$$

**例 4**　甲系与乙系举行篮球、排球、足球比赛，篮球赛甲胜乙的概率为 0.8，排球赛甲胜乙的概率为 0.4，足球赛甲胜乙的概率为 0.4，若在三项比赛中至少胜两项才算获胜，试计算哪个系获胜的概率较大.

**解**　设 $A=\{$甲系获胜$\}$，$A_1=\{$甲系篮球获胜$\}$，$A_2=\{$甲系排球获胜$\}$，$A_3=\{$甲系足球获胜$\}$，可以认为 $A_1,A_2,A_3$ 相互独立，则甲系获胜的概率为

$$\begin{aligned}P(A)&=P(A_1A_2A_3)+P(\overline{A}_1A_2A_3)+P(A_1\overline{A}_2A_3)+P(A_1A_2\overline{A}_3)\\&=P(A_1)P(A_2)P(A_3)+P(\overline{A}_1)P(A_2)P(A_3)+P(A_1)P(\overline{A}_2)P(A_3)+\\&\quad P(A_1)P(A_2)P(\overline{A}_3)\\&=0.544.\end{aligned}$$

而 $P(\overline{A})=1-P(A)=0.456$，故甲系获胜的概率较大.

**注**　在计算 $n$ 个相互独立的事件的并的概率时，我们常常用到如下计算公式：

$$\begin{aligned}P(A_1\cup A_2\cup\cdots\cup A_n)&=1-P(\overline{A_1\cup A_2\cup\cdots\cup A_n})\\&=1-P(\overline{A}_1\overline{A}_2\cdots\overline{A}_n)\\&=1-P(\overline{A}_1)P(\overline{A}_2)\cdots P(\overline{A}_n).\end{aligned}\tag{1.6.3}$$

**例 5**　假设每个人的血清中含有肝炎病毒的概率为 0.4%，将 100 人的血清混合在一起，求此中含有肝炎病毒的概率.

**解**　设 $A_i=\{$第 $i$ 个人的血清中含有肝炎病毒$\}(i=1,2,\cdots,100)$，显然，$A_1,A_2,\cdots,A_{100}$ 相互独立，所求事件的概率为

$$\begin{aligned}P(A_1\cup A_2\cup\cdots\cup A_{100})&=1-P(\overline{A}_1)P(\overline{A}_2)\cdots P(\overline{A}_{100})\\&=1-(0.996)^{100}=0.330\ 2.\end{aligned}$$

## 四、伯努利概型

在许多实际问题中常常遇到这样的试验：试验可以在相同条件下重复进行，如果每次试验的结果相互独立，则称这样的一系列试验为**独立试验序列**.

若试验 $E$ 只有两个可能结果：$A$ 发生或 $\overline{A}$ 发生，且 $P(A)=p$，$P(\overline{A})=1-p(0<p<1)$，将 $E$ 独立地重复进行 $n$ 次，则这一系列试验，称为 **$n$ 重伯努利(Bernoulli)试验**，简称**伯努利概型**.

**注**　$n$ 重伯努利试验是一种很重要的数学模型，在实际问题中具有广泛的应用.其特点是事件 $A$ 在每次试验中发生的概率均为 $p$，且不受其他各次试验中 $A$ 是否发生的影响.

**定理 3**　**(伯努利定理)** 设在一次试验中，事件 $A$ 发生的概率为 $p(0<p<1)$，则在 $n$ 重伯努利试验中，事件 $A$ 恰好发生 $k$ 次的概率为

$$B(k;n,p)=\mathrm{C}_n^k p^k(1-p)^{n-k},k=0,1,\cdots,n.\tag{1.6.4}$$

**证明**　设 $A_i=\{$第 $i$ 次试验中 $A$ 发生$\}$，$i=1,2,\cdots,n$，由伯努利概型知，在 $n$ 次试验中，事件 $A$ 在指定的 $k$ 次试验中发生(比如前 $k$ 次)，其余 $n-k$ 次试验中不发生的概率为

$$\begin{aligned}P(A_1A_2\cdots A_k\overline{A}_{k+1}\cdots\overline{A}_n)&=P(A_1)\cdots P(A_k)\cdot P(\overline{A}_{k+1})\cdots P(\overline{A}_n)\\&=p^k(1-p)^{n-k}.\end{aligned}$$

由于 $n$ 次试验中 $A$ 发生 $k$ 次的方式共有 $C_n^k$ 种,而 $C_n^k$ 种方式对应 $C_n^k$ 个事件.$C_n^k$ 个事件中的任何一个发生都导致事件 $A$ 的发生,且这 $C_n^k$ 个事件两两互不相容,于是有

$$B(k;n,p)=C_n^k p^k(1-p)^{n-k},\ k=0,1,\cdots,n.$$

**推论 1** 设在一次随机试验中,事件 $A$ 发生的概率为 $p(0<p<1)$,则在 $n$ 重伯努利试验中,事件 $A$ 在第 $k$ 次试验中才首次发生的概率为

$$p(1-p)^{k-1},k=0,1,\cdots,n.$$

**注** "事件 $A$ 第 $k$ 次试验时才首次发生"等价于"事件 $A$ 在前 $k-1$ 次试验中均不发生,而在第 $k$ 次试验中事件 $A$ 发生".

**例 6** 某种电子元件的使用寿命(单位:h)在 10 000 以上的概率为 0.4,求 3 只电子元件在使用 10 000 小时以后至少坏 2 只的概率.

**解** 设 $A$={电子元件在 10 000 小时内坏},由题意得 $P(A)=0.6$,由于各电子元件好坏与否互不影响,所以它是一个 3 重伯努利试验,所求事件的概率为

$$C_3^2\cdot 0.6^2\cdot 0.4+C_3^3\,0.6^3=0.648.$$

**例 7** 有一批小麦种子,发芽率为 0.67,现每穴播种 6 粒,求有 $k(k=0,1,\cdots,6)$粒发芽的概率.

**解** 把穴中每一粒种子是否发芽看作一次随机试验,而各粒种子发芽与否是互不影响的,所以相当于是一个 6 重伯努利试验. 每穴中有 $k$ 粒种子出苗的概率为

$$C_6^k\,0.67^k\,0.33^{6-k},\ k=0,1,\cdots,6.$$

**例 8*** 某军事基地装备有某种型号的高炮,该炮每发射一发炮弹击中飞机的概率为 0.6,现若干门炮同时各射一发.

(1)欲以 99%的机率击中一架来犯的敌机,则至少需配置几门炮?

(2)现有 3 门炮,欲以 99%的机率击中一架来犯的敌机,则每门炮的命中率应提高到多少?

**解** (1) 设需配置 $n$ 门炮. 因为 $n$ 门炮是各自独立发射的,因此该问题可以看作 $n$ 重伯努利试验. 设 $A$ 表示"高炮击中飞机",$P(A)=0.6$;$B$ 表示"敌机被击落",问题归结为求满足下面不等式的 $n$,即

$P(B)=1-P(\overline{B})=1-0.4^n\geqslant 0.99$,解得 $n\geqslant\dfrac{\lg 0.01}{\lg 0.4}\approx 5.03$,故至少应配置 6 门炮才能达到要求.

(2)设命中率为 $p$,由 $P(B)=1-P(\overline{B})=1-(1-p)^3\geqslant 0.99$.

得 $p\geqslant 0.785$,即每门炮的命中率至少应为 0.785.

**注** 对于给定一事件的概率求某个参数的逆问题,应先求出事件的概率(含所求参数),从而得到所求参数满足的方程或不等式,再解之.

## 习题 1-6

1.甲、乙、丙三人独立破译敌码.甲能破译的概率为$\dfrac{1}{5}$,乙能破译的概率为$\dfrac{1}{4}$,丙能破译

的概率为$\frac{1}{3}$.求密码被破译的概率.

2.某产品由三道工序独立加工而成.第一工序的正品率为0.98,第二工序的正品率为0.99,第三工序的正品率为0.98.求该种产品的正品率和次品率.

3.一射手对目标独立射击4次,每次射击的命中率$p=0.8$,求:

(1)恰好命中两次的概率;

(2)至少命中一次的概率.

4.五台同类型的机床同时独立工作,每台车床在一天内出现故障的概率$p=0.1$,求在一天内:

(1)没有机床出现故障的概率;

(2)最多有一台机床出现故障的概率.

5.在一次试验中,事件$A$发生的概率为$P(A)=0.7$,求至少做多少次试验,才能使事件$A$至少出现1次的概率超过0.99.

## 总习题一

1.假设$A,B$是两个随机事件,且$AB=\overline{A}\cdot\overline{B}$,则$A\cup B=$________,$AB=$________.

2.假设$A,B$是任意两个事件,则

$P[(\overline{A}\cup B)(A\cup B)(A\cup\overline{B})(\overline{A}\cup\overline{B})]=$____________.

3.已知$P(A)=P(B)=P(C)=\frac{1}{4}$, $P(AB)=0$, $P(AC)=P(BC)=\frac{1}{16}$,则事件$A$,$B$,$C$全不发生的概率为________.

4.设事件$A$与事件$B$互不相容,则(　　).

A. $P(\overline{A}\,\overline{B})=0$　　B. $P(AB)=P(A)P(B)$

C. $P(A)=1-P(B)$　　D. $P(\overline{A}\cup\overline{B})=1$

5.设$A,B$为随机事件,且$P(B)>0$,$P(A|B)=1$,则必有(　　).

A. $P(A\cup B)>P(A)$　　B. $P(A\cup B)>P(B)$

C. $P(A\cup B)=P(A)$　　D. $P(A\cup B)=P(B)$

6.某人向同一目标独立重复射击,每次射击命中目标的概率为$p$,则此人第4次射击恰好第2次命中目标的概率为(　　).

A. $3p(1-p)^2$　　B. $6p(1-p)^2$

C. $3p^2(1-p)^2$　　D. $6p^2(1-p)^2$

7. 设$P(A)=0.8$,$P(B)=0.7$,$P(A|B)=0.8$,则下列结论正确的是(　　).

A. 事件$A$与事件$B$相互独立　　B. 事件$A$与事件$B$互逆

C. $B\supset A$　　D. $P(A\cup B)=P(A)+P(B)$

8.设$A,B$为两个互逆的事件,且$P(A)>0$,$P(B)>0$,则下列结论正确的是(　　).

A. $P(B|A)>0$　　B. $P(A|B)=P(A)$

C. $P(A|B)=0$　　D. $P(AB)=P(A)P(B)$

9.设 $0<P(A)<1$,$0<P(B)<1$,$P(A|B)+P(\overline{A}|\overline{B})=1$,则下列结论正确的是(　　).

A. 事件 $A$ 与事件 $B$ 互不相容　　B. 事件 $A$ 与事件 $B$ 互逆

C. 事件 $A$ 与事件 $B$ 不互相独立　　D. 事件 $A$ 与事件 $B$ 互相独立

10.设 $AB=\varnothing$,$P(A)=0.6$,$P(A\cup B)=0.8$,求事件 $B$ 的逆事件的概率.

11.从五双不同的鞋子中任取四只,求取得的四只鞋子中至少有两只配成一双的概率.

12.(讨论奖金分配的公平性问题)在一次羽毛球比赛中,设立奖金 1 000 元.比赛规定:五局三胜制,谁先胜三盘,谁获得全部奖金.设甲、乙两人的球技相当,现已打了三盘,甲二胜一负.由于特殊原因必须中止比赛.问这 1 000 元应如何分配才算公平?

13.某地区的电话号码是由 8 字打头的八个数字组成的 8 位数,求:

(1)一个电话号码的 8 个数字全不相同的概率;

(2)一个电话号码的 8 个数字不全相同的概率.

14.口袋中有 20 个球,其中两个是红球,现从袋中取球三次,每次取一个,取后不放回,求第三次才取到红球的概率.

15.10 个考签中有 4 个难签,3 人参加抽签考试,不重复抽取,每人一次,甲先,乙次,丙后,证明:3 人抽到难签的概率相等.

16.一批零件共 100 个,次品率为 10%,每次从中任取一个,取后不放回,如果取到一个合格品就停止取球,求在三次内取到合格品的概率.

17.甲、乙、丙 3 人同时向一飞机射击,设击中飞机的概率分布为 0.4,0.5,0.7.如果只有 1 人击中飞机,则飞机被击落的概率是 0.2;如果有 2 人击中飞机,则飞机被击落的概率是 0.6;如果 3 人都击中飞机,则飞机一定被击落.求飞机被击落的概率.

18.12 个乒乓球全是新的,每次比赛时取出 3 个用完后放回去.求:

(1)第三次比赛时取到的三个球都是新球的概率;

(2)在第三次取到的三个球都是新球的条件下,第二次取到几个新球的概率最大?

19.将两组信息分别编码 0 和 1 发送出去,接收站收到时,1 误收成 0 的概率为 0.02,0 误收成 1 的概率为 0.01,信息 1 和 0 发送的频繁程度为 2∶1,若接收站收到的信息为 1,求原发送信息是 1 的概率.

# 第二章　随机变量及其分布

在随机试验中，人们除对某些特定事件发生的概率感兴趣外，往往还关心某个与随机试验的结果相联系的变量. 由于这一变量的取值依赖于随机试验的结果，因而被称为随机变量. 与普通的变量不同，对于随机变量，人们无法事先预知其确切取值，但可以研究其取值的统计规律性. 本章将介绍两类随机变量及描述随机变量统计规律性的分布.

## 第一节　随机变量的定义

为全面研究随机试验的结果，揭示随机现象的统计规律性，需将随机试验的结果数量化，即把随机试验的结果与实数对应起来.

(1)在某些随机试验中，试验的结果本身就由数量来表示.

例如，抛掷一粒骰子，观察掷出的点数.如果把点数 $i$ 朝上的结果记作 $i$，实验的结果就可分别由数 1,2,3,4,5,6 来表示.

(2)还有一些随机试验，其试验结果看起来与数量无关，但是我们可以建立起一个对应关系，指定一个数量来表示.

例如，在观测种子发芽的试验中，每一粒种子只有“发芽”与“不发芽”两个可能的结果，我们约定：种子发芽时对应数“1”，不发芽时对应数“0”. 这样种子发芽的试验就与数值有了关系.

上述例子表明，随机试验的结果可用一个变量 $X$ 来表示，且 $X$ 的取值随试验结果的不同而变化.像这种取值依赖于随机试验的结果的变量，我们称它为**随机变量**，它是定义在样本空间上的一个实值单值函数.常用大写的英文字母 $X,Y,Z\cdots$ 或小写的希腊字母 $\xi$，$\eta,\zeta\cdots$来表示.

**例 1**　上抛一枚质地均匀的硬币，定义变量如下：

$$X=\begin{cases}1, & \text{出现正面},\\ 0, & \text{出现反面},\end{cases}$$

则 $X$ 是一个随机变量，它的可能取值为 0,1.

**例 2**　某袋子中装有 5 个正品 2 个次品，现从中任取 2 个产品. 设取到的次品数为 $X$，则 $X$ 是一个随机变量，它的可能取值为 0,1,2.

**例 3**　某地铁站每隔 10 分钟就有一趟地铁通过，如果某人到达该地铁站的时间是随机的，设候车时间为 $X$，则 $X$ 是一个随机变量，它的可能取值为 $0\leqslant X\leqslant 10$.

**例 4**　将一枚硬币抛掷三次，观察出现正面 $H$、反面 $T$ 的情况，其样本空间为

$$\Omega=\{HHH,HHT,HTH,THH,HTT,THT,TTH,TTT\};$$

记“出现正面 $H$ 的总次数”为随机变量 $X$,则 $X$ 作为样本空间 $\Omega$ 上的函数定义为

| $\omega$ | $HHH$ | $HHT$ | $HTH$ | $THH$ | $HTT$ | $THT$ | $TTH$ | $TTT$ |
|---|---|---|---|---|---|---|---|---|
| $X$ | 3 | 2 | 2 | 2 | 1 | 1 | 1 | 0 |

易见,使 $X$ 取值为 2(即$\{X=2\}$)的样本点构成的子集为

$$A=\{HHT,HTH,THH\},$$

故

$$P\{X=2\}=P(A)=\frac{3}{8},$$

类似地,有

$$P\{X\leqslant 1\}=P\{HTT,THT,TTH,TTT\}=\frac{4}{8}=\frac{1}{2}.$$

值得注意的是,随机变量与通常的变量不同,它的取值具有随机性.所以,随机变量取某个值或在某一个范围内取值都代表一个随机事件.例如,在例 2 中$\{X=1\}$表示事件{取到一个次品};$\{X\geqslant 1\}$表示事件{至少取到一个次品}.在引入随机变量概念以后,就可以把对随机事件的研究转化为对随机变量及其取值规律的研究,为运用各种数学工具深入研究随机现象创造了有利条件.

随机变量因其取值方式不同,通常分为离散型和非离散型两类,非离散型随机变量中最重要的是连续型随机变量. 今后,我们主要讨论离散型随机变量和连续型随机变量.

### 习题 2-1

1. 随机变量的特征是什么?

2. 一报童卖报,每份 0.15 元,其成本为 0.10 元. 报馆每天给报童 1 000 份报,并规定他不得把卖不出的报纸退回. 设 $X$ 为“报童每天卖出的报纸份数”,试将报童赔钱这一事件用随机变量的表达式表示.

# 第二节　离散型随机变量的概率分布

## 一、离散型随机变量及其概率分布

设 $X$ 是一个随机变量,如果它的一切可能的取值是有限个或可数无穷个,则称随机变量 $X$ 为**离散型随机变量**.例如,一株麦穗上结的小麦的粒数,一年内某城市发生火灾的次数,单位时间内某银行柜台服务的顾客数等,这些都是离散型随机变量. 对于一个离散型随机变量 $X$,我们不仅要知道它可能取哪些值,还要知道它取这些值的概率.

**定义 1**　设离散型随机变量 $X$ 的所有可能取值为 $x_1,x_2,\cdots x_k,\cdots$,称

$$P\{X=x_k\}=p_k,k=1,2,\cdots$$

为 $X$ 的**概率分布或分布律**.

离散型随机变量 $X$ 的概率分布常用表格形式来表示：

| $X$ | $x_1$ | $x_2$ | $x_3$ | … | $x_k$ | … |
|---|---|---|---|---|---|---|
| $P$ | $p_1$ | $p_2$ | $p_3$ | … | $p_k$ | … |

从上表可以看出：要全面掌握离散型随机变量 $X$ 的概率分布情况，就必须知道 $X$ 的所有可能取值及取每一个值的概率.

根据概率的性质，可以得出离散型随机变量的分布律具有下列性质：

(1) $p_i \geqslant 0 (i=1,2,\cdots)$；

(2) $\sum_{i=1}^{\infty} p_i = 1$.

**例 1**　一盒子中有 5 张卡片，编号为 1,2,3,4,5，在盒子中任取 3 张卡片，设取出的 3 张卡片中最大的号码为 $X$，求 $X$ 的分布列.

**解**　随机变量 $X$ 的可能取值为 3,4,5，且

$$P\{X=3\}=\frac{1}{C_5^3}=\frac{1}{10};P\{X=4\}=\frac{C_3^2}{C_5^3}=\frac{3}{10};P\{X=5\}=\frac{C_4^2}{C_5^3}=\frac{6}{10}=\frac{3}{5}.$$

因此分布列为

| $X$ | 3 | 4 | 5 |
|---|---|---|---|
| $P$ | $\frac{1}{10}$ | $\frac{3}{10}$ | $\frac{3}{5}$ |

**例 2**　某篮球运动员投中篮圈的概率是 0.9，求他两次独立投篮投中次数 $X$ 的概率分布.

**解**　$X$ 可取 0,1,2 为值，则

$$P\{X=0\}=0.1\cdot 0.1=0.01;$$

$$P\{X=1\}=C_2^1\cdot 0.9\cdot 0.1=0.18;$$

$$P\{X=2\}=0.9\cdot 0.9=0.81;$$

且 $P\{X=0\}+P\{X=1\}+P\{X=2\}=1$.

于是，$X$ 的概率分布为

| $X$ | 0 | 1 | 2 |
|---|---|---|---|
| $P$ | 0.01 | 0.18 | 0.81 |

**例 3**　一汽车沿一街道行驶，要通过装有红绿灯的两个路口，且各路口出现什么颜色的灯互相独立，红绿两种颜色显示时间比值为 1∶1，以 $X$ 表示“该汽车首次遇到红灯前已通过的路口个数”，求 $X$ 的概率分布.

**解**　$X$ 的所有可能取值为 0,1,2，设 $A_i=\{$汽车在第 $i$ 个路口遇到绿灯$\}(i=1,2)$，且

$$P(A_i)=P(\overline{A_i})=0.5,$$

由题意得

$$P\{X=0\}=P(\overline{A_1})=0.5;P\{X=1\}=P(A_1\overline{A_2})=0.25;$$

$$P\{X=2\}=P(A_1A_2)=0.25,$$

所以 $X$ 的概率分布为

| $X$ | 0 | 1 | 2 |
|---|---|---|---|
| $P$ | 0.5 | 0.25 | 0.25 |

## 二、常见的离散型分布

**1. 0－1 分布**

若随机变量 $X$ 只有两个可能的取值 0 和 1,其概率分布为

$$P\{X=1\}=p,P\{X=0\}=1-p(0<p<1),$$

或

| $X$ | 0 | 1 |
|---|---|---|
| $P$ | $1-p$ | $p$ |

则称 $X$ 服从参数为 $p$ 的 **0－1 分布**.

如果随机试验只有两个可能结果,比如产品质量合格与不合格,种子发芽与不发芽,实验成功与失败等,都可以用服从 0－1 分布的随机变量来描述试验的结果.

**例 4** 箱子中有 200 件产品,其中有 196 件正品,4 件次品.现从中随机抽取一件,若规定

$$X=\begin{cases}1,\text{取到正品},\\0,\text{取到次品}.\end{cases}$$

则

$$P\{X=1\}=\frac{196}{200}=0.98,P\{X=0\}=\frac{4}{200}=0.02.$$

于是,$X$ 服从参数为 0.98 的 0－1 分布.

**2. 二项分布**

在 $n$ 重伯努利试验中,设 $P(A)=p,P(\overline{A})=1-p(0<p<1)$,事件 $A$ 发生的次数 $X$ 是一个随机变量,它的可能取值为 $0,1,2,\cdots,n$,其概率分布为

$$P\{X=k\}=C_n^k p^k(1-p)^{n-k},k=0,1,2,\cdots,n.$$

这个分布称为**二项分布**,它是由两个参数 $n$(正整数)和 $p(0<p<1)$唯一确定的,称随机变量 $X$ 服从参数为 $n,p$ 的二项分布,记作 $X\sim B(n,p)$.特别地,当 $n=1$ 时,二项分布 $B(1,p)$即为 0－1 分布,可以验证二项分布满足分布列的两条基本性质:

(1)$P\{X=k\}\geqslant 0(k=0,1,2,\cdots,n)$;

(2) $\sum\limits_{k=0}^{n}P\{X=k\}=1$.

**例 5** 某人进行射击训练,设每次射击的命中率为 0.02,独立射击 400 次,试求至少击中两次的概率.

**解** 将一次射击看成是一次试验.设击中的次数为 $X$,则 $X\sim B(400,0.02)$.$X$ 的分

布律为

$$P\{X=k\}=C_{400}^{k}\,0.02^{k}\,0.98^{400-k},k=0,1,\cdots,400.$$

于是,所求概率为

$$\begin{aligned}P\{X\geqslant 2\}&=1-P\{X=0\}-P\{X=1\}\\&=1-0.98^{400}-400\cdot 0.02\cdot 0.98^{399}\approx 0.997\,2.\end{aligned}$$

**例 6**　某车间有 5 台不同类型的机器,调查表明每台机器在 1 小时内平均有 6 分钟被使用,若各机器工作是相互独立的,问在同一单位时间内,

(1)恰好有 2 台机器被使用的概率是多少;

(2)至少有 1 台机器被使用的概率是多少;

(3)至多有 3 台机器被使用的概率是多少.

**解**　设同一单位时间内被使用机器的台数为 $X$,由题意得,在同一单位时间内每台机器被使用的概率是 0.1,显然 $X\sim B(5,0.1)$,则

(1)$P\{X=2\}=C_5^2\,0.1^2\times 0.9^3=0.072\,9$.

(2)$P\{X\geqslant 1\}=1-P(X<1)=1-C_5^0\,0.1^0\cdot 0.9^5=1-0.9^5\approx 0.409\,5$.

(3)$P\{X\leqslant 3\}=1-P\{X=4\}-P\{X=5\}=1-C_5^4(0.1)^4\times 0.9-(0.1)^5\approx 0.999\,5$.

3. **泊松(Poisson)分布**

如果一个随机变量 $X$ 的概率分布为

$$P\{X=k\}=\frac{\lambda^k}{k!}e^{-\lambda},k=0,1,2,\cdots,$$

其中 $\lambda>0$ 为参数,则称 $X$ 服从参数为 $\lambda$ 的**泊松分布**,记作 $X\sim P(\lambda)$.

不难验证泊松分布满足分布列的两条基本性质:

(1) $P\{X=k\}=\frac{\lambda^k}{k!}e^{-\lambda}\geqslant 0,k=0,1,2,\cdots$;

(2)利用公式 $\sum\limits_{k=0}^{n}\frac{\lambda^k}{k!}=e^{\lambda}$,可得

$$\sum_{k=0}^{\infty}P\{X=k\}=\sum_{k=0}^{\infty}\frac{\lambda^k}{k!}e^{-\lambda}=e^{-\lambda}e^{\lambda}=1.$$

泊松分布是概率论中重要的概率分布之一,许多随机变量都服从或近似地服从泊松分布.一般的稀有事件(又称小概率事件),例如彩票中奖、地震、意外事故、某种由突变而引起的遗传性疾病等,这些小概率事件出现的次数都服从或近似地服从泊松分布.

**例 7**　设某城市每天发生火灾的次数 $X$ 服从参数 $\lambda=0.8$ 的泊松分布,求该城市一天内发生 3 次或 3 次以上火灾的概率.

**解**　由概率的性质,得

$$\begin{aligned}P\{X\geqslant 3\}&=1-P\{X<3\}=1-P\{X=0\}-P\{X=1\}-P\{X=2\}\\&=1-e^{-0.8}\left(\frac{0.8^0}{0!}+\frac{0.8^1}{1!}+\frac{0.8^2}{2!}\right)\approx 0.047\,4.\end{aligned}$$

二项分布和泊松分布之间有着紧密的关系.下面的泊松定理表明泊松分布是二项分布的极限分布.

**定理 1**　(**泊松定理**)在 $n$ 重伯努利试验中,事件 $A$ 在每次试验中发生的概率为 $p_n$

(注意这与试验的次数 $n$ 有关),如果$\lim\limits_{n\to\infty} np_n=\lambda>0$,则对于任一固定的非负整数 $k$,有

$$\lim_{n\to\infty} C_n^k p_n^k (1-p_n)^{n-k}=\frac{\lambda^k}{k!}e^{-\lambda}.$$

从上述定理可以看出:当 $n$ 很大而 $p$ 很小时,有

$$C_n^k p^k (1-p)^{n-k} \approx \frac{\lambda^k}{k!}e^{-\lambda}(\lambda=np).$$

在实际应用中,如果 $n\geqslant 20$,$p\leqslant 0.05$ 时,用$\dfrac{\lambda^k}{k!}e^{-\lambda}(\lambda=np)$作为 $C_n^k p^k (1-p)^{n-k}$ 的近似,效果会比较好.而当 $n\geqslant 100$,$np\leqslant 10$ 时,效果更佳.

**例 8** 某公司生产一种产品 300 件,根据历史生产记录,其废品率为 0.01. 问现在这 300 件产品经检验,废品数大于 5 的概率是多少?

**解** 把每件产品的检验看作一次伯努利试验,它有两个结果:

$$A=\{正品\},\overline{A}=\{废品\}.$$

检验 300 件产品就是作 300 次独立的伯努利试验. 用 $X$ 表示"检验出的废品数",则

$$X\sim B(300,0.01),$$

我们要计算 $P\{X>5\}$.对 $n=300$,$p=0.01$,有 $\lambda=np=3$,于是,得

$$P\{X>5\}=\sum_{k=6}^{300}B(k;300,0.01)=1-\sum_{k=0}^{5}B(k;300,0.01)\approx 1-\sum_{k=0}^{5}\frac{3^k}{k!}e^{-3}.$$

查泊松分布表,得

$$P\{X>5\}\approx 1-0.916=0.084.$$

**例 9*** 为保证设备正常工作,需要配备一些维修工.若设备是否发生故障是相互独立的,且每台设备发生故障的概率都是 0.01(每台设备发生故障可由 1 人排除).试求:

(1)若一名维修工负责维修 20 台设备,求设备发生故障而不能及时维修的概率是多少?

(2)若 3 人负责 80 台设备,求设备发生故障而不能及时维修的概率是多少?

**解** (1) 设 $X$ 表示"20 台设备中同时发生故障的台数",则

$$X\sim B(20,0.01),$$

根据泊松定理,$X$ 可近似地看作服从泊松分布,其中参数 $\lambda=np=20\times 0.01=0.2$.

20 台设备只配备一个维修人员,则只要有两台或两台以上设备同时发生故障,就不能得到及时维修,故所求概率为

$$P\{X\geqslant 2\}=1-P\{X<2\}\approx 1-\sum_{k=0}^{1}\frac{0.2^k}{k!}e^{-0.2}$$
$$=1-e^{-0.2}-0.2e^{-0.2}\approx 0.017\,5.$$

(2)设 $X$ 表示 80 台设备中同时发生故障的台数,则

$$X\sim B(80,0.01),$$

类似的,可用 $\lambda=80\times 0.01=0.8$ 的泊松分布来近似,于是所求概率为

$$P\{X\geqslant 4\}=1-P\{X<4\}\approx 1-\sum_{k=0}^{3}\frac{0.8^k}{k!}e^{-0.8}\approx 0.00\,9.$$

与第一种安排方式相比,3 人维修 80 台设备,虽然比 1 人维修 20 台设备任务重,但工

作效率却比第一种方式高，不能及时排除故障的概率仅为 0.00 9.

## 习题 2-2

1. 设离散型随机变量 $X$ 的概率分布为 $P\{X=k\}=c\left(\frac{1}{2}\right)^k$，$k=1,2,3,4$.则常数 $c$ ＝________.

2. 从五个数 1，2，3，4，5 中任取三个数，用 $X$ 表示这三个数中最大的数，则 $X$ 的概率分布为____________.

3. 设离散型随机变量 $X\sim P(\lambda)$，且 $P\{X=2\}=P\{X=3\}$，则参数 $\lambda=$________.

4. 设 $X\sim B(2,p)$，且 $P\{X<1\}=\frac{4}{9}$，则参数 $p=$________.

5. 设离散型随机变量 $X$ 的概率分布为

| $X$ | 0 | 1 | 2 |
|---|---|---|---|
| $p_i$ | 0.2 | $c$ | 0.5 |

则常数 $c=$________.

6. 若 $X$ 的概率分布为

| $X$ | 0 | 1 | 2 | 3 | 4 |
|---|---|---|---|---|---|
| $p_i$ | 0.1 | 0.2 | 0.2 | 0.3 | 0.2 |

求：(1)$P\{X<2\}$；(2)$P\{X\leqslant 2\}$；(3)$P\{X\geqslant 3\}$；(4)$P\{X>4\}$.

7. 已知一批零件共 10 个，其中有 3 个不合格，今任取一个使用，若取到不合格零件，则丢弃掉，再重新抽取一个，如此下去，试求取到合格零件之前取出的不合格零件个数 $X$ 的概率分布.

8. 某特效药的临床有效率为 0.95，今有 10 人服用，问至少有 8 人治愈的概率是多少？

9. 一个工厂中生产的产品中废品率为 0.005，任取 1 000 件，求：

(1)其中至少有两件是废品的概率；　(2)其中不超过 5 件废品的概率.

10. 某急救中心在长度为 $t$ 的时间间隔内收到的紧急呼叫的次数 $X$ 服从参数为 $\frac{t}{3}$ 的泊松分布，而与时间间隔的起点无关(单位：h).求：

(1)求某天上午 7 点到 10 点没有收到的紧急呼叫的概率；

(2)求某天下午 1 点到 7 点至少收到 1 次紧急呼叫的概率.

11. 一家商店采用科学管理，由该商店过去的销售记录知道，某种商品每月的销售数可以用参数 $\lambda=5$ 的泊松分布来描述，为了以 95％以上的把握保证不脱销，问商店在月底至少应进某种商品多少件？

## 第三节 随机变量的分布函数

用分布律表达离散型随机变量的分布是非常方便的，对于非离散型的随机变量，由于可能的取值是不可列的，因此，分布律不可能表达非离散型变量的概率分布.为了更一般地研究随机变量的分布，我们把讨论事件$\{X=x_k\}$的概率转为研究事件$\{X\leqslant x\}$的概率，其中 $x$ 为任意实数，显然这个事件的概率依赖于 $x$，它是 $x$ 的一个函数，我们把这个函数叫作随机变量的分布函数，一般定义如下：

**定义 1** 设 $X$ 是一个随机变量，对于任意实数 $x$，事件$\{X\leqslant x\}$的概率是 $x$ 的函数，称

$$F(x)=P\{X\leqslant x\} \quad (-\infty<x<+\infty)$$

为随机变量 $X$ 的**概率分布函数**，简称**分布函数**，有时记作 $X\sim F(x)$或 $F_X(x)$.

分布函数 $F(x)$具有如下基本性质：

(1)对于任意实数 $x$，$0\leqslant F(x)\leqslant 1$；

(2)$F(-\infty)=\lim\limits_{x\to-\infty}F(x)=0$，$F(+\infty)=\lim\limits_{x\to+\infty}F(x)=1$；

(3)$F(x)$是单调不减函数，即对于任意 $x_1<x_2$，有 $F(x_1)\leqslant F(x_2)$；

(4)$F(x)$是右连续的，即 $F(x)=F(x+0)$.

如果一个函数同时满足上述四条性质，则该函数一定是某个随机变量的分布函数.

利用分布函数 $F(x)$，可以很方便地求出随机变量 $X$ 在某一区间上取值的概率. 比如，任意给定实数 $a,b$，不妨设 $a<b$，则有

$$P\{a<X\leqslant b\}=F(b)-F(a);$$

$$P\{X>a\}=1-F(a).$$

由分布函数 $F(x)$的定义，若已知离散型随机变量 $X$ 的概率分布为

$$P\{X=x_k\}=p_k \quad (k=1,2,\cdots),$$

则它的分布函数为

$$F(x)=P\{X\leqslant x\}=\sum_{x_i\leqslant x}P\{X=x_i\}=\sum_{x_i\leqslant x}p_i.$$

**例 1** 设随机变量 $X$ 概率分布为

| $X$ | 0 | 1 | 2 |
|---|---|---|---|
| $P$ | 0.1 | 0.6 | 0.3 |

求 $X$ 的分布函数.

**解** 当 $x<0$ 时，$F(x)=P\{X\leqslant x\}=0$；

当 $0\leqslant x<1$ 时，$F(x)=\sum\limits_{k\leqslant x}P\{X=k\}=P\{X=0\}=0.1$；

当 $1\leqslant x<2$ 时，$F(x)=\sum\limits_{k\leqslant x}P\{X=k\}=P\{X=0\}+P\{X=1\}=0.1+0.6=0.7$；

当 $x\geqslant 2$ 时，$F(x)=P\{X=0\}+P\{X=1\}+P\{X=2\}=1$；

综上所述，得 $X$ 的分布函数为

$$F(x)=\begin{cases}0, & x<0,\\ 0.1, & 0\leqslant x<1,\\ 0.7, & 1\leqslant x<2,\\ 1, & x\geqslant 2.\end{cases}$$

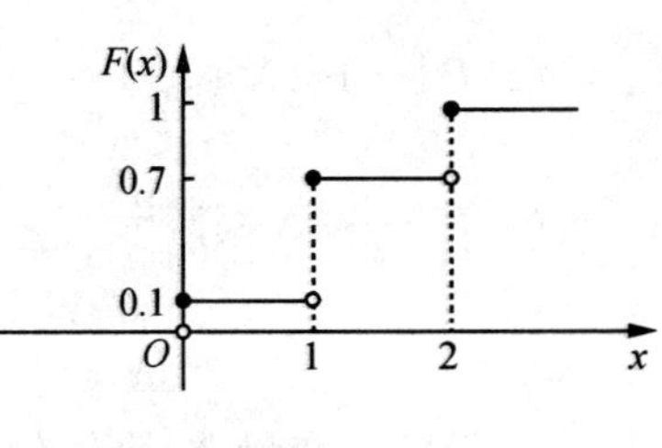

图 2.3.1

分布函数 $F(x)$ 是阶梯形右连续函数，其图形如图 2.3.1 所示，在 $x=0,1,2$ 处有跳跃点.

**例 2**　设随机变量 $X$ 的分布函数为

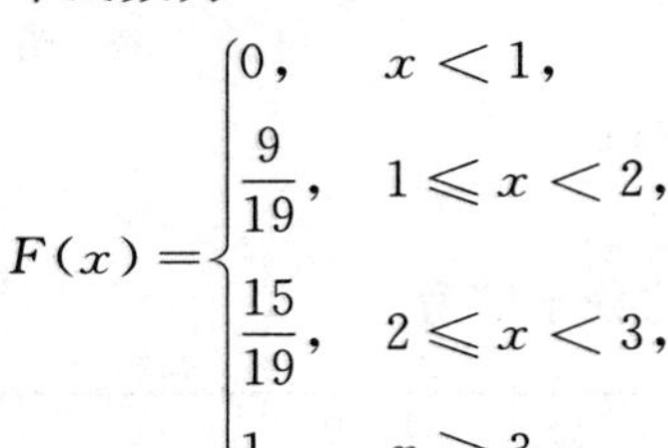

$$F(x)=\begin{cases}0, & x<1,\\ \dfrac{9}{19}, & 1\leqslant x<2,\\ \dfrac{15}{19}, & 2\leqslant x<3,\\ 1, & x\geqslant 3.\end{cases}$$

求 $X$ 的概率分布.

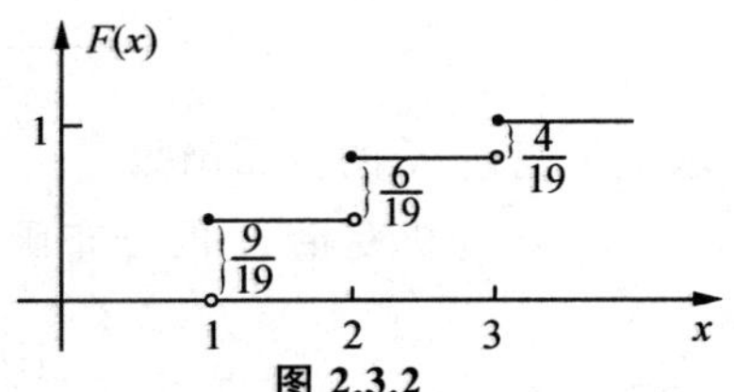

图 2.3.2

**解**　由于 $F(x)$ 是一个阶梯型函数，故知 $X$ 是一个离散型随机变量，$F(x)$ 的跳跃点分别为 1,2,3，对应的跳跃高度分别为 $\frac{9}{19},\frac{6}{19},\frac{4}{19}$，如图 2.3.2 所示.

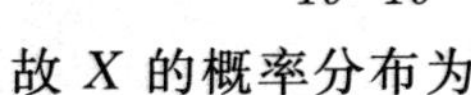

故 $X$ 的概率分布为

| $X$ | 1 | 2 | 3 |
|---|---|---|---|
| $P_i$ | $\frac{9}{19}$ | $\frac{6}{19}$ | $\frac{4}{19}$ |

## 习题 2-3

1. 判断下列函数是否为随机变量的分布函数.

(1) $F(x)=\begin{cases}0, & x\leqslant -2,\\ 0.5, & -2<x\leqslant 0,\\ 1, & x>0.\end{cases}$　　(2) $F(x)=\begin{cases}0, & x\leqslant 0,\\ \sin x, & 0<x\leqslant \pi,\\ 1, & x>\pi.\end{cases}$

(3) $F(x)=\begin{cases}0, & x\leqslant 0,\\ \sin x, & 0<x\leqslant \dfrac{\pi}{2},\\ 1, & x>\dfrac{\pi}{2}.\end{cases}$

2. 设随机变量 $X$ 的分布函数为 $F(x)=\begin{cases}0, & x\leqslant 0,\\ cx^2, & 0<x\leqslant 1,\\ 1, & x>1.\end{cases}$ 则

(1) 常数 $c=$____________；

(2)$P\{-1<X\leqslant\frac{1}{2}\}=$____________;

(3)$P\{\frac{1}{3}<X\leqslant 2\}=$____________.

3. 设随机变量 $X$ 的分布函数为 $F(x)=\begin{cases}0, & x<2,\\ 0.2, & 2\leqslant x<4,\\ 0.5, & 4\leqslant x<6,\\ 1, & x\geqslant 6,\end{cases}$ 求:

(1)随机变量 $X$ 的概率分布;

(2)$P\{2\leqslant X<6\}$.

4. 设离散型随机变量 $X$ 的分布律为

| $X$ | $-1$ | 0 | 1 | 2 |
|---|---|---|---|---|
| $P_i$ | 0.2 | 0.1 | 0.3 | 0.4 |

求随机变量 $X$ 的分布函数.

5. 设随机变量 $X$ 的分布函数为

$$F(x)=\begin{cases}a+b\mathrm{e}^{-\lambda x}, & x>0,\\ 0, & x\leqslant 0,\end{cases}$$

其中 $\lambda>0$ 为常数,求常数 $a$ 与 $b$ 的值.

6. 设随机变量 $X$ 的分布函数为 $F(x)=a+b\arctan x(-\infty<x<+\infty)$,求:

(1)$a$ 与 $b$ 的值;

(2)$P\{-1<X\leqslant 1\}$.

## 第四节　连续型随机变量及其概率密度

### 一、连续型随机变量及其概率密度

在非离散型随机变量中,有一类十分重要而且常见的随机变量——连续型随机变量.这种随机变量 $X$ 的一切可能取值充满某个有限或无限区间.

**定义 1**　设随机变量 $X$ 的分布函数为 $F(x)$,如果存在非负可积函数 $f(x)$,使得对于任意实数 $x$,有

$$F(x)=P\{X\leqslant x\}=\int_{-\infty}^{x}f(x)\mathrm{d}x,$$

则称 $X$ 为**连续型随机变量**,函数 $f(x)$称为 $X$ 的**概率密度函数**,简称为概率密度或密度函数.

根据以上定义,可得到如下的结论:

(1)密度函数 $f(x)$的性质:

①$f(x)\geqslant 0(-\infty<x<+\infty)$;

② $\int_{-\infty}^{+\infty} f(x)\mathrm{d}x = 1.$

反之,若一个函数 $f(x)$ 满足上述两条性质,则它一定可以作为某个连续型随机变量的密度函数. 由定积分的几何意义知,性质(2)表明介于密度函数曲线 $y=f(x)$ 及 $x$ 轴之间的面积为 1.

(2)对于任意实数 $a$ 和 $b(a<b)$,有

$$P\{a < X \leqslant b\} = F(b) - F(a) = \int_a^b f(x)\mathrm{d}x.$$

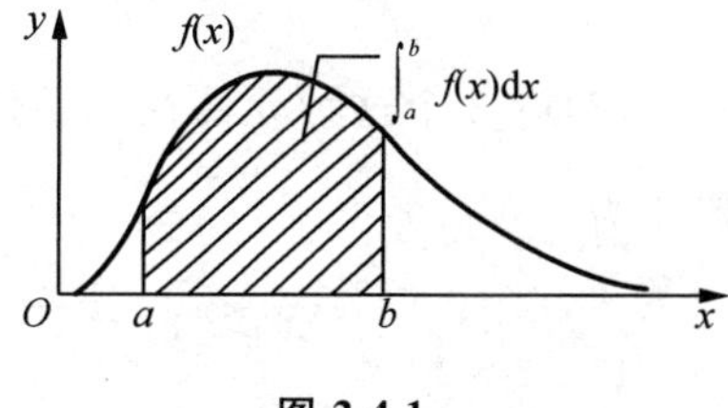


图 2.4.1

上式说明:连续型随机变量 $X$ 在区间 $(a,b]$ 上取值的概率等于区间 $(a,b]$ 上密度函数曲线 $y=f(x)$ 下的曲边梯形的面积(如图 2.4.1).

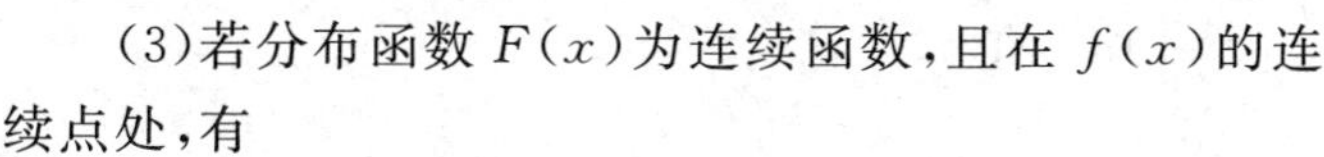

(3)若分布函数 $F(x)$ 为连续函数,且在 $f(x)$ 的连续点处,有

$$F'(x) = f(x).$$

(4)连续型随机变量 $X$ 取任意值的概率为零,即

$$P\{X=a\} = 0(a\ 为任意实数).$$

上式说明,在计算连续型随机变量 $X$ 在某一区间内取值的概率时,可以不必区分区间是开区间还是闭区间还是半开半闭区间.

**例 1**　设随机变量 $X$ 的分布函数为 $F(x)=\begin{cases} 0, & x\leqslant 0, \\ x^2, & 0<x<1, \\ 1, & x\geqslant 1, \end{cases}$ 求:

(1) 概率 $P\{0.3<X<0.7\}$;

(2) $X$ 的密度函数.

**解**　由连续型随机变量分布函数的性质,有

(1) $P\{0.3<X<0.7\}=F(0.7)-F(0.3)=0.7^2-0.3^2=0.4$;

(2) $X$ 的密度函数为

$$f(x)=F'(x)=\begin{cases} 2x, & 0<x<1, \\ 0, & 其他. \end{cases}$$

**例 2**　设某种元件的使用寿命 $X$(单位:h)的密度函数为

$$f(x)=\begin{cases} a/x^2, & x>100, \\ 0, & x\leqslant 100. \end{cases}$$

(1)求常数 $a$;

(2)求该种电子元件的使用寿命小于 150 小时的概率;

(3)一台设备中有 3 个这种元件,求在开始使用的 150 小时中至少有一个损坏的概率;

(4)求 $X$ 的分布函数.

**解**　(1) 由密度函数的性质 $\int_{-\infty}^{+\infty} f(x)\mathrm{d}x = 1$ 得

$$\int_{100}^{+\infty}\frac{a}{x^2}\mathrm{d}x=\frac{a}{100}=1,$$

所以 $a=100$.

(2)电子元件的使用寿命小于 150 小时的概率为

$$P\{X<150\}=\int_{-\infty}^{150}f(x)\mathrm{d}x=\int_{100}^{150}\frac{100}{x^2}\mathrm{d}x=\frac{1}{3}.$$

(3)设 3 个这种元件在开始使用的 150 小时中有 $Y$ 个损坏,显然 $Y\sim B(3,\ \frac{1}{3})$,所求概率为

$$P\{Y\geqslant 1\}=1-P\{Y<1\}=1-C_3^0\left(\frac{1}{3}\right)^0\left(\frac{2}{3}\right)^3=\frac{19}{27}.$$

(4)由 $F(x)=P\{X\leqslant x\}=\int_{-\infty}^{x}f(x)\mathrm{d}x$ 有

当 $x\leqslant 100$ 时,$f(x)=0$,所以 $F(x)=0$;当 $x>100$ 时,$f(x)=\frac{100}{x^2}$,

$$F(x)=\int_{-\infty}^{x}f(x)\mathrm{d}x=\int_{100}^{x}\frac{100}{x^2}\mathrm{d}x=1-\frac{100}{x},$$

所以 $X$ 的分布函数为

$$F(x)=\begin{cases}1-\dfrac{100}{x}, & x>100,\\ 0, & x\leqslant 100.\end{cases}$$

## 二、常见的连续型分布

### 1. 均匀分布

均匀分布是连续型分布中最简单的一种,它用来描述一个随机变量在某一区间上取每一个值的可能性均等的分布规律.

**定义 2** 若连续型随机变量 $X$ 的概率密度为

$$f(x)=\begin{cases}\dfrac{1}{b-a}, & a<x<b,\\ 0, & \text{其他}.\end{cases}$$

则称 **$X$ 在区间$(a,b)$上服从均匀分布**,记为 $X\sim U(a,b)$.

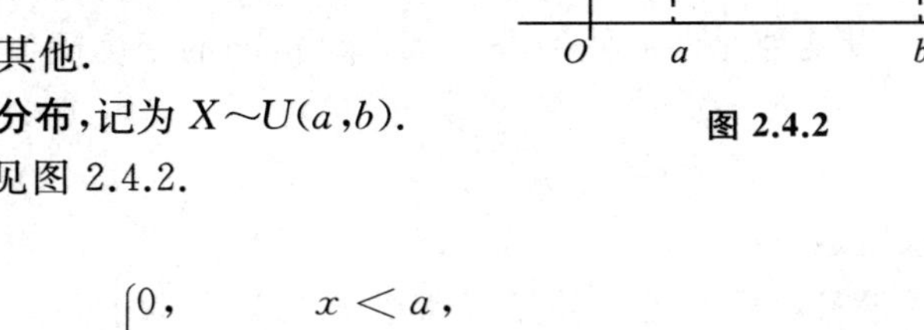


图 2.4.2

均匀分布的密度函数图像见图 2.4.2.

均匀分布的分布函数为

$$F(x)=\begin{cases}0, & x<a,\\ \dfrac{x-a}{b-a}, & a\leqslant x<b,\\ 1, & x\geqslant b.\end{cases}$$

**注** 对于任意$(c,d)\subset(a,b)(c<d)$,有

$$P\{c<X<d\}=F(d)-F(c)=\frac{d-c}{b-a},$$

这说明服从均匀分布的随机变量 $X$ 落在 $(a,b)$ 内任何一个子区间中的概率与该区间的长度成正比，而与该区间的位置无关.

**例 3**　某公共汽车站从上午 7 时起，每 15 分钟来一班车，即 7：00，7：15，7：30，7：45等时刻均有汽车到达此站，如果乘客到达此站时间 $X$ 是 7：00 到 7：30 之间的均匀随机变量，试求他候车时间少于 5 分钟的概率.

**解**　以 7：00 为起点 0，以 min 为单位，依题意有

$$X \sim U(0,30),\ f(x)=\begin{cases}\dfrac{1}{30}, & 0<x<30,\\ 0, & \text{其他}.\end{cases}$$

为使候车时间 $X$ 少于 5 分钟，乘客必须在 7：10 到 7：15 之间，或在 7：25 到 7：30 之间到达车站，故所求概率为

$$P\{10<X<15\}+P\{25<X<30\}=\int_{10}^{15}\frac{1}{30}\mathrm{d}x+\int_{25}^{30}\frac{1}{30}\mathrm{d}x=\frac{1}{3}.$$

即乘客候车时间少于 5 分钟的概率是 1/3.

2. **指数分布**

**定义 3**　若随机变量 $X$ 的概率密度为

$$f(x)=\begin{cases}\lambda \mathrm{e}^{-\lambda x}, & x>0,\\ 0, & \text{其他}.\end{cases}$$

这里，参数 $\lambda>0$，则称 $X$ **服从参数为 $\lambda$ 的指数分布**. 简记为 $X\sim \mathrm{E}(\lambda)$.

指数分布通常用来描述某一事件发生的等待时间. 比如某种热水器首次发生故障的时间，灯泡的使用寿命(等待用坏的时间)，电话交换台收到两次呼叫之间的时间间隔等.

由 $F(x)=\int_{-\infty}^{x} f(x)\mathrm{d}x$，可求得指数分布的分布函数为

$$F(x)=\begin{cases}1-\mathrm{e}^{-\lambda x}, & x>0,\\ 0, & x\leqslant 0.\end{cases}$$

指数分布密度函数的图像见图 2.4.3.

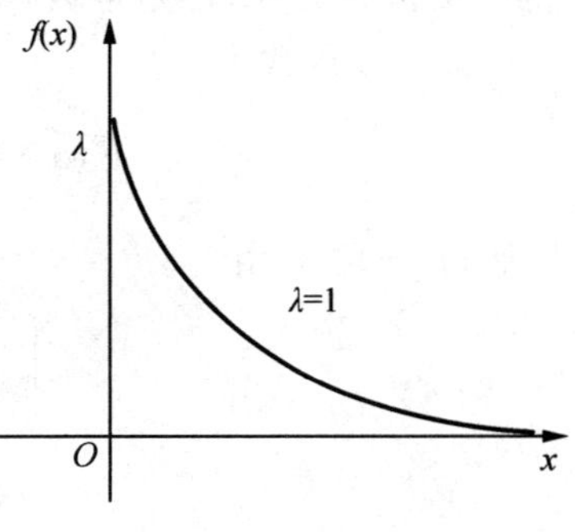


图 2.4.3

**例 4**　已知某种设备在相邻两次故障之间的时间间隙 $X\sim \mathrm{E}(0.01)$(单位：h)，求：

(1)该设备能无故障工作 10 小时的概率；

(2)在设备已经无故障工作 10 小时的情况下，再继续工作 2 小时的概率.

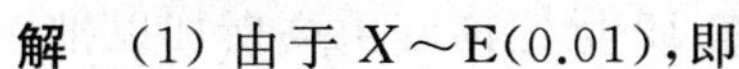

**解**　(1) 由于 $X\sim \mathrm{E}(0.01)$，即

$$f(x)=\begin{cases}0.01\mathrm{e}^{-0.01x}, & x>0,\\ 0, & x\leqslant 0.\end{cases}$$

于是

$$P\{X\geqslant 10\}=\int_{10}^{+\infty} f(x)\mathrm{d}x=\int_{10}^{+\infty}0.01\mathrm{e}^{-0.01x}\mathrm{d}x=\mathrm{e}^{-0.1}.$$

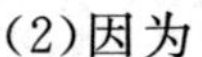

(2)因为

$$P\{X \geqslant 12\} = \int_{12}^{+\infty} f(x)\mathrm{d}x = \int_{12}^{+\infty} 0.01\mathrm{e}^{-0.01x}\mathrm{d}x = \mathrm{e}^{-0.12},$$

所以在设备已经无故障工作10小时的情况下,再工作2小时的概率为

$$P\{X \geqslant 12 \mid X \geqslant 10\} = \frac{P\{X \geqslant 12, X \geqslant 10\}}{P\{X \geqslant 10\}} = \frac{P\{X \geqslant 12\}}{P\{X \geqslant 10\}} = \frac{\mathrm{e}^{-0.12}}{\mathrm{e}^{-0.1}} = \mathrm{e}^{-0.02}.$$

**例 5** 某元件的寿命 $X$(单位:h)服从指数分布,已知其参数 $\lambda = \frac{1}{1\,000}$,求3个这样的元件使用1 000小时,至少已有一个损坏的概率.

**解** 由题设知,$X$ 的分布函数为

$$F(x) = \begin{cases} 1 - \mathrm{e}^{-\frac{x}{1\,000}}, & x > 0, \\ 0, & x \leqslant 0. \end{cases}$$

$$P\{X \leqslant 1\,000\} = F(1\,000) = 1 - \mathrm{e}^{-1}$$

由此得到 $P\{X > 1\,000\} = 1 - P\{X \leqslant 1\,000\} = 1 - F(1\,000) = \mathrm{e}^{-1}$.

各元件的寿命是否超过1 000小时是独立的,用 $Y$ 表示三个元件中使用1 000小时损坏的元件数,则 $Y \sim B(3, 1-\mathrm{e}^{-1})$.

所求概率为

$$P\{Y \geqslant 1\} = 1 - P\{Y = 0\} = 1 - C_3^0\,(1-\mathrm{e}^{-1})^0\,(\mathrm{e}^{-1})^3 = 1 - \mathrm{e}^{-3}.$$

3. **正态分布**

**定义 4** 若随机变量 $X$ 的概率密度为

$$f(x) = \frac{1}{\sqrt{2\pi}\sigma}\mathrm{e}^{-\frac{(x-\mu)^2}{2\sigma^2}}, -\infty < x < \infty.$$

其中 $\mu$ 和 $\sigma(\sigma>0)$ 都是常数,则称 $X$ **服从参数为 $\mu$ 和 $\sigma^2$ 的正态分布**. 记为 $X \sim N(\mu, \sigma^2)$.

其分布函数为

$$F(x) = P\{X \leqslant x\} = \frac{1}{\sqrt{2\pi}\sigma}\int_{-\infty}^{x} \mathrm{e}^{-\frac{(x-\mu)^2}{2\sigma^2}}\mathrm{d}x.$$

显然,$f(x) > 0$.由

$$\int_{-\infty}^{+\infty} f(x)\mathrm{d}x = \int_{-\infty}^{+\infty} \frac{1}{\sqrt{2\pi}\sigma}\mathrm{e}^{-\frac{(x-\mu)^2}{2\sigma^2}}\mathrm{d}x$$

$$\xlongequal{t=\frac{x-\mu}{\sigma}} \int_{-\infty}^{+\infty} \frac{1}{\sqrt{2\pi}}\mathrm{e}^{-\frac{t^2}{2}}\mathrm{d}t$$

利用二重积分及极坐标变换,可得 $\int_{-\infty}^{+\infty} \mathrm{e}^{-\frac{t^2}{2}}\mathrm{d}t = \sqrt{2\pi}$,故 $\int_{-\infty}^{+\infty} f(x)\mathrm{d}x = 1$.

**注** 正态分布是概率论中最重要的连续型分布,在19世纪前叶由高斯加以推广,故又常称为高斯分布.

下面我们给出正态分布的一些性质:

(1) 曲线 $y = f(x)$ 关于直线 $x = \mu$ 对称,即 $f(\mu - x) = f(\mu + x)$.

(2) 在 $(-\infty, \mu)$ 上 $f(x)$ 单调增加,在 $(\mu, +\infty)$ 上 $f(x)$ 单调减少,在 $x = \mu$ 处取得最大值 $f(\mu) = \frac{1}{\sqrt{2\pi}\sigma}$,在 $x = \mu \pm \sigma$ 处有拐点,$x$ 轴是它的水平渐近线(如图2.4.4所示).

(3)若固定 $\sigma$,改变 $\mu$ 值,则 $f(x)$的图形沿 $x$ 轴平行移动,但不改变其形状(如图 2.4.5 所示).

若固定 $\mu$,由于最大值为 $f(\mu)=\dfrac{1}{\sqrt{2\pi}\sigma}$,当 $\sigma$ 变小时,图像变得越尖,且 $X$ 落在 $\mu$ 附近的概率就越大;当 $\sigma$ 越大时,图像变得越平坦(如图 2.4.6 所示).

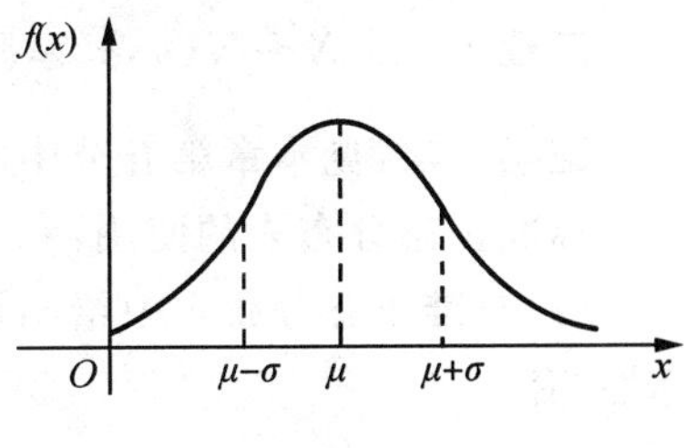


图 2.4.4

在实际中,有许多随机变量都服从或近似服从正态分布. 例如,一群同龄人的身高或体重、测量中产生的误差、植物的株高、农作物单位面积的产量都近似服从正态分布. 理论研究表明,一个变量如果受到大量的相互独立的随机因素的影响,而每个因素所起的作用又很微小时,这样的随机变量都服从或近似服从正态分布,所以正态分布在理论与实践中都占有重要的地位.

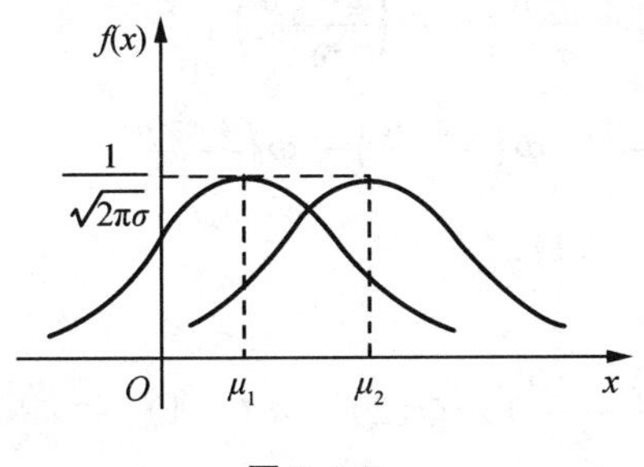


图 2.4.5

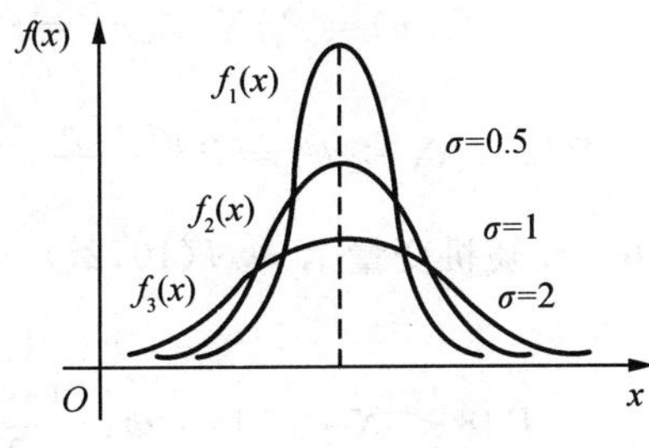


图 2.4.6

特别地,以 $\mu=0,\sigma=1$ 为参数的正态分布 $N(0,1)$称为**标准正态分布**,标准正态分布的密度函数与分布函数分别记作 $\varphi(x)$, $\Phi(x)$,其表达式如下:

$$\varphi(x)=\frac{1}{\sqrt{2\pi}}\mathrm{e}^{-\frac{x^2}{2}} \quad (-\infty<x<+\infty),$$

$$\Phi(x)=P\{X\leqslant x\}=\frac{1}{\sqrt{2\pi}}\int_{-\infty}^{x}\mathrm{e}^{-\frac{t^2}{2}}\mathrm{d}t \ (-\infty<x<+\infty).$$

标准正态分布的分布函数 $\Phi(x)$表示事件$\{X\leqslant x\}$的概率,其几何意义是密度曲线 $y=\varphi(x)$与 $x$ 轴在$(-\infty, x)$上围成的开口曲边梯形的面积(如图 2.4.7 中阴影部分所示).

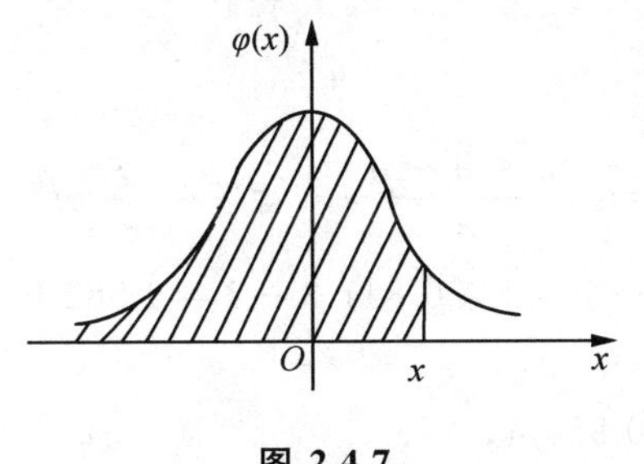


图 2.4.7

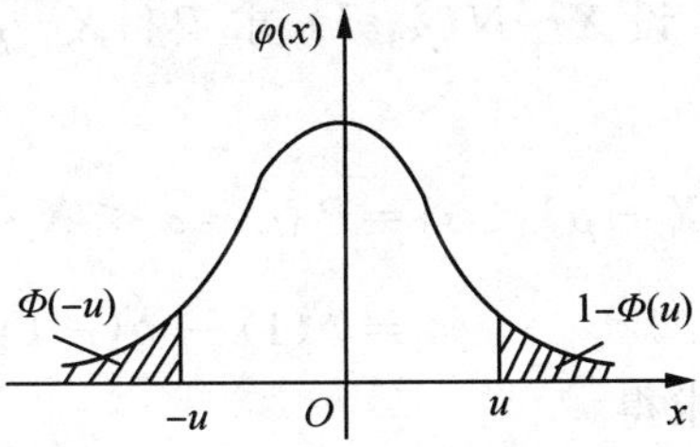

图 2.4.8

标准正态分布的重要性在于,任何一个一般的正态分布都可以通过线性变换转化为标准正态分布.

**定理 1**　设 $X\sim N(\mu,\sigma^2)$，则 $Y=\dfrac{X-\mu}{\sigma}\sim N(0,1)$.

**证明**　略(见本章第五节中的例 2).

标准正态分布表的使用:

(1)标准正态分布表中给出了 $x>0$ 时 $\Phi(x)$ 的数值，当 $x<0$ 时，利用正态分布的对称性，有

$$\Phi(-x)=1-\Phi(x);$$

(2) 若 $X\sim N(0,1)$，则

$$P\{a<X\leqslant b\}=\Phi(b)-\Phi(a);$$

(3)若 $X\sim N(\mu,\sigma^2)$，则 $Y=\dfrac{X-\mu}{\sigma}\sim N(0,1)$，故 $X$ 的分布函数为

$$F(x)=P\{X\leqslant x\}=P\left\{\frac{X-\mu}{\sigma}\leqslant\frac{x-\mu}{\sigma}\right\}=\Phi\left(\frac{x-\mu}{\sigma}\right);$$

$$P\{a<X\leqslant b\}=P\left\{\frac{a-\mu}{\sigma}<Y\leqslant\frac{b-\mu}{\sigma}\right\}=\Phi\left(\frac{b-\mu}{\sigma}\right)-\Phi\left(\frac{a-\mu}{\sigma}\right).$$

**例 6**　设随机变量 $X\sim N(10,2^2)$，求 $P\{8<X<14\}$.

**解**

$$\begin{aligned}P\{8<X<14\}&=\Phi(\frac{14-10}{2})-\Phi(\frac{8-10}{2})=\Phi(2)-\Phi(-1)\\&=0.977\ 2-(1-0.841\ 3)=0.818\ 5.\end{aligned}$$

**例 7**　设 $X\sim N(0,1)$，求:

(1) $P\{X\leqslant 2.33\}$;　(2) $P\{1<X\leqslant 2\}$;　(3) $P\{|X|<1.55\}$.

**解**　经简单变形并查表得

(1)$P\{X\leqslant 2.33\}=\Phi(2.33)=0.990\ 1$;

(2)$P\{1<X\leqslant 2\}=P\{X\leqslant 2\}-P\{X\leqslant 1\}=\Phi(2)-\Phi(1)$

$=0.977\ 2-0.841\ 3=0.135\ 9$;

(3)$P\{|X|\leqslant 1.55\}=P\{-1.55\leqslant X\leqslant 1.55\}=\Phi(1.55)-\Phi(-1.55)=2\Phi(1.55)-1$

$=2\times 0.939\ 4-1=0.878\ 8$.

**例 8**　设 $X\sim N(\mu,\sigma^2)$，求 $P\{|X-\mu|<\sigma\}$.

**解**

$$\begin{aligned}P\{|X-\mu|<\sigma\}&=P\{\mu-\sigma<X<\mu+\sigma\}=\Phi(\frac{\mu+\sigma-\mu}{\sigma})-\Phi(\frac{\mu-\sigma-\mu}{\sigma})\\&=\Phi(1)-\Phi(-1)=2\Phi(1)-1=2\times 0.841\ 3-1=0.682\ 6.\end{aligned}$$

类似地可求得

$$P\{|X-\mu|<2\sigma\}=0.954\ 4;$$
$$P\{|X-\mu|<3\sigma\}=0.997\ 4.$$

如图 2.4.9 所示，正态随机变量 $X$ 的取值位于参数 $\mu$ 附近的密集程度可用参数 $\sigma$ 为单位来度量，而且 $X$ 的取值几乎全部落在区间 $(\mu-3\sigma,\mu+3\sigma)$ 之内.这在统计学上称为 $3\sigma$ 准则(三倍标准差原则).

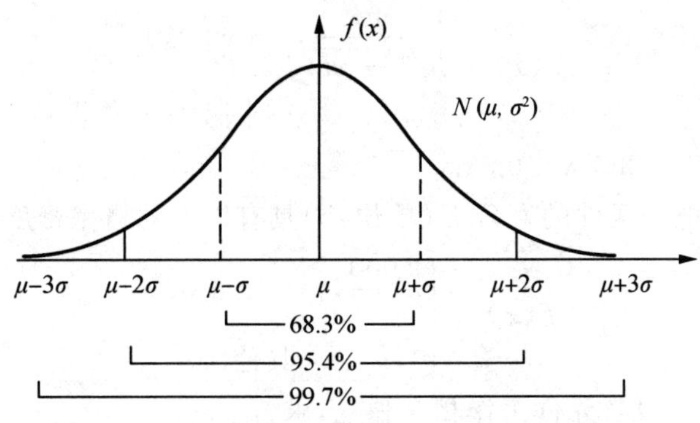


图 2.4.9

**例 9**　已知某台机器生产的螺栓长度 $X$(单位:mm)服从参数 $\mu=10.05$,$\sigma=0.06$ 的正态分布. 规定螺栓长度在 $10.05\pm0.12$ 内为合格品,试求螺栓为合格品的概率.

**解**　根据假设 $X\sim N(10.05,0.06^2)$,记 $a=10.05-0.12$,$b=10.05+0.12$,则$\{a\leqslant X\leqslant b\}$表示螺栓为合格品. 于是

$$P\{a\leqslant X\leqslant b\}=\Phi\left(\frac{b-\mu}{\sigma}\right)-\Phi\left(\frac{a-\mu}{\sigma}\right)=\Phi(2)-\Phi(-2)$$
$$=\Phi(2)-[1-\Phi(2)]=2\Phi(2)-1$$
$$=2\times0.977\ 2-1=0.954\ 4.$$

即螺栓为合格品的概率等于 0.954 4.

**例 10**　已知某种材料的强度 $X\sim N(200,18^2)$,求:

(1)$P\{X>180\}$;

(2)如果要以 99%的概率保证材料的强度不低于 150,问这批材料是否符合要求.

**解**　(1) $P\{X>180\}=1-P\{X\leqslant180\}=1-\Phi(\frac{180-200}{18})$

$$=1-\Phi(-1.11)=\Phi(1.11)=0.866\ 5;$$

(2)因为

$$P\{X\geqslant150\}=1-P\{X<150\}=1-\Phi(\frac{150-200}{18})$$
$$=1-\Phi(-2.78)=\Phi(2.78)=0.997\ 3>0.99.$$

所以这批材料符合题设的要求.

## 习题 2-4

1. 随机变量 $X$ 的密度函数为 $f(x)=\begin{cases}a\cos x, & |x|\leqslant\frac{\pi}{2},\\ 0, & |x|>\frac{\pi}{2},\end{cases}$,则 $a=$________.

2. 设随机变量 $X$ 的密度函数为

$$f(x)=\begin{cases}\dfrac{c}{\sqrt{1-x^2}}, & |x|<1,\\ 0, & |x|\geqslant 1.\end{cases}$$

求:(1)常数 $c$;(2)$P\{-3\leqslant X\leqslant 0.5\}$.

3. 设某种型号电子元件的寿命 $X$(单位:h)具有以下的概率密度

$$f(x)=\begin{cases}\dfrac{1\,000}{x^2}, & x\geqslant 1\,000,\\ 0, & 其他.\end{cases}$$

现有一大批此种元件,设各元件工作相互独立,求:

(1)任取一只,其寿命大于 1 500 小时的概率是多少?

(2)任取四只,四只元件中恰有两只元件的寿命大于 1 500 小时的概率是多少?

(3)任取四只,四只元件中至少有一只元件的寿命大于 1 500 小时的概率是多少?

4. 设某设备的使用寿命 $X$(单位:h),且 $X\sim E(0.001)$,求该设备使用寿命超过1 000 小时的概率.

5. 设随机变量 $X\sim N(0,1)$,求:

(1)$P\{X<2.12\}$; (2)$P\{X>-0.23\}$; (3)$P\{-0.2<X\leqslant 2.12\}$.

6. 设 $X\sim N(0,1)$,若 $P\{|X|<a\}=0.95$,则 $a=$________.

7. 若 $X\sim N(3,4)$,则 $P\{3<X<5\}=$________.

8. 设随机变量 $X\sim N(3,2)$,若 $P\{X\geqslant c\}=P\{X\leqslant 5\}$,则常数 $c=$________.

9. 某机床生产的零件长度 $X$(单位:mm),且 $X\sim N(20,0.02^2)$,工厂规定该零件长度在区间(19.96,20.04)内为合格品,求该机床产品的合格率.

10. 测量某零件长度时的误差为 $X$(单位:mm),且 $X\sim N(3,2^2)$,求:

(1)误差 $X$ 的绝对值小于 5 的概率;

(2)测量三次,误差的绝对值都小于 5 的概率;

(3)测量三次,误差的绝对值至少有一次小于 5 的概率.

11. 某公共汽车站每隔 5 min 有一辆车通过,可将车站上候车的乘客全部运走. 设乘客在两趟车之间的任何时刻到站都是等可能的,求乘客车候车时间不超过 3 min 的概率.

## 第五节 随机变量函数的分布

设 $X$ 是一个随机变量,$g(x)$为连续实函数,则 $Y=g(X)$也是一个随机变量,$Y$ 称为随机变量 $X$ 的函数. 例如,某类球形细胞的半径 $X$ 是一个随机变量,其体积 $Y=\frac{4}{3}\pi X^3$ 就是 $X$ 的函数,它也是一个随机变量. 对于随机变量函数,需要研究的主要问题是:如何由随机变量 $X$ 的概率分布,求出函数 $Y=g(X)$的概率分布.

一般地,对任意区间 $I$,令 $C=\{x\,|\,g(x)\in I\}$,则

$$\{Y\in I\}=\{g(X)\in I\}=\{X\in C\},$$

$$P\{Y\in I\}=P\{g(X)\in I\}=P\{X\in C\}.$$

**注**　随机变量 $Y$ 与 $X$ 的函数关系的确定，为从 $X$ 的分布出发导出 $Y$ 的分布提供了可能.

## 一、离散型随机变量函数的分布

设 $X$ 是离散型随机变量，其概率分布为

| $X$ | $x_1$ | $x_2$ | … | $x_i$ | … |
|---|---|---|---|---|---|
| $P$ | $p_1$ | $p_2$ | … | $p_i$ | … |

求函数 $Y=g(X)$ 的概率分布.

基本方法为：记 $y_i=g(x_i),i=1,2,\cdots$，则

(1)若 $y_i(i=1,2,\cdots)$ 的值互不相等，则

$$P\{Y=y_i\}=P\{X=x_i\},(i=1,2,\cdots),$$

则 $Y$ 的概率分布为

| $Y$ | $y_1$ | $y_2$ | … | $y_i$ | … |
|---|---|---|---|---|---|
| $P$ | $p_1$ | $p_2$ | … | $p_i$ | … |

(2)若 $y_i(i=1,2,\cdots)$ 中有值相等，则把相等的值合并，并根据概率的加法公式把相应的概率相加，就可得到 $Y$ 的概率分布.即令 $C_i=\{x_j|g(x_j)=y_i\}$，于是

$$\{Y=y_i\}=\{g(x_j)=y_i\}=\{X\in C_i\},$$

$$P\{Y=y_i\}=P\{X\in C_i\}=\sum_{x_j\in C_i}P\{X=x_j\}.$$

**例 1**　设随机变量 $X$ 的概率分布为

| $X$ | $-1$ | 0 | 1 | 2 | 3 |
|---|---|---|---|---|---|
| $P$ | 0.1 | 0.2 | 0.3 | 0.25 | 0.15 |

求 $Y=3X+2$ 和 $Z=(X-1)^2$ 的概率分布.

**解**　(1)将 $X$ 的所有可能取值，代入函数 $Y=3X+2$ 中，得到 $Y$ 可能的取值(互不相等)，则 $Y$ 的概率分布为

| $Y$ | $-1$ | 2 | 5 | 8 | 11 |
|---|---|---|---|---|---|
| $P$ | 0.1 | 0.2 | 0.3 | 0.25 | 0.15 |

(2)将 $X$ 的所有可能取值，代入函数 $Z=(X-1)^2$，得到 $Z=(X-1)^2$ 可能的取值为 0,1,4(有重复)，其相应的概率值为

$$P\{Z=0\}=P\{X=1\}=0.3,$$

$$P\{Z=1\}=P\{X=0\}+P\{X=2\}=0.2+0.25=0.45,$$

$$P\{Z=4\}=P\{X=-1\}+P\{X=3\}=0.1+0.15=0.25,$$

所以 $Z$ 的概率分布为

| $Z=(X-1)^2$ | 0 | 1 | 4 |
|---|---|---|---|
| $P$ | 0.30 | 0.45 | 0.25 |

## 二、连续型随机变量函数的分布

设 $X$ 为连续型随机变量，其密度函数为 $f(x)$，求 $Y=g(X)$ 的密度函数.基本方法如下：

(1)先求 $Y$ 的分布函数：

$$F_Y(y)=P\{Y\leqslant y\}=P\{g(X)\leqslant y\}=\int\limits_{g(x)\leqslant y} f(x)\mathrm{d}x.$$

(2)再求 $Y$ 的密度函数 $f_Y(y)=F'_Y(y)$.

**例 2** 设 $X\sim N(\mu,\sigma^2)$，证明 $Y=\dfrac{X-\mu}{\sigma}\sim N(0,1)$.

**证明** 设 $Y$ 的分布函数为 $F_Y(y)$，则

$$F_Y(y)=P\{Y\leqslant y\}=P\left\{\frac{X-\mu}{\sigma}\leqslant y\right\}=P\{X\leqslant \sigma y+\mu\},$$

即有

$$F_Y(y)=\int_{-\infty}^{\sigma y+\mu}\frac{1}{\sqrt{2\pi}\sigma}\mathrm{e}^{\frac{-(x-\mu)^2}{2\sigma^2}}\mathrm{d}x,$$

上式对 $y$ 求导数，得

$$f_Y(y)=F'_Y(y)=\frac{1}{\sqrt{2\pi}}\mathrm{e}^{-\frac{y^2}{2}},$$

这表明 $Y\sim N(0,1)$.

**例 3** 设随机变量 $X\sim N(0,1)$，$Y=\mathrm{e}^X$，求 $Y$ 的概率密度函数.

**解** 设 $F_Y(y)$，$f_Y(y)$分别为随机变量 $Y$ 的分布函数和概率密度函数.则

当 $y\leqslant 0$ 时，有

$$F_Y(y)=P\{Y\leqslant y\}=P\{\mathrm{e}^X\leqslant y\}=P\{\varnothing\}=0.$$

当 $y>0$ 时，因为 $g(x)=\mathrm{e}^x$ 是 $x$ 的严格单调增函数，所以有

$$\{\mathrm{e}^X\leqslant y\}=\{X\leqslant \ln y\},$$

因而

$$F_Y(y)=P\{Y\leqslant y\}=P\{\mathrm{e}^X\leqslant y\}=P\{X\leqslant \ln y\}=\frac{1}{\sqrt{2\pi}}\int_{-\infty}^{\ln y}\mathrm{e}^{-\frac{x^2}{2}}\mathrm{d}x.$$

再由 $f_Y(y)=F'_Y(y)$，得

$$f_Y(y)=\begin{cases}\dfrac{1}{\sqrt{2\pi}y}\mathrm{e}^{-\frac{(\ln y)^2}{2}}, & y>0,\\ 0, & y\leqslant 0.\end{cases}$$

通常称上式中的 $Y$ 服从对数正态分布，它也是一种常用寿命分布.

**例 4** 设 $X\sim f_X(x)=\begin{cases}\dfrac{x}{8}, & 0<x<4,\\ 0, & \text{其他},\end{cases}$ 求 $Y=2X+8$ 的概率密度.

**解** 设 $Y$ 的分布函数为 $F_Y(y)$，则

$$F_Y(y)=P\{Y\leqslant y\}=P\{2X+8\leqslant y\}=P\left\{X\leqslant\frac{y-8}{2}\right\}=F_X\left(\frac{y-8}{2}\right)$$

于是 $Y$ 的密度函数为

$$f_Y(y)=\frac{\mathrm{d}F_Y(y)}{\mathrm{d}y}=f_X\left(\frac{y-8}{2}\right)\cdot\frac{1}{2}.$$

注意到 $0<x<4$ 时，$f_X(x)\neq0$，即 $8<y<16$ 时，$f_X\left(\frac{y-8}{2}\right)\neq0$，且

$$f_X\left(\frac{y-8}{2}\right)=\frac{y-8}{16}.$$

故

$$f_Y(y)=\begin{cases}\dfrac{y-8}{32}, & 8<y<16,\\ 0, & \text{其他}.\end{cases}$$

**定理 1** 设连续型随机变量 $X$ 的密度函数为 $f_X(x)$，函数 $y=g(x)$ 处处可导，对于任意的 $x$ 有 $g'(x)>0$(或 $g'(x)<0$)，则 $Y=g(X)$ 也是一个连续型随机变量，其密度函数为

$$f_Y(y)=\begin{cases}f_X[h(y)]|h'(y)|, & \alpha<y<\beta,\\ 0, & \text{其他}.\end{cases}\tag{2.5.1}$$

其中 $h(y)$ 是 $g(x)$ 的反函数，$\alpha=\min\{g(-\infty),g(+\infty)\}$，$\beta=\max\{g(-\infty),g(+\infty)\}$.

**证明** 对于任意 $x$ 有 $g'(x)>0$(或 $g'(x)<0$)，因而 $g(x)$ 单调，它的反函数 $h(y)$ 存在，并且 $h(y)$ 在 $(\alpha,\beta)$ 内单调增加(或单调减少)且可导.下面分两种情况讨论：

如果 $g(x)$ 单调增加，$X$ 的分布函数为

$$F_Y(y)=P\{Y\leqslant y\}=P\{g(X)\leqslant y\}=P\{X\leqslant h(y)\}=\int_{-\infty}^{h(y)}f_X(x)\mathrm{d}x,$$

于是 $Y$ 的密度函数为

$$f_Y(y)=F_Y'(y)=f(h(y))\cdot h'(y),\ h'(y)>0,g(-\infty)<y<g(+\infty).$$

如果 $g(x)$ 单调减少，则

$$F_Y(y)=P\{Y\leqslant y\}=P\{g(X)\leqslant y\}=P\{X\geqslant h(y)\}=\int_{h(y)}^{+\infty}f_X(x)\mathrm{d}x,$$

于是 $Y$ 的密度函数为

$$f_Y(y)=F_Y'(y)=-f(h(y))\cdot h'(y),\ h'(y)<0,\ g(+\infty)<y<g(-\infty).$$

若 $f(x)$ 在有限区间 $[a,b]$ 以外等于 0，则只需设 $g(x)$ 在 $[a,b]$ 内 $g'(x)>0$(或 $g'(x)<0$)，此时 $\alpha=\min\{g(a),g(b)\}$，$\beta=\max\{g(a),g(b)\}$.

**例 5** 设 $X\sim N(\mu,\sigma^2)$，求随机变量 $Y=aX+b$($a,b$ 均为常数，且 $a\neq0$)的概率密度.

**解** 由于 $X\sim N(\mu,\sigma^2)$，所以 $X$ 的密度函数为

$$f_X(x)=\frac{1}{\sqrt{2\pi}\sigma}\mathrm{e}^{-\frac{(x-\mu)^2}{2\sigma^2}}\quad(-\infty<x<+\infty).$$

显然，函数 $y=g(x)=ax+b$ 在区间 $(-\infty,+\infty)$ 内单调、可导，且 $g'(x)=a$，若 $a>0$，则 $g(x)$ 单调递增；若 $a<0$，则 $g(x)$ 单调递减.取 $\alpha=\min\{g(-\infty),g(+\infty)\}=$

$-\infty,\beta=\max\{g(-\infty),g(+\infty)\}=+\infty$.

由于 $y=ax+b$ 的反函数为

$$x=h(y)=\frac{y-b}{a},$$

且在$(-\infty,+\infty)$上单调、可导,且 $h'(y)=\frac{1}{a}$,故随机变量 $Y=aX+b$ 的密度函数为

$$f_Y(y)=\frac{1}{\sqrt{2\pi}\sigma}e^{-\frac{(\frac{y-b}{a}-\mu)^2}{2\sigma^2}}\cdot\left|\frac{1}{a}\right|=\frac{1}{\sqrt{2\pi}\sigma|a|}e^{-\frac{[y-(a\mu+b)]^2}{2a^2\sigma^2}}\ (-\infty<y<+\infty),$$

即

$$Y=aX+b\sim N(a\mu+b,a^2\sigma^2).$$

**例 6** 设随机变量 $X$ 的密度函数为

$$f_X(x)=\begin{cases}1, & 0\leqslant x\leqslant 1,\\ 0, & \text{其他}.\end{cases}$$

求函数 $Y=3X+1$ 的密度.

**解** $y=g(x)=3x+1$ 的反函数为 $x=h(y)=\frac{y-1}{3}$,且 $g'(x)=3$,即 $y=g(x)$在$[0,1]$上严格单调增加,$h'(y)=\frac{1}{3}$,且 $g'(x)>0$,则 $Y=3X+1$ 的密度函数为

$$f_Y(y)=\begin{cases}\frac{1}{3}, & 1\leqslant y\leqslant 4,\\ 0, & \text{其他}.\end{cases}$$

**注** 对于条件“$g'(x)>0$[或 $g'(x)<0$]”,不少函数不满足这个条件,还有更一般的公式,此处不作详细说明,下面举例说明:

**例 7*** 设 $X\sim N(0,1)$,试求 $Y=X^2$ 的密度函数.

**解** 由于 $y=x^2$ 在$(-\infty,+\infty)$内不单调,不满足条件 $g'(x)>0$[或 $g'(x)<0$],采用直接的方法,设 $Y=X^2$ 的分布函数为 $F_Y(y)$,则

当 $y\leqslant 0$ 时,

$$F_Y(y)=P\{Y\leqslant y\}=P\{X^2\leqslant y\}=0,$$

当 $y>0$ 时,

$$\begin{aligned}F_Y(y)&=P\{Y\leqslant y\}=P\{X^2\leqslant y\}=P\{-\sqrt{y}\leqslant X\leqslant\sqrt{y}\}\\&=\frac{1}{\sqrt{2\pi}}\int_{-\sqrt{y}}^{\sqrt{y}}e^{-\frac{t^2}{2}}dt=\frac{2}{\sqrt{2\pi}}\int_0^{\sqrt{y}}e^{-\frac{t^2}{2}}dt,\end{aligned}$$

于是

$$f_Y(y)=F'_Y(y)=\frac{2}{\sqrt{2\pi}}e^{-\frac{(\sqrt{y})^2}{2}}\cdot\frac{1}{2\sqrt{y}}=\frac{1}{\sqrt{2\pi y}}e^{-\frac{y}{2}}.$$

综上所述,得 $Y=X^2$ 的密度函数为

$$f_Y(y)=\begin{cases}\frac{1}{\sqrt{2\pi y}}e^{-\frac{y}{2}}, & y>0,\\ 0, & y\leqslant 0.\end{cases}$$

## 习题 2-5

1. 设随机变量 $X$ 的分布律为

| $X$ | $-1$ | 0 | 1 | 2 |
|---|---|---|---|---|
| $p$ | 0.2 | 0.1 | 0.3 | 0.4 |

则:(1)$Y=X^3$ 的分布律为________________;

(2)$Z=X^2$ 的分布律为________________.

2. 已知随机变量 $X$ 的分布律为

| $X$ | 0 | 1 | 2 | 4 |
|---|---|---|---|---|
| $p$ | 0.1 | 0.2 | 0.3 | 0.4 |

则随机变量 $Y=\cos \pi X$ 的分布律为________________.

3. 设随机变量 $X$ 的概率分布为

| $X$ | $-2$ | $-1$ | 0 | 1 | 2 | 3 |
|---|---|---|---|---|---|---|
| $P_i$ | $2a$ | 0.1 | $3a$ | $a$ | $a$ | $2a$ |

求:(1)$a$ 的值;　(2)$Y=X^2-1$ 的概率分布.

4. 已知随机变量 $X\sim B(3,0.4)$,令 $Y=\dfrac{X(3-X)}{2}$,则 $P\{Y=1\}=$________.

5. 设随机变量 $X$ 的密度函数为

$$f_X(x)=\begin{cases}\dfrac{2x}{\pi^2}, & 0<x<\pi,\\ 0, & \text{其他}.\end{cases}$$

而 $Y=\sin X$,试求随机变量 $Y$ 的概率密度函数 $f_Y(y)$.

6. 随机变量 $X$ 的概率密度为

$$f_X(x)=\begin{cases}\dfrac{x}{2}, & 0<x<2,\\ 0, & \text{其他}.\end{cases}$$

求 $Y=2X+8$ 的概率密度函数.

7. 设随机变量 $X$ 服从(0,1)上的均匀分布,随机变量 $Y=\mathrm{e}^X$,求 $Y$ 的概率密度函数.

## 总习题二

1. 某公安局在长度为 $t$(单位:h)的时间间隔内收到的紧急呼叫的次数 $X$ 服从参数

为$\frac{t}{2}$的泊松分布,而与时间间隔的起点无关.求:

(1)某天中午 12 时至下午 3 时没有收到的紧急呼叫的概率;

(2)某天中午 12 时至下午 5 时至少收到 1 次紧急呼叫的概率.

2. 一家商店采用科学管理,由该商店过去的销售记录知道,某种商品每月的销售数可以用参数 $\lambda=6$ 的泊松分布来描述,为了以 90%以上的把握保证不脱销,问商店在月底至少应进某种商品多少件?

3. 已知 100 个产品中有 5 个次品,现从中有放回地取 3 次,每次任取一个,求在所取的 3 个中恰有 2 个次品的概率.

4. 设随机变量 $X$ 的分布律为

| $X$ | 0 | 1 | 2 |
|---|---|---|---|
| $p_i$ | $\frac{1}{3}$ | $\frac{1}{6}$ | $\frac{1}{2}$ |

求 $F(x)$.

5. 设随机变量 $X$ 的概率分布为

| $X$ | $-1$ | 2 | 4 |
|---|---|---|---|
| $p_i$ | $\frac{1}{4}$ | $\frac{1}{2}$ | $\frac{1}{4}$ |

求:(1)$X$ 的的分布函数; (2)$P\{X\leqslant 1/2\}$;

(3)$P\{3/2<X\leqslant 5/2\}$;(4)$P\{2\leqslant X\leqslant 3\}$.

6. 设离散型随机变量 $X$ 的的分布函数为 $F(x)=\begin{cases}0, & x<-1,\\ 0.4, & -1\leqslant x<1,\\ 0.8, & 1\leqslant x<3,\\ 1, & x\geqslant 3.\end{cases}$ 求:

(1)随机变量 $X$ 的概率分布; (2)$P\{X<2\mid X\neq 1\}$.

7. 设随机变量 $X$ 具有以下的分布律,

| $X$ | $-1$ | 0 | 1 | 2 |
|---|---|---|---|---|
| $p_i$ | 0.2 | 0.3 | 0.1 | 0.4 |

试求 $Y=(X-1)^2$ 的分布律.

8. 已知随机变量 $X$ 的概率密度函数为 $f(x)=\begin{cases}2x, & 0<x<1,\\ 0, & 其他,\end{cases}$ 求:

(1)$P\{X\leqslant 1/2\}$; (2)$P\{X=1/2\}$; (3)$X$ 的分布函数.

9. 设连续型随机变量 $X$ 的的分布函数为 $F(x)=\begin{cases}A+B\mathrm{e}^{-2x}, & x>0,\\ 0, & x\leqslant 0.\end{cases}$ 试求:

(1)$A,B$ 的值; (2)$P\{-1<X<1\}$; (3)$X$ 的概率密度函数 $f(x)$.

10. 某玩具厂装配车间准备实行计件超产奖,为此需对生产定额做出规定.根据以往记录,各工人每月装配产品数服从正态分布 $N(4\ 000,3\ 600)$.假定车间主任希望10%的工人获得超产奖,求工人每月需完成多少产品才能获奖?

11. 设顾客排队等待服务的时间 $X$(单位:min)服从参数 $\lambda=0.2$ 的指数分布,某顾客等待服务,若超过10 min,他就离开.他一个月要去等待服务5次,以 $Y$ 表示一个月内他未等到服务而离开的次数,试求 $Y$ 的概率分布和 $P\{Y\geqslant 1\}$.

12. 已知某种类型的电子管的寿命 $X$(单位:h)服从指数分布,其概率密度为

$$f(x)=\begin{cases}\dfrac{1}{600}\mathrm{e}^{-\frac{x}{600}}, & x>0,\\ 0, & x\leqslant 0.\end{cases}$$

一台仪器中装有3根独立工作的此类型电子管,任一根损坏时仪器便不能正常工作,试求仪器正常工作200 h以上的概率.

# 第三章　多维随机变量及其分布

## 第一节　二维随机变量及其分布

到现在为止，我们只讨论了一维随机变量及其分布，但有些随机现象用一个随机变量来描述还不够，而需要同时用两个或两个以上的随机变量来描述. 例如，在打靶时，以靶心为原点建立直角坐标系，命中点的位置是由一对随机变量$(X,Y)$(两个坐标)来确定的.又如考察某地区的气候，通常要考察气温$X$、风力$Y$这两个随机变量，记作$(X,Y)$.在这种情况下，不但要研究多个随机变量各自的统计规律，而且还要研究它们之间的统计相依关系，因而还需考察它们的联合取值的统计规律，即多维随机变量的分布.

### 一、二维随机变量

**定义 1**　两个随机变量$X,Y$组成的整体$(X,Y)$叫**二维随机变量**或**二维随机向量**.一般地称$n$个随机变量的整体$(X_1,X_2,\cdots,X_n)$为$n$ **维随机变量**或$n$ **维随机向量**.称$X_i$为第$i$个分量.特别地，$n=1$时的一维随机变量就是在第二章中的随机变量，本章着重讨论二维随机变量，它的很多结论不难推广到$n$大于2的情况.

### 二、二维随机变量的分布函数

**定义 2**　设$(X,Y)$是二维随机变量，对任意实数$x,y$，二元函数

$$F(x,y)=P\{X\leqslant x,Y\leqslant y\} \tag{3.1.1}$$

称为**二维随机变量$(X,Y)$的分布函数**或称为**随机变量$X$与$Y$的联合分布函数**.记作$(X,Y)\sim F(x,y)$.

几何上，若将二维随机变量$(X,Y)$视为平面上随机点的坐标，则分布函数$F(x,y)$在点$(x,y)$的函数值就是随机点$(X,Y)$落在以$(x,y)$为顶点，位于该点左下方的无穷矩形内的概率，如图 3.1.1 所示.

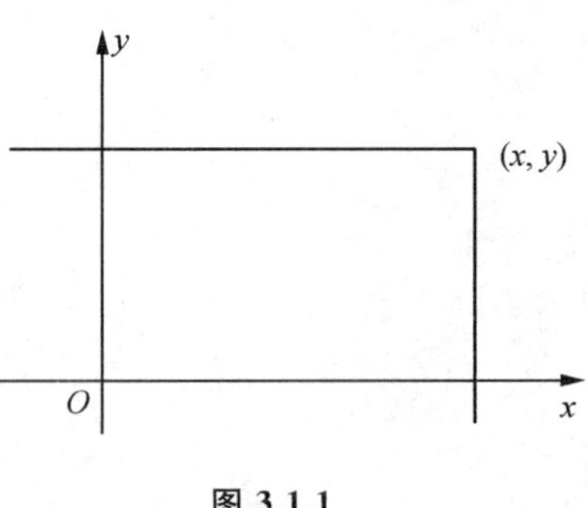


图 3.1.1

由分布函数及几何意义可看出随机点$(X,Y)$落入矩形区域(如图 3.1.2 所示)

$$\{x_1<X\leqslant x_2,y_1<Y\leqslant y_2\}$$

的概率为

$$P\{x_1<X\leqslant x_2,y_1<Y\leqslant y_2\}=F(x_2,y_2)-F(x_2,y_1)-F(x_1,y_2)+F(x_1,y_1). \tag{3.1.2}$$

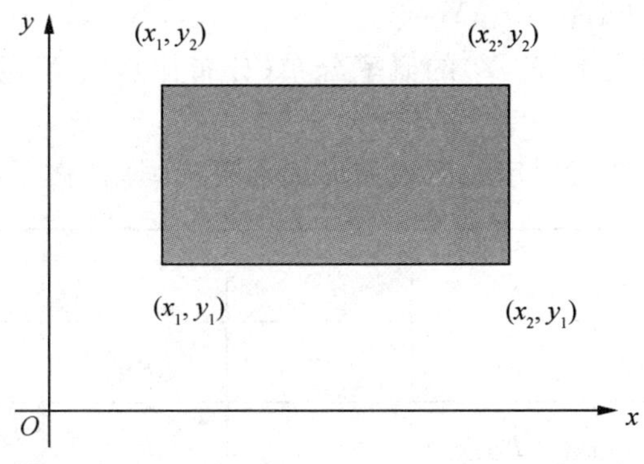


图 3.1.2

$(X,Y)$的两个分量 $X$ 与 $Y$ 各自的分布函数分别称为二维随机变量$(X,Y)$的关于 $X$ 与 $Y$ 的边缘分布函数，记为 $F_X(x)$，$F_Y(y)$，也记为 $X \sim F_X(x)$，$Y \sim F_Y(y)$.

边缘分布函数可由联合分布函数来确定：

$$F_X(x)=P\{X \leqslant x\}=P\{X \leqslant x, Y<+\infty\}=F(x,+\infty)=\lim_{y \to +\infty} F(x,y), \tag{3.1.3}$$

$$F_Y(y)=P\{Y \leqslant y\}=P\{Y \leqslant y, X<+\infty\}=F(+\infty,y)=\lim_{x \to +\infty} F(x,y). \tag{3.1.4}$$

联合分布函数 $F(x,y)$具有下列性质：

(1) $0 \leqslant F(x,y) \leqslant 1$，且

对任意固定的 $y$，$F(-\infty,y)=0$，

对任意固定的 $x$，$F(x,-\infty)=0$，

$$F(-\infty,-\infty)=0, F(+\infty,+\infty)=1;$$

(2) $F(x,y)$关于 $x$ 和 $y$ 均为单调非减函数，即

对任意固定的 $y$，当 $x_2>x_1$，$F(x_2,y) \geqslant F(x_1,y)$，

对任意固定的 $x$，当 $y_2>y_1$，$F(x,y_2) \geqslant F(x,y_1)$；

(3) $F(x,y)$关于 $x$ 和 $y$ 均为右连续，即

$$F(x,y)=F(x+0,y), F(x,y)=F(x,y+0).$$

以上性质的证明略.

根据这些性质可以确定 $F(x,y)$中的未知常数，也可以验证某二元函数是否为某二维随机变量的分布函数.

## 三、二维离散型随机变量及其概率分布

**定义 3**　若二维随机变量$(X,Y)$只取有限多对或可列无穷多对$(x_i,y_j)$，$i,j=1,2,\cdots$，则称$(X,Y)$为**二维离散型随机变量**.

很明显，$(X,Y)$为二维离散型随机变量当且仅当 $X$，$Y$ 均为离散型随机变量.

若二维离散型随机变量$(X,Y)$所有可能的取值为$(x_i,y_j)$，$i,j=1,2,\cdots$，$(X,Y)$在各个可能取值的概率为

$$P\{X=x_i,Y=y_j\}=p_{ij} \quad (i,j=1,2,\cdots) \tag{3.1.5}$$

称它为二维离散型随机变量$(X,Y)$的概率分布(分布律),或 $X$ 与 $Y$ 的联合概率分布(分布律).

$(X,Y)$的概率分布还可以用如下表格形式来表示:

| $X \backslash Y$ | $y_1$ | $y_2$ | $\cdots$ | $y_j$ | $\cdots$ | $P\{X=x_i\}$ |
|---|---|---|---|---|---|---|
| $x_1$ | $p_{11}$ | $p_{12}$ | $\cdots$ | $p_{1j}$ | $\cdots$ | $\sum_j p_{1j}$ |
| $x_2$ | $p_{21}$ | $p_{22}$ | $\cdots$ | $p_{2j}$ | $\cdots$ | $\sum_j p_{2j}$ |
| $\vdots$ | $\vdots$ | $\vdots$ | | $\vdots$ | | $\vdots$ |
| $x_i$ | $p_{i1}$ | $p_{i2}$ | $\cdots$ | $p_{ij}$ | $\cdots$ | $\sum_j p_{ij}$ |
| $\vdots$ | $\vdots$ | $\vdots$ | | $\vdots$ | | $\vdots$ |
| $P\{Y=y_j\}$ | $\sum_i p_{i1}$ | $\sum_i p_{i2}$ | $\cdots$ | $\sum_i p_{ij}$ | $\cdots$ | $\sum_i \sum_j p_{ij}$ |

随机变量$(X,Y)$的分布律,满足下列性质:

(1)$p_{ij}\geqslant 0,i,j=1,2,\cdots$;

(2) $\sum_i \sum_j p_{ij}=1$.

反之,若数集$\{p_{ij}\}(i,j=1,2,\cdots)$具有以上两条性质,则它必可作为某二维离散型随机变量的分布律.

由随机变量 $X$ 和 $Y$ 的联合分布,可以求出 $X$ 和 $Y$ 的各自的概率分布为

$$p_{i\cdot}=P\{X=x_i\}=\sum_j p_{ij},i=1,2,\cdots \tag{3.1.6}$$

$$p_{\cdot j}=P\{Y=y_j\}=\sum_i p_{ij},j=1,2,\cdots \tag{3.1.7}$$

分别称 $p_{i\cdot}$ 和 $p_{\cdot j}$为$(X,Y)$关于 $X$ 和 $Y$ 的边缘概率分布.即 $p_{i\cdot}$ 和 $p_{\cdot j}$分别等于联合分布表中的行和与列和.

$(X,Y)$的边缘分布律有下列性质:

(1)$p_{i\cdot}\geqslant 0,p_{\cdot j}\geqslant 0$;

(2) $\sum_i p_{i\cdot}=1,\sum_j p_{\cdot j}=1$.

**注** 对离散型随机变量而言,联合概率分布不仅比联合分布函数更加直观,而且能够更加方便地确定$(X,Y)$取值于任何区域 $D$ 上的概率,即

$$P\{(X,Y)\in D\}=\sum_{(x_i,y_j)\in D} p_{ij},$$

特别地,由联合概率分布可以确定联合分布函数为

$$F(x,y)=P\{X\leqslant x,Y\leqslant y\}=\sum_{x_i\leqslant x,y_j\leqslant y} p_{ij}.$$

**例 1**　设二维随机变量的联合概率分布为

| X \ Y | −2 | 0 | 1 |
|---|---|---|---|
| −1 | 0.3 | 0.1 | 0.1 |
| 1 | 0.05 | 0.2 | 0 |
| 2 | 0.2 | 0 | 0.05 |

求 $P\{X\leqslant 1,Y\geqslant 0\}$，$F(0,0)$，$X$，$Y$ 的边缘分布律.

**解**

$$P\{X\leqslant 1,Y\geqslant 0\}$$
$$=P\{X=-1,Y=0\}+P\{X=-1,Y=1\}+P\{X=1,Y=0\}+P\{X=1,Y=1\}$$
$$=0.1+0.1+0.2+0=0.4.$$

$F(0,0)=P\{X=-1,Y=-2\}+P\{X=-1,Y=0\}=0.3+0.1=0.4.$

$X$，$Y$ 的边缘分布律为

$P\{X=-1\}=0.3+0.1+0.1=0.5$，　$P\{X=1\}=0.05+0.2+0=0.25$，

$P\{X=2\}=0.2+0+0.05=0.25$，　$P\{Y=-2\}=0.3+0.05+0.2=0.55$，

$P\{Y=0\}=0.1+0.2+0=0.3$，　$P\{Y=1\}=0.1+0+0.05=0.15$.

**例 2**　设随机变量 $X$ 在 1，2，3 三个整数中等可能地取一个值，另一个随机变量 $Y$ 在 $1\sim X$ 中等可能地取一整数值，试求$(X,Y)$的分布律及 $X$ 和 $Y$ 的边缘分布律.

**解**　由乘法公式容易求得$(X,Y)$的分布律. 易知$\{X=i,Y=j\}$的取值情况是：$i=1,2,3$，$j$ 取不大于 $i$ 的正整数，且

$$P\{X=i,Y=j\}=P\{Y=j\mid X=i\}P\{X=i\}=\frac{1}{i}\cdot\frac{1}{3},i=1,2,3,j\leqslant i.$$

于是$(X,Y)$的分布律为

| X \ Y | 1 | 2 | 3 |
|---|---|---|---|
| 1 | $\frac{1}{3}$ | 0 | 0 |
| 2 | $\frac{1}{6}$ | $\frac{1}{6}$ | 0 |
| 3 | $\frac{1}{9}$ | $\frac{1}{9}$ | $\frac{1}{9}$ |

$(X,Y)$关于 $X$ 的边缘分布律为

$$P\{X=1\}=\frac{1}{3}+0+0=\frac{1}{3},$$

$$P\{X=2\}=\frac{1}{6}+\frac{1}{6}+0=\frac{1}{3},$$

$$P\{X=3\}=\frac{1}{9}+\frac{1}{9}+\frac{1}{9}=\frac{1}{3}.$$

$(X,Y)$关于 $Y$ 的边缘分布律为

$$P\{Y=1\}=\frac{1}{3}+\frac{1}{6}+\frac{1}{9}=\frac{11}{18},$$

$$P\{Y=2\}=0+\frac{1}{6}+\frac{1}{9}=\frac{5}{18},$$

$$P\{Y=3\}=0+0+\frac{1}{9}=\frac{1}{9}.$$

可以将$(X,Y)$的分布律与边缘分布律写在同一张表上,即

| $X$ \ $Y$ | 1 | 2 | 3 | $p_{i\cdot}$ |
|---|---|---|---|---|
| 1 | $\frac{1}{3}$ | 0 | 0 | $\frac{1}{3}$ |
| 2 | $\frac{1}{6}$ | $\frac{1}{6}$ | 0 | $\frac{1}{3}$ |
| 3 | $\frac{1}{9}$ | $\frac{1}{9}$ | $\frac{1}{9}$ | $\frac{1}{3}$ |
| $p_{\cdot j}$ | $\frac{11}{18}$ | $\frac{5}{18}$ | $\frac{1}{9}$ | |

值得注意的是:对于二维离散型随机变量$(X,Y)$,虽然它的联合分布可以确定它的两个边缘分布,但在一般情况下,由$(X,Y)$的两个边缘分布律是不能确定$(X,Y)$的分布律的.

**例 3** 设盒中有 2 个红球 3 个白球,从中每次任取一球,连续取两次,记 $X,Y$ 分别表示第一次与第二次取出的红球个数,分别求出放回摸球与不放回摸球两种情况下,$(X,Y)$的分布律与边缘分布律.

**解** (1)有放回摸球情况:

由于事件$\{X=i\}$与事件$\{Y=j\}$相互独立$(i,j=0,1)$,所以

$$P\{X=0,Y=0\}=P\{X=0\}\cdot P\{Y=0\}=\frac{3}{5}\cdot\frac{3}{5}=\frac{9}{25},$$

$$P\{X=0,Y=1\}=P\{X=0\}\cdot P\{Y=1\}=\frac{3}{5}\cdot\frac{2}{5}=\frac{6}{25},$$

$$P\{X=1,Y=0\}=P\{X=1\}\cdot P\{Y=0\}=\frac{2}{5}\cdot\frac{3}{5}=\frac{6}{25},$$

$$P\{X=1,Y=1\}=P\{X=1\}\cdot P\{Y=1\}=\frac{2}{5}\cdot\frac{2}{5}=\frac{4}{25};$$

则$(X,Y)$的分布律与边缘分布律为

| X \ Y | 0 | 1 | $p_{i\cdot}$ |
| --- | --- | --- | --- |
| 0 | $\frac{3}{5}\cdot\frac{3}{5}$ | $\frac{3}{5}\cdot\frac{2}{5}$ | $\frac{3}{5}$ |
| 1 | $\frac{2}{5}\cdot\frac{3}{5}$ | $\frac{2}{5}\cdot\frac{2}{5}$ | $\frac{2}{5}$ |
| $p_{\cdot j}$ | $\frac{3}{5}$ | $\frac{2}{5}$ | |

(2)不放回摸球情况：

$$P\{X=0,Y=0\}=P\{X=0\}\cdot P\{Y=0\mid X=0\}=\frac{3}{5}\cdot\frac{2}{4}=\frac{3}{10},$$

$$P\{X=0,Y=1\}=P\{X=0\}\cdot P\{Y=1\mid X=0\}=\frac{3}{5}\cdot\frac{2}{4}=\frac{3}{10},$$

$$P\{X=1,Y=0\}=P\{X=1\}\cdot P\{Y=0\mid X=1\}=\frac{2}{5}\cdot\frac{3}{4}=\frac{3}{10},$$

$$P\{X=1,Y=1\}=P\{X=1\}\cdot P\{Y=1\mid X=1\}=\frac{2}{5}\cdot\frac{1}{4}=\frac{1}{10}.$$

则$(X,Y)$的分布律与边缘分布律为

| X \ Y | 0 | 1 | $p_{i\cdot}$ |
| --- | --- | --- | --- |
| 0 | $\frac{3}{5}\cdot\frac{2}{4}$ | $\frac{3}{5}\cdot\frac{2}{4}$ | $\frac{3}{5}$ |
| 1 | $\frac{2}{5}\cdot\frac{3}{4}$ | $\frac{2}{5}\cdot\frac{1}{4}$ | $\frac{2}{5}$ |
| $p_{\cdot j}$ | $\frac{3}{5}$ | $\frac{2}{5}$ | |

比较两表可看出：在有放回抽样与不放回抽样两种情况下，$(X,Y)$的边缘分布律完全相同，但$(X,Y)$的分布律却不相同，这表明$(X,Y)$的分布律不仅反映了两个分量的概率分布，而且反映了$X$与$Y$之间的关系.若两个分量的概率分布完全相同，但分量之间的关系却不同，则它们的分布律也会不同.因此在研究二维随机变量时，不仅要考察两个分量$X$与$Y$各自的个别性质，还需要考虑它们之间的关系，即应将$(X,Y)$作为一个整体来研究.

## 四、二维连续型随机变量及其概率密度

一维连续型随机变量$X$的可能取值为某个或某些区间，甚至是整个数轴，二维随机变量$(X,Y)$的可能取值范围则为$xOy$平面上的某个或某些区域，甚至为整个平面.一维连续型随机变量$X$的概率特征为存在一个概率密度函数$f(x)$，满足：

(1) $f(x)\geqslant 0,\int_{-\infty}^{+\infty}f(x)\mathrm{d}x=1$；

(2) $P\{a<X\leqslant b\}=\int_a^b f(x)\mathrm{d}x$；

(3) 分布函数 $F(x)=\int_{-\infty}^{x}f(t)\mathrm{d}t$.

类似地,我们有下面的定义.

**定义 4** 设二维随机变量$(X,Y)$的分布函数为$F(x,y)$,若存在非负可积函数$f(x,y)$,使得对任意的实数$x,y$,有

$$F(x,y)=\int_{-\infty}^{x}\int_{-\infty}^{y}f(u,v)\mathrm{d}u\mathrm{d}v, \tag{3.1.8}$$

则称$(X,Y)$为**二维连续型随机变量**,并称$f(x,y)$为$(X,Y)$的**概率密度(密度函数)**,或$X$与$Y$的**联合概率密度(联合密度函数)**.

按定义,概率密度$f(x,y)$有以下性质:

(1)$f(x,y)\geqslant 0$;

(2)$\int_{-\infty}^{+\infty}\int_{-\infty}^{+\infty}f(x,y)\mathrm{d}x\mathrm{d}y=F(+\infty,+\infty)=1$;

反之,任一定义在整个实平面上的二元函数,如果具有以上两条性质,则它必可作为某二维连续型随机变量的概率密度.

(3)设$D$是$xOy$平面上的区域,点$(X,Y)$落入$D$内的概率为

$$P\{(X,Y)\in D\}=\iint_{D}f(x,y)\mathrm{d}x\mathrm{d}y.$$

上式表示二重积分的几何意义,即随机点$(X,Y)$落入$D$内的概率等于以平面区域$D$为底、以曲面$z=f(x,y)$为顶的曲顶柱体的体积.

(4)若$f(x,y)$在点$(x,y)$处连续,则有

$$\frac{\partial^2 F(x,y)}{\partial x\partial y}=f(x,y).$$

对于边缘分布函数$F_X(x)$,我们有

$$\begin{aligned}F_X(x)&=P\{X\leqslant x\}=P\{X\leqslant x,Y<+\infty\}\\&=\int_{-\infty}^{x}\int_{-\infty}^{+\infty}f(u,v)\mathrm{d}u\mathrm{d}v=\int_{-\infty}^{x}\left[\int_{-\infty}^{+\infty}f(u,v)\mathrm{d}v\right]\mathrm{d}u,\end{aligned}$$

上式表明$X$是连续型随机变量,且其密度函数为

$$f_X(x)=\int_{-\infty}^{+\infty}f(x,y)\mathrm{d}y, \tag{3.1.9}$$

同理,$Y$是连续型随机变量,且其密度函数为

$$f_Y(y)=\int_{-\infty}^{+\infty}f(x,y)\mathrm{d}x, \tag{3.1.10}$$

分别称$f_X(x)$和$f_Y(y)$为$(X,Y)$关于$X$和$Y$的边缘密度函数(边缘概率密度).

**例 4** 设二维随机变量$(X,Y)$的分布函数为

$$F(x,y)=a(b+\arctan x)(c+\arctan 2y),-\infty<x<+\infty,-\infty<y<+\infty.$$

求:(1)常数$a,b,c$; (2)$(X,Y)$的概率密度.

**解** 由分布函数的性质知

$$F(+\infty,+\infty)=a\left(b+\frac{\pi}{2}\right)\left(c+\frac{\pi}{2}\right)=1,$$

$$F(x,-\infty)=a(b+\arctan x)\left(c-\frac{\pi}{2}\right)=0,$$

$$F(-\infty,y)=a\left(b-\frac{\pi}{2}\right)(c+\arctan 2y)=0,$$

从上面第二式得 $c=\frac{\pi}{2}$，从上面第三式得 $b=\frac{\pi}{2}$，再从上面第一式得 $a=\frac{1}{\pi^2}$.

由于

$$F(x,y)=\frac{1}{\pi^2}\left(\frac{\pi}{2}+\arctan x\right)\left(\frac{\pi}{2}+\arctan 2y\right),$$

从而概率密度为

$$f(x,y)=\frac{\partial^2 F(x,y)}{\partial x\partial y}=\frac{2}{\pi^2(1+x^2)(1+4y^2)}.$$

**例 5**　设二维随机变量 $(X,Y)$ 具有概率密度

$$f(x,y)=\begin{cases}2\mathrm{e}^{-(2x+y)}, & x>0,y>0,\\ 0, & \text{其他}.\end{cases}$$

求：(1) 求分布函数 $F(x,y)$；　(2) 求概率 $P\{Y\leqslant X\}$.

**解**　(1) $F(x,y)=\int_{-\infty}^{y}\int_{-\infty}^{x}f(u,v)\mathrm{d}u\mathrm{d}v=\begin{cases}\int_0^y\int_0^x 2\mathrm{e}^{-(2u+v)}\mathrm{d}u\mathrm{d}v, & x>0,y>0,\\ 0, & \text{其他}.\end{cases}$

即有

$$F(x,y)=\begin{cases}(1-\mathrm{e}^{-2x})(1-\mathrm{e}^{-y}), & x>0,y>0,\\ 0, & \text{其他}.\end{cases}$$

(2) 将 $(X,Y)$ 看作是平面上随机点的坐标，即有 $\{Y\leqslant X\}=\{(X,Y)\in G\}$，其中 $G$ 为 $xOy$ 平面上直线 $y=x$ 及其下方的部分，

$$\begin{aligned}P\{Y\leqslant X\}&=P\{(X,Y)\in G\}=\iint_G f(x,y)\mathrm{d}x\mathrm{d}y\\&=\int_0^{+\infty}\int_y^{+\infty}2\mathrm{e}^{-(2x+y)}\mathrm{d}x\mathrm{d}y=\int_0^{+\infty}\mathrm{d}y\int_y^{+\infty}2\mathrm{e}^{-(2x+y)}\mathrm{d}x\\&=\int_0^{+\infty}\mathrm{e}^{-y}(-\mathrm{e}^{-2x})\Big|_y^{+\infty}\mathrm{d}y=\int_0^{+\infty}\mathrm{e}^{-3y}\mathrm{d}y=\frac{1}{3}.\end{aligned}$$

**例 6**　设 $(X,Y)$ 的概率密度是

$$f(x,y)=\begin{cases}cy(2-x), & 0\leqslant x\leqslant 1,0\leqslant y\leqslant x,\\ 0, & \text{其他}.\end{cases}$$

求：(1) $c$ 的值；　(2) 两个边缘密度函数.

**解**　(1) 由 $\int_{-\infty}^{+\infty}\int_{-\infty}^{+\infty}f(x,y)\mathrm{d}x\mathrm{d}y=1$ 确定 $c$.

$$\int_0^1\left[\int_0^x cy(2-x)\mathrm{d}y\right]\mathrm{d}x=c\int_0^1[x^2(2-x)/2]\mathrm{d}x=5c/24=1,$$

得 $c=24/5$.

(2) $f_X(x)=\int_{-\infty}^{+\infty}f(x,y)\mathrm{d}y=\int_0^x\frac{24}{5}y(2-x)\mathrm{d}y=\frac{12}{5}x^2(2-x),0\leqslant x\leqslant 1,$

$$f_Y(y)=\int_{-\infty}^{+\infty}f(x,y)\mathrm{d}x=\int_y^1\frac{24}{5}y(2-x)\mathrm{d}x=\frac{24}{5}y\left(\frac{3}{2}-2y+\frac{y^2}{2}\right),0\leqslant y\leqslant 1,$$

即

$$f_X(x)=\begin{cases}\dfrac{12}{5}x^2(2-x), & 0\leqslant x\leqslant 1,\\ 0, & \text{其他}.\end{cases}$$

$$f_Y(y)=\begin{cases}\dfrac{24}{5}y\left(\dfrac{3}{2}-2y+\dfrac{y^2}{2}\right), & 0\leqslant y\leqslant 1,\\ 0, & \text{其他}.\end{cases}$$

**例 7** 设随机变量 $X$ 和 $Y$ 具有联合概率密度

$$f(x,y)=\begin{cases}6, & 0\leqslant x\leqslant 1, x^2\leqslant y\leqslant x,\\ 0, & \text{其他}.\end{cases}$$

求边缘概率密度 $f_X(x)$, $f_Y(y)$.

**解** $$f_X(x)=\int_{-\infty}^{+\infty}f(x,y)\mathrm{d}y=\begin{cases}\displaystyle\int_{x^2}^{x}6\mathrm{d}y=6(x-x^2), & 0\leqslant x\leqslant 1,\\ 0, & \text{其他}.\end{cases}$$

$$f_Y(y)=\int_{-\infty}^{+\infty}f(x,y)\mathrm{d}x=\begin{cases}\displaystyle\int_{y}^{\sqrt{y}}6\mathrm{d}x=6(\sqrt{y}-y), & 0\leqslant y\leqslant 1,\\ 0, & \text{其他}.\end{cases}$$

## 五、二维均匀分布

设 $D$ 是平面上的有界区域,其面积为 $S$.若二维随机变量 $(X,Y)$ 的概率密度函数为

$$f(x,y)=\begin{cases}\dfrac{1}{S}, & (x,y)\in D,\\ 0, & \text{其他}.\end{cases}$$

则称 $(X,Y)$ **服从区域** $D$ **上的均匀分布**(或称 $(X,Y)$ **在** $D$ **上服从均匀分布**),记作 $(X,Y)\sim U_D$.

其两个特殊情形:

(1) $D$ 为矩形区域 $a\leqslant x\leqslant b$, $c\leqslant y\leqslant d$.此时

$$f(x,y)=\begin{cases}\dfrac{1}{(b-a)(d-c)}, & a\leqslant x\leqslant b, c\leqslant y\leqslant d,\\ 0, & \text{其他}\end{cases}.$$

(2) $D$ 为圆形区域,如 $(X,Y)$ 在以原点为圆心、$R$ 为半径的圆域上服从均匀分布,则 $(X,Y)$ 的概率密度为

$$f(x,y)=\begin{cases}\dfrac{1}{\pi R^2}, & x^2+y^2\leqslant R^2,\\ 0, & \text{其他}.\end{cases}$$

例如,向平面有界区域 $D$ 上任投一质点,若质点落在 $D$ 内任一小区域 $B$ 的概率与小区域的面积成正比,而与 $B$ 的形状及位置无关,则质点的坐标 $(X,Y)$ 在 $D$ 上服从均匀分布.

**例 8** 设 $(X,Y)$ 服从单位圆域 $x^2+y^2\leqslant 1$ 上的均匀分布,求 $X$ 和 $Y$ 的边缘概率密度.

**解**　由题意可知　$f(x,y)=\begin{cases}1/\pi, & x^2+y^2\leqslant 1,\\ 0, & \text{其他}.\end{cases}$

当 $x<-1$ 或 $x>1$ 时，$f(x,y)=0$，从而 $f_X(x)=0$.

当 $-1\leqslant x\leqslant 1$ 时，

$$f_X(x)=\int_{-\infty}^{+\infty}f(x,y)\mathrm{d}y=\int_{-\sqrt{1-x^2}}^{\sqrt{1-x^2}}\frac{1}{\pi}\mathrm{d}y=\frac{2}{\pi}\sqrt{1-x^2}.$$

于是我们得到 $X$ 的边缘概率密度

$$f_X(x)=\begin{cases}\dfrac{2}{\pi}\sqrt{1-x^2}, & -1\leqslant x\leqslant 1,\\ 0, & \text{其他}.\end{cases}$$

由 $X$ 和 $Y$ 在问题中地位的对称性，将上式中的 $x$ 改成 $y$，就得到 $Y$ 的边缘概率密度

$$f_Y(y)=\begin{cases}\dfrac{2}{\pi}\sqrt{1-y^2}, & -1\leqslant y\leqslant 1,\\ 0, & \text{其他}.\end{cases}$$

**例 9**　设 $(X,Y)$ 服从区域 $D$ 上的均匀分布，其中 $D$：$x\geqslant y,0\leqslant x\leqslant 1,y\geqslant 0$. 求 $P\{X+Y\leqslant 1\}$.

**解**　$D$ 的面积 $S=\dfrac{1}{2}$，所以 $(X,Y)$ 的概率密度为

$$f(x,y)=\begin{cases}2, & (x,y)\in D,\\ 0, & \text{其他}.\end{cases}$$

事件 $\{X+Y\leqslant 1\}$ 意味着随机点 $(X,Y)$ 落在区域 $D_1$：$x+y\leqslant 1,0\leqslant y\leqslant x$ 上，则

$$P\{X+Y\leqslant 1\}=\iint\limits_{x+y\leqslant 1}f(x,y)\mathrm{d}x\mathrm{d}y=\iint\limits_{D_1}2\mathrm{d}x\mathrm{d}y=2\times\frac{1}{4}=\frac{1}{2}.$$

**例 10**　设 $(X,Y)$ 在区域 $D$ 上服从均匀分布，其中 $D$：$x^2\geqslant y,0\leqslant x\leqslant 1,y\geqslant 0$，求 $(X,Y)$ 的边缘概率密度 $f_X(x)$，$f_Y(y)$.

**解**　$(X,Y)$ 的概率密度为

$$f(x,y)=\begin{cases}\dfrac{1}{S}, & (x,y)\in D,\\ 0, & \text{其他}.\end{cases}$$

区域 $D$ 的面积为

$$S=\iint\limits_{D}\mathrm{d}x\mathrm{d}y=\int_0^1\left(\int_0^{x^2}\mathrm{d}y\right)\mathrm{d}x=\frac{1}{3},$$

则

$$f(x,y)=\begin{cases}3, & (x,y)\in D,\\ 0, & \text{其他}.\end{cases}$$

所以

$$f_X(x)=\int_{-\infty}^{+\infty}f(x,y)\mathrm{d}y=\begin{cases}\displaystyle\int_0^{x^2}3\mathrm{d}y=3x^2, & 0\leqslant x\leqslant 1,\\ 0, & \text{其他}.\end{cases}$$

$$f_Y(x)=\int_{-\infty}^{+\infty}f(x,y)\mathrm{d}x=\begin{cases}\int_{\sqrt{y}}^{1}3\mathrm{d}x=3(1-\sqrt{y}), & 0\leqslant y\leqslant 1,\\ 0, & \text{其他}.\end{cases}$$

在求连续型变量的边缘密度时,往往需求联合密度在某区域上的积分.当联合密度函数是分片表示的时候,在计算积分时应特别注意积分限.

## 六、二维正态分布

若二维随机变量$(X,Y)$具有概率密度

$$f(x,y)=\frac{1}{2\pi\sigma_1\sigma_2\sqrt{1-\rho^2}}\mathrm{e}^{-\frac{1}{2(1-\rho^2)}\left[\left(\frac{x-\mu_1}{\sigma_1}\right)^2-2\rho\left(\frac{x-\mu_1}{\sigma_1}\right)\left(\frac{y-\mu_2}{\sigma_2}\right)+\left(\frac{y-\mu_2}{\sigma_2}\right)^2\right]},$$

其中$\mu_1,\mu_2,\sigma_1,\sigma_2,\rho$均为常数,且$\sigma_1>0,\sigma_2>0,|\rho|<1$,则称$(X,Y)$服从参数为$\mu_1,\mu_2,\sigma_1,\sigma_2,\rho$的**二维正态分布**.记为$(X,Y)\sim N(\mu_1,\mu_2,\sigma_1^2,\sigma_2^2,\rho)$.

二维正态分布$N(\mu_1,\mu_2,\sigma_1^2,\sigma_2^2,\rho)$的图形是曲面,如图3.1.3所示.

**例 11** 设二维随机变量$(X,Y)$服从二维正态分布,且$\mu_1=0,\mu_2=0,\sigma_1=1,\sigma_2=1$,求随机变量$(X,Y)$关于$X,Y$的边缘概率密度函数.

**图 3.1.3**

**解** 随机变量$(X,Y)$具有概率密度为

$$f(x,y)=\frac{1}{2\pi\sqrt{1-\rho^2}}\mathrm{e}^{-\frac{1}{2(1-\rho^2)}(x^2-2\rho xy+y^2)},$$

由于

$$y^2-2\rho xy=(y-\rho x)^2-\rho^2x^2,$$

于是

$$f(x)=\int_{-\infty}^{+\infty}f(x,y)\mathrm{d}y=\frac{1}{2\pi\sqrt{1-\rho^2}}\mathrm{e}^{-\frac{x^2}{2}}\int_{-\infty}^{+\infty}\mathrm{e}^{-\frac{1}{2(1-\rho^2)}(y-\rho x)^2}\mathrm{d}y.$$

令$t=\frac{1}{\sqrt{1-\rho^2}}(y-\rho x)$,则有

$$f_X(x)=\frac{1}{2\pi}\mathrm{e}^{-\frac{x^2}{2}}\int_{-\infty}^{+\infty}\mathrm{e}^{-\frac{t^2}{2}}\mathrm{d}t.$$

因为

$$\frac{1}{\sqrt{2\pi}}\int_{-\infty}^{+\infty}\mathrm{e}^{-\frac{t^2}{2}}\mathrm{d}t=1,$$

因而$(X,Y)$关于$X$的边缘概率密度函数为

$$f_X(x)=\frac{1}{\sqrt{2\pi}}\mathrm{e}^{-\frac{x^2}{2}},-\infty<x<+\infty,$$

即$X\sim N(0,1)$.类似的可以得到$Y\sim N(0,1)$,$(X,Y)$关于$Y$的边缘概率密度函数为

$$f_Y(y)=\frac{1}{\sqrt{2\pi}}\mathrm{e}^{-\frac{y^2}{2}},-\infty<y<+\infty.$$

一般地,若$(X,Y)\sim N(\mu_1,\mu_2;\sigma_1^2,\sigma_2^2;\rho)$,则随机变量$X$与$Y$分别服从正态分布

$N(\mu_1,\sigma_1^2)$，$N(\mu_2,\sigma_2^2)$，边缘概率密度为

$$f_X(x)=\frac{1}{\sqrt{2\pi}\sigma_1}e^{-\frac{(x-\mu_1)^2}{2\sigma_1^2}},f_Y(y)=\frac{1}{\sqrt{2\pi}\sigma_2}e^{-\frac{(y-\mu_2)^2}{2\sigma_2^2}}.$$

**注**　二维正态随机变量的两个边缘分布都是一维正态分布，且都不依赖于参数 $\rho$，亦即对给定的 $\mu_1,\mu_2,\sigma_1,\sigma_2$，不同的 $\rho$ 对应不同的二维正态分布，但它们的边缘分布都是相同的，因此仅由关于 $X$ 和关于 $Y$ 的边缘分布，一般来说是不能确定二维随机变量 $(X,Y)$ 的联合分布的.

## 习题 3-1

1. 已知$(X,Y)$的分布律为

| $X$ \ $Y$ | 1 | 2 | 3 |
|---|---|---|---|
| 0 | 0.1 | 0.2 | 0.3 |
| 1 | 0.15 | 0 | 0.25 |

则$P\{X<1\}=$________，$P\{Y<2\}=$________，$P\{Y\leqslant 2\}=$________，

$P\{X\leqslant 1,Y<2\}=$________，$F(1,2)=$________.

2. 袋中装有 10 个球，其中 8 个红球，2 个白球，从袋中随机摸两次球，每次一个，定义随机变量如下：

$$X=\begin{cases}0, & \text{若第一次取出的是红球},\\1, & \text{若第一次取出的是白球};\end{cases}\qquad Y=\begin{cases}0, & \text{若第二次取出的是红球},\\1, & \text{若第二次取出的是白球};\end{cases}$$

在(1)有放回抽样，(2)不放回抽样两种情况下，分别写出$(X,Y)$的分布律与边缘分布律.

3. 设$(X,Y)$只在点$(-1,1)$，$(-1,2)$，$(1,1)$，$(1,2)$处取值，且取这些值的概率依次为$\frac{1}{6}$，$\frac{1}{3}$，$\frac{1}{12}$，$\frac{5}{12}$，求$(X,Y)$的分布律与边缘分布律.

4. 设$(X,Y)$的概率密度函数为

$$f(x,y)=\begin{cases}Ae^{-(x+2y)}, & x>0,y>0,\\0, & \text{其他}.\end{cases}$$

求：(1)常数 $A$；　(2)$(X,Y)$的分布函数；　(3) $P\{0<X\leqslant 1,0<Y<2\}$.

5. 设二维连续型随机变量的分布函数为

$$F(x,y)=\begin{cases}(1-e^{-3x})(1-e^{-5y}), & x\geqslant 0,y\geqslant 0,\\0, & \text{其他}.\end{cases}$$

求$(X,Y)$的概率密度函数 $f(x,y)$.

6. 设$(X,Y)$的概率密度函数为

$$f(x,y)=\begin{cases}2-x-y, & 0\leqslant x\leqslant 1,0\leqslant y\leqslant 1,\\0, & \text{其他}.\end{cases}$$

求$(X,Y)$关于$X,Y$的边缘概率密度.

7. 设$(X,Y)$的概率密度为

$$f(x,y)=\begin{cases}8xy, 0\leqslant x\leqslant y, & 0\leqslant y\leqslant 1,\\ 0, & \text{其他}.\end{cases}$$

求$(X,Y)$关于$X,Y$的边缘概率密度.

8. 设$(X,Y)$的概率密度为

$$f(x,y)=\begin{cases}24xy, & 0\leqslant x\leqslant \dfrac{1}{\sqrt{2}}, 0\leqslant y\leqslant \dfrac{1}{\sqrt{3}},\\ 0, & \text{其他}.\end{cases}$$

求$P\left\{X\leqslant\dfrac{1}{2}\right\}$.

9. 设$(X,Y)$的概率密度为

$$f(x,y)=\begin{cases}k(6-x-y), & 0<x<2, 2<y<4,\\ 0, & \text{其他}.\end{cases}$$

求:(1)常数$k$; (2)$P\{X<1,Y<3\}$; (3)$P\{X<1.5\}$; (4)$P\{X+Y\leqslant 4\}$.

10. 设$(X,Y)$在曲线$y=x^2$,$y=x$所围成的区域$G$内服从均匀分布,求联合概率密度和边缘概率密度.

# 第二节 条件分布与随机变量的独立性

## 一、条件分布的概念

在第一章中,我们介绍了条件概率的概念.本节要通过随机事件的条件概率引入随机变量的条件概率分布的概念.设有两个随机变量$X,Y$,在给定$Y$取某个或某些值的条件下,求$X$的概率分布,这个分布就是条件分布.

设$X$是一个随机变量,其分布函数为

$$F_X(x)=P\{X\leqslant x\}, -\infty<x<+\infty,$$

若另外有一事件$A$已经发生,并且$A$的发生可能会对事件$\{X\leqslant x\}$发生的概率产生影响,则对任一给定的实数$x$,记

$$F(x\mid A)=P\{X\leqslant x\mid A\}, -\infty<x<+\infty,$$

并称$F(x|A)$为**在$A$发生的条件下,$X$的条件分布函数**.

## 二、随机变量的独立性

同事件的独立性一样,随机变量的独立性也是概率统计中的一个重要概念.

我们从两个事件相互独立的概念引出两个随机变量相互独立的概念.事件$\{X\leqslant x\}$与$\{Y\leqslant y\}$的积事件是$\{X\leqslant x,Y\leqslant y\}$,$\{X\leqslant x\}$与$\{Y\leqslant y\}$相互独立意味着$\{X\leqslant x,Y\leqslant y\}$的概率等于$\{X\leqslant x\}$与$\{Y\leqslant y\}$的概率的乘积,由此引入随机变量$X,Y$相互独立的定义.

**定义 1** 设随机变量$(X,Y)$的联合分布函数为$F(x,y)$,边缘分布函数为$F_X(x)$,

$F_Y(y)$，若对任意实数 $x,y$，有

$$P\{X\leqslant x,Y\leqslant y\}=P\{X\leqslant x\}\cdot P\{Y\leqslant y\},$$

即

$$F(x,y)=F_X(x)\cdot F_Y(y),\tag{3.2.1}$$

则称**随机变量 $X$ 和 $Y$ 相互独立**.

## 三、离散型随机变量的条件分布与独立性

设 $(X,Y)$ 是二维离散型随机变量，其概率分布为

$$P\{X=x_i,Y=y_j\}=p_{ij},\quad i,j=1,2,\cdots,$$

则由条件概率公式，当 $P\{Y=y_j\}>0$，有

$$P\{X=x_i\mid Y=y_j\}=\frac{P\{X=x_i,Y=y_j\}}{P\{Y=y_j\}}=\frac{p_{ij}}{p_{\cdot j}},i=1,2,\cdots,\tag{3.2.2}$$

称其为在 $Y=y_j$ 条件下随机变量 $X$ 的**条件概率分布**.

对离散型随机变量 $(X,Y)$，其独立性的定义等价于：

**定义 2**　若对 $(X,Y)$ 的所有可能取值 $(x_i,x_j)$，有

$$P\{X=x_i,Y=y_j\}=P\{X=x_i\}P\{Y=y_j\},$$

即

$$p_{ij}=p_{i\cdot}p_{\cdot j},i,j=1,2,\cdots,\tag{3.2.3}$$

则称 $X$ 和 $Y$ **相互独立**.

**例 1**　设 $X$ 与 $Y$ 的联合概率分布为

| $X$ \ $Y$ | $-1$ | 0 | 2 |
|---|---|---|---|
| 0 | 0.1 | 0.2 | 0 |
| 1 | 0.3 | 0.05 | 0.1 |
| 2 | 0.15 | 0 | 0.1 |

(1)求 $Y=0$ 时，$X$ 的条件概率分布以及 $X=0$ 时，$Y$ 的条件概率分布；

(2)判断 $X$ 与 $Y$ 是否相互独立？

**解**　(1) $P\{Y=0\}=0.2+0.05+0=0.25$，

在 $Y=0$ 时，$X$ 的条件概率分布为

$$P\{X=0\mid Y=0\}=\frac{P\{X=0,Y=0\}}{P\{Y=0\}}=\frac{0.2}{0.25}=0.8,$$

$$P\{X=1\mid Y=0\}=\frac{P\{X=1,Y=0\}}{P\{Y=0\}}=\frac{0.05}{0.25}=0.2,$$

$$P\{X=2\mid Y=0\}=\frac{P\{X=2,Y=0\}}{P\{Y=0\}}=\frac{0}{0.25}=0,$$

又 $P\{X=0\}=0.1+0.2+0=0.3$，故在 $X=0$ 时，$Y$ 的条件概率分布可类似求得

$$P\{Y=-1\mid X=0\}=\frac{0.1}{0.3}=\frac{1}{3},$$

$$P\{Y=0 \mid X=0\}=\frac{0.2}{0.3}=\frac{2}{3},$$

$$P\{Y=2 \mid X=0\}=0.$$

(2)因为

$$P\{X=0\}=0.3, P\{Y=-1\}=0.1+0.3+0.15=0.55,$$

而

$$P\{X=0,Y=-1\}=0.1,$$

即

$$P\{X=0,Y=-1\} \neq P\{X=0\}P\{Y=-1\}$$

所以 $X$ 与 $Y$ 不独立.

**例 2** 判断第一节的例 3 中 $X$ 与 $Y$ 是否相互独立.

**解** (1)有放回摸球情况：由于$(X,Y)$的分布律与边缘分布律为

| $X$ \ $Y$ | 0 | 1 | $p_{i\cdot}$ |
|---|---|---|---|
| 0 | $\frac{3}{5}\cdot\frac{3}{5}$ | $\frac{3}{5}\cdot\frac{2}{5}$ | $\frac{3}{5}$ |
| 1 | $\frac{2}{5}\cdot\frac{3}{5}$ | $\frac{2}{5}\cdot\frac{2}{5}$ | $\frac{2}{5}$ |
| $p_{\cdot j}$ | $\frac{3}{5}$ | $\frac{2}{5}$ | |

因为

$$P\{X=0,Y=0\}=\frac{9}{25}=P\{X=0\}\cdot P\{Y=0\},$$

$$P\{X=0,Y=1\}=\frac{6}{25}=P\{X=0\}\cdot P\{Y=1\},$$

$$P\{X=1,Y=0\}=\frac{6}{25}=P\{X=1\}\cdot P\{Y=0\},$$

$$P\{X=1,Y=1\}=\frac{4}{25}=P\{X=1\}\cdot P\{Y=1\};$$

所以 $X$ 与 $Y$ 相互独立.

(2)不放回摸球情况:由于$(X,Y)$的分布律与边缘分布律为

| $X$ \ $Y$ | 0 | 1 | $p_{i\cdot}$ |
|---|---|---|---|
| 0 | $\frac{3}{5}\cdot\frac{2}{4}$ | $\frac{3}{5}\cdot\frac{2}{4}$ | $\frac{3}{5}$ |
| 1 | $\frac{2}{5}\cdot\frac{3}{4}$ | $\frac{2}{5}\cdot\frac{1}{4}$ | $\frac{2}{5}$ |
| $p_{\cdot j}$ | $\frac{3}{5}$ | $\frac{2}{5}$ | |

因为

$$P\{X=0,Y=0\}=\frac{3}{10}\neq P\{X=0\}\cdot P\{Y=0\}=\frac{3}{5}\cdot\frac{3}{5},$$

所以 $X$ 与 $Y$ 不相互独立.

**例 3**　设$(X,Y)$的分布律为

| $X$ \ $Y$ | 1 | 2 |
|---|---|---|
| 1 | $\frac{1}{9}$ | $a$ |
| 2 | $\frac{1}{6}$ | $\frac{1}{3}$ |
| 3 | $\frac{1}{18}$ | $b$ |

且 $X$ 与 $Y$ 相互独立,求常数 $a,b$ 之值.

**解**　由于 $X$ 与 $Y$ 相互独立,则

$$P\{X=1,Y=1\}=P\{X=1\}P\{Y=1\},$$
$$P\{X=3,Y=1\}=P\{X=3\}P\{Y=1\},$$

而

$$P\{X=1,Y=1\}=\frac{1}{9},P\{X=3,Y=1\}=\frac{1}{18},$$

$$P\{X=1\}=\frac{1}{9}+a,P\{X=3\}=\frac{1}{18}+b,P\{Y=1\}=\frac{1}{9}+\frac{1}{6}+\frac{1}{18}=\frac{1}{3}.$$

故

$$\frac{1}{9}=\left(\frac{1}{9}+a\right)\times\frac{1}{3},\frac{1}{18}=\left(\frac{1}{18}+b\right)\times\frac{1}{3},$$

解得

$$a=\frac{2}{9},b=\frac{1}{9}.$$

**例 4**　设随机变量 $X$ 与 $Y$ 相互独立,下表列出了二维随机变量$(X,Y)$联合分布律及关于 $X$ 和关于 $Y$ 的边缘分布律中的部分数值,试将其余数值填入表中的空白处.

| X \ Y | $y_1$ | $y_2$ | $y_3$ | $P\{X=x_i\}=P_{i\cdot}$ |
|---|---|---|---|---|
| $x_1$ | | $\frac{1}{8}$ | | |
| $x_2$ | $\frac{1}{8}$ | | | |
| $P\{y=y_j\}=p_{\cdot j}$ | $\frac{1}{6}$ | | | 1 |

**解** 由于

$$P\{X=x_1,Y=y_1\}=P\{Y=y_1\}-P\{X=x_2,Y=y_1\}=\frac{1}{6}-\frac{1}{8}=\frac{1}{24},$$

考虑到 $X$ 与 $Y$ 相互独立,有

$$P\{X=x_1\}P\{Y=y_1\}=P\{X=x_1,Y=y_1\},$$

所以

$$P\{X=x_1\}=\frac{1/24}{1/6}=\frac{1}{4}.$$

同理,可以导出其他数值,最后将所求数值填入表中.

| X \ Y | $y_1$ | $y_2$ | $y_3$ | $P\{X=x_i\}=P_{i\cdot}$ |
|---|---|---|---|---|
| $x_1$ | $\frac{1}{24}$ | $\frac{1}{8}$ | $\frac{1}{12}$ | $\frac{1}{4}$ |
| $x_2$ | $\frac{1}{8}$ | $\frac{3}{8}$ | $\frac{1}{4}$ | $\frac{3}{4}$ |
| $P\{y=y_j\}=p_{\cdot j}$ | $\frac{1}{6}$ | $\frac{1}{2}$ | $\frac{1}{3}$ | 1 |

## 四、连续型随机变量的条件密度与独立性

**定义 3** 设二维连续型随机变量$(X,Y)$的概率密度为 $f(x,y)$,边缘概率密度为 $f_X(x)$,$f_Y(y)$,则对一切使 $f_X(x)>0$ 的 $x$,定义在 $X=x$ 的条件下 $Y$ 的条件概率密度为

$$f_{Y|X}(y\mid x)=\frac{f(x,y)}{f_X(x)}. \tag{3.2.4}$$

类似地,对一切使 $f_Y(y)>0$ 的 $y$,定义在 $Y=y$ 的条件下 $X$ 的条件密度函数为

$$f_{X|Y}(x\mid y)=\frac{f(x,y)}{f_Y(y)}. \tag{3.2.5}$$

对二维连续型随机变量$(X,Y)$,其独立性的定义等价于:

若对任意的 $x$,$y$,有

$$f(x,y)=f_X(x)f_Y(y) \tag{3.2.6}$$

几乎处处成立,则称 $X$,$Y$ **相互独立**.

**注** 这里"几乎处处成立"的含义是:在平面上除去面积为 0 的集合外,处处成立.

**例 5**　设$(X,Y)$的概率密度为

(1)$f(x,y)=\begin{cases}xe^{-(x+y)}, & x>0,y>0,\\ 0, & 其他.\end{cases}$　　(2) $f(x,y)=\begin{cases}2, & 0<x<y,0<y<1,\\ 0, & 其他.\end{cases}$

问 $X$ 和 $Y$ 是否独立?

**解**　(1)

$$f_X(x)=\int_0^{+\infty}xe^{-(x+y)}dy=xe^{-x},x>0,$$

$$f_Y(y)=\int_0^{+\infty}xe^{-(x+y)}dx=e^{-y},y>0,$$

即 $f_X(x)=\begin{cases}xe^{-x}, & x>0,\\ 0, & 其他.\end{cases}$　$f_Y(y)=\begin{cases}e^{-y}, & y>0,\\ 0, & 其他.\end{cases}$

因对一切 $x,y$ 均有：$f(x,y)=f_X(x)f_Y(y)$,故 $X,Y$ 独立.

(2)

$$f_X(x)=\int_x^1 2dy=2(1-x),0<x<1,$$

$$f_Y(y)=\int_0^y 2dx=2y,0<y<1,$$

即 $f_X(x)=\begin{cases}2(1-x), & 0<x<1,\\ 0, & 其他.\end{cases}$　$f_Y(y)=\begin{cases}2y, & 0<y<1,\\ 0, & 其他.\end{cases}$

因为 $f(x,y)\neq f_X(x)f_Y(y)$,故 $X$ 和 $Y$ 不独立.

我们在前面曾讨论了联合分布与边缘分布的关系:联合分布可以确定边缘分布,但一般情况下,边缘分布是不能确定联合分布的.然而由随机变量相互独立的定义可知,当 $X$ 与 $Y$ 相互独立时,$(X,Y)$的分布可由它的两个边缘分布完全确定.

**例 6**　设 $X$ 与 $Y$ 为相互独立的随机变量,$X$ 在$(-1,1)$上服从均匀分布,$Y$ 服从参数 $\lambda=2$ 的指数分布,求$(X,Y)$的概率密度.

**解**　由已知条件得 $X,Y$ 的概率密度分别为

$$f_X(x)=\begin{cases}\frac{1}{2}, & -1<x<1,\\ 0, & 其他.\end{cases}\qquad f_Y(y)=\begin{cases}2e^{-2y}, & y\geqslant 0,\\ 0, & 其他.\end{cases}$$

因为 $X$ 与 $Y$ 相互独立,所以$(X,Y)$的概率密度为

$$f(x,y)=f_X(x)f_Y(y)=\begin{cases}e^{-2y}, & -1<x<1,y\geqslant 0,\\ 0, & 其他.\end{cases}$$

**例 7**　设$(X,Y)$服从单位圆上的均匀分布,概率密度为

$$f(x,y)=\begin{cases}1/\pi, & x^2+y^2\leqslant 1,\\ 0, & 其他.\end{cases}$$

求 $f_{Y|X}(y|x)$.

**解**　在上节例 8 中已求得 $X$ 的边缘密度为

$$f_X(x)=\int_{-\infty}^{+\infty}f(x,y)dy=\begin{cases}\frac{2}{\pi}\sqrt{1-x^2}, & |x|\leqslant 1,\\ 0, & |x|>1.\end{cases}$$

当$|x|<1$ 时,有

$$f_{Y|X}(y \mid x)=\frac{f(x,y)}{f_X(x)}=\frac{1/\pi}{(2/\pi)\sqrt{1-x^2}}=\frac{1}{2\sqrt{1-x^2}},$$

即当$|x|<1$时,有

$$f_{Y|X}(y \mid x)=\begin{cases}\dfrac{1}{2\sqrt{1-x^2}}, & -\sqrt{1-x^2}\leqslant y\leqslant\sqrt{1-x^2},\\ 0, & 其他.\end{cases}$$

**例 8** 设$(X,Y)\sim N(\mu_1,\mu_2;\sigma_1^2,\sigma_2^2;\rho)$,证明:$X$与$Y$相互独立的充要条件是$\rho=0$.

**证明** 比较$N(\mu_1,\mu_2;\sigma_1^2,\sigma_2^2;\rho)$与$N(\mu_1,\sigma_1^2)$,$N(\mu_2,\sigma_2^2)$的密度函数$f(x,y)$与$f_X(x)$,$f_Y(y)$,易知$\rho=0 \quad\Rightarrow\quad f(x,y)=f_X(x)f_Y(y)$.

反之,若$X$与$Y$相互独立,即对任意$x$和$y$,有$f(x,y)=f_X(x)f_Y(y)$成立.特别地令$x=\mu_1$,$y=\mu_2$,则有$f(\mu_1,\mu_2)=f_X(\mu_1)f_Y(\mu_2)$,故

$$\frac{1}{2\pi\sigma_1\sigma_2\sqrt{1-\rho^2}}=\frac{1}{\sqrt{2\pi}\sigma_1}\frac{1}{\sqrt{2\pi}\sigma_2},$$

从而$\sqrt{1-\rho^2}=1$,即$1-\rho^2=1$,故$\rho=0$.

在实际问题中,判断两个随机变量是否相互独立,往往不是用数学定义去验证,而常常是由随机变量的实际意义去考证它们是否相互独立.如投掷两枚骰子的试验中两枚骰子出现的点数,两个没有联系的工厂一天生产的产品中各自出现的废品件数等都可以认为是相互独立的随机变量.

**例 9** 甲、乙两人约定中午 12 时 30 分在某地会面. 如果甲来到的时间在 12:15—12:45 是均匀分布. 乙独立地到达,而且到达时间在 12:00—13:00 是均匀分布.
求:(1)先到的人等待另一人到达的时间不超过 5 分钟的概率;

(2)甲先到的概率.

**解** 设$X$为甲到达时刻,$Y$为乙到达时刻,以 12 时为起点(单位:min),依题意,

$$X\sim U(15,45),Y\sim U(0,60),$$

$$f_X(x)=\begin{cases}1/30, & 15<x<45,\\ 0, & 其他.\end{cases} \qquad f_Y(y)=\begin{cases}1/60, & 0<x<60,\\ 0, & 其他.\end{cases}$$

由$X$与$Y$独立性知$f(x,y)=\begin{cases}\dfrac{1}{1\,800}, & 15<x<45,0<y<60,\\ 0, & 其他.\end{cases}$

先到的人等待另一人到达的时间不超过 5 分钟的概率为$P\{|X-Y|\leqslant 5\}$,甲先到的概率为$P\{X<Y\}$,下面用两种方法计算.

(1) $P\{|X-Y|\leqslant 5\}=P\{-5\leqslant X-Y\leqslant 5\}=\int_{15}^{45}\left(\int_{x-5}^{x+5}\frac{1}{1\,800}\mathrm{d}y\right)\mathrm{d}x=\frac{1}{6}$,

$$P\{X<Y\}=\int_{15}^{45}\left(\int_{x}^{60}\frac{1}{1\,800}\mathrm{d}y\right)\mathrm{d}x=\frac{1}{2}.$$

(2) $P\{|X-Y|\leqslant 5\}=\iint\limits_{|x-y|\leqslant 5}\frac{1}{1\,800}\mathrm{d}x\mathrm{d}y=\frac{1}{1\,800}[60\times 30-2(10\times 30+30\times 30/2)]=1/6$,

$$P\{X<Y\}=P\{X>Y\}=1/2.$$

**例 10**　设随机变量$(X,Y)$的概率密度为

$$f(x,y)=\begin{cases}e^{-y}, & 0<x<y,\\ 0, & \text{其他}.\end{cases}$$

求：(1)$X$ 与 $Y$ 的边缘概率密度，并判断 $X$ 与 $Y$ 是否相互独立；

(2)在 $Y=y$ 的条件下，$X$ 的条件概率密度；

(3)概率 $P\{X+2Y\leqslant1\}$，$P\{0\leqslant X\leqslant1/2\mid Y\leqslant1\}$，$P\{X\geqslant2\mid Y=4\}$.

**解**　(1) $f_X(x)=\int_{-\infty}^{+\infty}f(x,y)\mathrm{d}y$，$-\infty<x<+\infty$，

当 $x>0$ 时，$f_X(x)=\int_x^{+\infty}e^{-y}\mathrm{d}y=e^{-x}$，所以

$$f_X(x)=\begin{cases}e^{-x}, & x>0,\\ 0, & x\leqslant0.\end{cases}$$

类似可得

$$f_Y(y)=\begin{cases}ye^{-y}, & y>0,\\ 0, & y\leqslant0.\end{cases}$$

由于当 $0<x<y$ 时，$f_X(x)\cdot f_Y(y)\neq f(x,y)$，故 $X$ 与 $Y$ 不相互独立.

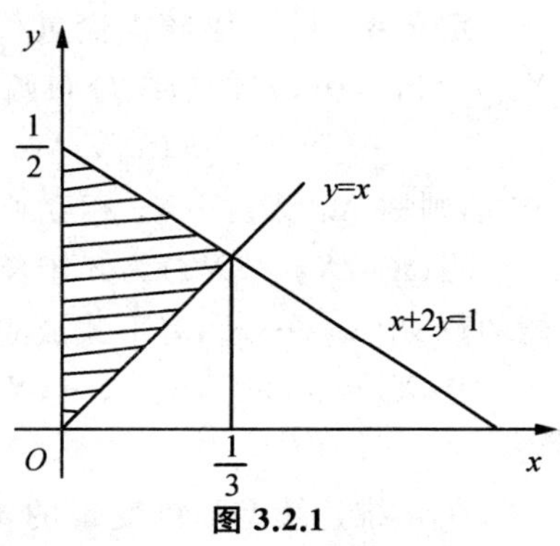

图 3.2.1

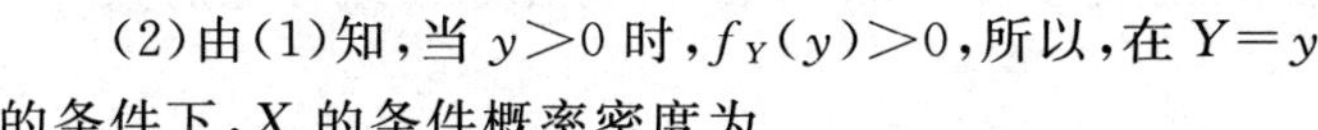
(2)由(1)知，当 $y>0$ 时，$f_Y(y)>0$，所以，在 $Y=y$ 的条件下，$X$ 的条件概率密度为

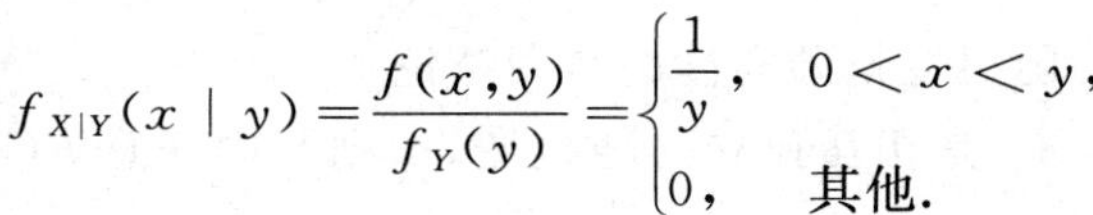
$$f_{X|Y}(x\mid y)=\frac{f(x,y)}{f_Y(y)}=\begin{cases}\dfrac{1}{y}, & 0<x<y,\\ 0, & \text{其他}.\end{cases}$$

(3)如图 3.2.1 所示，有

$$P\{X+2Y\leqslant1\}=\iint\limits_{x+2y\leqslant1}f(x,y)\mathrm{d}x\mathrm{d}y=\int_0^{\frac{1}{3}}\mathrm{d}x\int_x^{\frac{1-x}{2}}e^{-y}\mathrm{d}y=1+2e^{-\frac{1}{2}}-3e^{-\frac{1}{3}},$$

$$P\{0\leqslant X\leqslant\frac{1}{2}\mid Y\leqslant1\}=\frac{P\{0\leqslant X\leqslant\frac{1}{2},Y\leqslant1\}}{P\{Y\leqslant1\}}$$

$$=\frac{\int_0^{\frac{1}{2}}\mathrm{d}x\int_x^1e^{-y}\mathrm{d}y}{\int_0^1ye^{-y}\mathrm{d}y}=\frac{1-\frac{1}{2}e^{-1}-e^{-\frac{1}{2}}}{1-2e^{-1}}$$

由于 $P\{Y=4\}=0$，因此不能用前面的方法来求$P\{X\geqslant2\mid Y=4\}$，但由(2)知，在 $Y=4$ 的条件下，$X$ 的条件概率密度为

$$f_{X|Y}(x\mid 4)=\begin{cases}\dfrac{1}{4}, & 0<x<4,\\ 0, & \text{其他}.\end{cases}$$

故有 $P\{X\geqslant2\mid Y=4\}=\int_2^{+\infty}f_{X|Y}(x\mid4)\mathrm{d}x=\int_2^4\frac{1}{4}\mathrm{d}x=\frac{1}{2}.$

## 五、多维随机变量的独立性

设 $n$ 维随机变量 $(X_1,X_2,\cdots,X_n)$ 的联合分布函数为 $F(x_1,x_2\cdots,x_n)$,联合概率密度函数为 $f(x_1,x_2\cdots,x_n)$,与二维情形相同,可得 $(X_1,X_2,\cdots,X_n)$ 关于 $X_i(i=1,2,\cdots,n)$ 的边缘分布函数和边缘概率密度函数为

$$F_{X_i}(x_i)=P\{X_i\leqslant x_i\}=F(+\infty,\cdots,+\infty,x_i,+\infty,\cdots,+\infty),$$

$$f_{X_i}(x_i)=\int_{-\infty}^{+\infty}\cdots\int_{-\infty}^{+\infty}f(x_1,x_2,\cdots,x_n)\mathrm{d}x_1\cdots\mathrm{d}x_{i-1}\mathrm{d}x_{i+1}\cdots\mathrm{d}x_n(i=1,2,\cdots,n).$$

**定义 4** 设 $n$ 维随机变量 $(X_1,X_2,\cdots X_n)$ 的联合分布函数为 $F(x_1,x_2\cdots,x_n)$,关于 $X_i(i=1,2,\cdots,n)$ 的边缘分布函数为 $F_{X_i}(x_i)$,若对任意一组数 $x_1,x_2,\cdots,x_n$,有

$$F(x_1,x_2\cdots,x_n)=F_{X_1}(x_1)F_{X_2}(x_2)\cdots F_{X_n}(x_n) \tag{3.2.7}$$

成立,则称 $X_1,X_2,\cdots X_n$ 相互独立.

当 $(X_1,X_2,\cdots X_n)$ 为 $n$ 维离散型随机变量时,上述定义的等价形式为,对任意一组可能的数 $x_1,x_2,\cdots x_n$,有下式成立:

$$P\{X_1=x_1,X_2=x_2,\cdots,X_n=x_n\}=P\{X_1=x_1\}P\{X_2=x_2\}\cdots P\{X_n=x_n\}. \tag{3.2.8}$$

在 $n$ 维连续型随机变量的场合,上述定义的等价形式为,对任意一组可能的数 $x_1,x_2,\cdots,x_n$,有下式成立:

$$f(x_1,x_2\cdots,x_n)=f_{X_1}(x_1)f_{X_2}(x_2)\cdots f_{X_n}(x_n). \tag{3.2.9}$$

下面列出有关多维随机变量独立性的常用结论:

(1)设 $X_1,X_2,\cdots,X_n$ 是相互独立的随机变量,则其中任意 $k(2\leqslant k<n)$ 个随机变量也相互独立.

(2)设 $X_1,X_2,\cdots,X_n$ 是相互独立的随机变量,则它们的函数 $g_1(X_1),g_2(X_2),\cdots,g_n(X_n)$ 也是相互独立的随机变量.

## 习题 3-2

1. 设 $X$ 与 $Y$ 相互独立,具有下列分布律

| $X$ | 0 | 1 |
|---|---|---|
| $P$ | 0.3 | 0.7 |

| $Y$ | $-1$ | 1 | 2 |
|---|---|---|---|
| $P$ | 0.2 | 0.2 | 0.6 |

求 $(X,Y)$ 的分布律.

2. 设随机变量 $(X,Y)$ 的分布律为

| $X$ \ $Y$ | 0 | 1 |
|---|---|---|
| 0 | 0.2 | 0.3 |
| 1 | 0.15 | 0.35 |

求:(1)$X$ 与 $Y$ 的边缘分布律;

(2)判定 $X$ 与 $Y$ 是否独立;

(3)$P\{Y=0|X=0\}$,$P\{X=1|Y=0\}$.

3. 设随机变量$(X,Y)$的分布律为

| $X$ \ $Y$ | $-1$ | 3 | 5 |
|---|---|---|---|
| 0 | 0.06 | $p$ | 0.15 |
| 1 | $q$ | 0.21 | 0.35 |

问 $p,q$ 为何值时 $X$ 与 $Y$ 相互独立?

4. 设$(X,Y)$的概率密度为

$$f(x,y)=\begin{cases}24xy, 0\leqslant x\leqslant \dfrac{1}{\sqrt{2}}, 0\leqslant y\leqslant \dfrac{1}{\sqrt{3}},\\ 0, \quad 其他.\end{cases}$$

问 $X$ 与 $Y$ 是否独立?

5. 设$(X,Y)$的概率密度为

$$f(x,y)=\begin{cases}3x, & 0\leqslant x\leqslant 1, 0\leqslant y\leqslant x,\\ 0, & 其他.\end{cases}$$

求:(1)边缘概率密度;

(2)条件概率密度.

6. 设二维随机变量$(X,Y)$服从正态分布,其概率密度为

$$f(x,y)=\frac{1}{50\pi}e^{-\frac{x^2+y^2}{50}},$$

证明:$X$ 与 $Y$ 相互独立.

7. 某旅客到达火车站的时间 $X$ 均匀分布在早上 7:55～8:00,而火车这段时间开出的时间 $Y$ 的密度函数为

$$f_Y(y)=\begin{cases}\dfrac{2(5-y)}{25}, & 0\leqslant y\leqslant 5,\\ 0, & 其他.\end{cases}$$

求此人能赶上火车的概率.

8. 设 $X$ 和 $Y$ 是两个相互独立的随机变量,$X$ 在(0,1)上服从均匀分布,$Y$ 的概率密度为

$$f_Y(y)=\begin{cases}\dfrac{1}{2}e^{-\frac{y}{2}}, & y>0,\\ 0, & 其他.\end{cases}$$

求:(1)$X$ 与 $Y$ 的联合概率密度;

(2)$P\{X+Y>1\}$;

(3)设有 $a$ 的二次方程 $a^2+2Xa+Y=0$,求它有实根的概率.

## *第三节　二维随机变量函数的分布

在实际应用中,有些随机变量往往是两个或两个以上随机变量的函数:$Z=g(X,Y)$,现希望通过$(X,Y)$的分布来确定 $Z$ 的分布. 此类问题就是我们将要讨论的两个随机向量函数的分布问题.

在本节中,我们重点讨论两种特殊的函数关系:

(1)$Z=X+Y$;

(2)$Z=\max\{X,Y\}$和 $Z=\min\{X,Y\}$,其中 $X$ 与 $Y$ 相互独立.

### 一、离散型随机变量的函数的分布

设$(X,Y)$是二维离散型随机变量,$g(x,y)$是一个二元函数,则 $g(X,Y)$作为$(X,Y)$的函数是一个随机变量,如果$(X,Y)$的概率分布为

$$P\{X=x_i,Y=y_j\}=p_{ij}\quad (i,j=1,2,\cdots).$$

设 $Z=g(X,Y)$的所有可能取值为 $z_k,k=1,2,\cdots$,则 $Z$ 的概率分布为

$$P\{Z=z_k\}=P\{g(X,Y)=z_k\}=\sum_{g(x_i,y_j)=z_k} P\{X=x_i,Y=y_j\}\ ,k=1,2,\cdots,$$
$$=\sum_{g(x_i,y_j)=z_k} p_{ij}.$$

若 $X,Y$ 独立,且

$$P\{X=k\}=a_k,P\{Y=k\}=b_k,k=0,1,2,\cdots,$$

则 $Z=X+Y$ 的概率分布为

$$P\{Z=r\}=P\{X+Y=r\}=\sum_{i=0}^{r}P\{X=i,Y=r-i\}=\sum_{i=0}^{r}P\{X=i\}P\{Y=r-i\}$$
$$=a_0b_r+a_1b_{r-1}+\cdots+a_rb_0,r=0,1,2,3\cdots$$

即

$$P\{Z=r\}=\sum_{i=0}^{r}a_ib_{r-i}. \tag{3.3.1}$$

这个公式称为**离散型卷积公式**.

**例 1**　设随机变量$(X,Y)$的概率分布见下表:

| $X$ \ $Y$ | $-1$ | 0 | 1 | 2 |
|---|---|---|---|---|
| $-1$ | 0.2 | 0.15 | 0.1 | 0.3 |
| 2 | 0.1 | 0 | 0.1 | 0.05 |

求二维随机变量的函数 $Z$ 的分布:(1)$Z=X+Y$;　(2)$Z=XY$.

**解**　由$(X,Y)$的概率分布可得

| $p_{ij}$ | 0.2 | 0.15 | 0.1 | 0.3 | 0.1 | 0 | 0.1 | 0.05 |
|---|---|---|---|---|---|---|---|---|
| $(X,Y)$ | $(-1,-1)$ | $(-1,0)$ | $(-1,1)$ | $(-1,2)$ | $(2,-1)$ | $(2,0)$ | $(2,1)$ | $(2,2)$ |
| $Z=X+Y$ | $-2$ | $-1$ | 0 | 1 | 1 | 2 | 3 | 4 |
| $Z=XY$ | 1 | 0 | $-1$ | $-2$ | $-2$ | 0 | 2 | 4 |

与一维离散型随机变量函数的分布的求法相同，把 $Z$ 值相同项对应的概率值合并可得：

(1)$Z=X+Y$ 的概率分布为

| $Z$ | $-2$ | $-1$ | 0 | 1 | 2 | 3 | 4 |
|---|---|---|---|---|---|---|---|
| $p_i$ | 0.2 | 0.15 | 0.1 | 0.4 | 0 | 0.1 | 0.05 |

(2)$Z=XY$ 的概率分布为

| $Z$ | $-2$ | $-1$ | 0 | 1 | 2 | 4 |
|---|---|---|---|---|---|---|
| $p_i$ | 0.4 | 0.1 | 0.15 | 0.2 | 0.1 | 0.05 |

**例 2**　设 $X$ 和 $Y$ 相互独立，$X\sim B(n_1,p)$，$Y\sim B(n_2,p)$，求 $Z=X+Y$ 的分布.

**解**　回忆第二章对服从二项分布的随机变量所作的直观解释：若 $X\sim B(n_1,p)$，则 $X$ 是在 $n_1$ 次独立重复试验中事件 $A$ 出现的次数，每次试验中 $A$ 出现的概率都为 $p$.

同样，$Y$ 是在 $n_2$ 次独立重复试验中事件 $A$ 出现的次数，每次试验中 $A$ 出现的概率为 $p$，故 $Z=X+Y$ 是在 $n_1+n_2$ 次独立重复试验中事件 $A$ 出现的次数，每次试验中 $A$ 出现的概率为 $p$，于是 $Z$ 是以 $(n_1+n_2,p)$ 为参数的二项随机变量，即 $Z\sim B(n_1+n_2,p)$.

**例 3**　若 $X$ 和 $Y$ 相互独立，它们分别服从参数为 $\lambda_1,\lambda_2$ 的泊松分布，证明：$Z=X+Y$ 服从参数为 $\lambda_1+\lambda_2$ 的泊松分布.

**解**　因为 $P\{X=i\}=\dfrac{e^{-\lambda_1}\lambda_1^i}{i!}$，$i=0,1,\cdots$；$P\{Y=j\}=\dfrac{e^{-\lambda_2}\lambda_2^j}{j!}$，$j=0,1,\cdots$，由离散型卷积公式得

$$
\begin{aligned}
P\{Z=r\}&=\sum_{i=0}^{r}P\{X=i,Y=r-i\}\\
&=\sum_{i=0}^{r}e^{-\lambda_1}\frac{\lambda_1^i}{i!}\cdot e^{-\lambda_2}\frac{\lambda_2^{r-i}}{(r-i)!}=\frac{e^{-(\lambda_1+\lambda_2)}}{r!}\sum_{i=0}^{r}\frac{r!}{i!\,(r-i)!}\lambda_1^i\lambda_2^{r-i}\\
&=\frac{e^{-(\lambda_1+\lambda_2)}}{r!}(\lambda_1+\lambda_2)^r,r=0,1,\cdots.
\end{aligned}
$$

即 $Z$ 服从参数为 $\lambda_1+\lambda_2$ 的泊松分布.

## 二、连续型随机变量的函数的分布

设 $(X,Y)$ 是二维连续型随机向量，其概率密度函数为 $f(x,y)$，$g(x,y)$ 为一个二元函数，则 $g(X,Y)$ 是 $(X,Y)$ 的函数.

可用类似于求一元随机变量函数分布的方法来求 $Z=g(X,Y)$ 的分布.

(1)求分布函数 $F_Z(z)$.

$$F_Z(z)=P\{Z\leqslant z\}=P\{g(X,Y)\leqslant z\}=P\{(X,Y)\in D_Z\}=\iint\limits_{D_Z}f(x,y)\mathrm{d}x\mathrm{d}y.$$

其中 $D_Z=\{(x,y)\mid g(x,y)\leqslant z\}$.

(2)求其概率密度函数 $f_Z(z)$,对几乎所有的 $z$,有

$$f_Z(z)=F'_Z(z).$$

**1. 和的分布**

设 $X$ 和 $Y$ 的联合密度为 $f(x,y)$,求 $Z=X+Y$ 的密度函数.

$Z=X+Y$ 的分布函数为

$$\begin{aligned}F_Z(z)&=P(Z\leqslant z)=P(X+Y\leqslant z)=\iint\limits_{x+y\leqslant z}f(x,y)\mathrm{d}x\mathrm{d}y\\&=\int_{-\infty}^{+\infty}\left[\int_{-\infty}^{z-y}f(x,y)\mathrm{d}x\right]\mathrm{d}y=\int_{-\infty}^{z-y}\left[\int_{-\infty}^{+\infty}f(x,y)\mathrm{d}y\right]\mathrm{d}x,\end{aligned}$$

两边关于 $z$ 求导得

$$f_Z(z)=F'_Z(z)=\int_{-\infty}^{+\infty}f(z-y,y)\mathrm{d}y,\tag{3.3.2}$$

交换积分次序,同理可得

$$f_Z(z)=F'_Z(z)=\int_{-\infty}^{+\infty}f(x,z-x)\mathrm{d}x,\tag{3.3.3}$$

特别地,当 $X$ 和 $Y$ 独立时,则上述两式化为

$$f_Z(z)=\int_{-\infty}^{+\infty}f_X(z-y)f_Y(y)\mathrm{d}y,\tag{3.3.4}$$

$$f_Z(z)=\int_{-\infty}^{+\infty}f_X(x)f_Y(z-x)\mathrm{d}x,\tag{3.3.5}$$

以上两个公式称为**卷积公式**.

**例 4** 设 $X$ 和 $Y$ 是两个相互独立的随机变量. 它们都服从 $N(0,1)$ 分布,其概率密度为

$$f_X(x)=\frac{1}{\sqrt{2\pi}}\mathrm{e}^{-x^2/2},-\infty<x<+\infty,$$

$$f_Y(y)=\frac{1}{\sqrt{2\pi}}\mathrm{e}^{-y^2/2},-\infty<y<+\infty.$$

求 $Z=X+Y$ 的概率密度.

**解** 由卷积公式得

$$\begin{aligned}f_Z(z)&=\int_{-\infty}^{+\infty}f_X(x)f_Y(z-x)\mathrm{d}x\\&=\frac{1}{2\pi}\int_{-\infty}^{+\infty}\mathrm{e}^{-\frac{x^2}{2}}\cdot\mathrm{e}^{-\frac{(z-x)^2}{2}}\mathrm{d}x=\frac{1}{2\pi}\mathrm{e}^{-\frac{z^2}{4}}\int_{-\infty}^{+\infty}\mathrm{e}^{-\left(x-\frac{z}{2}\right)^2}\mathrm{d}x\\&\xlongequal{t=(x-z)/2}\frac{1}{2\pi}\mathrm{e}^{-\frac{z^2}{4}}\int_{-\infty}^{+\infty}\mathrm{e}^{-t^2}\mathrm{d}t=\frac{1}{2\pi}\mathrm{e}^{-\frac{z^2}{4}}\sqrt{\pi}=\frac{1}{2\sqrt{\pi}}\mathrm{e}^{-\frac{z^2}{4}},\end{aligned}$$

即 $Z\sim N(0,2)$.即两个相互独立的标准正态分布随机变量的和仍然服从正态分布.

类似的,利用卷积公式可以得到下面的定理.

**定理1** 设 $X,Y$ 相互独立,且 $X\sim N(\mu_1,\sigma_1^2)$,$Y\sim N(\mu_2,\sigma_2^2)$. 则 $Z=X+Y$ 仍然服从正态分布,且

$$Z\sim N(\mu_1+\mu_2,\sigma_1^2+\sigma_2^2). \tag{3.3.6}$$

更一般地,可以证明:有限个相互独立的正态随机变量的线性组合仍然服从正态分布,即有

**定理2** 若 $X_i\sim N(\mu_i,\sigma_i^2)(i=1,2,\cdots,n)$,且它们相互独立,则对任意不全为零的常数 $a_1,a_2,\cdots,a_n$,有

$$Z=\sum_{i=1}^{n}a_iX_i\sim N\left(\sum_{i=1}^{n}a_i\mu_i,\sum_{i=1}^{n}a_i^2\sigma_i^2\right). \tag{3.3.7}$$

**例5** 设某种商品一周的需求量是一个随机变量,其概率密度函数为

$$f(x)=\begin{cases}xe^{-x}, & x>0,\\0, & 其他.\end{cases}$$

如果各周的需求量相互独立,求两周需求量的概率密度函数.

**解** 分别用 $X$ 和 $Y$ 表示第一、二周的需求量,则

$$f_X(x)=\begin{cases}xe^{-x}, & x>0,\\0, & 其他,\end{cases}\qquad f_Y(y)=\begin{cases}ye^{-y}, & y>0,\\0, & 其他,\end{cases}$$

从而两周需求量为 $Z=X+Y$,利用卷积公式计算.

$$\int_{-\infty}^{+\infty}f_X(x)f_Y(z-x)\mathrm{d}x=\int_0^z xe^{-x}(z-x)e^{-(z-x)}\mathrm{d}x=\frac{z^3}{6}e^{-z},$$

故

$$f_Z(z)=\begin{cases}\dfrac{z^3}{6}e^{-z}, & z>0,\\0, & 其他.\end{cases}$$

**2. $M=\max(X,Y)$及 $N=\min(X,Y)$的分布**

设随机变量 $X,Y$ 相互独立,其分布函数分别为 $F_X(x)$和 $F_Y(y)$,由于 $M=\max(X,Y)$不大于 $z$ 等价于 $X$ 和 $Y$ 都不大于 $z$,故有

$$\begin{aligned}F_M(z)&=P\{M\leqslant z\}=P\{X\leqslant z,Y\leqslant z\}\\&=P\{X\leqslant z\}P\{Y\leqslant z\}=F_X(z)F_Y(z);\end{aligned} \tag{3.3.8}$$

类似地,可得 $N=\min(X,Y)$的分布函数为

$$\begin{aligned}F_N(z)&=P\{N\leqslant z\}=1-P\{N>z\}=1-P\{X>z,Y>z\}\\&=1-P\{X>z\}P\{Y>z\}=1-[1-F_X(z)][1-F_Y(z)].\end{aligned} \tag{3.3.9}$$

**例6** 设随机变量 $X_1,X_2$ 相互独立,并且有相同的几何分布,即

$$P\{X_i=k\}=pq^{k-1},k=1,2,\cdots,i=1,2,q=1-p,$$

求 $Y=\max(X_1,X_2)$的分布.

**解** **方法一**

$$P\{Y=n\}=P\{\max\{X_1,X_2\}=n\}=P\{X_1=n,X_2\leqslant n\}+P\{X_2=n,X_1<n\}$$
$$=pq^{n-1}\sum_{k=1}^{n}pq^{k-1}+pq^{n-1}\sum_{k=1}^{n-1}pq^{k-1}=p^2q^{n-1}\frac{1-q^n}{1-q}+p^2q^{n-1}\frac{1-q^{n-1}}{1-q}$$
$$=pq^{n-1}(2-q^n-q^{n-1}).$$

**方法二**

$$P\{Y=n\}=P\{Y\leqslant n\}-P\{Y\leqslant n-1\}$$
$$=P\{\max\{X_1,X_2\}\leqslant n\}-P\{\max\{X_1,X_2\}\leqslant n-1\}$$
$$=P\{X_1\leqslant n,X_2\leqslant n\}-P\{X_1\leqslant n-1,X_2\leqslant n-1\}$$
$$=\Big(\sum_{k=1}^{n}pq^{k-1}\Big)^2-\Big(\sum_{k=1}^{n-1}pq^{k-1}\Big)^2=p^2\left(\frac{1-q^n}{1-q}\right)^2-p^2\left(\frac{1-q^{n-1}}{1-q}\right)^2$$
$$=(1-q^n)^2-(1-q^{n-1})^2=pq^{n-1}(2-q^n-q^{n-1}).$$

## 习题 3-3

1. 设随机变量$(X,Y)$的分布律为

| $X$ \ $Y$ | $-1$ | 1 | 2 |
|---|---|---|---|
| 0 | 0.2 | 0.05 | 0.1 |
| 1 | 0.1 | 0.35 | 0.2 |

求:(1)$Z=X+Y$的分布律; (2)$Z=XY$的分布律;

(3)$Z=X-Y$的分布律; (4)$Z=\max\{X,Y\}$的分布律.

2. 设$X,Y$相互独立,且$X,Y$的分布律分别为

| $X$ | 0 | 1 |
|---|---|---|
| $P$ | 0.3 | 0.7 |

| $Y$ | $-1$ | 1 | 2 |
|---|---|---|---|
| $P$ | 0.2 | 0.2 | 0.6 |

求:(1)$(X,Y)$的分布律; (2)$Z=X+Y$的分布律; (3)$Z=XY$的分布律.

3. 设$X\sim N(3,4)$,$Y\sim N(1,1)$,$Z\sim N(0,1)$,且$X,Y,Z$相互独立,求$X+2Y+3Z$的分布.

4. 设$X,Y$相互独立,且都服从$(0,1)$上的均匀分布,求$Z=X+Y$的概率密度.

5. 设$X,Y$相互独立,若$X$服从$(0,1)$上的均匀分布,$Y$服从参数为1的指数分布,求$Z=X+Y$的概率密度.

6. 设系统$L$由两个相互独立的子系统$L_1,L_2$联接而成,联接方式为串联,设$L_1,L_2$的寿命分别为$X,Y$,已知它们的概率密度分别为

$$f_X(x)=\begin{cases}\alpha\mathrm{e}^{-\alpha x}, & x>0,\\ 0, & x\leqslant 0.\end{cases}\qquad f_Y(y)=\begin{cases}\beta\mathrm{e}^{-\beta y}, & y>0,\\ 0, & y\leqslant 0.\end{cases}$$

其中$\alpha>0$,$\beta>0$且$\alpha\neq\beta$. 试求$L$寿命$Z$的概率密度.

# 总习题三

## 一、选择题

1. 设随机变量$(X,Y)$的分布函数为$F(x,y)$，其边缘分布函数$F_X(x)$是(　　).

A. $\lim\limits_{y\to+\infty} F(x,y)$　　　　B. $\lim\limits_{y\to-\infty} F(x,y)$

C. $F(x,0)$　　　　D. $F(0,x)$

2. 设二维随机变量$(X,Y)$的联合分布函数为$F(x,y)$，则(　　)不成立.

A. $P\{x_1<X\leqslant x_2,y_1<Y\leqslant y_2\}=F(x_2,y_2)-F(x_1,y_1)$

B. $P\{X\leqslant x\}=F(x,+\infty)$

C. $F(-\infty,y)=0$

D. $F(-\infty,+\infty)=0$

3. 设二维随机变量$(\xi,\eta)$的联合分布函数为$F(x,y)$，其联合分布律为

| $\xi$ \ $\eta$ | 0 | 1 | 2 |
|---|---|---|---|
| −1 | 0.2 | 0 | 0.1 |
| 0 | 0 | 0.4 | 0 |
| 1 | 0.1 | 0 | 0.2 |

则$P\{\xi\leqslant 0,\eta\leqslant 1\}=$(　　).

A. 0.2　　B. 0.4　　C. 0.6　　D. 0.8

4. 设二维随机变量$(\xi,\eta)$的联合分布律为

| $\xi$ \ $\eta$ | 1 | 2 |
|---|---|---|
| 1 | $\frac{1}{6}$ | $\frac{1}{3}$ |
| 2 | $\frac{1}{4}$ | $a$ |

则(　　).

A. $a=\frac{1}{6}$　　B. $a=\frac{1}{4}$　　C. $a=\frac{1}{3}$　　D. $a=\frac{3}{4}$

5. 设二维随机变量$(X,Y)$的联合概率密度为

$$f(x,y)=\begin{cases}\frac{xy}{96}, & 0<x<4,1<y<5,\\ 0, & \text{其他}.\end{cases}$$

则$P\{X\geqslant 3,Y\leqslant 2\}=$(　　).

A. $\frac{1}{6}$　　B. $\frac{1}{96}$　　C. $\frac{7}{128}$　　D. $\frac{11}{192}$

6. 设二维随机变量$(X,Y)$的联合概率密度为

$$f(x,y)=\begin{cases}cxy^2, & 0<x<1,0<y<1,\\ 0, & 其他.\end{cases}$$

则常数$c=$(　　).

A.1　　B.2　　C.4　　D.6

7. 设$\xi,\eta$独立并都服从区间$(0,1)$上的均匀分布,则(　　)服从相应区域上的均匀分布.

A.$\xi^2$　　B.$\xi-\eta$　　C.$\xi+\eta$　　D.$(\xi,\eta)$

8. 设随机变量$X$和$Y$相互独立,且$X\sim N(0,1)$,$Y\sim N(1,1)$,则(　　).

A.$P\{X+Y\leqslant 0\}=\frac{1}{2}$　　B.$P\{X+Y\leqslant 1\}=\frac{1}{2}$

C.$P\{X-Y\leqslant 0\}=\frac{1}{2}$　　D.$P\{X-Y\leqslant 1\}=\frac{1}{2}$

9. 设随机变量$X_i$的分布律为

| $X_i$ | $-1$ | $0$ | $1$ |
|---|---|---|---|
| $P$ | $\frac{1}{4}$ | $\frac{1}{2}$ | $\frac{1}{4}$ |

其中$i=1,2$且$P\{X_1X_2=0\}=1$,则$P\{X_1=X_2\}$为(　　).

A.0　　B.$\frac{1}{4}$　　C.$\frac{1}{2}$　　D.1

10. 设二维随机变量$(X,Y)$的联合概率密度为$f(x,y)$,则$P\{X>1\}=$(　　).

A.$\int_{-\infty}^{1}\mathrm{d}x\int_{-\infty}^{+\infty}f(x,y)\mathrm{d}y$　　B.$\int_{1}^{+\infty}\mathrm{d}x\int_{-\infty}^{+\infty}f(x,y)\mathrm{d}y$

C.$\int_{-\infty}^{1}f(x,y)\mathrm{d}x$　　D.$\int_{1}^{+\infty}f(x,y)\mathrm{d}x$

**二、填空题**

1. 设$X\sim N(-1,2)$,$Y\sim N(1,3)$,且$X$与$Y$相互独立,则$X+2Y\sim$________.

2. 设随机变量$X$与$Y$相互独立,且$P\{X\leqslant 1\}=\frac{1}{2}$,$P\{Y\leqslant 1\}=\frac{1}{3}$,则$P\{X\leqslant 1,y\leqslant 1\}=$________.

3. 设二维随机变量$(X,Y)$服从区域$G:0\leqslant x\leqslant 1,0\leqslant y\leqslant 2$上的均匀分布,则$P\{X\leqslant 1,y\leqslant 1\}=$________.

4. 设平面区域$D$由曲线$y=\frac{1}{x}$及直线$y=0,x=1,x=\mathrm{e}^2$所围成,二维随机变量$(X,Y)$在区域$D$上服从均匀分布,则$(X,Y)$关于$X$的边缘概率密度在$x=2$处的值为________.

5. 设$X$与$Y$均服从正态分布$N(0,\sigma^2)$,且$P\{X\leqslant 2,Y\leqslant -2\}=\frac{1}{4}$,则

$P\{X>2,Y>-2\}=$________.

6. 设二维随机变量$(X,Y)$服从二维正态分布$N(\mu_1,\mu_2,\sigma_1^2,\sigma_2^2,\rho)$，则$f_X(x)=$________.

7. 设相互独立的两个随机变量$X$与$Y$具有同一分布律，且$X$的分布律为

| $X$ | 0 | 1 |
| --- | --- | --- |
| $P$ | $\frac{1}{2}$ | $\frac{1}{2}$ |

则$Z=\max\{X,Y\}$的分布律为________.

8. 设随机变量$X$与$Y$相互独立，且$X$服从(0,1)上的均匀分布，$Y$服从参数为1的指数分布，则概率$P\{X+Y>1\}=$________.

9. 设二维随机变量$(X,Y)$的联合概率密度为

$$f(x,y)=\begin{cases}1, & 0<x<1,0<y<1,\\0, & 其他.\end{cases}$$

则$P\left\{X\leqslant\frac{1}{2}\right\}=$________.

10. 设二维随机变量$(X,Y)$的联合概率密度为

$$f(x,y)=\begin{cases}e^{-(x+y)}, & x>0,y>0,\\0, & 其他.\end{cases}$$

则当$y>0$时，$(X,Y)$关于$Y$的边缘概率密度$f_Y(y)=$________.

**三、计算题**

1. 设二维随机变量$(X,Y)$的分布律为

| $X$ \ $Y$ | $-1$ | 0 |
| --- | --- | --- |
| 0 | $\frac{1}{3}$ | $\frac{1}{4}$ |
| 1 | $\frac{1}{4}$ | $\frac{1}{6}$ |

求：(1)$(X,Y)$关于$X$和$Y$的边缘分布律；

(2)$X$与$Y$是否相互独立？

(3)$P\{X+Y=0\}$.

2. 在一箱子中装有12只开关，其中2只是次品，在其中取两次，每次任意取一只，(1)有放回抽样；(2)不放回抽样.我们定义随机变量如下：

$$X=\begin{cases}0, & 若第一次取出的是正品,\\1, & 若第一次取出的是次品.\end{cases}\qquad Y=\begin{cases}0, & 若第二次取出的是正品,\\1, & 若第二次取出的是次品.\end{cases}$$

分别求这两种情况下$X$与$Y$的分布律及$(X,Y)$的联合分布律，并判断它们是否相互独立.

3. 设一电子器件包含两个部分,分别用 $\xi$ 和 $\eta$ 表示它们的寿命(单位:h).设$(\xi,\eta)$的联合分布为

$$F(x,y)=\begin{cases}1-e^{-0.01x}-e^{-0.01y}+e^{-0.01(x+y)}, & x>0,y>0,\\ 0, & \text{其他},\end{cases}$$

(1)问 $\xi$ 和 $\eta$ 是否独立?

(2)求 $P\{\xi>120,\eta>120\}$.

4. 设$(\xi,\eta)$的联合密度函数为

$$f(x,y)=\begin{cases}x^2+\dfrac{1}{3}xy, & \text{当 } 0\leqslant x\leqslant 1,0\leqslant y\leqslant 2,\\ 0, & \text{其他}.\end{cases}$$

求:(1)求 $\xi$ 和 $\eta$ 的边缘密度函数;

(2)$P\{\xi\leqslant\eta\}$ 和 $P\{\xi+\eta\geqslant 1\}$.

5. 设二维随机变量$(X,Y)$的分布律为

| $X$ \ $Y$ | 0 | 1 | 2 |
|---|---|---|---|
| 0 | $\frac{1}{4}$ | $\frac{1}{8}$ | 0 |
| 1 | 0 | $\frac{1}{3}$ | 0 |
| 2 | $\frac{1}{6}$ | 0 | $\frac{1}{8}$ |

求:(1)$P\{X|Y=1\}$,$P\{Y|X=2\}$. (2)$Z=X+Y$,$Z=X-Y$,$Z=XY$ 的分布律.

6. 设二维随机变量$(X,Y)$的联合概率密度为

$$f(x,y)=\begin{cases}ce^{-(2x+y)}, & x>0,y>0,\\ 0, & \text{其他}.\end{cases}$$

求:(1)常数 $c$; (2)$X$ 与 $Y$ 的边缘概率密度; (3)条件概率密度 $f_{X|Y}(x|y)$;

(4)$P\{Y\leqslant X\}$;(5)$P\{X<2|Y<1\}$.

7. 设$(\xi,\eta)$的密度函数为

$$f(x,y)=\begin{cases}1, & 0\leqslant x\leqslant 1,0\leqslant y\leqslant 1,\\ 0, & \text{其他},\end{cases}$$

求下列事件的概率.

(1)$P\{\xi\leqslant 1/2,\eta\leqslant 1/2\}$; (2)$P\left\{\xi+\eta>\dfrac{1}{2}\right\}$; (3)$P\{\xi\geqslant 2\eta\}$; (4)$P\{\eta\geqslant 1/3\}$;

(5)$P\{\xi=\eta\}$; (6)已知 $\eta>\dfrac{1}{2}$时,$\xi>\eta$ 的概率.

8. 设$(\xi,\eta)$的联合密度函数为

$$f(x,y)=\begin{cases}\dfrac{1}{2\pi}e^{-\frac{1}{2}(x^2+y^2)}, & xy>0,\\ 0, & xy\leqslant 0.\end{cases}$$

求证：$\xi$ 和 $\eta$ 的边缘分布分别为 $N(0,1)$.

9. 设随机变量 $(X,Y)$ 的概率密度为

$$f(x,y)=\begin{cases}\frac{1}{2}(x+y)e^{-(x+y)}, & x>0,y>0,\\ 0, & \text{其他}.\end{cases}$$

(1)问 $X,Y$ 是否相互独立？

(2)求 $Z=X+Y$ 的概率密度.

10. 设 $\xi$ 与 $\eta$ 相互独立，$\xi\sim N(1,3^2)$，$\eta\sim N(2,2^2)$，令(1)$\zeta_1=2\xi+5$；(2)$\zeta_2=\xi+\eta$；(3)$\zeta_3=2\xi-3\eta+5$，求各 $\zeta_i$ 的密度函数.

11. 假设一电路装有三个同种元件，其工作状态相互独立，且无故障时间服从参数为 $\lambda$ 的指数分布。当三个元件都无故障时电路工作正常，否则电路不能正常工作。试求电路正常工作的时间 $T$ 的概率分布.

12. 设 $\xi_1,\cdots,\xi_n$ 独立同分布，其密度函数

$$f(x)=\begin{cases}\frac{x}{4}e^{-\frac{x^2}{8}}, & x>0,\\ 0, & x\leqslant 0.\end{cases}$$

求 $\eta=\max\limits_{1\leqslant i\leqslant n}\{\xi_i\}$ 的密度函数，并求 $P\{\eta>4\}$.

# 第四章　随机变量的数字特征

在前面的课程中，我们讨论了随机变量及其分布，如果掌握了随机变量 $X$ 的概率分布，那么 $X$ 的全部概率特征也就知道了.然而，在实际问题中，概率分布一般是较难确定的.而在一些实际应用中，人们并不需要知道随机变量的一切概率性质，只需知道它的某些数字特征即可.

例如，在评价某地区粮食产量的水平时，通常只要知道该地区粮食的平均产量.又如，在检查一批棉花的质量时，既要注意纤维的平均长度，又要注意纤维长度与平均长度之间的偏离程度，平均长度较大，偏离程度小，则质量就较好.在证券投资方面，我们一方面要知道股票的平均回报率，另一方面要知道股票的回报率与平均回报率的偏离程度，并把这种偏离程度称为风险等.

描述随机变量的平均值和偏离程度的某些数字特征在理论和实践上都具有重要的意义，它们能更直接、更简洁、更清晰和更实用地反映出随机变量的本质.我们把刻画随机变量某些方面特征的数值称为随机变量的数字特征.本章将要讨论的随机变量的常用数字特征包括：数学期望、方差、相关系数和矩.

## 第一节　数学期望

### 一、离散型随机变量的数学期望

平均值是日常生活中最常用的一个数字特征，它对评判事物、作出决策等具有重要作用.

**引例**　某车间对工人的生产情况进行考察.车工小张每天生产的废品数 $X$ 是一个随机变量.如何定义 $X$ 的平均值呢？

一般来说，若统计 $n$ 天，(假定小张每天至多出三件废品)，$n_0$ 天没有出废品；$n_1$ 天每天出一件废品；$n_2$ 天每天出两件废品；$n_3$ 天每天出三件废品.可以得到 $n$ 天中每天的平均废品数为

$$0\cdot\frac{n_0}{n}+1\cdot\frac{n_1}{n}+2\cdot\frac{n_2}{n}+3\cdot\frac{n_3}{n}$$

由频率和概率的关系，不难想到，在求废品数 $X$ 的平均值时，用概率代替频率，得平均值为

$$0\cdot p_0+1\cdot p_1+2\cdot p_2+3\cdot p_3$$

这样得到一个确定的数，我们就用这个数作为随机变量 $X$ 的数学期望.

**定义 1**　设 $X$ 是离散型随机变量的概率分布为

$$P\{X=x_i\}=p_i, i=1,2,\cdots$$

如果 $\sum_{i=1}^{+\infty}|x_i|p_i$ 收敛，则定义 $X$ 的**数学期望**（又称**均值**）为

$$E(X)=\sum_{i=1}^{+\infty}x_ip_i. \tag{4.1.1}$$

即离散型随机变量的数学期望是一个绝对收敛的级数的和.

**注**　(1)当 $X$ 的可能取值为有限多个 $x_1,x_2,\cdots,x_n$ 时，

$$E(X)=\sum_{i=1}^{n}x_ip_i;$$

(2)当 $X$ 的可能取值为可列多个 $x_1,x_2,\cdots,x_n,\cdots$时，

$$E(X)=\sum_{i=1}^{+\infty}x_ip_i.$$

定义中要求 $\sum_{i=1}^{+\infty}x_ip_i$ 绝对收敛是为了保证 $\sum_{i=1}^{+\infty}x_ip_i$ 的和与其各项的次序无关，使它恒收敛于一个确定值 $E(X)$.

**例 1**　甲、乙两人进行打靶，所得分数分别记为 $X_1,X_2$，它们的分布律分别为

| $X_1$ | 0 | 1 | 2 |
|---|---|---|---|
| $p_i$ | 0 | 0.2 | 0.8 |

| $X_2$ | 0 | 1 | 2 |
|---|---|---|---|
| $p_i$ | 0.6 | 0.3 | 0.1 |

试评定他们的成绩的好坏.

**解**　我们来计算 $X_1$ 的数学期望，得

$$E(X_1)=0\times 0+1\times 0.2+2\times 0.8=1.8(\text{分}).$$

这意味着，如果甲进行很多次的射击，那么，所得分数的算术平均就接近 1.8，而乙所得分数的数学期望为

$$E(X_2)=0\times 0.6+1\times 0.3+2\times 0.1=0.5(\text{分}).$$

很明显，乙的成绩远不如甲的成绩.

**例 2**　按规定，某车站每天 8∶00～9∶00 和 9∶00～10∶00 之间都恰有一辆客车到站，但到站的时刻是随机的，且两者到站的时间相互独立.其规律为

| 8∶00～9∶00 到站时间<br>9∶00～10∶00 到站时间 | 8∶10<br>9∶10 | 8∶30<br>9∶30 | 8∶50<br>9∶50 |
|---|---|---|---|
| 概　率 | 1/6 | 3/6 | 2/6 |

一旅客 8∶20 到车站，求他候车时间的数学期望.

**解**　设旅客的候车时间为 $X$(单位：min).则 $X$ 的分布律为

| $X$ | 10 | 30 | 50 | 70 | 90 |
|---|---|---|---|---|---|
| $p_i$ | $\frac{3}{6}$ | $\frac{2}{6}$ | $\frac{1}{6}\times\frac{1}{6}$ | $\frac{1}{6}\times\frac{3}{6}$ | $\frac{1}{6}\times\frac{2}{6}$ |

在上表中,例如 $P\{X=70\}=P(AB)=P(A)P(B)=\frac{1}{6}\times\frac{3}{6}$,其中 $A$ 为"第一班车在 8∶10 到站",$B$ 为"第二班车在 9∶30 到站".则候车时间的数学期望为

$$E(X)=10\times\frac{3}{6}+30\times\frac{2}{6}+50\times\frac{1}{36}+70\times\frac{3}{36}+90\times\frac{2}{36}=27.22(\text{min}).$$

**例 3** 某商店对某种家用电器的销售采用先使用后付款的方式.记使用寿命为 $X$(单位:年),规定:

$X\leqslant 1$,一台付款 1 500 元;

$1<X\leqslant 2$,一台付款 2 000 元;

$2<X\leqslant 3$,一台付款 2 500 元;

$X>3$,一台付款 3 000 元.

设寿命 $X$ 服从指数分布,概率密度为

$$f(x)=\begin{cases}\frac{1}{10}\mathrm{e}^{-x/10}, & x>0,\\ 0, & x\leqslant 0.\end{cases}$$

试求该类家用电器一台收费 $Y$ 的数学期望.

**解** 先求出寿命 $X$ 落在各个时间区间的概率,即有

$$P\{X\leqslant 1\}=\int_0^1\frac{1}{10}\mathrm{e}^{-x/10}\mathrm{d}x=1-\mathrm{e}^{-0.1}=0.095\ 2,$$

$$P\{1<X\leqslant 2\}=\int_1^2\frac{1}{10}\mathrm{e}^{-x/10}\mathrm{d}x=\mathrm{e}^{-0.1}-\mathrm{e}^{-0.2}=0.086\ 1,$$

$$P\{2<X\leqslant 3\}=\int_2^3\frac{1}{10}\mathrm{e}^{-x/10}\mathrm{d}x=\mathrm{e}^{-0.2}-\mathrm{e}^{-0.3}=0.077\ 9,$$

$$P\{X>3\}=\int_3^{+\infty}\frac{1}{10}\mathrm{e}^{-x/10}\mathrm{d}x=\mathrm{e}^{-0.3}=0.740\ 8,$$

则 $Y$ 的分布律为

| $Y$ | 1 500 | 2 000 | 2 500 | 3 000 |
|---|---|---|---|---|
| $p_i$ | 0.095 2 | 0.086 1 | 0.077 9 | 0.740 8 |

得 $E(Y)=2\ 732.15$,即平均一台收费 2732.15 元.

下面介绍几种常见的离散型随机变量的数学期望.

1. **两点分布**

随机变量 $X$ 的分布律为

| $X$ | 0 | 1 |
|---|---|---|
| $P$ | $1-p$ | $p$ |

其中 $0<p<1$,有

$$E(X)=0\times(1-p)+1\times p=p. \tag{4.1.2}$$

2. **二项分布**

设 $X \sim B(n,p)$，即

$$p_i = P\{X=i\} = C_n^i p^i q^{n-i} (i=0,1,\cdots,n), q=1-p.$$

从而有

$$E(X) = \sum_{i=0}^{n} i C_n^i p^i q^{n-i} = \sum_{i=1}^{n} i \frac{n!}{i!\ (n-i)!} p^i q^{n-i}$$

$$= np \sum_{i=1}^{n} \frac{(n-1)!}{(i-1)!\ \{(n-1)-(i-1)\}!} p^{i-1} q^{(n-1)-(i-1)} = np \sum_{k=0}^{n-1} C_{n-1}^k p^k q^{(n-1)-k} =$$

$np$. (4.1.3)

二项分布的数学期望 $np$，有着明显的概率意义. 比如掷硬币试验，设出现正面概率 $p = \frac{1}{2}$，若进行 100 次试验，则可以“期望”出现 $100 \times \frac{1}{2} = 50$ 次正面，这正是期望这一名称的来由.

3. **泊松分布**

设 $X \sim P(\lambda)$ 其分布律为

$$P\{X=i\} = \frac{\lambda^i e^{-\lambda}}{i!}, i=0,1,\cdots.$$

则 $X$ 的数学期望为 $E(X)=\lambda$.

事实上，

$$E(X) = \sum_{i=1}^{+\infty} x_i p_i = \sum_{i=1}^{+\infty} i \frac{\lambda^i e^{-\lambda}}{i!} = \sum_{i=1}^{+\infty} \frac{\lambda^i e^{-\lambda}}{(i-1)!} = \lambda \sum_{i=1}^{+\infty} \frac{\lambda^{i-1} e^{-\lambda}}{(i-1)!} = \lambda. \quad (4.1.4)$$

4. **几何分布**

设 $X$ 服从几何分布，由于

$$P\{X=k\} = pq^{k-1} (k=1,2,\cdots), 0<p<1, q=1-p,$$

从而有

$$E(X) = \sum_{k=1}^{+\infty} k p_k = \sum_{k=1}^{+\infty} k p q^{k-1} = p \sum_{k=1}^{+\infty} k q^{k-1}$$

$$= p \frac{d}{dq}\left(\sum_{k=1}^{+\infty} q^k\right) = p \frac{d}{dq}\left(\frac{q}{1-q}\right) = \frac{p}{(1-q)^2} = \frac{1}{p}. \quad (4.1.5)$$

## 二、连续型随机变量的数学期望

对于连续型随机变量的期望，形式上可类似于离散型随机变量的期望给予定义，只需将和式 $\sum_i x_i p_i$ 中的 $x_i$ 改变 $x$，$p_i$ 改变为 $f(x)dx$（其中 $f(x)$ 为连续型随机变量的概率密度函数）以及和号“$\sum$”演变为积分号“$\int$”即可.

**定义 2**　设 $X$ 是连续型随机变量，其密度函数为 $f(x)$，如果 $\int_{-\infty}^{+\infty} x f(x) dx$ 绝对收敛，则称该积分为随机变量 $X$ 的**数学期望**，记为 $E(X)$，即

$$E(X)=\int_{-\infty}^{+\infty}xf(x)\mathrm{d}x. \tag{4.1.6}$$

**例 4** 已知随机变量 $X$ 的分布函数 $F(x)=\begin{cases}0, & x\leqslant 0,\\ x^2, & 0<x\leqslant 1,\\ 1, & x>1,\end{cases}$ 求 $E(X)$.

**解** 随机变量 $X$ 的分布密度为 $f(x)=F'(x)=\begin{cases}2x, & 0<x\leqslant 1,\\ 0, & 其他.\end{cases}$

故

$$E(X)=\int_{-\infty}^{+\infty}xf(x)\mathrm{d}x=\int_0^1 x\cdot 2x\mathrm{d}x=\frac{2x^3}{3}\bigg|_0^1=\frac{2}{3}.$$

**例 5** 设随机变量 $X\sim f(x)$,$E(X)=\dfrac{7}{12}$,且

$$f(x)=\begin{cases}ax+b, & 0\leqslant x\leqslant 1,\\ 0, & 其他.\end{cases}$$

求 $a$ 与 $b$ 的值,并求分布函数 $F(x)$.

**解** 由题意知

$$\int_{-\infty}^{+\infty}f(x)\mathrm{d}x=\int_0^1(ax+b)\mathrm{d}x=\frac{a}{2}+b=1,$$

$$E(X)=\int_{-\infty}^{+\infty}xf(x)\mathrm{d}x=\int_0^1 x(ax+b)\mathrm{d}x=\frac{a}{3}+\frac{b}{2}=\frac{7}{12},$$

解方程组得 $a=1,b=1/2$.

当 $0\leqslant x<1$ 时,有

$$F(x)=\int_{-\infty}^{x}f(t)\mathrm{d}t=\int_0^x\left(t+\frac{1}{2}\right)\mathrm{d}t=\frac{x^2}{2}+\frac{x}{2},$$

所以

$$F(x)=\begin{cases}0, & x<0,\\ \dfrac{1}{2}(x^2+x), & 0\leqslant x<1,\\ 1, & x\geqslant 1.\end{cases}$$

下面介绍几种重要的连续型随机变量的期望:

**1. 均匀分布**

设随机变量 $X$ 在$(a,b)$上服从均匀分布,其概率密度为

$$f(x)=\begin{cases}\dfrac{1}{b-a}, & a\leqslant x\leqslant b,\\ 0, & 其他.\end{cases}$$

则

$$E(X)=\int_{-\infty}^{+\infty}xf(x)\mathrm{d}x=\int_a^b\frac{x}{b-a}\mathrm{d}x=\frac{a+b}{2}, \tag{4.1.7}$$

即在区间$(a,b)$上服从均匀分布的随机变量的期望是该区间中点.

2. **指数分布**

设随机变量 $X$ 服从参数为 $\lambda>0$ 的指数分布，其概率密度为

$$f(x)=\begin{cases}\lambda e^{-\lambda x}, & x>0,\\ 0, & x\leqslant 0.\end{cases}$$

则

$$E(X)=\int_{-\infty}^{+\infty}xf(x)dx=\int_0^{+\infty}x\lambda e^{-\lambda x}dx=-\int_0^{+\infty}xd(e^{-\lambda x})=\int_0^{+\infty}e^{-\lambda x}dx=\frac{1}{\lambda},\tag{4.1.8}$$

即指数分布的数学期望为参数 $\lambda$ 的倒数.

3. **正态分布**

设 $X\sim N(\mu,\sigma^2)$，其概率密度为

$$f(x)=\frac{1}{\sqrt{2\pi}\sigma}e^{-\frac{(x-\mu)^2}{2\sigma^2}},-\infty<x<+\infty,$$

则 $X$ 的期望为

$$\begin{aligned}E(X)&=\int_{-\infty}^{+\infty}x\frac{1}{\sqrt{2\pi}\sigma}e^{-\frac{(x-\mu)^2}{2\sigma^2}}dx=\int_{-\infty}^{+\infty}[(x-\mu)+\mu]\frac{1}{\sqrt{2\pi}\sigma}e^{-\frac{(x-\mu)^2}{2\sigma^2}}dx\\&=\int_{-\infty}^{+\infty}\mu\frac{1}{\sqrt{2\pi}\sigma}e^{-\frac{(x-\mu)^2}{2\sigma^2}}dx+\int_{-\infty}^{+\infty}(x-\mu)\frac{1}{\sqrt{2\pi}\sigma}e^{-\frac{(x-\mu)^2}{2\sigma^2}}dx\\&=\mu+\int_{-\infty}^{+\infty}(x-\mu)\frac{1}{\sqrt{2\pi}\sigma}e^{-\frac{(x-\mu)^2}{2\sigma^2}}dx\\&=\mu+\int_{-\infty}^{+\infty}t\frac{1}{\sqrt{2\pi}\sigma}e^{-\frac{t^2}{2}}dt,\end{aligned}$$

上式第二项因为被积函数为奇函数，则有

$$\int_{-\infty}^{+\infty}t\frac{1}{\sqrt{2\pi}\sigma}e^{-\frac{t^2}{2}}dt=0,$$

故有

$$E(X)=\mu.\tag{4.1.9}$$

这正是预料之中的结果，$\mu$ 是正态分布的中心，也是正态变量取值的集中位置；又因为正态分布是对称的，$\mu$ 应该是期望，在测量问题中，随机误差在大量测量时正负相抵，因此 $\mu=0$，在正常生产情况下，产品的平均尺寸应等于规格尺寸，$\mu$ 表示规格尺寸.

## 三、随机变量函数的数学期望

设 $X$ 是一随机变量，$g(x)$为一实函数，则 $Y=g(X)$也是一随机变量，理论上，虽然可通过 $X$ 的分布求出 $g(X)$的分布，再按定义求出 $g(X)$的数学期望 $E[g(X)]$.但这种求法一般比较复杂.下面不加证明地引入有关计算随机变量函数的数学期望的定理.

**定理 1**　设 $X$ 是一个随机变量，$Y=g(X)$，且 $E(Y)$存在，则

(1) 若 $X$ 为离散型随机变量，其概率分布为

$$P\{X=x_i\}=p_i,i=1,2,\cdots$$

若级数$\sum_{i=1}^{\infty} g(x_i)p_i$绝对收敛,则$Y$的数学期望为

$$E(Y)=E[g(X)]=\sum_{i=1}^{\infty} g(x_i)p_i. \tag{4.1.10}$$

(2) 若$X$为连续型随机变量,其概率密度为$f(x)$,若$\int_{-\infty}^{+\infty}\left|g(x)\right|f(x)\mathrm{d}x$收敛,则$Y$的数学期望为

$$E(Y)=E[g(X)]=\int_{-\infty}^{+\infty} g(x)f(x)\mathrm{d}x. \tag{4.1.11}$$

**注** 定理的重要性在于:求$E[g(X)]$时,不必知道$Y=g(X)$的概率密度,而可由随机变量$X$的概率密度$f(x)$直接计算$E(Y)$,这给求随机变量函数的数学期望带来很大方便.

上述定理可推广到二维以上的情形,即有

**定理 2** 设$(X,Y)$是二维随机向量,$Z=g(X,Y)$,且$E(Z)$存在,则

(1)若$(X,Y)$为离散型随机向量,其概率分布为

$$P\{X=x_i,Y=y_j\}=p_{ij}(i,j=1,2,\cdots),$$

边缘分布律为

$$p_{i\cdot}=\sum_j p_{ij},p_{\cdot j}=\sum_i p_{ij},$$

则

$$E(Z)=E[g(X,Y)]=\sum_{j=1}^{\infty}\sum_{i=1}^{\infty} g(x_i,y_j)p_{ij}, \tag{4.1.12}$$

$$E(X)=\sum_i x_i p_{i\cdot}=\sum_i\sum_j x_i p_{ij}, \tag{4.1.13}$$

$$E(Y)=\sum_j y_j p_{\cdot j}=\sum_i\sum_j y_j p_{ij}; \tag{4.1.14}$$

(2) 若$(X,Y)$为连续型随机向量,$f(x,y)$,$f_X(x)$,$f_Y(y)$分别为其概率密度与边缘概率密度,则

$$E(Z)=E[g(X,Y)]=\int_{-\infty}^{+\infty}\int_{-\infty}^{+\infty} g(x,y)f(x,y)\mathrm{d}x\mathrm{d}y, \tag{4.1.15}$$

$$E(X)=\int_{-\infty}^{+\infty} xf_X(x)\mathrm{d}x=\int_{-\infty}^{+\infty}\int_{-\infty}^{+\infty} xf(x,y)\mathrm{d}x\mathrm{d}y, \tag{4.1.16}$$

$$E(Y)=\int_{-\infty}^{+\infty} yf_Y(y)\mathrm{d}y=\int_{-\infty}^{+\infty}\int_{-\infty}^{+\infty} yf(x,y)\mathrm{d}x\mathrm{d}y. \tag{4.1.17}$$

**例 6** 设$(X,Y)$的联合概率分布为

| X \ Y | 0 | 1 | 2 | 3 |
|---|---|---|---|---|
| 1 | 0 | $\frac{3}{8}$ | $\frac{3}{8}$ | 0 |
| 3 | $\frac{1}{8}$ | 0 | 0 | $\frac{1}{8}$ |

求$E(X)$,$E(Y)$,$E(XY)$,$E(2X+1)$,$E(Y^2)$.

**解**　要求 $E(X)$ 和 $E(Y)$，需先求出 $X$ 和 $Y$ 的边缘分布.关于 $X$ 和 $Y$ 的边缘分布为

| $X$ | 1 | 3 |
|---|---|---|
| $P$ | $\frac{3}{4}$ | $\frac{1}{4}$ |

| $Y$ | 0 | 1 | 2 | 3 |
|---|---|---|---|---|
| $P$ | $\frac{1}{8}$ | $\frac{3}{8}$ | $\frac{3}{8}$ | $\frac{1}{8}$ |

则有

$$E(X)=1\times\frac{3}{4}+3\times\frac{1}{4}=\frac{3}{2},$$

$$E(Y)=0\times\frac{1}{8}+1\times\frac{3}{8}+2\times\frac{3}{8}+3\times\frac{1}{8}=\frac{3}{2},$$

$$E(X\cdot Y)=(1\times 0)\times 0+(1\times 1)\times\frac{3}{8}+(1\times 2)\times\frac{3}{8}+(1\times 3)\times 0+(3\times 0)\times\frac{1}{8}$$
$$+(3\times 1)\times 0+(3\times 2)\times 0+(3\times 3)\times\frac{1}{8}=\frac{9}{4},$$

$$E(2X+1)=(2\times 1+1)\times\frac{3}{4}+(2\times 3+1)\times\frac{1}{4}=4,$$

$$E(Y^2)=0^2\times\frac{1}{8}+1^2\times\frac{3}{8}+2^2\times\frac{3}{8}+3^2\times\frac{1}{8}=3.$$

**例 7**　设二维随机变量 $(X,Y)$ 的概率密度为 $f(x,y)=\begin{cases}2, & 0\leqslant x\leqslant 1,0\leqslant y\leqslant x,\\ 0, & \text{其他}.\end{cases}$ 求：(1)$E(X+Y)$；(2)$E(XY)$.

**解**　(1)$E(X+Y)=\int_0^1\mathrm{d}x\int_0^x 2(x+y)\mathrm{d}y=1$；

(2)$E(XY)=\int_0^1\mathrm{d}x\int_0^x 2xy\,\mathrm{d}y=\frac{1}{4}$.

**例 8**　设国际市场上对我国某种出口商品的每年需求量是随机变量 $X$(单位：吨)，它服从区间[2 000,4 000]上的均匀分布，每销售出一吨商品，可为国家赚取外汇 3 万元；若销售不出，则每吨商品需贮存费 1 万元，问应组织多少货源，才能使国家收益最大？

**解**　设组织货源 $t$ 吨，显然应要求 $2\,000\leqslant t\leqslant 4\,000$，国家收益 $Y$(单位：万元)是 $X$ 的函数 $Y=g(X)$，表达式为

$$g(X)=\begin{cases}3t, & X\geqslant t,\\ 3X-(t-X), & X<t.\end{cases}$$

设 $X$ 的概率密度函数为 $f(x)$，则

$$f(x)=\begin{cases}1/2\,000, & 2\,000\leqslant x\leqslant 4\,000,\\ 0, & \text{其他}.\end{cases}$$

于是 $Y$ 的期望为

$$E(Y)=\int_{-\infty}^{+\infty}g(x)f(x)\mathrm{d}x=\int_{2\,000}^{4\,000}\frac{1}{2\,000}g(x)\mathrm{d}x$$
$$=\frac{1}{2\,000}\left[\int_{2\,000}^{t}(4x-t)\mathrm{d}x+\int_t^{4\,000}3t\,\mathrm{d}x\right]=\frac{1}{2\,000}(-2t^2+14\,000t-8\times 10^6).$$

考虑 $t$ 的取值使 $E(Y)$ 达到最大,易得 $t=3\ 500$,因此组织 3 500 吨商品为好.

## 四、数学期望的性质

期望有许多重要性质,利用这些性质可以进行期望的运算.下面列举的这些性质对离散型随机变量和连续型随机变量而言,都可以利用随机变量函数的期望与二维随机变量函数的期望公式加以证明.

**性质 1** 设 $C$ 是常数,则 $E(C)=C$. (4.1.18)

**证明** 常数 $C$ 作为随机变量,它只可能取一个值 $C$,即 $P\{X=C\}=1$,所以

$$E(C)=C\times 1=C.$$

**性质 2** 若 $C$ 是常数,则 $E(CX)=CE(X)$. (4.1.19)

**证明** 设 $X$ 是连续型随机变量,其概率密度为 $f(x)$,则有

$$E(CX)=\int_{-\infty}^{+\infty}Cxf(x)\mathrm{d}x=C\int_{-\infty}^{+\infty}xf(x)\mathrm{d}x=CE(X).$$

当 $X$ 为离散型随机变量时,请读者自证.

**性质 3** $E(X_1+X_2)=E(X_1)+E(X_2)$. (4.1.20)

**证明** 不妨设 $(X,Y)$ 为二维随机变量,其概率密度为 $f(x,y)$,$Z=X+Y$ 是 $(X,Y)$ 的函数,有

$$\begin{aligned}E(Z)=E(X+Y)&=\int_{-\infty}^{+\infty}\int_{-\infty}^{+\infty}(x+y)f(x,y)\mathrm{d}x\mathrm{d}y\\&=\int_{-\infty}^{+\infty}\int_{-\infty}^{+\infty}xf(x,y)\mathrm{d}x\mathrm{d}y+\int_{-\infty}^{+\infty}\int_{-\infty}^{+\infty}yf(x,y)\mathrm{d}x\mathrm{d}y\\&=\int_{-\infty}^{+\infty}xf_X(x)\mathrm{d}x+\int_{-\infty}^{+\infty}yf_Y(y)\mathrm{d}y\\&=E(X)+E(Y).\end{aligned}$$

这一性质可作如下推广:

$$E(C_1X+C_2Y)=C_1E(X)+C_2E(Y),\text{其中 } C_1,C_2 \text{ 是常数.}$$

结合性质 2 与性质 3 可证此性质.

一般地,设 $X_1,X_2,\cdots,X_n$ 为 $n$ 个随机变量,则有

$$E\left(\sum_{i=1}^{n}C_iX_i\right)=\sum_{i=1}^{n}C_iE(X_i),\text{其中 } C_i(i=1,2,\cdots,n)\text{ 为常数.}\tag{4.1.21}$$

**性质 4** 设 $X,Y$ 独立,则 $E(XY)=E(X)E(Y)$. (4.1.22)

**证明** 仅证连续型情况,因为 $X,Y$ 相互独立,所以

$$f(x,y)=f_X(x)f_Y(y),$$

$$\begin{aligned}E(XY)&=\int_{-\infty}^{+\infty}\int_{-\infty}^{+\infty}xyf(x,y)\mathrm{d}x\mathrm{d}y=\int_{-\infty}^{+\infty}\int_{-\infty}^{+\infty}xyf_X(x)f_Y(y)\mathrm{d}x\mathrm{d}y\\&=\int_{-\infty}^{+\infty}xf_X(x)\mathrm{d}x\int_{-\infty}^{+\infty}yf_Y(y)\mathrm{d}y=E(X)E(Y).\end{aligned}$$

**注** 由 $E(XY)=E(X)E(Y)$ 不一定能推出 $X,Y$ 独立.

由数学归纳法可证得:当 $X_1,X_2,\cdots,X_n$ 相互独立时有

$$E(X_1X_2\cdots X_n)=E(X_1)E(X_2)\cdots E(X_n).$$

**例 9**　设 $E(X)$，$E(X^2)$ 均存在，证明：$E[X-E(X)]^2=E(X^2)-[E(X)]^2$.

**证**　因为

$$[X-E(X)]^2=X^2-2X\cdot E(X)+[E(X)]^2,$$

于是

$$\begin{aligned}E[X-E(X)]^2&=E\{X^2-2X\cdot E(X)+[E(X)]^2\}\\&=E(X^2)-2E(X)\cdot E(X)+[E(X)]^2\\&=E(X^2)-[E(X)]^2.\end{aligned}$$

**例 10**　若 $X\sim B(n,p)$，求 $E(X)$.

**解**　因 $X\sim B(n,p)$，则 $X$ 表示 $n$ 重伯努利试验中的“成功”次数.

若设 $X_i=\begin{cases}1,\text{如第 } i \text{ 次试验成功},\\0,\text{如第 } i \text{ 次试验失败},\end{cases}$ $i=1,2,\cdots,n$，则

$$X=X_1+X_2+\cdots+X_n,$$

因为

$$P\{X_i=1\}=p,P\{X_i=0\}=1-p,E(X_i)=1\cdot p+0\cdot(1-p)=p,$$

所以

$$E(X)=\sum_{i=1}^{n}E(X_i)=np.$$

可见，服从参数为 $n$ 和 $p$ 的二项分布的随机变量 $X$ 的数学期望是 $np$.

**注**　本题是将 $X$ 分解成数个随机变量之和，然后利用随机变量和的数学期望等于随机变量数学期望之和来求数学期望的，这种处理方法具有一定的普遍意义.

**例 11**　4 人进行射击比赛，每人射 4 发，在射击时约定某人全部不中得 0 分，只中一弹得 15 分，中两弹得 30 分，中三弹得 55 分，中 4 弹得 100 分.四人射击的命中率都是$\frac{3}{5}$，求 4 人射击总得分的期望.

**解**　设 $X_i(i=1,2,3,4)$表示第 $i$ 个射手的得分，则它的分布律为

$$P\{X_i=0\}=C_4^0\left(\frac{3}{5}\right)^0\left(\frac{2}{5}\right)^{4-0}=\frac{16}{625},$$

$$P\{X_i=15\}=C_4^1\left(\frac{3}{5}\right)^1\left(\frac{2}{5}\right)^{4-1}=\frac{96}{625},$$

$$P\{X_i=30\}=C_4^2\left(\frac{3}{5}\right)^2\left(\frac{2}{5}\right)^{4-2}=\frac{216}{625},$$

$$P\{X_i=55\}=C_4^3\left(\frac{3}{5}\right)^3\left(\frac{2}{5}\right)^{4-3}=\frac{216}{625},$$

$$P\{X_i=100\}=C_4^4\left(\frac{3}{5}\right)^4\left(\frac{2}{5}\right)^{4-4}=\frac{81}{625},$$

则

| $X_i$ | 0 | 15 | 30 | 55 | 100 |
|---|---|---|---|---|---|
| $P$ | $\frac{16}{625}$ | $\frac{96}{625}$ | $\frac{216}{625}$ | $\frac{216}{625}$ | $\frac{81}{625}$ |

故 $X_i$ 的期望为

$$E(X_i)=0\times\frac{16}{625}+15\times\frac{96}{625}+30\times\frac{216}{625}+55\times\frac{216}{625}+100\times\frac{81}{625}=44.64.$$

用 $X$ 表示 4 个射手的总得分,则 $X=X_1+X_2+X_3+X_4$,从而 4 人射击总得分的期望为

$$E(X)=E(X_1)+E(X_2)+E(X_3)+E(X_4)=4\times 44.64=178.65.$$

## 习题 4-1

1. 设随机变量的分布律为

| $X$ | $-2$ | 0 | 2 |
|---|---|---|---|
| $p_i$ | 0.4 | 0.3 | 0.3 |

求 $E(X)$,$E(X^2)$,$E(3X^2+5)$.

2. 设二维随机变量$(X,Y)$的分布律为

| $X$ \ $Y$ | 1 | 2 |
|---|---|---|
| 0 | 0.1 | 0.3 |
| 1 | 0.2 | 0.1 |
| 2 | 0.1 | 0.2 |

求 $E(X)$,$E(Y)$,$E(2X+Y)$,$E(2X^2-3Y)$,$E(XY)$.

3. 设袋中有 $n$ 张卡片,记有号码 $1,2,\cdots,n$.现从中有放回地抽取 $k$ 张卡片,求号码之和 $X$ 的数学期望.

4. 设 $X_1,X_2,\cdots,X_n$ 独立同分布,均值为 $\mu$,且设 $Y=\frac{1}{n}\sum_{i=1}^{n}X_i$,求 $E(Y)$.

5. 一工厂生产的某种设备的寿命 $X$(单位:年)服从指数分布,概率密度为

$$f(x)=\begin{cases}\frac{1}{4}e^{-\frac{x}{4}}, & x>0,\\ 0, & x\leqslant 0.\end{cases}$$

工厂规定,出售的设备若在出售一年之内损坏可以调换,若工厂出售一台设备赢利 100 元,调换一台设备厂方花 300 元.试求厂方出售一台设备净赢利的数学期望.

6. 设随机变量 $X$ 的概率密度为

(1)$f(x)=\begin{cases}2x, & 0\leqslant x\leqslant 1,\\ 0, & 其他;\end{cases}$　　(2)$f(x)=\frac{1}{2}e^{-|x|}$,$-\infty<x<+\infty$.

求 $E(X)$.

7. 设连续型随机变量 $X$ 的分布函数为

$$F(x)=\begin{cases}0, & x\leqslant -1,\\ a+b\arctan x, & -1<x\leqslant 1,\\ 1, & x>1.\end{cases}$$

求常数 $a,b$ 及 $E(X)$.

8. 设随机变量 $X$ 的概率密度为

$$f(x)=\begin{cases}kx^{a}, 0\leqslant x\leqslant 1,\\ 0, \quad 其他.\end{cases}$$

其中 $k,a>0$,又已知 $E(X)=0.75$,求 $k,a$ 的值.

9. 设随机变量 $X$ 的概率密度为

$$f(x)=\begin{cases}e^{-x}, x\geqslant 0,\\ 0, \quad 其他.\end{cases}$$

求:(1)$Y=3X$ 的数学期望;

(2)$Y=e^{-4X}$ 的数学期望.

10. 设随机变量 $(X,Y)$ 的概率密度

$$f(x,y)=\begin{cases}e^{-y}, & 0<x<1, y>0,\\ 0, & 其他.\end{cases}$$

求 $E(X)$,$E(X+Y)$,$E(XY)$.

11. 设随机变量 $(X,Y)$ 的概率密度

$$f(x,y)=\begin{cases}12y^2, & 0\leqslant y\leqslant x\leqslant 1,\\ 0, & 其他.\end{cases}$$

求 $E(X)$,$E(Y)$,$E(XY)$,$E(X^2+Y^2)$.

12. 设随机变量 $X,Y$ 相互独立,且 $X,Y$ 的概率密度分别为

$$f(x)=\begin{cases}2e^{-2x}, x>0,\\ 0, \quad 其他.\end{cases} \qquad f(y)=\begin{cases}3e^{-3y}, y>0,\\ 0, \quad 其他.\end{cases}$$

求 $E(2X+3Y)$,$E(2X-3Y^2)$,$E(XY)$.

## 第二节　方　差

随机变量的期望反映了随机变量取值的集中位置,在许多问题中,我们还要了解随机变量的其他特征.例如,在投资决策中,我们选择某一项目或购买某种资产(如股票、债券等),我们不仅关心其未来的收益水平,还关心其未来收益的不确定程度,前者通常用期望来度量,后者常称为风险程度.这种风险程度有多种衡量方法,最简单直观的方法就是用方差来度量.粗略地讲,方差反映了随机变量偏离其中心——期望的平均偏离程度.

对任一随机变量 $X$,设期望为 $E(X)$,记 $Y=X-E(X)$,称为随机变量 $X$ 的离差,由于 $E(X)$ 是常数,因而有

$$E(Y)=E[X-E(X)]=E(X)-E(X)=0.$$

由此可知,离差 $Y$ 代表随机变量 $X$ 与期望之间的随机误差,其值可正可负,从总体上说正负相抵,故其期望为零.这样用 $E(Y)$ 不足以描述 $X$ 取值的分散程度.为了消除离差中的符号,我们也可以考虑使用绝对离差 $|X-E(X)|$,但由于 $E(|X-E(X)|)$ 中绝对值不便处理,转而考虑离差平方 $(X-E(X))^2=Y^2$ 的期望,即用 $E(X-E(X))^2$ 来描述随机变量 $X$ 取值的分散程度.

## 一、方差的定义

**定义 1** 设 $X$ 是一个随机变量,若 $E[(X-E(X))]^2$ 存在,则称它为 $X$ 的**方差**,记为 $D(X)$.即

$$D(X)=E[X-E(X)]^2. \tag{4.2.1}$$

方差的算术平方根 $\sqrt{D(X)}$ 称为**标准差或均方差**,它与 $X$ 具有相同的度量单位,在实际应用中经常使用.

从随机变量的函数的期望看,随机变量 $X$ 的方差 $D(X)$ 即是 $X$ 的函数 $(X-E(X))^2$ 的期望.方差刻画了随机变量 $X$ 的取值与数学期望的偏离程度,它的大小可以衡量随机变量取值的稳定性.

从方差的定义易见:

(1)若 $X$ 的取值相对集中在期望附近时,则方差较小;

(2)若 $X$ 的取值相对分散时,则方差较大;并且总有 $D(X)\geqslant 0$;

(3)若方差 $D(X)=0$,则随机变量 $X$ 以概率 1 取常数值,此时 $X$ 也就不是随机变量了.

## 二、方差的计算

若 $X$ 是离散型随机变量,且其概率分布为

$$P\{X=x_i\}=p_i, i=1,2,\cdots$$

则

$$D(X)=\sum_{i=1}^{+\infty}[x_i-E(X)]^2 p_i; \tag{4.2.2}$$

若 $X$ 是连续型随机变量,且其概率密度为 $f(x)$,则

$$D(X)=\int_{-\infty}^{+\infty}[x-E(X)]^2 f(x)\mathrm{d}x. \tag{4.2.3}$$

利用上一节例题 9 的结果,易得计算方差的一个简化公式:

$$D(X)=E(X^2)-[E(X)]^2. \tag{4.2.4}$$

**例 1** 设两批纤维的长度分别为随机变量 $X_1$,$X_2$,其分布律为

| $X_1$ | $-1$ | $1$ |
|---|---|---|
| $P$ | 0.5 | 0.5 |

| $X_2$ | $-100$ | $100$ |
|---|---|---|
| $P$ | 0.5 | 0.5 |

求 $D(X_1),D(X_2)$.

**解**　$E(X_1)=(-1)\times 0.5+1\times 0.5=0$,

$E(X_2)=(-100)\times 0.5+100\times 0.5=0$,

$D(X_1)=(-1-0)^2\times 0.5+(1-0)^2\times 0.5=1$,

$D(X_2)=(-100-0)^2\times 0.5+(100-0)^2\times 0.5=10\ 000$.

**例 2**　已知随机变量 $X$ 的概率密度为

$$f(x)=\begin{cases}\frac{1}{2}, & 0\leqslant x\leqslant 2,\\ 0, & \text{其他}.\end{cases}$$

求 $D(X)$.

**解**

$$E(X)=\int_{-\infty}^{+\infty}xf(x)\mathrm{d}x=\int_0^2 x\cdot\frac{1}{2}\mathrm{d}x=1,$$

$$D(X)=\int_{-\infty}^{+\infty}[x-E(X)]^2 f(x)\mathrm{d}x=\int_0^2(x-1)^2\cdot\frac{1}{2}\mathrm{d}x=\frac{1}{3}.$$

**例 3**　设 $X$ 的概率密度为

$$f(x)=\begin{cases}2x, & 0\leqslant x\leqslant 1,\\ 0, & \text{其他}.\end{cases}$$

求 $D(X)$.

**解**

$$E(X)=\int_0^1 xf(x)\mathrm{d}x=\int_0^1 x\cdot 2x\,\mathrm{d}x=\frac{2}{3},$$

$$E(X^2)=\int_0^1 x^2 f(x)\mathrm{d}x=\int_0^1 x^2\cdot 2x\,\mathrm{d}x=\frac{1}{2},$$

$$D(X)=E(X^2)-[E(X)]^2=\frac{1}{2}-\left(\frac{2}{3}\right)^2=\frac{1}{18}.$$

**例 4**　已知$(X,Y)$的分布律为

| $Y$ \ $X$ | $0$ | $\frac{1}{3}$ | $1$ |
|---|---|---|---|
| $-1$ | $0$ | $\frac{1}{4}$ | $\frac{1}{3}$ |
| $0$ | $\frac{1}{6}$ | $0$ | $0$ |
| $2$ | $\frac{1}{4}$ | $0$ | $0$ |

求 $E(X),D(X),E(Y),D(Y)$.

**解**　$(X,Y)$的边缘分布为

| $X$ | $0$ | $\frac{1}{3}$ | $1$ |
|---|---|---|---|
| $P$ | $\frac{5}{12}$ | $\frac{1}{4}$ | $\frac{1}{3}$ |

| $Y$ | $-1$ | $0$ | $2$ |
|---|---|---|---|
| $P$ | $\frac{7}{12}$ | $\frac{1}{6}$ | $\frac{1}{4}$ |

则

$$E(X)=0\times\frac{5}{12}+\frac{1}{3}\times\frac{1}{4}+1\times\frac{1}{3}=\frac{5}{12},$$

$$E(Y)=(-1)\times\frac{7}{12}+0\times\frac{1}{6}+2\times\frac{1}{4}=-\frac{1}{12},$$

$$E(X^2)=0\times\frac{5}{12}+\frac{1}{9}\times\frac{1}{4}+1\times\frac{1}{3}=\frac{13}{36},$$

$$E(Y^2)=(-1)^2\times\frac{7}{12}+0\times\frac{1}{6}+2^2\times\frac{1}{4}=\frac{19}{12},$$

$$D(X)=E(X^2)-E^2(X)=\frac{13}{36}-\frac{25}{144}=\frac{27}{144}=\frac{3}{16},$$

$$D(Y)=E(Y^2)-E^2(Y)=\frac{19}{12}-\frac{1}{144}=\frac{227}{144}.$$

**例 5** 设$(X,Y)$的概率密度为

$$f(x,y)=\begin{cases}\frac{1}{2}, & 0<x<1,0<y<2,\\ 0, & \text{其他}.\end{cases}$$

求 $E(X),E(Y),D(X),D(Y)$.

**解**

$$E(X)=\int_0^1\int_0^2\frac{1}{2}x\,\mathrm{d}y\,\mathrm{d}x=\int_0^1 x\,\mathrm{d}x=\frac{1}{2},$$

$$E(Y)=\int_0^1\int_0^2\frac{1}{2}y\,\mathrm{d}y\,\mathrm{d}x=\int_0^1 1\,\mathrm{d}x=1,$$

$$E(X^2)=\int_0^1\int_0^2\frac{1}{2}x^2\,\mathrm{d}y\,\mathrm{d}x=\int_0^1 x^2\,\mathrm{d}x=\frac{1}{3},$$

$$E(Y^2)=\int_0^1\int_0^2\frac{1}{2}y^2\,\mathrm{d}y\,\mathrm{d}x=\int_0^1\frac{4}{3}\,\mathrm{d}x=\frac{4}{3}$$

$$D(X)=E(X^2)-E^2(X)=\frac{1}{3}-\frac{1}{4}=\frac{1}{12},$$

$$D(Y)=E(Y^2)-E^2(Y)=\frac{1}{3}.$$

**例 6** 设$(X,Y)$服从在 $D$ 上的均匀分布,其中 $D$ 由 $x$ 轴、$y$ 轴及 $x+y=1$ 所围成,求 $D(X)$.

**解** 依题意$(X,Y)$的概率密度为

$$f(x,y)=\begin{cases}2, & (x,y)\in D,\\ 0, & \text{其他}.\end{cases}$$

则

$$E(X)=\int_0^1\int_0^{1-x}2x\,\mathrm{d}y\,\mathrm{d}x=\int_0^1(2x-2x^2)\,\mathrm{d}x=1-\frac{2}{3}=\frac{1}{3},$$

$$E(X^2)=\int_0^1\int_0^{1-x}2x^2\,\mathrm{d}y\,\mathrm{d}x=\int_0^1 2x^2(1-x)\,\mathrm{d}x=\frac{2}{3}-\frac{1}{2}=\frac{1}{6},$$

故

$$D(X)=\frac{1}{6}-\frac{1}{9}=\frac{1}{18}.$$

**例 7**　设随机变量 $X,Y$ 的联合点分布在以点$(0,1),(1,0),(1,1)$为顶点的三角形区域上服从均匀分布，试求随机变量 $Z=X+Y$ 的期望与方差.

**解**　三角形区域 $G$ 如图 4.2.1 所示，$G$ 的面积为 $1/2$，所以$(X,Y)$的联合概率密度为

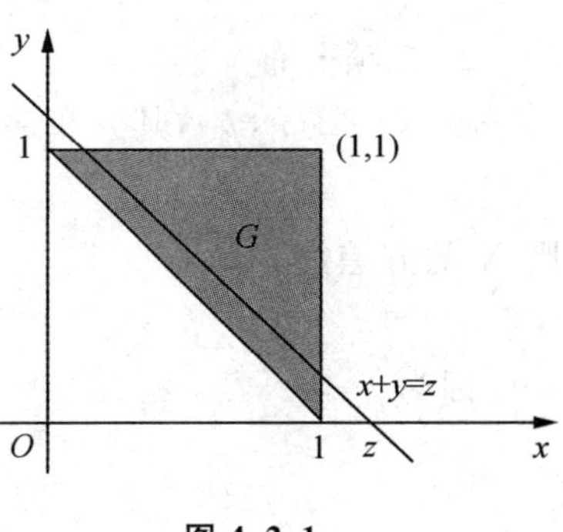


**图 4.2.1**

$$f(x,y)=\begin{cases}2,(x,y)\in G\\0,(x,y)\notin G\end{cases}$$

$$\begin{aligned}E(X+Y)&=\int_{-\infty}^{+\infty}\int_{-\infty}^{+\infty}(x+y)f(x,y)\mathrm{d}x\mathrm{d}y\\&=\int_0^1\mathrm{d}x\int_{1-x}^1 2(x+y)\mathrm{d}y\\&=\int_0^1(x^2+2x)\mathrm{d}x\\&=\left(\frac{x^3}{3}+x^2\right)\Big|_0^1=\frac{4}{3},\end{aligned}$$

$$\begin{aligned}E[(X+Y)^2]&=\int_{-\infty}^{+\infty}\int_{-\infty}^{+\infty}(x+y)^2f(x,y)\mathrm{d}x\mathrm{d}y=\int_0^1\mathrm{d}x\int_{1-x}^1 2(x+y)^2\mathrm{d}y\\&=\frac{2}{3}\int_0^1(x^3+3x^2+3x)\mathrm{d}x=\frac{11}{6}.\end{aligned}$$

所以

$$D(X+Y)=E[(X+Y)^2]-[E(X+Y)]^2=\frac{1}{18}.$$

**例 8**　设随机变量 $X$ 具有数学期望 $E(X)=\mu$，方差 $D(X)=\sigma^2\neq0$.记 $X^*=\frac{X-\mu}{\sigma}$，则

$$E(X^*)=\frac{1}{\sigma}E(X-\mu)=\frac{1}{\sigma}[E(X)-\mu]=0;$$

$$D(X^*)=E(X^{*2})-[E(X^*)]^2=E[(\frac{X-\mu}{\sigma})^2]=\frac{1}{\sigma^2}E[(X-\mu)^2]=\frac{\sigma^2}{\sigma^2}=1.$$

即 $X^*=\frac{X-\mu}{\sigma}$的数学期望为 0，方差为 1.$X^*$ 称为 $X$ 的标准化变量.

由例 8 我们可以得到：若 $X\sim N(\mu,\sigma^2)$，则$\frac{X-\mu}{\sigma}\sim N(0,1)$.

下面为几种常见随机变量的方差.

1. 0-1 **分布**

设随机变量 $X$ 具有 0-1 分布，其分布律为

$$P\{X=0\}=1-p,P\{X=1\}=p,$$

其中 $0<p<1$，则 $X$ 的方差为

$$D(X)=p(1-p).\tag{4.2.5}$$

因为

$$E(X)=0\cdot(1-p)+1\cdot p=p,$$
$$E(X^2)=0^2\cdot(1-p)+1^2\cdot p=p,$$

故

$$D(X)=E(X^2)-[E(X)]^2=p-p^2=p(1-p).$$

2. **二项分布**

设 $X\sim B(n,p)$,其分布律为

$$P\{X=i\}=C_n^i p^i q^{n-i}(i=0,1,\cdots,n),0<p<1,q=1-p,$$

则 $X$ 的方差为

$$D(X)=npq. \tag{4.2.6}$$

因为

$$E(X)=np.$$

$$\begin{aligned}E(X^2)&=\sum_{i=0}^{n}i^2C_n^i p^i q^{n-i}=\sum_{i=0}^{n}[i(i-1)+i]C_n^i p^i q^{n-i}\\&=\sum_{i=0}^{n}i(i-1)C_n^i p^i q^{n-i}+\sum_{i=0}^{n}iC_n^i p^i q^{n-i}\\&=n(n-1)p^2\sum_{i=2}^{n}\frac{(n-2)!}{(i-2)!\ (n-i)!}p^{i-2}q^{(n-2)-(i-2)}+np\\&=n(n-1)p^2(p+q)^{n-2}+np=n(n-1)p^2+np,\end{aligned}$$

所以

$$D(X)=E(X^2)-[E(X)]^2=n(n-1)p^2+np-(np)^2=np-np^2=npq.$$

**例 9** 已知随机变量 $X$ 服从二项分布,且 $E(X)=2.4,D(X)=1.44$.求二项分布的参数 $n,p$.

**解** 因为

$$E(X)=np=2.4,D(X)=npq=1.44,$$

故

$$q=0.6,p=0.4,n=6.$$

3. **泊松分布**

设 $X\sim P(\lambda)$,其分布律为

$$P\{X=k\}=\frac{\lambda^k e^{-\lambda}}{k!},k=0,1,2,\cdots,\lambda>0,$$

则 $X$ 的方差为

$$D(X)=\lambda. \tag{4.2.7}$$

因为

$$E(X)=\lambda.$$

而

$$E(X^2)=E[X(X-1)+X]=E[X(X-1)]+E(X)=\sum_{k=0}^{+\infty}k(k-1)\frac{\lambda^k e^{-\lambda}}{k!}+\lambda$$

$$=\lambda^2 e^{-\lambda}\sum_{k=2}^{+\infty}\frac{\lambda^{k-2}}{(k-2)!}+\lambda=\lambda^2 e^{-\lambda}e^{\lambda}+\lambda=\lambda^2+\lambda,$$

故方差

$$D(X)=E(X^2)-[E(X)]^2=\lambda.$$

由此可知,泊松分布的数学期望与方差相等,都等于参数$\lambda$.因为泊松分布只含有一个参数$\lambda$,只需知道它的数学期望或方差即可完全确定其分布.

**例 10**　已知随机变量 $X$ 服从参数为$\lambda$ 的泊松分布,且 $P\{X=1\}=P\{X=2\}$.求$D(X)$.

**解** 由已知可得

$$\lambda e^{-\lambda}=\frac{\lambda^2}{2!}e^{-\lambda},$$

从而$\lambda=2$,故 $D(X)=\lambda=2$.

4. **均匀分布**

设 $X\sim U(a,b)$,则 $X$ 的概率密度为

$$f(x)=\begin{cases}\frac{1}{b-a}, & a<x<b,\\ 0, & \text{其他}.\end{cases}$$

则 $X$ 的方差为

$$D(X)=\frac{(b-a)^2}{12}. \tag{4.2.8}$$

因为

$$E(X)=\frac{a+b}{2}.$$

故 $X$ 的方差为

$$D(X)=E(X^2)-[E(X)]^2=\int_a^b x^2\frac{1}{b-a}dx-\left(\frac{a+b}{2}\right)^2=\frac{(b-a)^2}{12}.$$

**例 11**　设 $X\sim U(a,b)$,且 $E(X)=3,D(X)=\frac{1}{3}$,求 $X$ 的概率密度.

**解**　因为

$$E(X)=\frac{a+b}{2}=3,D(X)=\frac{(a-b)^2}{12}=\frac{1}{3},$$

解之得 $a=2,b=4$,所以 $X$ 的概率密度为

$$f(x)=\begin{cases}\frac{1}{2}, & 2<x<4,\\ 0, & \text{其他}.\end{cases}$$

5. **指数分布**

设随机变量 $X$ 服从指数分布,其概率密度为

$$f(x)=\begin{cases}\lambda e^{-\lambda x}, & x>0,\\ 0, & x\leqslant 0.\end{cases}$$

其中$\lambda>0$,则 $X$ 的方差为

$$D(X)=\frac{1}{\lambda^2}. \tag{4.2.9}$$

因为

$$E(X)=\frac{1}{\lambda}.$$

又

$$\begin{aligned}E(X^2)&=\int_0^{+\infty}x^2f(x)\mathrm{d}x=\int_0^{+\infty}x^2\lambda\mathrm{e}^{-\lambda x}\mathrm{d}x=-\int_0^{+\infty}x^2\mathrm{d}(\mathrm{e}^{-\lambda x})\\&=-x^2\mathrm{e}^{-\lambda x}\Big|_0^{+\infty}+\int_0^{+\infty}2x\mathrm{e}^{-\lambda x}\mathrm{d}x=0+\frac{2}{\lambda}\int_0^{+\infty}x\lambda\mathrm{e}^{-\lambda x}\mathrm{d}x\\&=\frac{2}{\lambda}\times\frac{1}{\lambda}=\frac{2}{\lambda^2},\end{aligned}$$

于是

$$D(X)=E(X^2)-[E(X)]^2=\frac{2}{\lambda^2}-\frac{1}{\lambda^2}=\frac{1}{\lambda^2}.$$

6. **正态分布**

设随机变量 $X\sim U(\mu,\sigma^2)$,其概率密度为

$$f(x)=\frac{1}{\sqrt{2\pi}\sigma}\mathrm{e}^{-\frac{(x-\mu)^2}{2\sigma^2}},-\infty<x<+\infty,$$

则 $X$ 的方差为

$$D(X)=\sigma^2. \tag{4.2.10}$$

由于 $E(X)=\mu$,根据方差的定义有

$$D(X)=\int_{-\infty}^{+\infty}(x-\mu)^2f(x)\mathrm{d}x=\int_{-\infty}^{+\infty}(x-\mu)^2\frac{1}{\sqrt{2\pi}\sigma}\mathrm{e}^{-\frac{(x-\mu)^2}{2\sigma2}}\mathrm{d}x,$$

令$\frac{x-\mu}{\sigma}=y$,并利用概率密度的性质$\int_{-\infty}^{+\infty}f(x)\mathrm{d}x=1$,得

$$\begin{aligned}D(X)&=\int_{-\infty}^{+\infty}\frac{\sigma^2}{\sqrt{2\pi}}y^2\mathrm{e}^{-\frac{y^2}{2}}\mathrm{d}y=-\int_{-\infty}^{+\infty}\frac{\sigma^2}{\sqrt{2\pi}}y\mathrm{d}(\mathrm{e}^{-\frac{y^2}{2}})\\&=-\frac{\sigma^2}{\sqrt{2\pi}}(y\mathrm{e}^{-\frac{y^2}{2}})\Big|_{-\infty}^{+\infty}+\int_{-\infty}^{+\infty}\frac{\sigma^2}{\sqrt{2\pi}}\mathrm{e}^{-\frac{y^2}{2}}\mathrm{d}y\\&=-\frac{\sigma^2}{\sqrt{2\pi}}(y\mathrm{e}^{-\frac{y^2}{2}})\Big|_{-\infty}^{+\infty}+\int_{-\infty}^{+\infty}\frac{\sigma^2}{\sqrt{2\pi}}\mathrm{e}^{-\frac{y^2}{2}}\mathrm{d}y=0+\sigma^2=\sigma^2.\end{aligned}$$

由此可见,正态分布 $N(\mu,\sigma^2)$的两个参数 $\mu,\sigma^2$ 分别是正态分布的期望和方差,因而正态分布完全可由它的数学期望和方差所确定.

## 三、方差的性质

**性质1** 设 $C$ 常数,则 $D(C)=0,D(X+C)=D(X)$. (4.2.11)

**证明** $D(C)=E(C-E(C))^2=E(C-C)^2=E(0)=0$,

$D(X+C)=E[(X+C)-E(X+C)]^2=E[X+C-E(X)-C]^2$

$$=E[X-E(X)]^2=D(X).$$

**性质 2**　若 $X$ 是随机变量，$C$ 是常数，则

$$D(CX)=C^2D(X). \tag{4.2.12}$$

**证明**　$D(CX)=E[CX-E(CX)]^2=E[CX-CE(X)]^2=E\{C^2[X-E(X)]^2\}$

$$=C^2E[X-E(X)]^2=C^2D(X).$$

**性质 3**　设 $X,Y$ 是两个随机变量，则

$$D(X\pm Y)=D(X)+D(Y)\pm 2E\{[X-E(X)][Y-E(Y)]\}. \tag{4.2.13}$$

特别地，若 $X,Y$ 相互独立，则

$$D(X\pm Y)=D(X)+D(Y). \tag{4.2.14}$$

**证明**　$D(X+Y)=E[(X+Y)-E(X+Y)]^2=E\{[X-E(X)]+[Y-E(Y)]\}^2$

$$=E\{[X-E(X)]^2\}+E\{[Y-E(Y)]^2\}+2E\{[X-E(X)][Y-E(Y)]\}$$

$$=D(X)+D(Y)+2E\{[X-E(X)][Y-E(Y)]\},$$

上式最后一项

$$E\{[X-E(X)][Y-E(Y)]\}=E[XY-XE(Y)-YE(X)+E(X)E(Y)]$$

$$=E(XY)-E(X)E(Y)-E(Y)E(X)+E(X)E(Y)$$

$$=E(XY)-E(X)E(Y).$$

因为 $X$ 与 $Y$ 相互独立，有 $E(XY)=E(X)E(Y)$，因而上式为零，因此

$$D(X+Y)=D(X)+D(Y).$$

同理可得

$$D(X-Y)=D(X)+D(Y).$$

**注**　证明过程中我们得到有用的结论：

$$E\{[X-E(X)][Y-E(Y)]\}=E(XY)-E(X)E(Y) \tag{4.2.15}$$

**注**　对 $n$ 维情形，若 $X_1,X_2,\cdots,X_n$ 相互独立，则

$$D\left(\sum_{i=1}^{n}X_i\right)=\sum_{i=1}^{n}D(X_i),D\left(\sum_{i=1}^{n}C_iX_i\right)=\sum_{i=1}^{n}C_i^2D(X_i). \tag{4.2.16}$$

**例 12**　设 $X\sim B(n,p)$，求 $D(X)$.

**解**　$X$ 表示 $n$ 重伯努利试验中“成功”的次数.若设

$$X_i=\begin{cases}1,\text{如第 } i \text{ 次试验成功},\\0,\text{如第 } i \text{ 次试验失败}.\end{cases}\quad i=1,2,\cdots,n,$$

则 $X=\sum\limits_{i=1}^{n}X_i$ 是 $n$ 次试验中“成功”的次数，且 $X_i$ 服从 0－1 分布.

$$E(X_i)=P\{X_i=1\}=p,E(X_i^2)=p,$$

故

$$D(X_i)=E(X_i^2)-[E(X_i)]^2=p-p^2=p(1-p)\quad i=1,2,\cdots,n$$

由于 $X_1,X_2,\cdots,X_n$ 相互独立，于是

$$D(X)=\sum_{i=1}^{n}D(X_i)=np(1-p).$$

**例 13**　设 $X_1,X_2,\cdots,X_n$ 相互独立，$E(X_i)=\mu$，$D(X_i)=\sigma^2(i=1,2,\cdots,n)$(即独立

同分布),求 $Y=\frac{1}{n}\sum_{i=1}^{n}X_i$ 的期望和方差.

**解** $$E(Y)=E\left(\frac{1}{n}\sum_{i=1}^{n}X_i\right)=\frac{1}{n}\sum_{i=1}^{n}E(X_i)=\frac{1}{n}\cdot n\mu=\mu.$$

$$D(Y)=D\left(\frac{1}{n}\sum_{i=1}^{n}X_i\right)=\frac{1}{n^2}\sum_{i=1}^{n}D(X_i)=\frac{1}{n^2}\cdot n\sigma^2=\frac{\sigma^2}{n}.$$

几种重要的随机变量的分布及其数字特征汇总见下表:

| 分布 | 分布律或概率密度 | 期望 | 方差 |
|---|---|---|---|
| $X$ 服从参数为 $p$ 的 0-1 分布 | $P\{X=0\}=q,P\{X=1\}=p,0<p<1,q=1-p$ | $p$ | $pq$ |
| $X$ 服从二项分布 $X\sim B(n,p)$ | $p_i=P\{X=i\}=C_n^i p^i q^{n-i}(i=0,1,\cdots,n),q=1-p.$ | $np$ | $npq$ |
| $X$ 服从泊松分布 $X\sim P(\lambda)$ | $P\{X=i\}=\frac{\lambda^i e^{-\lambda}}{i!}(i=0,1,\cdots),\lambda>0.$ | $\lambda$ | $\lambda$ |
| $X$ 服从均匀分布 $X\sim U(a,b)$ | $f(x)=\begin{cases}\frac{1}{b-a}, & a\leqslant x\leqslant b,\\ 0, & 其他.\end{cases}$ | $\frac{a+b}{2}$ | $\frac{(b-a)^2}{12}$ |
| $X$ 服从指数分布 $X\sim E(\lambda)$ | $f(x)=\begin{cases}\lambda e^{-\lambda x}, & x>0,\\ 0, & x\leqslant 0.\end{cases}$ | $\frac{1}{\lambda}$ | $\frac{1}{\lambda^2}$ |
| $X$ 服从正态分布 $X\sim N(\mu,\sigma^2)$ | $f(x)=\frac{1}{\sqrt{2\pi}\sigma}e^{-\frac{(x-\mu)^2}{2\sigma^2}},-\infty<x<+\infty,\sigma>0$ | $\mu$ | $\sigma^2$ |

## 习题 4-2

1. 设离散型随机变量的分布律为

| $X$ | $-1$ | 0 | 0.5 | 1 | 2 |
|---|---|---|---|---|---|
| $P$ | 0.1 | 0.5 | 0.1 | 0.1 | 0.2 |

求 $E(X),E(X^2),D(X)$.

2. 已知 $(X,Y)$ 的分布律为

| $Y \backslash X$ | 0 | $\frac{1}{3}$ | 1 |
|---|---|---|---|
| $-1$ | 0 | $\frac{1}{4}$ | $\frac{1}{3}$ |
| 0 | $\frac{1}{6}$ | 0 | 0 |
| 2 | $\frac{1}{4}$ | 0 | 0 |

求 $E(X),D(3X),E(Y),D(2Y)$.

3. 盒中有 5 个球,其中有 3 个白球,2 个黑球,从中任取两球,求白球数 $X$ 的期望和方差.

4. 设随机变量 $X,Y$ 相互独立，它们的概率密度分别为

$$f_X(x)=\begin{cases}2e^{-2x}, & x>0,\\0, & \text{其他}.\end{cases}\qquad f_Y(y)=\begin{cases}4, & 0\leqslant y\leqslant \dfrac{1}{4},\\0, & \text{其他}.\end{cases}$$

求 $D(2X+3Y)$.

5. 若的概率密度为

$$f(x)=\begin{cases}ax^2+bx+c, & 0\leqslant x\leqslant 1,\\0, & \text{其他}.\end{cases}$$

且 $E(X)=0.5,D(X)=0.15$.求常数 $a,b,c$.

6. 设 $X_1,X_2,\cdots,X_n$ 是相互独立的随机变量，且都服从正态分布 $N(\mu,\sigma^2)$，$(\sigma>0)$，则 $\overline{X}=\dfrac{1}{n}\sum_{i=1}^{n}X_i$ 服从的分布是__________.

7. 设 $X_1,X_2,\cdots,X_n$ 是相互独立的随机变量，且都服从正态分布 $X_i\sim N(\mu_i,\sigma_i^2)$，$(\sigma_i>0)$，则 $Y=\sum_{i=1}^{n}(a_iX_i+b_i)$ 服从的分布是__________.

8. 设$(X,Y)$的概率密度为

$$f(x,y)=\begin{cases}6y, & 0<x<1,0<y<x,\\0, & \text{其他}.\end{cases}$$

求 $E(X),E(Y),D(X)$.

9. 设$(X,Y)$服从在 $D$ 上的均匀分布，其中 $D$ 由 $x$ 轴、$y$ 轴及 $x+y=1$ 围成，求$D(X+2Y)$.

## 第三节　协方差及相关系数

对多维随机变量，随机变量的数学期望和方差只反映了各自的平均值与偏离程度，并不能反映随机变量之间的关系.本节将要讨论的协方差是反映随机变量之间依赖关系的一个数字特征.

### 一、协方差的定义

**定义 1**　设$(X,Y)$为二维随机向量，若

$$E\{[X-E(X)][Y-E(Y)]\}$$

存在，则称其为随机变量 $X$ 和 $Y$ 的协方差，记为 $\mathrm{Cov}(X,Y)$，即

$$\mathrm{Cov}(X,Y)=E\{[X-E(X)][Y-E(Y)]\}. \tag{4.3.1}$$

按定义，若$(X,Y)$为二维离散型随机向量，其概率分布为

$$P\{X=x_i,Y=y_j\}=p_{ij}\ (i=1,2,\cdots),$$

则

$$\mathrm{Cov}(X,Y)=\sum_i\sum_j[x_i-E(X)][y_j-E(Y)]p_{ij}. \tag{4.3.2}$$

若$(X,Y)$为二维连续型随机向量，其概率分布为 $f(x,y)$，则

$$\mathrm{Cov}(X,Y)=\int_{-\infty}^{+\infty}\int_{-\infty}^{+\infty}[x-E(X)][y-E(Y)]f(x,y)\mathrm{d}x\mathrm{d}y. \tag{4.3.3}$$

协方差具有下面的计算公式：

$$\mathrm{Cov}(X,Y)=E(XY)-E(X)E(Y). \tag{4.3.4}$$

**证明**

$$\begin{aligned}\mathrm{Cov}(X,Y)&=E\{[X-E(X)][Y-E(Y)]\}\\&=E(XY)-E(X)E(Y)-E(Y)E(X)+E(X)E(Y)\\&=E(XY)-E(X)E(Y).\end{aligned}$$

特别地，当 $X$ 与 $Y$ 独立时，有 $\mathrm{Cov}(X,Y)=0$.特别地，取 $X=Y$ 时，有

$$\mathrm{Cov}(X,Y)=E(X^2)-E^2(X)=D(X).$$

## 二、协方差的性质

**1. 协方差的基本性质**

(1) $\mathrm{Cov}(X,X)=D(X)$；

(2) $\mathrm{Cov}(X,Y)=\mathrm{Cov}(Y,X)$；

(3) $\mathrm{Cov}(aX,bY)=ab\mathrm{Cov}(X,Y)$，其中 $a,b$ 是常数；

(4) $\mathrm{Cov}(C,X)=0$，$C$ 为任意常数；

(5) $\mathrm{Cov}(aX_1+bX_2,Y)=a\mathrm{Cov}(X_1,Y)+b\mathrm{Cov}(X_2,Y)$.

(6) 若 $X$ 与 $Y$ 相互独立时，则 $\mathrm{Cov}(X,Y)=0$.

反过来，若 $\mathrm{Cov}(X,Y)=0$，则 $X$ 与 $Y$ 不一定相互独立.

**2. 随机变量和的方差与协方差的关系**

$$D(X\pm Y)=D(X)+D(Y)\pm 2\mathrm{Cov}(X,Y). \tag{4.3.5}$$

**证明**

$$\begin{aligned}D(X\pm Y)&=E[(X\pm Y)-E(X\pm Y)]^2=E[X-E(X))\pm(Y-E(Y)]^2\\&=E[(X-E(X))^2]+E[Y-E(Y))^2]\pm 2E[X-E(X)]E[Y-E(Y)]\\&=D(X)+D(Y)\pm 2\mathrm{Cov}(X,Y).\end{aligned}$$

特别地，若 $X$ 与 $Y$ 相互独立时，则

$$D(X+Y)=D(X)+D(Y). \tag{4.3.6}$$

推广到 $n$ 维的情形，有

$$D\left(\sum_{i=1}^{n}X_i\right)=\sum_{i=1}^{n}D(X_i)+2\sum_{1\leqslant i<j\leqslant n}\mathrm{Cov}(X_i,X_j). \tag{4.3.7}$$

若 $X_1,X_2,\cdots,X_n$ 两两独立，则

$$D\left(\sum_{i=1}^{n}X_i\right)=\sum_{i=1}^{n}D(X_i) \tag{4.3.8}$$

**例 1** 已知离散型随机向量 $(X,Y)$ 的概率分布为

| Y \ X | $-1$ | 0 | 2 |
|---|---|---|---|
| 0 | 0.1 | 0.2 | 0 |
| 1 | 0.3 | 0.05 | 0.1 |
| 2 | 0.15 | 0 | 0.1 |

求 $\mathrm{Cov}(X,Y)$.

**解**　容易求得 $X$ 的概率分布为

$$P\{X=0\}=0.3,P\{X=1\}=0.45,P\{X=2\}=0.25;$$

$Y$ 的概率分布为

$$P\{Y=-1\}=0.55,P\{Y=0\}=0.25,P\{Y=2\}=0.2,$$

于是有

$$E(X)=0\times0.3+1\times0.45+2\times0.25=0.95,$$

$$E(Y)=(-1)\times0.55+0\times0.25+2\times0.2=-0.15$$

$$E(XY)=0\times(-1)\times0.1+0\times0\times0.2+0\times2\times0+1\times(-1)\times0.3+1\times0\times0.5$$
$$+1\times2\times0.1+2\times(-1)\times0.15+2\times0\times0+2\times2\times0.1=0.$$

则

$$\mathrm{Cov}(X,Y)=E(XY)-E(X)E(Y)=0.95\times0.15=0.142\ 5.$$

**例 2**　设$(X,Y)$服从 $D$ 上的均匀分布，其中 $D$ 由 $x$ 轴、$y$ 轴及 $x+y=1$ 所围成.求 $\mathrm{Cov}(X,Y)$.

**解**

$$E(X)=\int_0^1\int_0^{1-x}2x\,\mathrm{d}y\,\mathrm{d}x=\int_0^1(2x-2x^2)\,\mathrm{d}x=\frac{1}{3},$$

$$E(Y)=\int_0^1\int_0^{1-x}2y\,\mathrm{d}y\,\mathrm{d}x=\int_0^1(1-x)^2\,\mathrm{d}x=\frac{1}{3},$$

$$E(XY)=\int_0^1\int_0^{1-x}2xy\,\mathrm{d}y\,\mathrm{d}x=\int_0^1x(1-x)^2\,\mathrm{d}x=\frac{1}{12},$$

$$\mathrm{Cov}(X,Y)=E(XY)-E(X)E(Y)=\frac{1}{12}-\frac{1}{3}\cdot\frac{1}{3}=-\frac{1}{36}.$$

## 三、相关系数的定义与性质

**定义 2**　设$(X,Y)$为二维随机变量，$D(X)>0,D(Y)>0$，称

$$\rho_{XY}=\frac{\mathrm{Cov}(X,Y)}{\sqrt{D(X)D(Y)}}\tag{4.3.9}$$

**为随机变量 $X$ 和 $Y$ 的相关系数**.有时也记 $\rho_{XY}$ 为 $\rho$.特别地，当 $\rho_{XY}=0$ 时，称 $X$ 与 $Y$ 不相关.

**例 3**　设连续型随机变量$(X,Y)$的密度函数为

$$f(x,y)=\begin{cases}8xy, & 0\leqslant y\leqslant x,0\leqslant x\leqslant1,\\0, & \text{其他}.\end{cases}$$

求 $E(X),E(Y),D(X),D(Y),\mathrm{Cov}(X,Y),\rho_{XY}$.和 $D(X+Y)$.

**解**
$$E(X)=\int_0^1\left(\int_0^x x\cdot 8xy\mathrm{d}y\right)\mathrm{d}x=\frac{4}{5},$$
$$E(Y)=\int_0^1\left(\int_0^x y\cdot 8xy\mathrm{d}y\right)\mathrm{d}x=\frac{8}{15},$$
$$E(X^2)=\int_0^1\left(\int_0^x x^2\cdot 8xy\mathrm{d}y\right)\mathrm{d}x=\frac{2}{3},$$
$$E(Y^2)=\int_0^1\left(\int_0^x y^2\cdot 8xy\mathrm{d}y\right)\mathrm{d}x=\frac{1}{3},$$
$$E(XY)=\int_0^1\left(\int_0^x xy\cdot 8xy\mathrm{d}y\right)\mathrm{d}x=\frac{4}{9},$$

从而
$$\mathrm{Cov}(X,Y)=E(XY)-E(X)E(Y)=\frac{4}{9}-\frac{4}{5}\times\frac{8}{15}=\frac{4}{225},$$

所以
$$D(X)=E(X^2)-[E(X)]^2=\frac{2}{75},D(Y)=E(Y^2)-[E(Y)]^2=\frac{11}{225},$$
$$\rho_{XY}=\frac{\mathrm{Cov}(X,Y)}{\sqrt{D(X)D(Y)}}=\frac{2\sqrt{66}}{33},$$
$$D(X+Y)=D(X)+D(Y)+2\mathrm{Cov}(X,Y)=\frac{1}{9}.$$

## 四、相关系数的性质

**性质 1** $|\rho_{XY}|\leqslant 1$.

**证明** 只需证明$[\mathrm{Cov}(X,Y)]^2\leqslant D(X)D(Y)$.由于对任何随机变量,方差非负,所以对任意实数 $t$,
$$D(Y-tX)=t^2D(X)-2t\mathrm{Cov}(X,Y)+D(Y)\geqslant 0,$$
不等式右边是关于 $t$ 的二次多项式,对任意实数 $t$,它非负的充要条件是判别式
$$\Delta=4[\mathrm{Cov}(X,Y)]^2-4D(X)D(Y)\leqslant 0,$$
则
$$[\mathrm{Cov}(X,Y)]^2\leqslant D(X)D(Y),$$
所以
$$\rho_{XY}^2=\frac{\mathrm{Cov}(X,Y)}{D(X)D(Y)}\leqslant 1,$$
即有
$$|\rho_{XY}|\leqslant 1.$$

**性质 2** 若 $X$ 和 $Y$ 相互独立,则 $\rho_{XY}=0$,即 $X$ 与 $Y$ 不相关(反之不一定成立).

若二维随机变量$(X,Y)$服从二维正态分布 $N(\mu_1,\mu_2;\sigma_1^2,\sigma_2^2;\rho)$,可以证明 $X$ 与 $Y$ 的相关系数 $\rho_{XY}=\rho$,从而 $X$ 与 $Y$ 不相关的充分必要条件是 $X$ 与 $Y$ 相互独立,因为 $X$ 与 $Y$

不相关和 $X$ 与 $Y$ 相互独立都等价于 $\rho=0$.

**性质 3**　若 $D(X)>0,D(Y)>0$,则 $|\rho_{XY}|=1$ 当且仅当存在常数 $a,b(a\neq 0)$.使

$$P\{Y=aX+b\}=1,$$

而且当 $a>0$ 时,$\rho_{XY}=1$;当 $a<0$ 时,$\rho_{XY}=-1$.

**注**　相关系数 $\rho_{XY}$ 刻画了随机变量 $Y$ 与 $X$ 之间的"线性相关"程度.

当 $|\rho_{XY}|$ 的值越接近 1,$Y$ 与 $X$ 的线性相关程度越高;

当 $|\rho_{XY}|$ 的值越近于 0,$Y$ 与 $Y$ 的线性相关程度越弱.

当 $|\rho_{XY}|=1$ 时,$Y$ 与 $X$ 的变化可完全由 $X$ 的线性函数给出.

当 $|\rho_{XY}|=0$ 时,$Y$ 与 $X$ 之间不是线性关系.

**例 4**　设$(X,Y)$在圆域 $D=\{(x,y)\mid x^2+y^2\leqslant 1\}$上服从均匀分布,求 $\mathrm{Cov}(X,Y)$,$\rho_{XY}$,并判断是否相互独立.

**解**　$(X,Y)$的概率密度为

$$f(x,y)=\begin{cases}\dfrac{1}{\pi}, & x^2+y^2\leqslant 1,\\ 0, & \text{其他}.\end{cases}$$

$$f_X(x)=\int_{-\infty}^{+\infty}f(x,y)\mathrm{d}y=\begin{cases}\displaystyle\int_{-\sqrt{1-x^2}}^{+\sqrt{1-x^2}}\frac{1}{\pi}\mathrm{d}y, & |x|\leqslant 1,\\ 0, & \text{其他}.\end{cases}$$

$$=\begin{cases}\dfrac{2}{\pi}\sqrt{1-x^2}, & |x|\leqslant 1,\\ 0, & \text{其他}.\end{cases}$$

同理

$$f_Y(y)=\begin{cases}\dfrac{2}{\pi}\sqrt{1-y^2}, & |y|\leqslant 1,\\ 0, & \text{其他}.\end{cases}$$

$$E(XY)=\int_{-\infty}^{+\infty}xyf(x,y)\mathrm{d}x\mathrm{d}y=\frac{1}{\pi}\int_{-1}^{+1}x\int_{-\sqrt{1-x^2}}^{+\sqrt{1-x^2}}y\mathrm{d}x\mathrm{d}y=0,$$

$$E(X)=\int_{-\infty}^{+\infty}xf_X(x)\mathrm{d}x=\int_{-1}^{+1}x\ \frac{2}{\pi}\sqrt{1-x^2}\,\mathrm{d}x=0,$$

$$E(Y)=\int_{-\infty}^{+\infty}yf_Y(y)\mathrm{d}y=\int_{-1}^{+1}y\ \frac{2}{\pi}\sqrt{1-y^2}\,\mathrm{d}y=0,$$

则

$$\mathrm{Cov}(X,Y)=E(XY)-E(X)E(Y)=0.$$

但是 $f(x,y)\neq f_X(x)f_Y(y)$,知 $X,Y$ 一定不相互独立.可见 $\mathrm{Cov}(X,Y)=0$ 是 $X$ 与 $Y$ 相互独立的必要但非充分条件.

$$E(X^2)=\int_{-\infty}^{+\infty}x^2f_X(x)\mathrm{d}x=\int_{-1}^{+1}x^2\ \frac{2}{\pi}\sqrt{1-x^2}\,\mathrm{d}x\xlongequal{令\,x=\sin t}\int_{\frac{\pi}{2}}^{\frac{\pi}{2}}\sin^2 t\ \frac{2}{\pi}\cos^2\mathrm{d}t$$

$$=\frac{1}{2\pi}\int_{-\frac{\pi}{2}}^{+\frac{\pi}{2}}\sin^2 2t\,\mathrm{d}t=\frac{1}{2\pi}\int_{-\frac{\pi}{2}}^{+\frac{\pi}{2}}\sin^2 t\,\mathrm{d}t=\frac{1}{2\pi}\int_{-\frac{\pi}{2}}^{+\frac{\pi}{2}}(1-\cos 4t)\mathrm{d}t=\frac{1}{4},$$

同理

$$E(Y^2)=\frac{1}{4},$$

所以

$$D(X)=E(X^2)-E^2(X)=\frac{1}{4},D(Y)=E(Y^2)-E^2(Y)=\frac{1}{4},$$

则

$$\rho_{XY}=\frac{\text{Cov}(X,Y)}{\sqrt{D(X)D(Y)}}=0.$$

**例 5** 设$(X,Y)$的分布律为

| $Y$ \ $X$ | $-2$ | $-1$ | $1$ | $2$ | $P\{Y=y_j\}$ |
|---|---|---|---|---|---|
| 1 | 0 | $\frac{1}{4}$ | $\frac{1}{4}$ | 0 | $\frac{1}{2}$ |
| 4 | $\frac{1}{4}$ | 0 | 0 | $\frac{1}{4}$ | $\frac{1}{2}$ |
| $P\{X=x_i\}$ | $\frac{1}{4}$ | $\frac{1}{4}$ | $\frac{1}{4}$ | $\frac{1}{4}$ | 1 |

易知$E(X)=0,E(Y)=\frac{5}{2},E(XY)=0$,于是$\rho_{XY}=0$,$X,Y$不相关.这表示$X,Y$不存在线性关系.但$P\{X=-2,Y=1\}=0\neq P\{X=-2\}P\{Y=1\}$,知$X,Y$不是相互独立的.事实上,$X$和$Y$具有关系:$Y=X^2$,$Y$的值完全可由$X$的值所确定.

**例 6** 已知$D(X)=4,D(Y)=1,\rho_{XY}=0.6$,求$D(X+Y),D(3X-2Y)$.

**解**

$$\begin{aligned}D(X+Y)&=D(X)+D(Y)+2\text{Cov}(X,Y)\\&=D(X)+D(Y)+2\rho_{XY}\sqrt{D(X)}\sqrt{D(Y)}\\&=4+1+2\times0.6\times2\times1=7.4.\\D(3X-2Y)&=D(3X)+4D(Y)-2\text{Cov}(3X,2Y)\\&=9D(X)+4D(Y)-12\rho_{XY}\sqrt{D(X)}\sqrt{D(Y)}\\&=36+4-12\times0.6\times2\times1=25.6.\end{aligned}$$

**例 7** 已知$X\sim N(1,3^2),Y\sim N(0,4^2)$,且$X$与$Y$的相关系数为$\rho_{XY}=-\frac{1}{2}$,设$Z=\frac{X}{3}-\frac{Y}{2}$,求$D(Z)$及$\rho_{XZ}$.

**解** 因$D(X)=3^2,D(Y)=4^2$,且

$$\text{Cov}(X,Y)=\sqrt{D(X)}\cdot\sqrt{D(Y)}\cdot\rho_{XY}=3\times4\times\left(-\frac{1}{2}\right)=-6,$$

所以

$$D(Z)=D\left(\frac{X}{3}-\frac{Y}{2}\right)=\frac{1}{9}D(X)+\frac{1}{4}D(Y)-2\text{Cov}\left(\frac{X}{3},\frac{Y}{2}\right)$$

$$=\frac{1}{9}D(X)+\frac{1}{4}D(Y)-2\times\frac{1}{3}\times\frac{1}{2}\mathrm{Cov}(X,Y)=7,$$

又因

$$\mathrm{Cov}(X,Z)=\mathrm{Cov}\left(X,\frac{X}{3}-\frac{Y}{2}\right)=\frac{1}{3}D(X)-\frac{1}{2}\mathrm{Cov}(X,Y)=6,$$

故

$$\rho_{XZ}=\frac{\mathrm{Cov}(X,Z)}{\sqrt{D(X)}\sqrt{D(Z)}}=\frac{6}{3\sqrt{7}}=\frac{2\sqrt{7}}{7}.$$

## 五、矩的概念

数学期望和方差可以纳入到一个更为一般的概念范畴之中，那就是随机变量的矩.

**定义 3**　设 $X$ 和 $Y$ 为随机变量，$k,l$ 为正整数，称

$E(X^k)$　为 $k$ 阶原点矩(简称阶矩阵)；

$E\{[X-E(X)]^k\}$　为 $k$ 阶中心矩；

$E(|X|^k)$　为 $k$ 阶绝对原点矩；

$E[|X-E(X)|^k]$　为 $k$ 阶绝对中心矩；

$E(X^kY^l)$　为 $X$ 和 $Y$ 的 $k+l$ 阶混合矩；

$E\{[X-E(X)]^k[Y-E(Y)]^l\}$　为 $X$ 和 $Y$ 的 $k+l$ 阶混合中心矩；

**注**　由定义可见：

(1) $X$ 的数学期望 $E(X)$ 是 $X$ 的一阶原点矩；

(2) $X$ 的方差 $D(X)$ 是 $X$ 的二阶中心矩；

(3) 协方差 $\mathrm{Cov}(X,Y)$ 是 $X$ 和 $Y$ 的二阶混合中心矩.

## 六、协方差矩阵

将二维随机变量 $(X_1,X_2)$ 的四个二阶中心矩

$$c_{11}=E\{[X_1-E(X_1)]^2\},c_{22}=E\{[X_2-E(X_2)]^2\},$$
$$c_{12}=E\{[X_1-E(X_1)][X_2-E(X_2)]\},$$
$$c_{21}=E\{[X_2-E(X_2)][X_1-E(X_1)]\}.$$

排成矩阵的形式：$\begin{pmatrix}c_{11} & c_{12}\\ c_{21} & c_{22}\end{pmatrix}$(对称矩阵)，称此矩阵为 $(X_1,X_2)$ 的**协方差矩阵**.

类似定义 $n$ 维随机变量 $(X_1,X_2,\cdots,X_n)$ 的协方差矩阵.

若 $c_{ij}=\mathrm{Cov}(X_i,X_j)=E\{[X_i-E(X_i)][X_j-E(X_j)]\}i,j=1,2,\cdots,n$ 都存在，则称

$$\boldsymbol{C}=\begin{pmatrix}c_{11} & c_{12} & \cdots & c_{1n}\\ c_{21} & c_{22} & \cdots & c_{2n}\\ \vdots & \vdots & & \vdots\\ c_{n1} & c_{n2} & \cdots & c_{nn}\end{pmatrix}$$

为 $(X_1,X_2,\cdots,X_n)$ 的协方差矩阵.

### 习题 4-3

1. 设随机变量 $X,Y$ 相互独立,方差分别为 4 和 2,则随机变量 $2X-3Y$ 的方差是__________.

2. 设二维随机变量$(X,Y)$的分布律为

| Y \ X | 0 | 1 | 2 |
|---|---|---|---|
| 1 | 0.1 | 0.2 | 0.1 |
| 2 | 0.3 | 0.1 | 0.2 |

求 $E(X),D(Y),\mathrm{Cov}(X,Y),\rho_{XY}$和 $D(X+Y)$.

3. 设连续型随机变量$(X,Y)$的密度函数为

$$f(x,y)=\begin{cases}3x, & 0\leqslant y\leqslant x,0\leqslant x\leqslant 1,\\ 0, & \text{其他}.\end{cases}$$

求 $E(X),E(Y),D(X),D(Y)$.

4. 设连续型随机变量$(X,Y)$的密度函数为

$$f(x,y)=\begin{cases}y\mathrm{e}^{-(x+y)}, & x>0,y>0,\\ 0, & \text{其他}.\end{cases}$$

求 $\mathrm{Cov}(X,Y),\rho_{XY},D(X+Y)$.

5. 设 $X\sim N(1,9),Y\sim B(100,0.01),\rho_{XY}=0.6$,求 $D(X+Y),D(3X-2Y)$.

## 第四节　大数定理与中心极限定理

概率论与数理统计是研究随机变量统计规律性的数学学科,而随机现象的规律只有在对大量随机现象的考察中才能显现出来.研究大量随机现象的统计规律,常常采用极限定理的形式去刻画,由此导致对极限定理进行研究.极限定理的内容非常广泛,本节中我们将介绍有关随机变量序列的最基本的两类极限定理——大数定理和中心极限定理.

### 一、依概率收敛

与微积分学中的收敛性的概念类似,在概率论中,我们要考虑随机变量序列的收敛性.

**定义 1**　设 $X_1,X_2,\cdots,X_n,\cdots$是一个随机变量序列,$a$ 为一个常数,若对于任意给定的正数 $\varepsilon$,有 $\lim\limits_{n\to\infty}P\{|X_n-a|<\varepsilon\}=1$.则称**序列 $X_1,X_2,\cdots,X_n,\cdots$依概率收敛于** $a$,记为

$$X_n\xrightarrow{P}a(n\to\infty).$$

## 二、切比雪夫(Chebyshev)不等式

一个随机变量离差平方的数学期望就是它的方差，而方差又是用来描述随机变量取值的分散程度的.下面我们研究随机变量的离差与方差之间的关系式.

**定理 1**　设随机变量 $X$ 有期望 $E(X)=\mu$ 和方差 $D(X)=\sigma^2$，则对于任给 $\varepsilon>0$，有

$$P\{|X-\mu|\geqslant\varepsilon\}\leqslant\frac{\sigma^2}{\varepsilon^2},\tag{4.4.1}$$

或

$$P\{|X-E(X)|<\varepsilon\}\geqslant 1-\frac{\sigma^2}{\varepsilon^2},\tag{4.4.2}$$

上述不等式称**切比雪夫不等式**.

**证明**　先设 $X$ 是离散型随机变量，则有

$$\begin{aligned}P\{|X-\mu|\geqslant\varepsilon\}&=\sum_{|x_k-E(X)|\geqslant\varepsilon}P\{X=x_k\}\\&\leqslant\sum_{|x_k-E(X)|\geqslant\varepsilon}\frac{|x_k-E(X)|^2}{\varepsilon^2}p_k\leqslant\frac{\sigma^2}{\varepsilon^2}.\end{aligned}$$

因为事件$\{|X-E(X)|\geqslant\varepsilon\}$与$\{|X-E(X)|<\varepsilon\}$是对立事件，所以

$$P\{|X-E(X)|<\varepsilon\}=1-P\{|X-E(X)|\geqslant\varepsilon\}\geqslant 1-\frac{\sigma^2}{\varepsilon^2}.$$

当 $X$ 是连续型随机变量时，

$$\begin{aligned}P\{|X-\mu|\geqslant\varepsilon\}&=\int\limits_{|x-E(X)|\geqslant\varepsilon}f(x)\mathrm{d}x\leqslant\int\limits_{|x-E(X)|\geqslant\varepsilon}\frac{[x-E(X)]^2}{\varepsilon^2}f(x)\mathrm{d}x\\&\leqslant\frac{1}{\varepsilon^2}\int_{-\infty}^{+\infty}[x-E(X)]^2f(x)\mathrm{d}x=\frac{\sigma^2}{\varepsilon^2}.\end{aligned}$$

**注**　(1) 由切比雪夫不等式可以看出，若 $\sigma^2$ 越小，则

$$P\{|X-E(X)|<\varepsilon\}$$

越大，即 $X$ 落在区间$(E(X)-\varepsilon,E(X)+\varepsilon)$是大概率事件，也就是说随机变量 $X$ 集中在期望附近的可能性越大，而 $X$ 落在区间$(E(X)-\varepsilon,E(X)+\varepsilon)$之外是小概率事件，由此可见方差刻画了随机变量取值的离散程度.根据实际推断原理，$\sigma^2$ 很小时，$X$ 落在区间$(E(X)-\varepsilon,E(X)+\varepsilon)$之内几乎一定会发生；$X$ 落在区间$(E(X)-\varepsilon,E(X)+\varepsilon)$之外几乎一定不会发生.

(2)当方差已知时，切比雪夫不等式给出了 $X$ 与它的期望的偏差不小于 $\varepsilon$ 的概率的估计式.如取 $\varepsilon=3\sigma$，则有

$$P\{|X-E(X)|\geqslant 3\sigma\}\leqslant\frac{\sigma^2}{9\sigma^2}\approx 0.111.$$

故对任给的分布，只要期望和方差 $\sigma^2$ 存在，则随机变量 $X$ 取值偏离 $E(X)$超过 $3\sigma$ 的概率小于 0.111，即随机变量 $X$ 值落在区间$[\mu-3\sigma,\mu+3\sigma]$的概率为 0.889 几乎是肯定的.

**例 1**　设 $X$ 是抛掷一枚骰子所出现的点数，若给定 $\varepsilon=2,2.5$，实际计算

$$P\{|X-\mu|\geqslant\varepsilon\},$$

并验证切比雪夫不等式成立.

**解** $X$ 的分布律为 $P\{X=k\}=\frac{1}{6}, k=1,2\cdots 6$,所以

$$E(X)=(1+2+3+\cdots+6)\times\frac{1}{6}=\frac{7}{2},$$

$$E(X^2)=(1^2+2^2+3^2+\cdots+6^2)\times\frac{1}{6}=\frac{92}{6},$$

$$D(X)=\sigma^2=E(X^2)-E^2(X)=\frac{91}{6}-\left(\frac{7}{2}\right)^2=\frac{35}{12}.$$

| $X$ | 1 | 2 | 3 | 4 | 5 | 6 |
|---|---|---|---|---|---|---|
| $\left\|X-\frac{7}{2}\right\|$ | $\frac{5}{2}$ | $\frac{3}{2}$ | $\frac{1}{2}$ | $\frac{1}{2}$ | $\frac{3}{2}$ | $\frac{5}{2}$ |
| $P$ | $\frac{1}{6}$ | $\frac{1}{6}$ | $\frac{1}{6}$ | $\frac{1}{6}$ | $\frac{1}{6}$ | $\frac{1}{6}$ |

当 $\varepsilon=2$ 时,

$$\frac{D(X)}{\varepsilon^2}=\frac{1}{4}\times\frac{35}{12}>\frac{1}{3}=\frac{1}{6}+\frac{1}{6};$$

当 $\varepsilon=2.5$ 时,

$$\frac{D(X)}{\varepsilon^2}=\frac{1}{6.25}\times\frac{35}{12}=\frac{7}{12}>\frac{1}{3}=\frac{1}{6}+\frac{1}{6}.$$

**例 2** 已知正常男性成人血液中,每一毫升白细胞数平均是 7 300,均方差是 700.利用切比雪夫不等式估计每毫升白细胞数在 5 200~9 400 之间的概率.

**解** 设每毫升白细胞数为 $X$,依题意,$\mu=7\ 300, \sigma^2=700^2$,所求概率为

$$\begin{aligned}P\{5\ 200\leqslant X\leqslant 9\ 400\}&=P\{5\ 200-7\ 300\leqslant X-7\ 300\leqslant 9\ 400-7\ 300\}\\&=P\{-2\ 100\leqslant X-\mu\leqslant 2\ 100\}=P\{|X-\mu|\leqslant 2\ 100\}.\end{aligned}$$

由切比雪夫不等式得

$$P\{|X-\mu|\leqslant 2\ 100\}\geqslant 1-\sigma^2/(2\ 100)^2=1-(700/2\ 100)^2=1-1/9=8/9,$$

即每毫升白细胞数在 5 200~9 400 之间的概率不小于 8/9.

**例 3** 设电站供电网有 10 000 盏灯,夜晚每一盏灯开灯的概率都是 0.7,而假定所有的灯开或关是彼此独立的.试用切比雪夫不等式估计夜晚同时开着的灯数在 6 800~7 200 的概率.

**解** 设 $X$ 表示"在夜晚同时开着的电灯的数目",它服从参数 $n=10\ 000, p=0.7$ 的二项分布,于是有

$$E(X)=np=10\ 000\times 0.7=7\ 000,$$

$$D(X)=npq=10\ 000\times 0.7\times 0.3=2\ 100,$$

$$P\{6\ 800<X<7\ 200\}=P\{|X-7\ 000|<200\}\geqslant 1-\frac{2\ 100}{200^2}\approx 0.95.$$

可见,虽然有 10 000 盏灯,但只要有供应 7 000 盏灯的电力就能够以相当大的概率保

证供应了.

## 三、大数定律

在第一章中曾经提到过，事件发生的频率具有稳定性，即随着试验次数增多，事件发生的频率将逐渐稳定于一个确定的常数值附近。另外，人们在实践中还认识到大量测量值的算术平均值也具有稳定性，即平均结果的稳定性。大数定律以严格的数学形式表示证明了在一定的条件下，大量重复出现的随机现象呈现的统计规律性，即频率的稳定性与平均结果的稳定性。

**定理 2**　设随机变量序列 $X_1, X_2, \cdots, X_n, \cdots$ 相互独立，具有相同的期望和方差：$E(X_i)=\mu, D(X_i)=\sigma^2 (i=1,2,\cdots)$，则对于任意 $\varepsilon>0$ 有

$$\lim_{n\to\infty} P\left\{\left|\frac{1}{n}\sum_{i=1}^{n} X_i-\mu\right|<\varepsilon\right\}=1 \tag{4.4.3}$$

**证明**　由于 $X_1, X_2, \cdots, X_n, \cdots$ 相互独立，由数学期望与方差的性质可得

$$E\left(\frac{1}{n}\sum_{i=1}^{n} X_i\right)=\frac{1}{n}\sum_{i=1}^{n} E(X_i)=\frac{1}{n}\cdot n\mu=\mu,$$

$$D\left(\frac{1}{n}\sum_{i=1}^{n} X_i\right)=\frac{1}{n^2}\sum_{i=1}^{n} D(X_i)=\frac{1}{n^2}\cdot n\sigma^2=\frac{\sigma^2}{n},$$

再由切比雪夫不等式可得

$$P\left\{\left|\frac{1}{n}\sum_{i=1}^{n} X_i-\mu\right|<\varepsilon\right\}\geqslant 1-\frac{\sigma^2}{n\varepsilon^2}.$$

注意到概率不能大于 1，因此

$$\lim_{n\to\infty} P\left\{\left|\frac{1}{n}\sum_{i=1}^{n} X_i-\mu\right|<\varepsilon\right\}=1.$$

这一定理说明：经过算术平均后得到的随机变量 $\bar{X}=\frac{1}{n}\sum_{i-1}^{n} X_i$ 在统计上具有一种稳定性，它的取值将比较紧密聚集在它的期望附近。这正是大数定律的含义。在概率论中，大数定律是随机现象的统计稳定性的深刻描述；同时也是数理统计的重要理论基础。

**推论 1**　设 $X$ 是 $n$ 次独立重复试验中事件 $A$ 发生的次数，$p$ 是事件 $A$ 在每次试验中发生的概率，则对任意正数 $\varepsilon$，有

$$\lim_{n\to\infty} P\left\{\left|\frac{X}{n}-p\right|<\varepsilon\right\}=1. \tag{4.4.4}$$

**证明**　由于 $X\sim B(n,p)$，所以 $X=X_1+X_2+\cdots+X_n$，其中 $X_1, X_2\cdots X_n$ 相互独立且都服从参数为 $p$ 的 0—1 分布，因而

$$E(X_i)=p, D(X_i)=p(1-p)(i=1,2,\cdots,n),$$

且注意到 $\frac{X}{n}=\frac{1}{n}\sum_{i=1}^{n} X_i$，由定理 2 即可得到(4.4.4).

**注** (1)推论1是最早的大数定律,称为伯努利大数定律。该定理表明,当 $n$ 充分大时,“事件 $A$ 发生的频率与概率的绝对偏差小于任意给定的正数 $\varepsilon$ ”这一事件的概率可以任意接近于1,即当 $n$ 充分大时,“频率与概率的绝对偏差小于任意给定的正数 $\varepsilon$ ”几乎必然发生。这正是“概率是频率稳定值”的确切的含义。在实际应用中,当试验次数很大时,便可以用事件发生的频率来近似代替事件的概率。

(2)如果事件 $A$ 的概率很小,则由伯努利大数定律知事件 $A$ 发生的频率也是很小的,或者说事件 $A$ 很少发生. 即“概率很小的随机事件在个别试验中几乎不会发生”,这一原理称为小概率原理,它的实际应用很广泛. 但应注意到,小概率事件与不可能事件是有区别的. 在多次试验中,小概率事件也可能发生。

若随机变量序列 $X_1,X_2,\cdots,X_n,\cdots$ 相互独立,且所有的 $X_i$ 具有相同的分布,则称 $X_1,X_2,\cdots,X_n,\cdots$ 是独立同分布随机变量序列。很明显,对于独立同分布随机变量序列有以下推论。

**推论2** 设 $X_1,X_2,\cdots,X_n,\cdots$ 是独立同分布随机变量序列,且 $E(X_i)=\mu,D(X_i)=\sigma^2(i=1,2,\cdots)$ 均存在,则对于任意 $\varepsilon>0$ 有

$$\lim_{n\to\infty}P\left\{\left|\frac{1}{n}\sum_{i=1}^{n}X_i-\mu\right|<\varepsilon\right\}=1$$

## 四、中心极限定理

正态分布在概率论与数理统计中占有很重要的地位,在自然界与工程实践中经常遇到大量的随机变量都是服从正态分布的,在某些条件下,即使原来并不服从正态分布的一些随机变量,它们的和的分布随着随机变量的个数无限增加时也趋于正态分布.在概率论中,把有关论证随机变量和的极限分布为正态分布的一类定理称为中心极限定理.

大量观察表明,如果大量独立的偶然因素对总和的影响是均匀的、微小的、彼此又是独立的,即其中没有哪一项起特别突出的作用,那么就可以断定描述这些大量独立的偶然因素的总和的随机变量是近似服从正态分布的.以一门大炮的射程为例,影响大炮的射程的随机因素包括:大炮炮身结构的制造导致的误差,炮弹及炮弹内炸药在质量上的误差,瞄准时的误差,受风速、风向的干扰而造成的误差等.其中每一种误差造成的影响在总的影响中所起的作用是微小的,并且可以看成是相互独立的,人们关心的是这众多误差因素对大炮射程所造成的总影响.

**定理3** **(独立同分布序列的中心极限定理)**设 $X_1,X_2,\cdots,X_n,\cdots$是独立同分布的随机变量序列,且具有相同数学期望和方差 $E(X_i)=\mu,D(X_i)=\sigma^2(i=1,2,\cdots)$.若随机变量为

$$Y_n=\frac{\sum_{i=1}^{n}X_i-n\mu}{\sqrt{n}\sigma},$$

设其分布函数为 $F_n(x)$,则对于任意实数 $x$,有

$$\lim_{n\to\infty}F_n(x)=\lim_{n\to\infty}P\{Y_n\leqslant x\}=\lim_{n\to\infty}P\left\{\frac{\sum_{i=1}^{n}X_i-n\mu}{\sqrt{n}\sigma}\leqslant x\right\}=\int_{-\infty}^{x}\frac{1}{\sqrt{2\pi}}e^{-\frac{t^2}{2}}dt=\Phi(x),\tag{4.4.5}$$

其中 $\Phi(x)$ 为标准正态分布函数.

由这一定理可以得到下列结论：

(1) 当 $n$ 充分大时，独立同分布的随机变量之和 $Z_n=\sum_{i=1}^{n}X_i$ 的分布近似于正态分布 $N(n\mu,n\sigma^2)$.我们知道，$n$ 个独立同分布的正态随机变量之和服从正态分布.中心极限定理进一步告诉我们：不论 $X_1,X_2,\cdots,X_n,\cdots$ 服从什么分布，当 $n$ 充分大时，其和 $Z_n$ 近似服从正态分布，即 $Z_n=\sum_{i=1}^{n}X_i\sim N(E(Z_n),D(Z_n))$.

(2) 考虑 $X_1,X_2,\cdots,X_n,\cdots$ 平均值 $\overline{X}=\frac{1}{n}\sum_{i=1}^{n}X_i$，有

$$E\left(\frac{1}{n}\sum_{i=1}^{n}X_i\right)=\frac{1}{n}\sum_{i=1}^{n}E(X_i)=\frac{1}{n}\cdot n\mu=\mu,$$

$$D\left(\frac{1}{n}\sum_{i=1}^{n}X_i\right)=\frac{1}{n^2}\sum_{i=1}^{n}D(X_i)=\frac{1}{n^2}\cdot n\sigma^2=\frac{\sigma^2}{n},$$

它的标准化随机变量为 $\frac{\overline{X}-\mu}{\sigma/\sqrt{n}}$，即为上述 $Y_n$.因此 $\frac{\overline{X}-\mu}{\sigma/\sqrt{n}}$ 的分布函数即是上述的 $F_n(x)$，因而有

$$\lim_{n\to\infty}F_n(x)=\int_{-\infty}^{x}\frac{1}{\sqrt{2\pi}}e^{-\frac{t^2}{2}}dt=\Phi(x).$$

由此可见，当 $n$ 充分大时，独立同分布随机变量的平均值 $\overline{X}=\frac{1}{n}\sum_{i=1}^{n}X_i$ 的分布近似于正态分布 $N(\mu,\frac{\sigma^2}{n})$，即 $\overline{X}=\frac{1}{n}\sum_{i=1}^{n}X_i\sim N(E(\overline{X}),D(\overline{X}))$.

这是独立同分布中心极限定理的另一种表达形式，这一结论在数理统计中有很重要的作用，这一结果是数理统计中大样本统计推断的理论基础.

**例 4**　对敌人的防御地段进行 100 次射击，每次射击时命中目标的炮弹数是一个随机变量，其数学期望为 2，均方差为 1.5，求在 100 次射击中有 180 颗到 220 颗炮弹命中目标的概率.

**解**　设 $X_i=\{$第 $i$ 次射击时命中目标的炮弹数$\}(i=1,2,\cdots,100)$，则 $X=\sum_{i=1}^{100}X_i$ 为 100 次射击中命中目标的炮弹总数，而且 $X_1,X_2,\cdots,X_{100}$ 同分布且相互独立，

$$\mu=E(X_i)=2,\sigma=\sqrt{D(X_i)}=1.5.$$

由定理 4 可知，随机变量 $Y=\frac{X-n\mu}{\sqrt{n}\sigma}=\frac{X-200}{15}$，近似服从标准正态分布，故有

$$P\{180 \leqslant X \leqslant 220\} = P\left\{\frac{180-200}{15} \leqslant \frac{\sum_{i=1}^{100} X_i - 100 \times 2}{10 \times 1.5} \leqslant \frac{220-200}{15}\right\}$$

$$= P\{-\frac{4}{3} \leqslant Y \leqslant \frac{4}{3}\} \approx \Phi\left(\frac{4}{3}\right) - \Phi\left(-\frac{4}{3}\right)$$

$$= 2\Phi\left(\frac{4}{3}\right) - 1 = 0.816\ 5.$$

**例 5** 一盒同型号螺丝钉共有 100 个,已知该型号的螺丝钉的质量(单位:kg)是一个随机变量,期望值是 100 g,标准差是 10 g,求一盒螺丝钉的质量超过 10.2 kg 的概率.

**解** 设 $X_i$ 为第 $i$ 个螺丝钉的质量,$i=1,2,\cdots,100$,且它们之间独立同分布,于是一盒螺丝钉的质量为 $X = \sum_{i=1}^{100} X_i$,且 $\mu = E(X_i) = 100$,$\sigma = \sqrt{D(X_i)} = 10$,$n = 100$.

由中心极限定理有

$$P\{X > 10\ 200\} = P\left\{\frac{\sum_{i=1}^{100} X_i - n\mu}{\sigma\sqrt{n}} > \frac{10\ 200 - n\mu}{\sigma\sqrt{n}}\right\} = P\left\{\frac{X - 10\ 000}{100} > \frac{10\ 200 - 10\ 000}{100}\right\}$$

$$= P\left\{\frac{X - 10\ 000}{100} > 2\right\} = 1 - P\left\{\frac{X - 10\ 000}{100} \leqslant 2\right\}$$

$$\approx 1 - \Phi(2) = 1 - 0.977\ 25 = 0.022\ 75.$$

**定理 4** (棣莫佛 De Moivre—拉普拉斯 Laplace 定理)设随机变量 $Z_n$ 是 $n$ 次独立重复试验中事件 $A$ 发生的次数,$p$ 是事件 $A$ 发生的概率,则对于任意实数 $x$ 有

$$\lim_{n\to\infty} P\left\{\frac{Z_n - np}{\sqrt{npq}} \leqslant x\right\} = \int_{-\infty}^{x} \frac{1}{\sqrt{2\pi}} e^{-\frac{t^2}{t}} dt = \Phi(x), \tag{4.4.6}$$

其中 $q=1-p$,$\Phi(x)$为标准正态分布函数.

**证明** 定义随机变量

$$X_i = \begin{cases} 0, \text{若第 } i \text{ 次试验中事件 } A \text{ 不发生}, \\ 1, \text{若第 } i \text{ 次试验中事件 } A \text{ 发生}, \end{cases} \quad i = 1, 2, \cdots, n.$$

则 $Z_n = \sum_{i=1}^{n} X_i$,其中 $X_i(i=1,2,\cdots,n)$ 均服从两点分布且彼此相互独立.

$$P\{X_i=0\}=q, P\{X_i=1\}=p, (i=1,2,\cdots,n).$$

则 $E(X_i)=p$,$D(X_i)=pq$.

从而

$$E(Z_n) = np, D(Z_n) = npq.$$

由独立同分布序列的中心极限定理可知

$$\lim_{n\to\infty}\left\{\frac{Z_n - np}{\sqrt{npq}} \leqslant x\right\} = \lim_{n\to\infty} P\left\{\frac{\sum_{i=1}^{n} X_i - np}{\sqrt{npq}} \leqslant x\right\} = \int_{-\infty}^{x} \frac{1}{\sqrt{2\pi}} e^{-\frac{t^2}{2}} dt = \Phi(x).$$

由这一定理立即得到

$$\lim_{n\to\infty}P\left\{a<\frac{Z_n-np}{\sqrt{npq}}<b\right\}=\Phi(b)-\Phi(a). \tag{4.4.7}$$

由棣莫弗—拉普拉斯中心极限定理得到下列结论：

(1)在伯努利试验中，若事件 $A$ 发生的概率为 $p$.又设 $Z_n$ 为 $n$ 次独立重复试验中事件 $A$ 发生的频数，则当 $n$ 充分大时，$Z_n$ 近似服从正态分布 $N(np,npq)$.

(2)在伯努利试验中，若事件中 $A$ 发生的概率为 $p$，$\frac{Z_n}{n}$为 $n$ 次独立重复试验中事件 $A$ 发生的频率，则 $n$ 当充分大时，$\frac{Z_n}{n}$近似服从正态分布 $N\left(p,\frac{pq}{n}\right)$.

(3)二项分布 $B(n,p)$可以分解为 $n$ 个相互独立、服从同一分布(两点分布)的 $n$ 个随机变量的和，故定理 5 的结论对服从参数 $n,p$ 为的二项分布也成立，即正态分布是二项分布的极限分布，即若 $X\sim B(n,p)$，则近似地 $X\sim N(np,npq)$.

**例 6**　某单位内部有 1 000 台电话分机，每台分机有 5%的时间使用外线通话，假定各个分机是否使用外线是相互独立的，该单位总机至少需要安装多少条外线，才能以 95%以上的概率保证每台分机需要使用外线时不被占用?

**解**　把观察每一台分机是否使用外线作为一次试验，则各次试验相互独立，设 $X$ 为 1 000台分机中同时使用外线的分机数，则

$$X\sim B(1\,000,0.05),$$

$$np=1\,000\times0.05=50,$$

$$\sqrt{npq}=\sqrt{1\,000\times0.05\times0.95}\approx6.892,$$

根据题意，设 $N$ 为满足条件的最小正整数，则

$$P\{0\leqslant X\leqslant N\}=P\left\{\frac{0-50}{6.892}\leqslant\frac{X-50}{6.892}\leqslant\frac{N-50}{6.892}\right\}$$

$$\approx\Phi\left(\frac{N-50}{6.892}\right)-\Phi\left(\frac{0-50}{6.892}\right)=\Phi\left(\frac{N-50}{6.892}\right)-\Phi(-7.255).$$

由于 $\Phi(-7.255)\approx0$，故有

$$P\{0\leqslant X\leqslant N\}\approx\Phi\left(\frac{N-50}{6.892}\right)\geqslant0.95,$$

查标准正态分布表得 $\Phi(1.65)=0.950\,5$，故有

$$\frac{N-50}{6.892}\geqslant1.65.$$

因此 $N\geqslant61.37$，即该单位总机至少需要 62 条外线，才能以 95%以上的概率保证每台分机在使用外线时不被占用.

**例 7**　某公司有 200 名员工参加一种资格证书考试.按往年经验考试通过率为 0.8，试计算这 200 名员工至少有 150 人考试通过的概率.

**解** 令 $X_i=\begin{cases}1,\text{第 } i \text{ 人通过考试},\\0,\text{第 } i \text{ 人未通过考试},\end{cases}$ $i=1,2,\cdots,200$, 依题意,$P\{X_i=1\}=0.8$,$np=200\times0.8=160$,$np(1-p)=32$,

其中 $\sum\limits_{i=1}^{200}X_i$ 是考试通过人数,由中心极限定理4,得

$$\left(\sum_{i=1}^{200}X_i-160\right)/\sqrt{32}\overset{\text{近似}}{\sim}N(0,1),$$

$$\begin{aligned}P\left\{\sum X_i\geqslant150\right\}&=P\left\{\left(\sum_{i}^{200}X_i-160\right)/\sqrt{32}\geqslant(150-160)/\sqrt{32}\right\}\\&=P\left\{\left(\sum_{i=1}^{200}X_i-160\right)/\sqrt{32}\geqslant-1.77\right\}\\&\approx1-\Phi(-1.77)=\Phi(1.77)\approx0.96\end{aligned}$$

即至少有150名员工通过这种考试的概率为0.96.

## 习题 4-4

1. 设随机变量 $X$ 的方差为2.5,试用切比雪夫不等式估计 $P\{|X-E(X)|\geqslant7.5\}$.

2. 在每次试验中,事件 $A$ 发生的概率为0.5,试用切比雪夫不等式估计,在1 000次独立试验中,事件 $A$ 发生的次数在400~600的概率.

3. 设随机变量 $X$ 服从正态分布 $N(\mu,\sigma^2)$,估计概率 $P\{|X-\mu|\geqslant3\sigma\}$.

4. 已知随机变量 $X$ 的期望 $E(X)=100$,方差 $D(X)=10$,估计 $X$ 落在(80,120)内的概率.

5. 100台车床彼此独立的工作,每台车床的实际工作时间占全部工作时间的80%,求任一时刻有70台至86台车床在工作的概率.

6. 某计算机系统有120个终端,每个终端在1小时内平均有3分钟使用打印机,假定各终端使用打印机与否是相互独立的,求至少有10个终端同时使用打印机的概率.

7. 设某产品的废品率为0.005,从这批产品中任取1 000件,求其中废品率不大于0.007的概率.

8. 在抛硬币的试验中,至少抛多少次,才能使正面出现的频率落在(0.4,0.6)区间的概率不小于0.9?

9. 设一个系统由100个相互独立起作用的部件组成,每个部件损坏的概率为0.1,必须有85个以上的部件正常工作,才能保证系统正常工作.求整个系统正常工作的概率.

10. 有一批建筑房屋用的木柱,其中80%的长度不小于3米.现从这批木材中随机抽取100根,问其中至少有30根短于3米的概率是多少?

# 总习题四

**一、选择题**

1. 设随机变量 $X$ 服从参数为 0.5 的指数分布，则下列各项中正确的是(　　).

A. $E(X)=0.5, D(X)=0.25$　　B. $E(X)=2, D(X)=4$

C. $E(X)=0.5, D(X)=4$　　D. $E(X)=2, D(X)=0.25$

2. 设随机变量 $X, Y$ 相互独立，且 $X\sim B(16,0.5)$，$Y$ 服从参数为 9 的泊松分布，则 $D(X-2Y+1)=$(　　).

A. $-14$　　B. 13　　C. 40　　D. 41

3. 已知 $D(X)=25, D(Y)=1, \rho_{XY}=0.4$，则 $D(X-Y)=$(　　).

A. 6　　B. 22　　C. 30　　D. 46

4. 设为$(X,Y)$二维随机连续变量，则 $X, Y$ 不相关的充分必要条件是(　　).

A. $X, Y$ 相互独立　　B. $E(X+Y)=E(X)+E(Y)$

C. $E(XY)=E(X)E(Y)$　　D. $(X,Y)\sim N(\mu_1,\mu_2,\sigma_1^2,\sigma_2^2,0)$

5. 设二维随机变量$(X,Y)\sim N(1,1,4,9,\frac{1}{2})$，则 $\mathrm{Cov}(X,Y)=$(　　).

A. $\frac{1}{2}$　　B. 3　　C. 18　　D. 36

6. 已知随机变量 $X, Y$ 互独立，且它们分别在区间$[-1,3]$和$[2,4]$上服从均匀分布，则 $E(XY)=$(　　).

A. 3　　B. 6　　C. 10　　D. 12

7. 设二维随机变量$(X,Y)\sim N(0,0,1,1,0)$，$\Phi(x)$为标准正态分布函数，则下列结论中错误的是(　　).

A. $X, Y$ 都服从正态分布 $N(0,1)$　　B. $X, Y$ 相互独立

C. $\mathrm{Cov}(X,Y)=1$　　D. $(X,Y)$的分布函数是 $\Phi(x)\cdot\Phi(y)$

8. 设 $X_1, X_2, \cdots, X_n, \cdots$是独立同分布的随机变量序列，且

| $X_i$ | 1 | 0 |
|---|---|---|
| $P$ | $p$ | $1-p$ |

其中 $i=1,2,\cdots, 0<p<1$.令 $Y_n=\sum_{i=1}^{n}X_i, n=1,2,\cdots, \Phi(x)$ 为标准正态分布函数，则 $\lim_{n\to\infty}P\left\{\frac{Y_n-np}{\sqrt{np(1-p)}}\leqslant 1\right\}=$(　　).

A. 0　　B. $\Phi(1)$　　C. $1-\Phi(1)$　　D. 1.6

9. 设 $\Phi(x)$为标准正态分布函数，$X_i=\begin{cases}0, \text{事件 } A \text{ 不发生},\\ 1, \text{事件 } A \text{ 不发生}.\end{cases}(i=1,2,\cdots,100)$，且

$P(A)=0.8$,$X_1,X_2,\cdots,X_{100}$ 相互独立,令 $Y=\sum_{i=1}^{100}X_i$,则由中心极限定理知 $Y$ 的分布近似于(　　).

A. $\Phi(y)$　　B. $\Phi\left(\frac{y-80}{4}\right)$　　C. $\Phi(16y+80)$　　D. $\Phi(4y+80)$

10. 设随机变量 $X_1,X_2,\cdots,X_n$ 相互独立,且 $X_i(i=1,2,\cdots,n)$ 都服从参数为 $\frac{1}{2}$ 的指数分布,则当 $n$ 充分大时,随机变量 $Z_n=\frac{1}{n}\sum_{i=1}^{n}X_i$ 的概率分布近似服从(　　).

A. $N(2,4)$　　B. $N\left(2,\frac{4}{n}\right)$　　C. $\left(\frac{1}{2},\frac{1}{4n}\right)$　　D. $(2n,4n)$

**二、填空题**

1. 若二维随机变量 $(X,Y)\sim N(\mu_1,\mu_2;\sigma_1^2,\sigma_2^2;\rho)$,且 $X,Y$ 相互独立,则$\rho=$________.

2. 设随机变量 $X$ 的分布律为

| $X$ | $-1$ | $0$ | $1$ | $2$ |
|---|---|---|---|---|
| $P$ | 0.1 | 0.2 | 0.3 | 0.4 |

令 $Y=2X+1$,则 $E(Y)=$________.

3. 已知随机变量 $X$ 服从泊松分布,且 $D(X)=1$,则 $P\{X=1\}=$________.

4. 设随机变量 $X,Y$ 相互独立,且 $D(X)=D(Y)=1$,则 $D(2X-3Y)=$________.

5. 已知随机变量 $X$ 服从参数为 2 泊松分布,则 $E(X^2)=$________.

6. 已知 $X$ 为随机变量,且 $E(X)=2,D(X)=4$,则 $E(X^2)=$________.

7. 已知随机变量 $X$ 的分布函数为

$$F(x)=\begin{cases}0, & x<0,\\ \frac{x}{4}, & 0\leqslant x<4,\\ 1, & x\geqslant 4.\end{cases}$$

则 $E(X)=$________.

8. 设随机变量 $X,Y$ 相互独立,$D(X)=2,D(Y)=1$,则 $D(X-2Y+3)=$________.

9. 设 $X_1,X_2,\cdots,X_n$ 是独立同分布的随机变量序列,且它们的期望为 $\mu$,方差为 $\sigma^2$,令 $Z_n=\frac{1}{n}\sum_{i=1}^{n}X_i$,则对任意正数 $\varepsilon$,有 $\lim\limits_{n\to\infty}P\{|Z_n-\mu|\leqslant\varepsilon\}=$________.

10. 已知 $X$ 为随机变量且 $E(X)=-1,D(X)=4$,则由切比雪夫不等式估计概率$P\{-4<x<2\}\geqslant$________.

11. 设随机变量 $X\sim U(0,1)$,由切比雪夫不等式可得 $P\left\{\left|X-\frac{1}{2}\right|\geqslant\frac{1}{\sqrt{3}}\right\}\leqslant$________.

12. 设随机变量 $X\sim B(100,0.2)$,应用中心极限定理可得 $P\{X\geqslant 30\}=$________

[已知 $\Phi(2.5)=0.9938$].

**三、计算题**

1. 设$(X,Y)$的联合概率分布为

| $X \backslash Y$ | 0 | 1 | 2 | 3 |
|---|---|---|---|---|
| 1 | 0 | $\frac{3}{8}$ | $\frac{3}{8}$ | 0 |
| 3 | $\frac{1}{8}$ | 0 | 0 | $\frac{1}{8}$ |

求：(1)$E(X)$，$E(2X)$，$E(Y^2)$，$D(2X)$，$E(X+Y)$；

(2)$\mathrm{Cov}(X,Y)$，$\rho_{XY}$，$D(X+Y)$，$E(2X+1)$.

2. 设二维随机变量$(\xi,\eta)$在区域 $G:x\geqslant y,x^2\leqslant y$ 上服从均匀分布，求 $E(\xi)$，$E(\eta)$.

3. 设随机变量$(\xi,\eta)$具有概率密度

$$f(x,y)=\begin{cases}1, & |y|<x,0<x<1,\\0, & \text{其他}.\end{cases}$$

试求 $E(\xi)$，$E(\eta)$，$\mathrm{Cov}(\xi,\eta)$.

4. 设随机变量 $X$ 的概率密度函数为

$$f(x)=\begin{cases}2\mathrm{e}^{-2x}, & x>0,\\0, & \text{其他}.\end{cases}$$

求：(1)$E(X)$，$D(X)$；

(2)令 $Y=\dfrac{X-E(X)}{\sqrt{D(X)}}$，求 $Y$ 的概率密度 $f_Y(y)$.

5. 设随机变量 $X$ 的概率密度函数为

$$f(x)=\begin{cases}\dfrac{3}{2}x^2, & -1\leqslant x\leqslant 1,\\0, & \text{其他}.\end{cases}$$

求：(1)$E(X)$，$D(X)$；　(2)$P\{|X-E(X)|\}<2D(X)\}$.

6. 设二维随机变量$(X,Y)$的概率密度为 $f(x,y)=\begin{cases}8xy, & 0\leqslant x\leqslant 1,0\leqslant y\leqslant x,\\0, & \text{其他}.\end{cases}$

求：(1)$E(X)$，$E(Y)$；　(2)$E(X+Y)$，$E(XY)$；

(3)$D(X)$，$D(Y)$，$\mathrm{Cov}(X,Y)$，$\rho_{XY}$；　(4)$D(X+Y)$；　(5)$P\{X+Y\leqslant 1\}$.

7. 设甲、乙两人相约于某地在 12:00—13:00 会面，设 $X$，$Y$ 分别是甲、乙到达的时间，且设 $X$，$Y$ 是相互独立的，已知 $X$，$Y$ 的概率密度分别为

$$f_X(x)=\begin{cases}3x^2, & 0<x<1,\\0, & \text{其他}.\end{cases}\qquad f_Y(y)=\begin{cases}2y, & 0<y<1,\\0, & \text{其他}.\end{cases}$$

求先到达者需要等待的时间的数学期望.

8. 一台设备由 10 个独立工作的元件组成，每一个元件在时间 $T$ 发生故障的概率为 0.05.设在时间 $T$ 发生故障的元件数为随机变量 $\xi$，试用契比雪夫不等式来估计 $\xi$ 和它的

数学期望的离差.求:

(1)小于 2 的概率;(2)不小于 2 的概率.

9. 某市保险公司开办一年人身保险业务,被保险人每年需交付保险费 160 元,若一年内发生重大人身事故,其本人或家属可获 2 万元赔金.已知该市人员一年内发生重大人身事故的概率为 0.005,现有 5 000 人参加此项保险,问保险公司一年内从此项业务所得到的总收益在 20 万～40 万元的概率是多少?

10. 某车间有同型号机床 200 台,它们独立地工作着,每台开动的概率均为 0.6,开动是耗电均为 1kW,问电厂至少要供给该车间多少电力,才能以 99%的概率保证用电需要?

11. 卡车装运水泥,设每袋水泥的质量 $\xi$ 是个随机变量,它服从正态分布,其数学期望为 50kg,均方差为 2.5kg,问装多少袋水泥能使总质量超过 2 000kg 的概率不大于 0.05.

# 第五章　数理统计的基本概念

前面四章里我们学习了概率论的基本概念、基本理论和基本方法.在概率论中,概率分布通常是已知的或者假设为已知的,而我们关心的是某些事件的概率、随机变量的数学期望和方差等数字特征等.然而在实际问题中,我们可能完全不知道某个随机变量服从何种分布,即使有时能够根据某些事实推断出分布的类型,但是却不知道其分布函数中的某个(些)参数.例如:

某工厂生产了一批灯泡,每个灯泡可能是合格品(记为 $X=0$),也可能是不合格品(记为 $X=1$).此时我们虽然知道一个灯泡是合格品还是不合格品的随机变量 $X$ 是服从 0－1 分布的,但是分布中的参数 $p$(不合格品的概率)却是不知道的.

对于诸如上面的问题,要进行有效的研究就必须知道相应的分布或分布中所含的参数的值.那么,如何确定一个随机变量的分布或其参数呢? 这就是数理统计所要解决的首要问题.

数理统计学就是这样一门学科,它使用概率论和数学的方法,研究怎样收集(通过试验或观测)带有随机误差的数据并在设定的模型(称为统计模型)之下,对这种数据进行分析(称为统计分析),以对所研究的问题作出推断(称为统计推断).

本书主要介绍如下两类基本的统计推断方法:(1)参数估计;(2)假设检验.

## 第一节　数理统计的基本概念

### 一、总体与样本

**定义 1**　被研究对象的全体称为**总体**或**母体**,记为 $X$.例如,研究一批电视机寿命,将这批电视机寿命视为**总体**;研究某市男性大学生身高时,该市全部男大学生的身高为总体;称总体中的每个元素称为**个体**.例如,每个电视机寿命,每个男性大学生身高都是个体.总体中个体的数量称为**总体容量**.容量为有限的称为**有限总体**,容量为无限的称为**无限总体**.

**注**　对每一个个体来说,它有许多方面的特性,而在实际问题中,人们往往关心的只是个体的某项或某几项数量指标.如前述研究某市男性大学生身高时,该市全体男大学生身高为总体,而在此总体(全部男大学生的身高)中,我们关心的是个体的身高,进而也可考察该总体中每个个体的体重和数学高考成绩等数量指标.所以说数理统计中的总体实质上是指某项或某几项数量指标的全体.例如,研究一批电视机寿命时,其寿命数量指标为总体,取值范围为$[0,\infty)$;研究某市男大学生身高时,男性大学生身高(单位:m)取值$[1.50,2.02]$为总体.

总体中的每一个个体是随机试验的一个观察值,故它是某一随机变量 $X$ 的值,于是,一个总体对应于一个随机变量 $X$,对总体的研究就相当于对一个随机变量 $X$ 的研究,由于一个随机变量的分布函数全面地描述了该随机变量的统计规律,因此对总体进行研究的一个重要任务就是确定相应的随机变量的分布.今后我们将不再严格区分总体和相应的随机变量,而直接用总体相对应的随机变量 $X$ 或者相应的分布函数 $F(x)$来表征总体,例如,我们直接称"总体 $X$"或"总体 $F(x)$".

**注** (1)有时个体的特性很难用数量指标直接描述,但总可以将其数量化,如检验某校全体学生的血型,试验的结果有O型、A型、B型、AB型4种,若分别以1,2,3,4依次表示这4种血型,则试验的结果也可用数量表示;

(2)总体的分布一般来说是未知的,有时即使知道其分布的类型(如正态分布、二项分布、指数分布等),但不知这些分布中所含的参数(如 $\mu,\sigma^2,p,\lambda$)等.数理统计的任务就是根据总体中部分个体的数据资料对总体的未知分布进行统计推断.

## 二、样本与样本分布

如何获得总体 $X$ 的分布函数 $F(x)$的具体形式呢?

我们先来看一个例子:为了确定电子元件的寿命 $X$ 的分布,当然最精确的方法是对每一个元件的寿命逐一测量,但是寿命试验是一种破坏性试验,并且试验需要花费大量的人力、物力等,并不可取.因而,一般来讲只抽取一部分电子元件来做试验,并通过这些电子元件的寿命数据推断总体的寿命分布.

如上所述,数理统计具有"部分推断总体"的特征.上面的例子涉及到两方面的问题:

(1)如何获取部分信息,这涉及到统计抽样的问题;

(2)如何利用获取到的部分信息,这涉及到统计推断的问题.

在这一节中,我们首先回答第(1)个问题.

为了对总体的分布进行各种研究,就必须对总体进行抽样观察.

所谓**抽样**就是指从总体中按照一定的规则抽出一部分个体的行动.

一般地,我们都是从总体中抽取一部分个体进行观察,然后根据观察所得数据来推断总体的性质.按照一定规则从总体 $X$ 中抽取的一组个体$(X_1,X_2,\cdots,X_n)$称为总体的一个**样本**,显然,样本为一随机向量.

**定义2** (**简单随机抽样**)为了能更多更好地得到总体的信息,需要进行多次重复、独立的抽样观察(一般进行 $n$ 次),若对抽样要求:

(1)**随机性**:每个个体被抽到的机会一样,保证了 $X_1,X_2,\cdots,X_n$ 的分布相同,与总体一样.

(2)**独立性**:$X_1,X_2,\cdots,X_n$ 相互独立.

那么,符合"随机性"和"独立性"要求抽样称为**简单随机抽样**,由此得到的样本$(X_1,X_2,\cdots,X_n)$称为从总体 $X$ 中得到的容量为 $n$ 的简单随机样本.

例如,从总体中进行有放回抽样,显然是简单随机抽样,得到的样本就是简单随机样本.从有限总体中进行不放回抽样,虽然不是简单随机抽样,但是若总体容量 $N$ 很大,而样本容量 $n$ 很小($\frac{n}{N}\leqslant 10\%$)时,则可以近似地看作是有放回抽样,因而也就可以近似地看作是简单随机抽样,得到的样本可以近似地看作是简单随机样本.

对抽取的 $n$ 个个体 $X_1,X_2,\cdots,X_n$ 进行试验,相应于每一次观测都得到一组数据 $x_1,x_2,\cdots,x_n$,称 $x_i$ 为 $X_i$ 的**观测值**,并称$(x_1,x_2,\cdots,x_n)$为**样本观测值**.由于样本是随机变量,那么每次得到的样本观测值$(x_1,x_2,\cdots,x_n)$也会不同.于是我们把样本$(X_1,X_2,\cdots,X_n)$的所有可能取值构成的集合称为**样本空间**,显然一个样本值$(x_1,x_2,\cdots,x_n)$是样本空间的一个点.

**注**　抽样方式有很多,今后本书中凡是提到抽样与样本,都是指简单随机抽样与简单随机样本.

设总体 $X$ 的分布函数为 $F(x)$,则简单随机样本$(X_1,X_2,\cdots,X_n)$的联合分布函数为

$$F(x_1,x_2,\cdots,x_n)=\prod_{i=1}^{n}F(x_i)$$

并称其为**样本分布**.

特别地,若总体 $X$ 为连续型随机变量,其概率密度为 $f(x)$,则样本的概率密度为

$$f(x_1,x_2,\cdots,x_n)=\prod_{i=1}^{n}f(x_i)$$

分别称 $f(x)$与 $f(x_1,x_2,\cdots,x_n)$为**连续型总体概率密度与连续型样本概率密度**.

若总体 $X$ 为离散型随机变量,其概率分布为 $p(x_i)=P\{X=x_i\}$,$x$ 取遍 $X$ 所有可能取值,则样本的概率分布为

$$p(x_1,x_2,\cdots,x_n)=P\{X=x_1,X=x_2,\cdots,X=x_n\}=\prod_{i=1}^{n}p(x_i),$$

分别称 $p(x_i)$与 $p(x_1,x_2,\cdots,x_n)$为**离散型总体概率分布与离散型样本概率分布**.

**例 1**　设总体 $X$ 服从正态分布 $N(\mu,\sigma^2)$,$(X_1,X_2,\cdots,X_n)$为来自总体 $X$ 的一个样本,求此样本概率密度.

**解**　由于总体 $X$ 服从正态分布 $N(\mu,\sigma^2)$,则相应的概率密度函数为

$$f(x)=\frac{1}{\sqrt{2\pi}\sigma}\exp\left\{-\frac{(x-\mu)^2}{2\sigma^2}\right\},$$

于是样本概率密度由下式给出:

$$\begin{aligned}f(x_1,x_2,\cdots,x_n)&=\prod_{i=1}^{n}f(x_i)=\prod_{i=1}^{n}\frac{1}{\sqrt{2\pi}\sigma}\exp\left\{-\frac{(x_i-\mu)^2}{2\sigma^2}\right\}\\&=\left(\frac{1}{\sqrt{2\pi}\sigma}\right)^n\exp\left\{-\frac{1}{2\sigma^2}\sum_{i=1}^{n}(x_i-\mu)^2\right\}.\end{aligned}$$

**例 2**　设总体 $X$ 服从以 $p(0<p<1)$为参数的 0 - 1 分布,即相应的分布率为

$$P\{X=1\}=p,P\{X=0\}=1-p.$$

设$(X_1,X_2,\cdots,X_n)$为来自总体 $X$ 的一个样本,求此样本分布.

**解**　由已知,总体 $X$ 的分布率也可以写成如下形式:

$$P\{X=x\}=(1-p)^{1-x}p^x,x=0,1,$$

于是样本 $X_1,X_2,\cdots,X_n$ 的概率分布由下式给出:

$$P\{X_1=x_1,X_2=x_2,\cdots,X_n=x_n\}$$

$$=\prod_{i=1}^{n}P\{X=x_i\}=\prod_{i=1}^{n}(1-p)^{1-x_i}p^{x_i}$$

$$=(1-p)^{n-\sum_{i=1}^{n}x_i}\cdot p^{\sum_{i=1}^{n}x_i},$$

其中 $x_i(1\leqslant i\leqslant n)$取 0 或 1.

0-1 分布具有广泛的应用背景.概率 $p$ 通常可视为某实际总体(如工厂的某一批产品)中具有一特征(如废品)的个体所占的比例,亦称为比率.从总体中随机抽取一个个体,可视为一个随机试验,试验结果可用一随机变量 $X$ 来刻画.若恰好抽到具有该特征的个体,记 $X=1$;否则,记 $X=0$.这样,$X$ 便服从以 $p$ 为参数的 0-1 分布.通常参数 $p$ 是未知的,故需通过抽样对其作统计推断.

## 三、统计推断问题简述

总体和样本是数理统计中的两个基本概念.样本来自总体,自然带有总体的信息,从而可以从这些信息出发去研究总体的某些特征(分布或分布中的参数).另一方面,由样本研究总体可以省时省力(特别是针对破坏性的抽样试验而言).我们称通过总体 $X$ 的一个样本 $X_1,X_2,\cdots,X_n$ 对总体 $X$ 的分布进行推断的问题为统计推断问题.

总体、样本、样本值的关系:

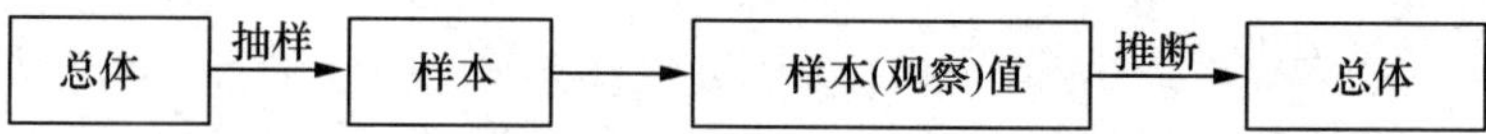


在实际问题中,总体的分布往往是未知的,或即使有时能够根据某些事实推断出总体的分布类型,但是却不知道其分布函数中的某个(些)参数.统计推断就是利用样本值对总体的分布类型、未知参数进行估计和推断.

为对总体进行统计推断,还需借助样本构造一些合适的统计量,即样本的函数,下面将对相关统计量进行深入的讨论.

## *四、分组数据统计表和频数直方图

通过观察或试验得到的样本值,一般是杂乱无章的,需要进行整理才能从总体上呈现其统计规律性.分组数据统计表或频率直方图是两种常用整理方法.

**1. 分组数据表**

若样本值较多时,可将其分成若干组,分组的区间长度一般取成相等,称区间的长度为组距.分组的组数应与样本容量相适应.分组太少,则难以反映出分布的特征;分组太多,则由于样本取值的随机性而使分布显得杂乱.因此,分组时,确定分组数(或组距)应以突出分布的特征并冲淡样本的随机波动性为原则.区间所含的样本值个数即为该区间的**组频数**.组频数与总的样本容量之比称为**组频率**.

**2. 频数直方图**

频率直方图能直观地表示出频数的分布,其步骤如下:

设 $x_1,x_2,\cdots,x_n$ 是样本的 $n$ 个观察值.

(1)求出 $x_1,x_2,\cdots,x_n$ 中的最小者 $x_{(1)}$ 和最大者 $x_{(n)}$,以及极差 $R=x_{(n)}-x_{(1)}$,其中

$x_{(1)}=\min\limits_{1\leqslant x\leqslant n}\{x_i\}, x_{(n)}=\max\limits_{1\leqslant i\leqslant n}\{x_i\}$；

(2)适当选取 $t_0\leqslant x_{(1)}$ 和 $t_k$ 略大于 $x_{(n)}$，用分点

$$t_0<t_1<t_2<\cdots<t_{k-1}<t_k,$$

将区间 $[t_0,t_k)$ 分成互不相交的 $k$ 个子区间，即

$$[t_0,t_1),[t_1,t_2),\cdots,[t_{i-1},t_i),\cdots,[t_{k-1},t_k),$$

则第 $i$ 个子区间 $I_i=[t_{i-1},t_i)$ 的长度 $\Delta t_i=t_i-t_{i-1}, i=1,2,\cdots,k$.

各子区间的长度称为组距，它们可以相等，也可以不相等.若使各组距相等，则有 $\Delta t_i=\frac{t_k-t_0}{k}(i=1,2,\cdots,k)$.子区间的个数一般取 8 至 15 个，太多则由于频率的随机摆动而使分布显得杂乱，太少则难以显示分布的特征.此外，为了方便起见，分点 $t_i$ 应比样本 $x_i$ 多取一位小数.

(3)计算样本观察值 $x_1,x_2,\cdots,x_n$ 落入第 $i$ 个小区间 $I_i=[t_{i-1},t_i)$ 的频数 $n_i$ 及频率 $f_i=\frac{n_i}{n}(i=1,2,\cdots,k)$.

(4)在 $Ox$ 轴上截取各子区间，并以子区间 $I_i$ 为底，$\frac{f_i}{t_i-t_{i-1}}=\frac{\text{频率}}{\text{组距}}$ 为高作小矩形，各小矩形的面积 $\Delta S_i$ 显然等于样本观察值落在子区间 $I_i$ 内的频率，即

$$\Delta S_i=(t_i-t_{i-1})\frac{f_i}{t_i-t_{i-1}}=f_i(i=1,2,\cdots,k).$$

所有小矩形的面积之和等于 1，即

$$\sum_{i=1}^{k}\Delta S_i=\sum_{i=1}^{k}f_i=1,$$

这样作出的 $k$ 个小矩形就构成了直方图.

**例 3**　为了了解一大片经济林的生长情况，随机测量其中 100 株的底部周长(单位：cm)，得到如下数据表：

| | | | | | | | | | |
|---|---|---|---|---|---|---|---|---|---|
| 135 | 98 | 102 | 110 | 99 | 121 | 110 | 96 | 100 | 103 |
| 125 | 97 | 117 | 113 | 110 | 92 | 102 | 109 | 104 | 112 |
| 109 | 124 | 87 | 131 | 97 | 102 | 123 | 104 | 104 | 128 |
| 105 | 123 | 111 | 103 | 105 | 92 | 114 | 108 | 104 | 102 |
| 129 | 126 | 97 | 100 | 115 | 111 | 106 | 117 | 104 | 109 |
| 111 | 89 | 110 | 121 | 80 | 120 | 121 | 104 | 108 | 118 |
| 129 | 99 | 90 | 99 | 121 | 123 | 107 | 111 | 91 | 100 |
| 99 | 101 | 116 | 97 | 102 | 108 | 101 | 95 | 107 | 101 |
| 102 | 108 | 117 | 99 | 118 | 106 | 119 | 97 | 126 | 108 |
| 123 | 119 | 98 | 121 | 101 | 113 | 102 | 103 | 104 | 108 |

(1)编制频率分布表；

(2)绘制频率分布直方图；

**解**　这组数据的最大值为 135，最小值为 80，极差 $R=55$.故可将其等分为 $k=11$ 组，组距为 5.从第 1 组 $[80,85)$ 开始，将各组的频数、频率和频率/组距填入下表中.

| 分　组 | 频　数 | 频　率 | 频率/组距 |
|---|---|---|---|
| [80,85) | 1 | 0.01 | 0.002 |
| [85,90) | 2 | 0.02 | 0.004 |
| [90,95) | 4 | 0.04 | 0.008 |
| [95,100) | 14 | 0.14 | 0.028 |
| [100,105) | 24 | 0.24 | 0.048 |
| [105,110) | 15 | 0.15 | 0.030 |
| [110,115) | 12 | 0.12 | 0.024 |
| [115,120) | 9 | 0.09 | 0.018 |
| [120,125) | 11 | 0.11 | 0.022 |
| [125,130) | 6 | 0.06 | 0.012 |
| [130,135] | 2 | 0.02 | 0.004 |
| 合　计 | 100 | 1.00 | 0.200 |

据此绘出树木底部周长的频率分布直方图如图 5.1.1 所示.

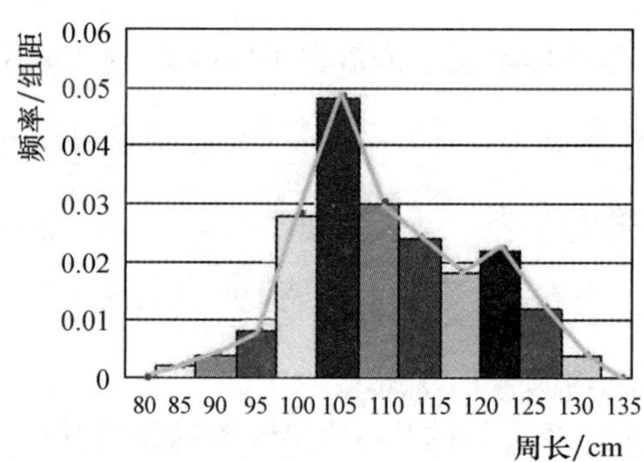


图 5.1.1

连接频率分布直方图中各小长方形上端的中点,得到频率分布折线图.频率分布折线函数是总体分布密度函数的估计.随着样本容量 $n$ 的不断增加,以及分组数 $k$ 的相应增加,频率分布折线函数会越来越接近总体分布密度函数.

## *五、经验分布函数

样本的直方图可以形象地描述总体的概率分布的大致形态,而经验分布函数则可以用来描述总体分布函数的大致形状.

**定义 3**　设总体 $X$ 的一个容量为 $n$ 的样本的样本值 $x_1,x_2,\cdots,x_n$ 可按大小次序排列成

$$x_{(1)}\leqslant x_{(2)}\leqslant\cdots\leqslant x_{(n)}.$$

若 $x_{(k)}\leqslant x<x_{(k+1)}$,则不大于 $x$ 的样本值的频率为$\dfrac{k}{n}$.因而函数

$$F_n(x)=\begin{cases}0, & 若\ x<x_{(1)},\\ \dfrac{k}{n}, & 若\ x_{(k)}\leqslant x<x_{(k+1)},\\ 1, & 若\ x\geqslant x_{(n)}.\end{cases}$$

与事件$\{X\leqslant x\}$在 $n$ 次独立重复试验中的频率是相同的,我们称 $F_n(x)$为**经验分布函数**.

易知经验分布函数 $F_n(x)$就是在抽取样本$(x_1,x_2,\cdots,x_n)$的试验中,事件$\{X\leqslant x\}$的频率,且有如下性质:

(1)$0\leqslant F_n\leqslant 1$;

(2)$F_n(x)$是非减函数;

(3)$F_n(-\infty)=0,F_n(+\infty)=1$;

(4)$F_n(x)$右连续,即 $F_n(x)=F_n(x+0)$.

值得注意的是,对于样本的不同观测值$(x_1,x_2,\cdots,x_n)$,我们将得到不同的经验分布函数 $F_n(x)$.所以 $F_n(x)$是一个随机变量序列.对于任意的实数 $x$,总体 $X$ 的分布函数 $F(x)=P\{X\leqslant x\}$是事件$\{X\leqslant x\}$的概率,样本分布函数 $F_n(x)$是事件$\{X\leqslant x\}$的频率.

对于经验分布函数 $F_n(x)$,格里汶科(Glivenko)在 1933 年证明了以下的结果:对于任一实数 $x$,当 $n\to\infty$时 $F_n(x)$以概率 1 一致收敛于分布函数 $F(x)$,即

$$P\{\lim_{n\to\infty}\sup_{-\infty<x<\infty}|F_n(x)-F(x)|=0\}=1.$$

因此,对于任一实数 $x$,当 $n$ 充分大时,经验分布函数的任一个观察值 $F_n(x)$与总体分布函数 $F(x)$只有微小的差别,从而在实际中可当作 $F(x)$来使用.这就是我们用样本推断总体的依据.由样本推断总体的行为通常称为**统计推断**.

**例 4**　随机观察某总体 $X$,得到一个容量为 10 的样本观察值:

3.2　2.5　$-2$　2.5　0　3　2　2.5　2　4

求总体 $X$ 的经验分布函数.

**解**　把样本值按从小到大的顺序排列,计算出现次数及频率如下表:

| | $-2$ | 0 | 2 | 2.5 | 3 | 3.2 | 4 |
|---|---|---|---|---|---|---|---|
| 出现次数 | 1 | 1 | 2 | 3 | 1 | 1 | 1 |
| 频率 | 1/10 | 1/10 | 2/10 | 3/10 | 1/10 | 1/10 | 1/10 |

于是得总体 $X$ 经验分布函数为

$$F_{10}(x)=\begin{cases}0, & x<-2,\\ 1/10, & -2\leqslant x<0,\\ 2/10, & 0\leqslant x<2,\\ 4/10, & 2\leqslant x<2.5,\\ 7/10, & 2.5\leqslant x<3,\\ 8/10, & 3\leqslant x<3.2,\\ 9/10, & 3.2\leqslant x<4,\\ 1, & 4\leqslant x.\end{cases}$$

其中当 $2\leqslant x<\frac{5}{2}$ 时，由表知事件 $\{X\leqslant x\}$ 包含的样本值个数 $k=4$，故事件 $\{X\leqslant x\}$ 发生的频率为 $\frac{4}{10}$，从而 $F_{10}(x)=\frac{4}{10}$.

**注** 经验分布函数 $F_n(x)$ 是一个阶梯形函数，当样本容量增大时，相邻两阶梯的跃度变低，阶梯宽度变窄，容易想像，这样的阶梯形折线几乎就是一条曲线，如果设总体 $X$ 的分布函数为 $F(x)$，则 $F_n(x)$ 非常接近于 $F(x)$.

## 六、统计量

由样本推断总体，要构造一些合适的统计量，再由这些统计量来推断未知总体.这里，样本的统计量即为样本的函数.广义地讲，统计量可以是样本的任一函数，但由于构造统计量的目的是为推断未知总体的分布，故在构造统计量时，就不应包含总体的未知参数，为此引入下列定义.

**定义 4** 设 $(X_1,X_2,\cdots,X_n)$ 是来自总体 $X$ 的一个样本，$g(X_1,X_2,\cdots,X_n)$ 是样本的函数，若 $g$ 中不含任何未知参数，则称 $g(X_1,X_2,\cdots,X_n)$ 是一个**统计量**.

例如 $(X_1,X_2)$ 是来自总体 $X\sim N(1,\sigma^2)$ 的一个样本，则 $X_1+X_2-1$，$\min(X_1,X_2)$ 都是统计量，而 $\sigma X_1$ 就不是统计量.

设 $(x_1,x_2,\cdots,x_n)$ 是对应于样本 $(X_1,X_2,\cdots,X_n)$ 的样本观测值，则称 $g(x_1,x_2,\cdots,x_n)$ 是 $g(X_1,X_2,\cdots,X_n)$ 的观测值.

数理统计中最常用的统计量：

(1) **样本均值：** $\overline{X}=\frac{1}{n}\sum_{i=1}^{n}X_i$；

(2) **样本方差：** $S^2=\frac{1}{n-1}\sum_{i=1}^{n}(X_i-\overline{X})^2$；

(3) **样本标准差：** $S=\sqrt{\frac{1}{n-1}\sum_{i=1}^{n}(X_i-\overline{X})^2}$；

(4) **样本 $k$ 阶原点矩：** $A_k=\frac{1}{n}\sum_{i=1}^{n}X_i^k,k=1,2,3,\cdots$

(5) **样本 $k$ 阶中心矩：** $B_k=\frac{1}{n}\sum_{i=1}^{n}(X_i-\overline{X})^k,k=2,3,\cdots$

设 $(x_1,x_2,\cdots,x_n)$ 为样本 $(X_1,X_2,\cdots,X_n)$ 的观测值，则这些统计量相对应的观测值分别为 $\bar{x}=\frac{1}{n}\sum_{i=1}^{n}x_i$，$s^2=\frac{1}{n-1}\sum_{i=1}^{n}(x_i-\bar{x})^2$，$s=\sqrt{\frac{1}{n-1}\sum_{i=1}^{n}(x_i-\bar{x})^2}$，$v_k=\frac{1}{n}\sum_{i=1}^{n}x_i^k$ 和 $u_k=\frac{1}{n}\sum_{i=1}^{n}(x_i-\bar{x})^k$.

在不至于混淆的情况下，这些值也分别称为样本均值、样本方差、样本标准差、样本 $k$ 阶原点矩、样本 $k$ 阶中心矩.

(6) **顺序统计量：** 将样本中的各分量按由小到大的次序排列成

$$X_{(1)}\leqslant X_{(2)}\leqslant\cdots\leqslant X_{(n)},$$

则称 $X_{(1)},X_{(2)},\cdots,X_{(n)}$ 为样本的一组顺序统计量，$X_{(i)}$ 称为**样本的第 $i$ 个顺序统计量**.特别地，称 $X_{(1)}$ 与 $X_{(n)}$ 分别为**样本极小值与样本极大值**，并称 $X_{(n)}-X_{(1)}$ 为样本的**极差**.

**例 5**　从一批零件毛坯中随机地抽取 10 件，测得其质量(单位:kg)如下：

210　243　185　240　215　228　196　235　200　199

计算这组样本的样本均值和样本方差.

**解**　样本均值　$\bar{x}=\frac{1}{n}\sum_{i=1}^{n}x_i=\frac{1}{10}(210+243+\cdots+200+199)=215.1$，

样本方差　$s^2=\frac{1}{n-1}\sum_{i=1}^{n}(x_i-\bar{x})^2=\frac{1}{10-1}(\sum_{i=1}^{10}x_i^2-10\bar{x}^2)=416.1$

**例 6**　设 $X_1,X_2,\cdots,X_n$ 为来自总体为 $X$，容量为 $n$ 的样本，且 $E(X)=\mu,D(X)=\sigma^2$，样本均值记 $\bar{X}=\frac{1}{n}\sum_{i=1}^{n}X_i$，样本方差 $S^2=\frac{1}{n-1}\sum_{i=1}^{n}(X_i-\bar{X})^2$.试证明：

(1)$E(\bar{X})=\mu,D(\bar{X})=\frac{\sigma^2}{n}$；

(2)$\sum_{i=1}^{n}(X_i-\bar{X})^2=\sum_{i=1}^{n}X_i^2-n\bar{X}^2$；

(3)$E(S^2)=\sigma^2$.

**证**　(1) 由样本均值的线性性质有

$$E(\bar{X})=E\left(\frac{1}{n}\sum_{i=1}^{n}X_i\right)=\frac{1}{n}\sum_{i=1}^{n}E(X_i)=\mu$$

由于 $X_1,X_2,\cdots,X_n$ 是独立同分布的，故有

$$D(\bar{X})=D\left(\frac{1}{n}\sum_{i=1}^{n}X_i\right)=\frac{1}{n^2}\sum_{i=1}^{n}D(X_i)=\frac{\sigma^2}{n}$$

(2) 注意到 $\sum_{i=1}^{n}X_i=n\bar{X}$，我们有

$$\begin{aligned}\sum_{i=1}^{n}(X_i-\bar{X})^2&=\sum_{i=1}^{n}(X_i^2-2X_i\bar{X}+\bar{X}^2)=\sum_{i=1}^{n}X_i^2-2\bar{X}\sum_{i=1}^{n}X_i+n\bar{X}^2\\&=\sum_{i=1}^{n}X_i^2-2\bar{X}\cdot n\bar{X}+n\bar{X}^2=\sum_{i=1}^{n}X_i^2-n\bar{X}^2\end{aligned}$$

(3)由(2)及 $E(X^2)=D(X)+E^2(X)$ 有

$$\begin{aligned}E(S^2)&=E\left[\frac{1}{n-1}\sum_{i=1}^{n}(X_i-\bar{X})^2\right]=\frac{1}{n-1}E\left[\sum_{i=1}^{n}(X_i-\bar{X})^2\right]\\&=\frac{1}{n-1}E(\sum_{i=1}^{n}X_i^2-n\bar{X}^2)=\frac{1}{n-1}\left[\sum_{i=1}^{n}E(X_i^2)-nE(\bar{X}^2)\right]\\&=\frac{1}{n-1}\left[\sum_{i=1}^{n}(\sigma^2+\mu^2)-n(\frac{\sigma^2}{n}+\mu^2)\right]=\sigma^2\end{aligned}$$

**注**　此定理表明，样本均值的均值与总体均值相同，而样本均值的方差是总体方差的 $\frac{1}{n}$.本例的证明并不复杂，但是其结果在数理统计中是很有用的，读者应该熟记.

## 习题 5-1

1. 设总体 $X$ 服从参数为 $\lambda$ 的泊松分布,$X_1,X_2,\cdots,X_n$ 为其样本,计算此样本的概率分布.

2. 设某种电灯泡的寿命 $X$ 服从指数分布 $E(\lambda)$,相应的概率密度函数为

$$f(x)=\begin{cases}\lambda e^{-\lambda x}, & x>0,\\ 0, & x\leqslant 0.\end{cases}$$

计算来自这一总体的简单随机样本 $X_1,X_2,\cdots,X_n$ 的样本概率密度.

3. 随机观察总体 $X$,得到一个容量为 10 的样本值:

151　168　170　148　170　173　160　173　168　154

求 $X$ 经验分布函数.

4. 设总体 $X$ 服从正态分布 $N(\mu,\sigma^2)$,其中 $\mu$ 未知,$\sigma^2$ 已知,$X_1,X_2,\cdots,X_n$ 为总体 $X$ 的一个样本,指出下列哪个是统计量,哪个不是统计量.

(1) $\dfrac{1}{n}\sum\limits_{i=1}^{n}X_i^2$;(2) $\dfrac{1}{\sigma^2}\sum\limits_{i=1}^{n}X_i^2$;(3) $\sum\limits_{i=1}^{n}(X_i-\mu)^2$;(4) $\max\limits_{1\leqslant i\leqslant n}\{X_i\}$;(5) $X_1+X_2-1$.

5. 某单位收集到 20 名青年人某月的娱乐支出费用数据:

79　84　84　88　92　93　94　97　98　99

100　101　101　102　102　108　110　113　118　125

以上是一个容量为 20 的样本观察值,求其样本均值,样本方差 $s^2$ 及样本标准差 $s$.

6. 某中学对高三年级进行身高统计,测量随机抽取的 40 名学生的身高(单位:cm),其结果如下:

| 分组 | [140,145) | [145,150) | [150,155) | [155,160) | [160,165) | [165,170) | [170,175) | [175,180) |
|---|---|---|---|---|---|---|---|---|
| 人数 | 1 | 2 | 5 | 9 | 13 | 6 | 3 | 1 |

(1)列出频率分布表;

(2)画出频率分布直方图;

(3)估计数据落在[150,170]范围内的概率.

7. 从某厂生产的某种零件中随机抽取 120 个,测得其质量如下表所示.列出分组表,并作频率直方图.

单位:g

| | | | | | | | | | |
|---|---|---|---|---|---|---|---|---|---|
| 200 | 202 | 203 | 208 | 216 | 206 | 222 | 213 | 209 | 219 |
| 216 | 203 | 197 | 208 | 206 | 209 | 206 | 208 | 202 | 203 |
| 206 | 213 | 218 | 207 | 208 | 202 | 194 | 203 | 213 | 211 |
| 193 | 213 | 208 | 208 | 204 | 206 | 204 | 206 | 208 | 209 |
| 213 | 203 | 206 | 207 | 196 | 201 | 208 | 207 | 213 | 208 |
| 210 | 208 | 211 | 211 | 214 | 220 | 211 | 203 | 216 | 221 |
| 211 | 209 | 218 | 214 | 219 | 211 | 208 | 221 | 211 | 218 |
| 218 | 190 | 219 | 211 | 208 | 199 | 214 | 207 | 207 | 214 |
| 206 | 217 | 214 | 201 | 212 | 213 | 211 | 212 | 216 | 206 |
| 210 | 216 | 204 | 221 | 208 | 209 | 214 | 214 | 199 | 204 |
| 211 | 201 | 216 | 211 | 209 | 208 | 209 | 202 | 211 | 207 |
| 220 | 205 | 206 | 216 | 213 | 206 | 206 | 207 | 200 | 198 |

8. 设总体 $X$ 的分布函数为 $F(x)$，分布密度为 $f(x)$，$X_1,X_2,\cdots,X_n$ 为总体 $X$ 的一个样本，试分别计算 $X_{(1)}=\min\limits_{1\leqslant i\leqslant n}\{X_i\}$ 和 $X_{(n)}=\max\limits_{1\leqslant i\leqslant n}\{X_i\}$ 的分布函数和分布密度.

9. 设总体 $X$ 服从参数 $n=10$ 和 $p=0.03$ 的二项分布 $B(n,p)$，计算 $E(\overline{X})$ 和 $E(S^2)$.

10. 在总体 $N(52,6.3^2)$ 中随机抽一容量为 36 的样本，求样本均值 $\overline{X}$ 落在 50.8～53.8 的概率.

11. 在总体 $N(12,4)$ 中随机抽一容量为 5 的样本 $X_1,X_2,X_3,X_4,X_5$.求：

(1)样本均值与总体平均值之差的绝对值大于 1 的概率；

(2)概率 $P\{\max(X_1,X_2,X_3,X_4,X_5)>15\}$；

(3)概率 $P\{\min(X_1,X_2,X_3,X_4,X_5)>10\}$.

12. 设总体 $X\sim B(1,p)$，$X_1,X_2,\cdots,X_n$ 是来自 $X$ 的样本.求：

(1)$(X_1,X_2,\cdots,X_n)$ 的分布律；

(2) $\sum\limits_{i=1}^{n}X_i$ 的分布律；

(3)$E(\overline{X})$，$D(\overline{X})$，$E(S^2)$.

13. 设总体 $X$ 服从参数 $\lambda(\lambda>0)$ 的泊松分布，$X_1,X_2,\cdots,X_n(n\geqslant 2)$ 为来自总体的简单随机样本，对应的统计量 $T_1=\dfrac{1}{n}\sum\limits_{i=1}^{n}X_i$，$T_2=\dfrac{1}{n-1}\sum\limits_{i=1}^{n-1}X_i+\dfrac{1}{n}X_n$，则(　　).

A. $E(T_1)>E(T_2),D(T_1)>D(T_2)$　　B. $E(T_1)>E(T_2),D(T_1)<D(T_2)$

C. $E(T_1)<E(T_2),D(T_1)>D(T_2)$　　D. $E(T_1)<E(T_2),D(T_1)<D(T_2)$

## 第二节　常用统计分布

统计量是对总体的分布函数或数字特征进行统计推断的最重要的基本概念，所以寻求统计量的分布成为数理统计的基本问题之一.我们把统计量的分布称为抽样分布.然而要求出一个统计量的精确分布是十分困难的.而在实际问题中，大多总体都服从正态分布:而对于正态分布，我们可以求出一些重要统计量的精确分布，如 $\chi^2$ 分布，$t$ 分布和 $F$ 分布，我们将这三大分布统称为“统计三大抽样分布”.

### 一、分位数

**定义 1**　设随机变量 $X$ 的分布函数为 $F(x)$，对给定的实数 $\alpha$ $(0<\alpha<1)$，若实数 $x_\alpha$ 满足 $P\{X>x_\alpha\}=\alpha$，则称 $x_\alpha$ 为 $X$ 的分布水平为 $\alpha$ 的**上侧分位数**.

**定义 2**　设随机变量 $X$ 的分布函数为 $F(x)$，对于给定的正数 $\alpha(0<\alpha<1)$，若有 $x_{\alpha/2}$ 满足 $P\{|X|>x_{\alpha/2}\}=\alpha$，则称 $x_{\alpha/2}$ 为 $X$ 的**分布水平为 $\alpha$ 的双侧分位数**.

特别地，我们将标准正态分布的上侧 $\alpha$ 分位数记为 $u_\alpha$，即对于标准正态随机变量 $X$，分位数 $u_\alpha$ 满足

$$P\{X>u_\alpha\}=1-\Phi(u_\alpha)=\alpha.$$

相应地，其双侧 $\alpha$ 分位数分别记为 $u_{1-\frac{\alpha}{2}}$ 和 $u_{\frac{\alpha}{2}}$，如图 5.2.1 和图 5.2.2 所示.由对称性知 $-u_{1-\alpha}=u_\alpha$.

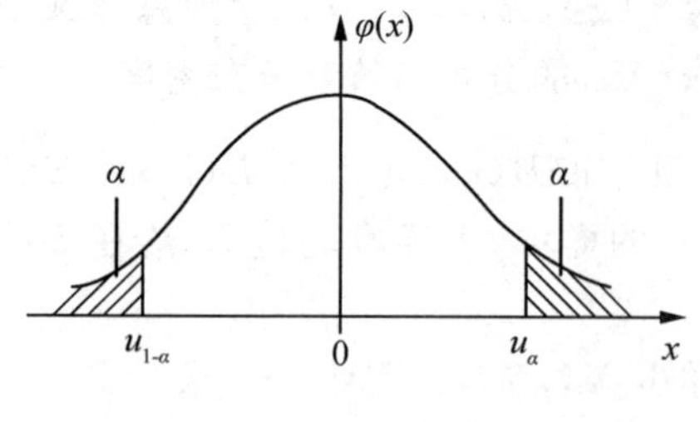


图 5.2.1

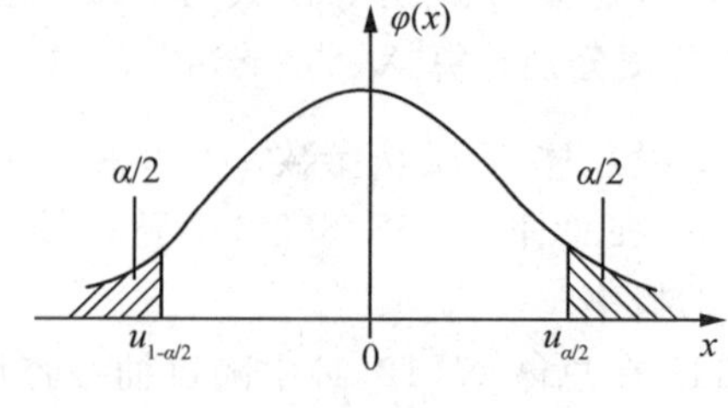


图 5.2.2

**例 1** 设 $\alpha=0.05$,求标准正态分布的上侧 0.05 分位数和双侧 0.05 分位数.

**解** 由于 $\Phi(u_{0.05})=1-0.05=0.95$,查标准正态分布函数值表可得 $u_{0.05}=1.645$,而双侧 0.05 分位数为 $u_{0.025}$,它满足 $\Phi(u_{0.025})=1-0.025=0.975$.

查标准正态分布函数值表可得 $u_{0.025}=1.96$.

## 二、卡方分布

**定义 3** 设$(X_1,X_2,\cdots,X_n)$是来自总体 $X\sim N(0,1)$ 的一个样本,则称统计量 $\chi^2=\sum_{i=1}^{n}X_i^2$ 服从**自由度为 $n$ 的 $\chi^2$(卡方)分布**,记作 $\chi^2\sim\chi^2(n)$.

$\chi^2(n)$的概率密度函数为:

$$f_{\chi^2}(x)=\begin{cases}\dfrac{1}{2^{n/2}\Gamma\left(\dfrac{n}{2}\right)}x^{\frac{n}{2}-1}\mathrm{e}^{-\frac{x}{2}}, & x>0,\\ 0, & x\leqslant 0.\end{cases}$$

其中 $\Gamma(\frac{1}{2})=\sqrt{\pi}$.

$\chi^2$ 分布的概率密度曲线图如图 5.2.3 所示.

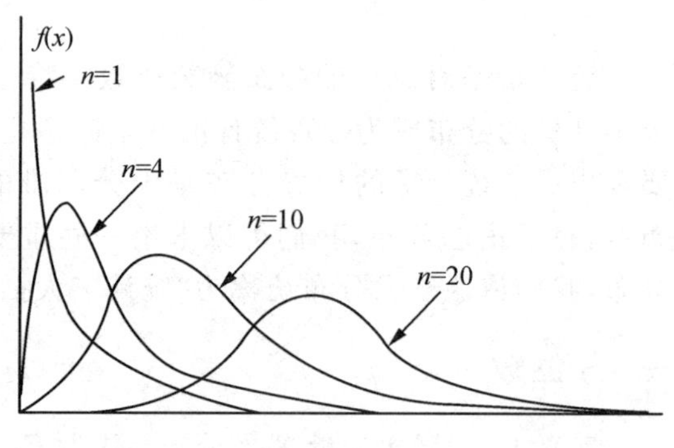


图 5.2.3

**注** 称函数 $\Gamma(\alpha)=\int_0^{+\infty}x^{\alpha-1}\mathrm{e}^{-x}\mathrm{d}x$ 为伽玛(Gamma)函数,其中 $\alpha>0$ 为参数;

伽玛函数具有如下性质:

(1)$\Gamma(n+1)=n!$ $(n\in N)$;

(2)$\Gamma(\alpha+1)=\alpha\Gamma(\alpha)$;

(3)$\Gamma(1/2)=\sqrt{\pi}$; (4)$\Gamma(\frac{n}{2})=\int_0^{\infty}x^{\frac{n}{2}-1}\mathrm{e}^{-x}\mathrm{d}x$

显然,$f_{\chi^2}(x)\geqslant 0$,且$\int_{-\infty}^{+\infty}f_{\chi^2}(x)\mathrm{d}x=1$,即符合密度函数性质.

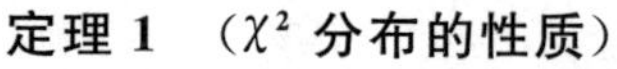

**定理 1** ($\chi^2$ 分布的性质)

(1)$\chi^2$ 分布的可加性:

设 $\chi_1^2\sim\chi^2(n_1)$,$\chi_2^2\sim\chi^2(n_2)$,且 $\chi_1^2$ 与 $\chi_2^2$ 相互独立,则 $\chi_1^2+\chi_2^2\sim\chi^2(n_1+n_2)$.

(2) 若 $\chi^2\sim\chi^2(n)$,则 $E(\chi^2)=n$,$D(\chi^2)=2n$,

事实上，因为 $X_i \sim N(0,1)$，则 $E(X_i^2)=D(X_i)=1$，

$D(X_i^2)=E(X_i^4)-[E(X_i^2)]^2=\frac{1}{\sqrt{2\pi}}\int_{-\infty}^{+\infty}x^4 e^{-\frac{x^2}{2}}dx-1=3-1=2, i=1,2,\cdots,n.$

所以

$$E(\chi^2)=E\left(\sum_{i=1}^{n}X_i^2\right)=\sum_{i=1}^{n}E(X_i^2)=n;$$

$$D(\chi^2)=D\left(\sum_{i=1}^{n}X_i^2\right)=\sum_{i=1}^{n}D(X_i^2)=2n$$

**定义 4**　（**$\chi^2$ 分布上 $\alpha$ 分位数**）对于不同自由度 $n$ 及不同的数 $\alpha(0<\alpha<1)$，定义 $\chi_\alpha^2(n)$ 是自由度为 $n$ 的 $\chi^2$ 分布上 $\alpha$ 分位数，如果其满足

$$P(\chi^2 \geqslant \chi_\alpha^2(n))=\int_{\chi_\alpha^2(n)}^{+\infty}f_{\chi^2}(x)dx=\alpha.$$

对不同的 $\alpha$ 和 $n$，$\chi^2$ 分布上 $\alpha$ 分位数 $\chi_\alpha^2(n)$ 的值可由 $\chi^2$ 分布表查得，例如当 $\alpha=0.1$，$n=25$ 时，查表可得 $\chi_{0.1}^2(25)=34.382$，$\chi_{0.1/2}^2(25)=37.652$.

当 $n$ 很大时，可由正态分布近似地求得 $\chi^2$ 分布的分位点为

$$\chi_\alpha^2(n)\approx\frac{1}{2}(u_\alpha+\sqrt{2n-1})^2.$$

当 $n$ 较大($n>45$)时，Fisher 已证明有近似公式 $\chi_\alpha^2(n)\approx\frac{1}{2}(u_\alpha+\sqrt{2n-1})^2$.其中 $u_\alpha$ 为标准正态分布的上侧水平为 $\alpha$ 的分位数.

**例 2**　设总体 $X\sim N(0,1)$，$X_1,X_2,\cdots,X_6$ 为来自总体 $X$ 的一个样本，又设 $Y=(X_1+X_2+X_3)^2+(X_4+X_5+X_6)^2$，试确定 $C$，使得 $CY$ 服从 $\chi^2$ 分布.

**解**　由已知条件及正态分布的独立性有：$X_1+X_2+X_3$ 与 $X_4+X_5+X_6$ 相互独立，且满足 $X_1+X_2+X_3\sim N(0,3)$，$X_4+X_5+X_6\sim N(0,3)$.

从而 $T_1=\frac{1}{\sqrt{3}}(X_1+X_2+X_3)\sim N(0,1)$，$T_2=\frac{1}{\sqrt{3}}(X_4+X_5+X_6)\sim N(0,1)$

由于 $CY=C[(\sqrt{3}T_1)^2+(\sqrt{3}T_2)^2]=3C(T_1^2+T_2^2)$，

故当 $C=1/3$ 时，$CY=T_1^2+T_2^2\sim\chi^2(2)$，故所求 $C$ 值为 1/3.

## 三、$t$ 分布

**定义 5**　设 $X\sim N(0,1)$，$Y\sim\chi^2(n)$，且 $X$ 与 $Y$ 相互独立，则称统计量 $T=\frac{X}{\sqrt{\frac{Y}{n}}}$ 所服从的分布是自由度为 $n$ 的 **$t$ 分布**，记为 $T\sim t(n)$，$t$ 分布又称为学生氏(Student)分布.原因在于 W. S. Gosset 在其建立 t 分布的论文中使用了 Student 这一笔名.$t$ 分布的概率密度函数为

$$f_T(t)=\frac{\Gamma\left(\frac{n+1}{2}\right)}{\sqrt{n\pi}\,\Gamma\left(\frac{n}{2}\right)}\left(1+\frac{t^2}{n}\right)^{-\frac{n+1}{2}}, -\infty<t<+\infty.$$

$t$ 分布密度函数的图像是一个关于纵轴对称的分布（如图 5.2.4 所示）.

$t$ 分布图像的性质：

(1)密度函数曲线关于 $t=0$ 对称；

(2)密度函数在 $t=0$ 达最大值；

(3)密度函数曲线的水平渐近线为 $x$ 轴；

(4)当自由度 $n\to\infty$ 时，$t$ 分布将趋于 $N(0,1)$.

$t$ 分布的性质：

(1)若 $T\sim t(n)$，则 $n>1$ 时，$E(T)=0$；$n>2$ 时，$D(T)=\dfrac{n}{n-2}$.

(2)可以证明，当自由度 $n\to\infty$ 时，$t$ 分布将趋于 $N(0,1)$.

(3)对于不同的自由度 $n$ 及不同的数 $\alpha(0<\alpha<1)$，定义 $t_\alpha(n)$ 是自由度为 $n$ 的 $t$ 分布上侧水平为 $\alpha$ 的分位数，如果其满足

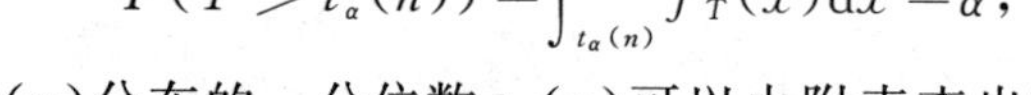

$$P(T>t_\alpha(n))=\int_{t_\alpha(n)}^{+\infty} f_T(x)\mathrm{d}x=\alpha,$$

$t(n)$ 分布的 $\alpha$ 分位数 $t_\alpha(n)$ 可以由附表查出其值.

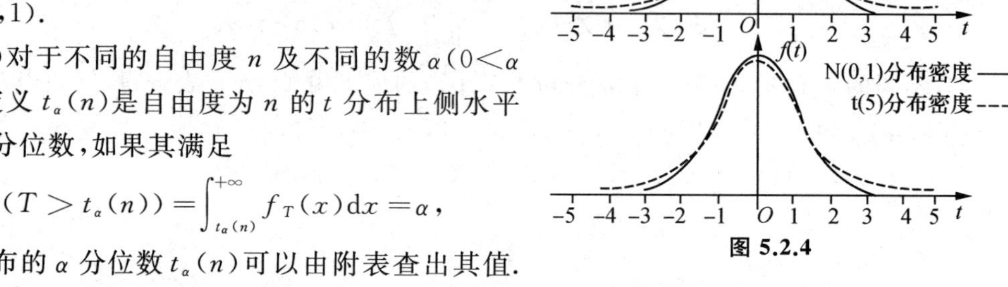

图 5.2.4

例如当 $\alpha=0.05$，$n=15$ 时，查表得 $t_{0.05}(15)=1.753\ 1$，$t_{0.05/2}(15)=2.131\ 5$.

当 $n>45$ 时，$t(n)$ 分布接近于 $N(0,1)$，即可用标准正态分布 $N(0,1)$ 来近似 $t(n)$ 分布，亦即有 $t_\alpha(n)\approx u_\alpha$.所以当 $n>45$ 时，可查 $N(0,1)$ 分布分位数表.

**例 3** 设随机变量 $X\sim N(2,1)$，随机变量 $Y_1,Y_2,Y_3,Y_4$ 均服从 $N(0,4)$，且 $X,Y_i$ $(i=1,2,3,4)$ 都相互独立，令

$$T=\frac{4(X-2)}{\sqrt{\sum\limits_{i=1}^{4}Y_i^2}},$$

试求 $T$ 的分布，并确定 $t_0$ 的值，使 $P\{|T|>t_0\}=0.01$.

**解** 由于 $X-2\sim N(0,1)$，$Y_i/2\sim N(0,1)$，$i=1,2,3,4$.

故由 $t$ 分布的定义知

$$T=\frac{4(X-2)}{\sqrt{\sum\limits_{i=1}^{4}Y_i^2}}=\frac{X-2}{\sqrt{\sum\limits_{i=1}^{4}\left(\dfrac{Y_i}{4}\right)^2}}=\frac{X-2}{\sqrt{\sum\limits_{i=1}^{4}\left(\dfrac{Y_i}{2}\right)^2\Big/4}}\sim t(4),$$

即 $T$ 服从自由度为 4 的 $t$ 分布，即 $T\sim t(4)$.

由 $P\{|T|>t_0\}=0.01$.对于 $n=4$，$\alpha=0.01$ 查附表 4，得 $t_{\alpha/2}=t_{0.005}(4)=4.604\ 1$.

## 四、*F* 分布

**定义 6** 设 $X\sim\chi^2(n_1)$，$Y\sim\chi^2(n_2)$，且 $X$ 与 $Y$ 相互独立，则称统计量 $F=\dfrac{X/n_1}{Y/n_2}$ 服从自由度为 $n_1$ 和 $n_2$ 的 ***F* 分布**，记 $F\sim F(n_1,n_2)$.

$F$ 分布的概率密度为

$$f_F(x)=\begin{cases}\dfrac{\Gamma\left(\dfrac{n_1+n_2}{2}\right)}{\Gamma\left(\dfrac{n_1}{2}\right)\Gamma\left(\dfrac{n_2}{2}\right)}n_1^{n_1/2}n_2^{n_2/2}\dfrac{x^{\frac{n_1}{2}-1}}{(n_1x+n_2)^{\frac{n_1+n_2}{2}}}, & x>0;\\ 0, & x\leqslant 0.\end{cases}$$

$F$ 分布的密度函数图像如图 5.2.5 所示.

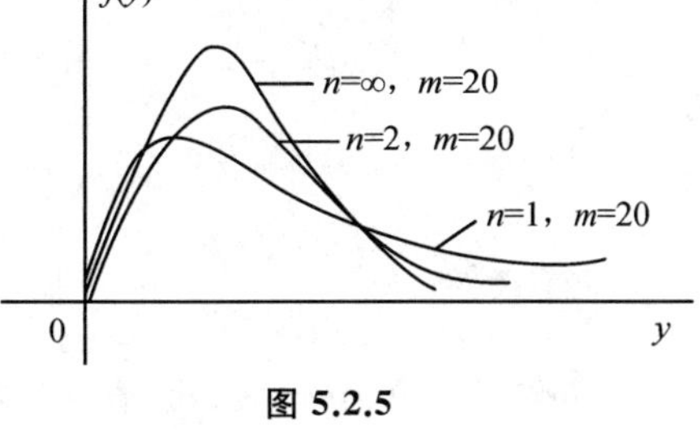

图 5.2.5

$F$ 分布具有如下性质：

(1)若 $X\sim t(n)$，则 $X^2\sim F(1,n)$；

(2)若 $F\sim F(m,n)$，则 $\dfrac{1}{F}\sim F(n,m)$；

(3)$F$ 分布的密度函数图形与 $\chi^2$ 分布的密度函数图形类似，是一个只取非负值的偏态分布；

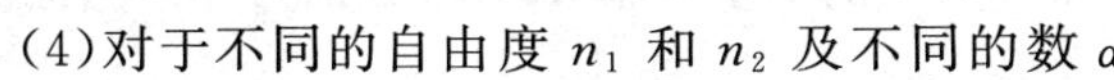

(4)对于不同的自由度 $n_1$ 和 $n_2$ 及不同的数 $\alpha$ $(0<\alpha<1)$，定义 $F_\alpha$ 是自由度为 $n_1$ 和 $n_2$ 的 $F$ 分布上侧水平为 $\alpha$ 的分位数，如果其满足

$$P(F>F_\alpha)=\int_{F_\alpha}^{+\infty}f_F(x)\mathrm{d}x=\alpha;$$

(5)$F$ 分布的一个重要性质：

$$F_\alpha(m,n)=\frac{1}{F_{1-\alpha}(n,m)}.$$

$F_\alpha(m,n)$的值可由 $F$ 分布表查得.例如当 $\alpha=0.05$，$m=15$，$n=12$ 时，查表得到 $F_{0.05}(15,12)=2.62$.

性质(5)常用来求 $F$ 分布表中没列出的某些值.例如，欲求 $F_{0.95}(15,12)$，则可先查表确定 $F_{0.05}(12,15)=2.48$，然后由上式得到

$$F_{0.95}(15,12)=\frac{1}{F_{0.05}(12,15)}=0.403.$$

**例 4**　设正态总体 $X\sim N(0,2^2)$，$X_1,X_2,\cdots,X_{15}$ 为来自总体 $X$ 的一个样本，且 $Y=\dfrac{X_1^2+X_2^2+\cdots+X_{10}^2}{2(X_{11}^2+X_{12}^2+\cdots+X_{15}^2)}$，试确定随机变量 $Y$ 的分布.

**解**　由于 $X\sim N(0,2^2)$，故 $X/2\sim N(0,1)$，从而由已知条件有

$$T_1=\frac{1}{4}(X_1^2+X_2^2+\cdots+X_{10}^2)=(X_1/2)^2+(X_2/2)^2+\cdots+(X_{10}/2)^2\sim\chi^2(10),$$

$$T_2=\frac{1}{4}(X_{11}^2+X_{12}^2+\cdots+X_{15}^2)=(X_{11}/2)^2+(X_{12}/2)^2+\cdots+(X_{15}/2)^2\sim\chi^2(5),$$

于是由 $F$ 分布的定义有：

$$Y=\frac{X_1^2+X_2^2+\cdots+X_{10}^2}{2(X_{11}^2+X_{12}^2+\cdots+X_{15}^2)}=\frac{4T_1}{2\cdot 4T_2}=\frac{T_1/10}{T_2/5}\sim F(10,5).$$

## 习题 5-2

1. 设总体 $X$ 服从标准正态分布，$X_1,X_2,\cdots,X_n$ 是来自总体 $X$ 的一个简单随机样

本,试问统计量

$$Y=\left(\frac{n}{5}-1\right)\sum_{i=1}^{5}X_i^2\bigg/\sum_{i=6}^{n}X_i^2,n>5$$

服从何种分布?

2. 设 $X_1,X_2\cdots,X_{10}$ 为 $N(0,0.3^2)$ 的一个样本,试计算概率 $P\{\sum_{i=1}^{10}X_i^2>1.44\}$.

3. 设 $X_1,X_2,X_3,X_4,X_5$ 是来自正态总体 $N(0,2^2)$ 的样本.

(1) 求 $C$ 使统计量 $Y_1=\dfrac{C(X_1+X_2)}{\sqrt{X_3^2+X_4^2+X_5^2}}$ 服从 $t$ 分布;

(2) 求 $Y_2=\dfrac{(X_1+X_2)^2}{(X_4-X_3)^2}$ 所服从的分布.

4. 设 $X_1,X_2,\cdots,X_n$ 是来自泊松分布 $P(\lambda)$ 的一个样本,$\overline{X},S^2$ 分别为样本均值和样本方差,求 $E(\overline{X}),D(\overline{X}),E(S^2)$.

5. 设 $X_1,X_2,\cdots,X_n$ 是来自总体 $N(\mu,\sigma^2)(\sigma>0)$ 的简单随机样本.记统计量 $T=\dfrac{1}{n}\sum_{i=1}^{n}X_i^2$,求 $E(T)$.

# 第三节　正态总体的抽样分布

## 一、抽样分布

有时,总体分布的类型虽然已知,但其中含有未知参数,此时需对总体的未知参数或对总体的重要数字特征(如数学期望、方差等)进行统计推断,此类问题称为参数统计推断.在参数统计推断问题中,常需利用总体的样本构造出合适的统计量,并使其服从或渐近地服从已知的总体分布.统计学中泛称统计量分布为抽样分布.

讨论抽样分布的途径有两个:一是精确地求出抽样分布,并称相应的统计推断为小样本统计推断;另一种方式是让样本容量趋于无穷,并求出抽样分布的极限分布.然后,在样本容量充分大时,再利用该极限分布作为抽样分布的近似分布,进而对未知参数进行统计推断,称与此相应的统计推断为大样本统计推断.这里重点讨论正态总体的抽样分布,属小样本统计范畴;此外,也简要介绍一般总体的某些抽样分布的极限分布,属大样本统计范畴.

## 二、单正态总体的抽样分布

在概率统计中,正态分布占据着非常重要的地位,这是因为由中心极限定理知,许多随机变量的概率分布都是服从或近似服从正态分布的,本节将给出有关正态总体的抽样分布及相关结论.以下均设 $X_1,X_2,\cdots,X_n$ 为来自总体 $X$ 的容量为 $n$ 的一个样本,样本均值与样本方差分别为

$$\overline{X}=\frac{1}{n}\sum_{i=1}^{n}X_i,S^2=\frac{1}{n-1}\sum_{i=1}^{n}(X_i-\overline{X})^2.$$

**定理 1**　设总体 $X$ 服从正态分布 $N(\mu,\sigma^2)$，则样本均值 $\overline{X}$ 服从正态分布 $N(\mu,\frac{\sigma^2}{n})$，即

$$\overline{X} \sim N(\mu,\frac{\sigma^2}{n}).$$

**证**　因为随机变量 $X_1,X_2,\cdots,X_n$ 相互独立，并且与总体 $X$ 服从相同的正态分布 $N(\mu,\sigma^2)$，所以它们的线性组合 $\overline{X}$ 服从正态分布 $N(\mu,\frac{\sigma^2}{n})$.

**定理 2**　设总体 $X$ 服从正态分布 $N(\mu,\sigma^2)$，则统计量 $Z=\frac{\overline{X}-\mu}{\sigma/\sqrt{n}}$ 服从标准正态分布 $N(0,1)$，即

$$Z=\frac{\overline{X}-\mu}{\sigma/\sqrt{n}} \sim N(0,1).$$

由定理 1 结论的标准化即得到定理 2.

**例 1**　设总体 $X\sim N(60,15^2)$，从总体 $X$ 中抽取一个容量为 100 的样本，求样本均值与总体均值之差的绝对值大于 3 的概率.

**解**　由于 $\mu=60,\sigma^2=15^2,n=100$，则

$$Z=\frac{\overline{X}-\mu}{\sigma/\sqrt{n}} \sim N(0,1).$$

即

$$Z=\frac{\overline{X}-60}{15/10}\sim N(0,1).$$

则样本均值与总体均值之差的绝对值大于 3 的概率为

$$\begin{aligned}P(|\overline{X}-60|>3)&=P(|Z|>30/15)=1-P(|Z|\leqslant 2)\\&=2[1-\Phi(2)]=2(1-0.977\,2)=0.045\,6.\end{aligned}$$

**例 2**　从正态总体 $N(4.2,5^2)$ 中抽取容量为 $n$ 的样本，若要求其样本均值位于区间 $(2.2,6.2)$ 内的概率不小于 0.95，则样本容量 $n$ 至少取多大？

**解**　由已知有

$$Z=\frac{\overline{X}-4.2}{5/\sqrt{n}} \sim N(0,1),$$

则样本均值位于区间 $(2.2,6.2)$ 内的概率为

$$\begin{aligned}P(2.2<\overline{X}<6.2)&=P(\frac{2.2-4.2}{5}\sqrt{n}<Z<\frac{6.2-4.2}{5}\sqrt{n})\\&=2\Phi(0.4\sqrt{n})-1\geqslant 0.95,\end{aligned}$$

即 $\Phi(0.4\sqrt{n})\geqslant 0.975$，亦即 $0.4\sqrt{n}\geqslant 1.96$，解得 $n\geqslant 24.01$，所以 $n$ 至少应取 25.

**例 3**　假设某物体的实际质量为 $\mu$，但它是未知的.现在用一架天平去称重，共称了 $n$ 次，得到 $X_1,X_2,\cdots,X_n$.假设每次称量过程彼此独立且没有系统误差，则可以认为这些测量值都服从正态分布 $N(\mu,\sigma^2)$，方差 $\sigma^2$ 反映了天平及测量过程的总精度，通常我们用样本均值 $\overline{X}$ 去估计 $\mu$，根据定理 1，$\overline{X}\sim N(\mu,\frac{\sigma^2}{n})$，再从正态分布的 $3\sigma$ 性质知

$$P\left\{|\overline{X}-\mu|<\frac{3\sigma}{\sqrt{n}}\right\}\geqslant 99.7\%.$$

这就是说,我们的估计值 $\overline{X}$ 与真值 $\mu$ 的偏差不超过 $3\sigma/\sqrt{n}$ 的概率为 99.7%,并且随着称量次数 $n$ 的增加,这个偏差界限 $3\sigma/\sqrt{n}$ 愈来愈小.例如,若 $\sigma=0.1$,$n=10$,则

$$P\left\{|\overline{X}-\mu|<\frac{3\times 0.1}{\sqrt{10}}\right\}=P\{|\overline{X}-\mu|<0.09\}\geqslant 99.7\%.$$

于是我们以 99.7%的概率断言,$\overline{X}$ 与物体真正质量 $\mu$ 的偏差不超过 0.09.如果将称量次数 $n$ 增加到 100,则

$$P\left\{|\overline{X}-\mu|<\frac{3\times 0.1}{\sqrt{100}}\right\}=P\{|\overline{X}-\mu|<0.03\}\geqslant 99.7\%.$$

这时,我们以同样的概率断言,$\overline{X}$ 与物体真正质量 $\mu$ 的偏差不超过 0.03.

**定理 3** 设总体 $X\sim N(\mu,\sigma^2)$,$X_1,X_2,\cdots,X_n$ 是取自 $X$ 的一个样本,则统计量 $\chi^2=\frac{1}{\sigma^2}\sum_{i=1}^{n}(X_i-\mu)^2$ 服从自由度为 $n$ 的 $\chi^2$ 分布,即

$$\chi^2=\frac{1}{\sigma^2}\sum_{i=1}^{n}(X_i-\mu)^2\sim\chi^2(n).$$

**证明** 注意到 $X_i\sim N(\mu,\sigma^2)$,则

$$\frac{X_i-\mu}{\sigma}\sim N(0,1),i=1,2,\cdots,n.$$

又上述统计量相互独立,并按照 $\chi^2$ 分布的定义可得结果.

**定理 4** 设总体 $X\sim N(\mu,\sigma^2)$,则

(1)样本均值 $\overline{X}$ 与样本方差 $S^2$ 相互独立;

(2)统计量 $\chi^2=\frac{(n-1)S^2}{\sigma^2}$ 服从自由度为 $n-1$ 的 $\chi^2$ 分布,即

$$\chi^2=\frac{(n-1)S^2}{\sigma^2}\sim\chi^2(n-1);$$

(3)统计量 $T=\frac{\overline{X}-\mu}{S/\sqrt{n}}$ 服从自由度为 $n-1$ 的 $t$ 分布,即 $T=\frac{\overline{X}-\mu}{S/\sqrt{n}}\sim t(n-1)$.

**证明** 略.

**例 4** 在设计导弹发射装置时,重要事情之一是研究弹着点偏离目标中心的距离的方差.对于一类导弹发射装置,弹着点偏离目标中心的距离服从正态分布 $N(\mu,\sigma^2)$,这里 $\sigma^2=100\ \mathrm{m}^2$,现在进行了 25 次发射试验,用 $S^2$ 记这 25 次试验中弹着点偏离目标中心的距离的样本方差.试求 $S^2$ 超过 $50\ \mathrm{m}^2$ 的概率.

**解** 根据定理 4,有 $\frac{(n-1)S^2}{\sigma^2}\sim\chi^2(n-1)$,则

$$\begin{aligned}P\{S^2>50\}&=P\left\{\frac{(n-1)S^2}{\sigma^2}>\frac{(n-1)50}{\sigma^2}\right\}=P\left\{\chi^2(24)>\frac{24\times 50}{100}\right\}\\&=P\{\chi^2(24)>12\}>P\{\chi^2(24)>12.401\}=0.975(\text{查表}).\end{aligned}$$

于是可以以超过 97.5%的概率断言，$S^2$ 超过 50 $\mathrm{m}^2$.

**例 5**　设某厂生产的灯泡的使用寿命 $X\sim N(1\,000,\sigma^2)$(单位:h)，随机抽取一容量为 9 的样本，并测得样本均值及样本方差.但是由于工作上的失误，事后失去了此试验的结果，只记得样本方差为 $S^2=100^2$，试求 $P(\overline{X}>1\,062)$.

**解**　此例中 $\mu=1000,n=9,S^2=100^2$，由定理 4 有

$$T=\frac{\overline{X}-\mu}{S/\sqrt{n}}\sim t(n-1),$$

即

$$T=\frac{\overline{X}-1\,000}{100/3}\sim t(8).$$

于是

$$\begin{aligned}P(\overline{X}>1\,062)&=P\left(\frac{\overline{X}-1\,000}{100/3}>\frac{1\,062-1\,000}{100/3}\right)\\&=P\left(T>\frac{1\,062-1\,000}{100/3}\right)\\&=P(T>1.86)=0.05.\end{aligned}$$

## 三、双正态总体的抽样分布

从总体 $X$ 中抽取容量为 $n_1$ 的样本 $X_1,X_2,\cdots,X_{n_1}$，从总体 $Y$ 中抽取容量为 $n_2$ 的样本 $Y_1,Y_2,\cdots,Y_{n_2}$.假设所有的抽样都是相互独立的，由此得到的样本 $X_i(i=1,2,\cdots,n_1)$ 与 $Y_j(j=1,2,\cdots,n_2)$ 都是相互独立的随机变量.我们把取自两个总体的样本均值分别记作

$$\overline{X}=\frac{1}{n_1}\sum_{i=1}^{n_1}X_i,\overline{Y}=\frac{1}{n_2}\sum_{j=1}^{n_2}Y_j.$$

样本方差分别记作

$$S_1^2=\frac{1}{n_1-1}\sum_{i=1}^{n_1}(X_i-\overline{X})^2,S_2^2=\frac{1}{n_2-1}\sum_{j=1}^{n_2}(Y_j-\overline{Y})^2.$$

**定理 5**　设总体 $X$ 服从正态分布 $N(\mu_1,\sigma_1^2)$，总体 $Y$ 服从正态分布 $N(\mu_2,\sigma_2^2)$，则统计量

$$U=\frac{(\overline{X}-\overline{Y})-(\mu_1-\mu_2)}{\sqrt{\dfrac{\sigma_1^2}{n_1}+\dfrac{\sigma_2^2}{n_2}}}$$

服从标准正态分布 $N(0,1)$，即

$$U=\frac{(\overline{X}-\overline{Y})-(\mu_1-\mu_2)}{\sqrt{\dfrac{\sigma_1^2}{n_1}+\dfrac{\sigma_2^2}{n_2}}}\sim N(0,1).$$

**证明**　由于独立的正态统计量的线性组合服从正态分布，所以

$$\overline{X}-\overline{Y}\sim N\left(\mu_1-\mu_2,\frac{\sigma_1^2}{n_1}+\frac{\sigma_2^2}{n_2}\right)$$

标准化即得结论.

当$\sigma_1=\sigma_2=\sigma$时,我们有以下推论.

**推论** 设总体$X$服从正态分布$N(\mu_1,\sigma^2)$,总体$Y$服从正态分布$N(\mu_2,\sigma^2)$,则统计量

$$U=\frac{(\overline{X}-\overline{Y})-(\mu_1-\mu_2)}{\sigma\sqrt{\frac{1}{n_1}+\frac{1}{n_2}}}\sim N(0,1).$$

**例6** 设两个总体$X$与$Y$都服从正态分布$N(20,3)$,今从总体$X$与$Y$中分别抽得容量$n_1=10$,$n_2=15$的两个相互独立的样本,求$P\{|\overline{X}-\overline{Y}|>0.3\}$.

**解** 由题设及定理5,知$\dfrac{(\overline{X}-\overline{Y})-(20-20)}{\sqrt{\frac{3}{10}+\frac{3}{15}}}=\dfrac{\overline{X}-\overline{Y}}{\sqrt{0.5}}\sim N(0,1)$,于是

$$P\{|\overline{X}-\overline{Y}|>0.3\}=1-P\left\{\left|\frac{\overline{X}-\overline{Y}}{\sqrt{0.5}}\right|\leqslant\frac{0.3}{\sqrt{0.5}}\right\}=1-\left[2\Phi\left(\frac{0.3}{\sqrt{0.5}}\right)-1\right]$$

$$=2-2\Phi(0.42)=0.674\ 4.$$

**定理6** 设总体$X$服从正态分布$N(\mu_1,\sigma^2)$,总体$Y$服从正态分布$N(\mu_2,\sigma^2)$,则统计量

$$T=\frac{(\overline{X}-\overline{Y})-(\mu_1-\mu_2)}{S_\omega\sqrt{\frac{1}{n_1}+\frac{1}{n_2}}}\sim t(n_1+n_2-2),$$

其中

$$S_\omega=\sqrt{\frac{(n_1-1)S_1^2+(n_2-1)S_2^2}{n_1+n_2-2}}.$$

**证明** 由定理5的推论知,统计量

$$U=\frac{(\overline{X}-\overline{Y})-(\mu_1-\mu_2)}{\sigma\sqrt{\frac{1}{n_1}+\frac{1}{n_2}}}\sim N(0,1),$$

又由定理4知

$$\frac{(n_1-1)S_1^2}{\sigma^2}\sim\chi^2(n_1-1),$$

$$\frac{(n_2-1)S_2^2}{\sigma^2}\sim\chi^2(n_2-1).$$

因为$S_1^2$与$S_2^2$相互独立,由$\chi^2$分布的可加性知

$$V=\frac{(n_1-1)S_1^2+(n_2-1)S_2^2}{\sigma^2}\sim\chi^2(n_1+n_2-2).$$

因为$U$和$V$相互独立,所以由$t$分布的定义得结论.

**定理7** 设总体$X$服从正态分布$N(\mu_1,\sigma_1^2)$,总体$Y$服从正态分布$N(\mu_2,\sigma_2^2)$,则统计量

$$F=\frac{\sum_{i=1}^{n_1}(X_i-\mu_1)^2\Big/n_1\sigma_1^2}{\sum_{j=1}^{n_2}(Y_j-\mu_2)^2\Big/n_2\sigma_2^2}$$

服从自由度为$(n_2,n_2)$的 $F$ 分布，即

$$F=\frac{\sum_{i=1}^{n_1}(X_i-\mu_1)^2\Big/n_1\sigma_1^2}{\sum_{j=1}^{n_2}(Y_j-\mu_2)^2\Big/n_2\sigma_2^2}\sim F(n_1,n_2).$$

**证明**　由定理 3 知

$$\chi_1^2=\frac{1}{\sigma_1^2}\sum_{i=1}^{n_1}(X_i-\mu_1)^2\sim\chi^2(n_1),$$

$$\chi_2^2=\frac{1}{\sigma_2^2}\sum_{j=1}^{n_2}(Y_i-\mu_2)^2\sim\chi^2(n_2).$$

因为 $\chi_1^2$ 与 $\chi_2^2$ 相互独立，结合 $F$ 分布的定义得结论.

**定理 8**　设总体 $X$ 服从正态分布 $N(\mu_1,\sigma_1^2)$，总体 $Y$ 服从正态分布 $N(\mu_2,\sigma_2^2)$，则统计量 $F=\frac{S_1^2/\sigma_1^2}{S_2^2/\sigma_2^2}$服从自由度为$(n_1-1,n_2-1)$的 $F$ 分布，即

$$F=\frac{S_1^2/\sigma_1^2}{S_2^2/\sigma_2^2}\sim F(n_1-1,n_2-1).$$

**证明**　由定理 4 知

$$\chi_1^2=\frac{(n_1-1)S_1^2}{\sigma_1^2}\sim\chi^2(n_1-1),$$

$$\chi_2^2=\frac{(n_2-1)S_2^2}{\sigma_2^2}\sim\chi^2(n_2-1),$$

因为 $S_1^2$ 与 $S_2^2$ 相互独立，所以 $\chi_1^2$ 与 $\chi_2^2$ 独立，结合 $F$ 分布的定义得结论.

**例 7**　设总体 $X$ 和 $Y$ 相互独立且都服从正态分布 $N(30,3^2)$；$X_1,\cdots,X_{20}$ 和 $Y_1,\cdots,Y_{25}$分别来自总体 $X$ 和 $Y$ 的样本，$\overline{X},\overline{Y},S_1^2$ 和 $S_2^2$ 分别是这两个样本均值和方差，求 $P\{S_1^2/S_2^2\leqslant 0.4\}$.

**解**　因 $\sigma_1=\sigma_2=3^2$，由定理 8，$S_1^2/S_2^2\sim F(20-1,25-1)$即 $S_1^2/S_2^2\sim F(19,24)$.

因 $F$ 分布表中没有 $n_1=19$，但由 $F$ 分布的性质，知 $S_2^2/S_1^2\sim F(24,19)$，则

$$P\{S_1^2/S_2^2\leqslant 0.4\}=P\{S_2^2/S_1^2\geqslant 2.5\}.$$

查表有 $F_{0.025}(24,19)=2.45$，即 $P\{F(24,19)>2.45\}=0.025$，故 $P\{S_1^2/S_2^2\leqslant 0.4\}\approx 0.025$.

## 四、一般总体抽样分布的极限分布

**定义 1**　设 $F_n(x)$为随机变量 $X_n$ 的分布函数，$F(x)$为随机变量 $X$ 的分布函数，并记 $C(F)$为由 $F(x)$的全体连续点组成的集合，若

$$\lim_{n\to\infty}F_n(x)=F(x),\forall x\in C(F),$$

则称随机变量 $X_n$ 依分布收敛于 $X$,简记为

$$X_n\xrightarrow{d}X \text{ 或 } F_n(x)\xrightarrow{d}F(x).$$

**定理 9** 设 $X_1,X_2,\cdots,X_n$ 为总体 $X$ 的样本,并设总体 $X$ 的数学期望与方差均存在,记为 $E(X)=\mu,D(X)=\sigma^2$.记统计量

$$U_n=\frac{\overline{X}-\mu}{\sigma/\sqrt{n}},T_n=\frac{\overline{X}-\mu}{S/\sqrt{n}},$$

其中 $\overline{X}$ 与 $S^2$ 分别表示上述样本的样本均值与样本方差,则有

(1)$F_{U_n}(x)\xrightarrow{d}\Phi(x)$;

(2)$F_{T_n}(x)\xrightarrow{d}\Phi(x)$.

其中 $F_{U_n}(x),F_{T_n}(x)$ 与 $\Phi(x)$ 分别表示 $U_n,T_n$ 与标准正态分布的分布函数.

**注** 定理 9 成立的条件只是总体的方差存在,这样当样本的容量 $n$ 充分大时,$U_n$ 和 $T_n$ 都近似地服从标准正态分布,因此在 $\sigma^2$ 已知时,可用 $U_n$ 对 $\mu$ 进行统计推断;在 $\sigma^2$ 未知时,可用 $T_n$ 对 $\mu$ 进行统计推断.

## 习题 5-3

1. 设 $X\sim N(21,2^2)$,$X_1,X_2,\cdots,X_{25}$ 为 $X$ 的一个样本,求:

(1) 样本均值 $\overline{X}$ 的数学期望与方差;

(2)$P\{|\overline{X}-21|\leqslant 0.24\}$.

2. 从一正态总体中抽取容量为 10 的样本,假定有 2%的样本均值与总体均值之差的绝对值在 4 以上,求总体的标准差.

3. 设随机变量 $X$ 服从正态分布 $N(\mu_1,\sigma_1^2)$,$Y$ 服从正态分布 $N(\mu_2,\sigma_2^2)$,且 $P\{|X-\mu_1|<1\}>P\{|Y-\mu_2|<1\}$则必有(  ).

A. $\sigma_1<\sigma_2$　　B. $\sigma_1>\sigma_2$　　C. $\mu_1<\mu_2$　　D. $\mu_1>\mu_2$

4. 设总体 $X\sim N(\mu,16)$,$X_1,X_2,\cdots,X_{10}$ 是来自总体 $X$ 的一个容量为 10 的简单随机样本,$S^2$ 为其样本方差,且 $P(S^2>a)=0.1$,求 $a$ 的值.

5. 设总体 $X\sim N(\mu,\sigma^2)$,$X_1,\cdots,X_{10}$ 是来自 $X$ 的样本.

(1)写出 $X_1,\cdots,X_{10}$ 的联合概率密度;

(2)写出 $\overline{X}$ 的概率密度.

6. 从正态总体 $N(\mu,0.5^2)$ 中抽取容量为 10 的样本 $X_1,X_2,\cdots,X_{10}$.$\overline{X}$ 是样本的均值,若 $\mu$ 未知,计算概率 $P\left\{\sum_{i=1}^{10}(X_i-\mu)^2>1.68\right\}$ 与 $P\left\{\sum_{i=1}^{10}(X_i-\overline{X})^2<2.85\right\}$.

7. 从正态总体 $X\sim N(\mu,\sigma^2)$中抽取一个容量为 16 的样本,$\overline{X},S^2$ 分别为样本的均值和方差.若 $\mu,\sigma^2$ 均未知,求概率 $P\left\{\frac{S^2}{\sigma^2}\leqslant 2.041\right\}$.

8. 设 $X_1,X_2,\cdots,X_n$ 为总体 $X\sim N(\mu,\sigma^2)$的一个样本,$\overline{X}$ 和 $S^2$ 为样本均值和样本

方差.又设新增加一个试验量 $X_{n+1}$，$X_{n+1}$ 与 $X_1,\cdots,X_n$ 也相互独立，求统计量

$$U=\frac{X_{n+1}-\overline{X}}{S}\sqrt{\frac{n}{n+1}}$$

的分布.

9. 求总体 $X\sim N(20,3)$的容量分别为10，15的两个独立随机样本平均值差的绝对值大于0.3的概率.

## 总习题五

1. 设从某总体随机抽取10个样本并测得相应的样本观测值：1.2，1.4，1.9，2.0，1.5，1.5，1.6，1.4，1.8，1.4，则样本均值 $\overline{x}=$__________，样本方差 $s^2=$__________，样本均方差 $s=$__________.

2. 设随机变量 $X$ 和 $Y$ 相互独立且都服从正态分布 $N(0,3^2)$，而 $X_1,X_2,\cdots,X_9$ 和 $Y_1,Y_2,\cdots,Y_9$ 分别是来自总体 $X$ 和 $Y$ 的简单随机样本.则统计量 $U=\dfrac{X_1+\cdots+X_9}{\sqrt{Y_1^2+\cdots+Y_9^2}}$服从__________分布，参数为__________.

3. 设 $X_1,X_2,X_3,X_4$ 是来自正态总体 $N(0,2^2)$的简单随机样本.$X=a(X_1-2X_2)^2+b(3X_3-4X_4)^2$.则当 $a=$__________，$b=$__________时，统计量 $X$ 服从$\chi^2$分布，其自由度为__________.

4. 设总体 $X\sim N(0,2^2)$，而 $X_1,X_2,\cdots,X_{15}$是来自总体 $X$ 的简单随机样本，则随机变量

$$Y=\frac{X_1^2+\cdots+X_{10}^2}{2(X_{11}^2+\cdots+X_{15}^2)}$$

服从__________分布，参数为__________.

5. 设总体 $X$ 服从参数为2的指数分布，$X_1,X_2,\cdots,X_n$ 为来自总体 $X$ 的简单随机样本，则当 $n\to\infty$ 时，$Y_n=\dfrac{1}{n}\sum\limits_{i=1}^{\infty}X_i^2$ 依概率收敛于__________.

6. 设随机变量 $X\sim t(n)$，$Y\sim F(1,n)$，给定 $\alpha(0<\alpha<0.5)$，常数 $c$ 满足 $P\{X>c\}=\alpha$，则 $P\{Y>c^2\}=$(　　).

A. $\alpha$　　B. $1-\alpha$

C. $2\alpha$　　D. $1-2\alpha$

7. 设 $X_1,X_2,\cdots,X_n$ 是来自正态总体 $N(\mu,\sigma^2)$的简单随机样本，$\overline{X}$ 是样本均值，记

$$S_1^2=\frac{1}{n-1}\sum_{i=1}^{n}(X_i-\overline{X})^2;\qquad S_2^2=\frac{1}{n}\sum_{i=1}^{n}(X_i-\overline{X})^2;$$

$$S_3^2=\frac{1}{n-1}\sum_{i=1}^{n}(X_i-\mu)^2;\qquad S_4^2=\frac{1}{n}\sum_{i=1}^{n}(X_i-\mu)^2.$$

则服从自由度为 $n-1$ 的 $t$ 分布的随机变量是(　　).

A. $t=\dfrac{\overline{X}-\mu}{S_1/\sqrt{n-1}}$　　B. $t=\dfrac{\overline{X}-\mu}{S_2/\sqrt{n-1}}$

C. $t=\dfrac{\overline{X}-\mu}{S_3/\sqrt{n}}$　　　　D. $t=\dfrac{\overline{X}-\mu}{S_4/\sqrt{n}}$

8. 设随机变量 $X$ 和 $Y$ 都服从标准正态分布,则(　　).

A. $X+Y$ 服从正态分布　　　　B. $X^2+Y^2$ 服从 $\chi^2$ 分布

C. $X^2$ 和 $Y^2$ 都服从 $\chi^2$ 分布　　　　D. $X^2/Y^2$ 服从 $F$ 分布

9. 设 $X_1,X_2,\cdots,X_n(n\geqslant 2)$ 为来自总体 $N(0,1)$ 的简单随机样本,$\overline{X}$ 为样本均值,$S^2$ 为样本方差,则(　　).

A. $n\overline{X}\sim N(0,1)$　　　　B. $nS^2\sim\chi^2(n)$

C. $\dfrac{(n-1)\overline{X}}{S}\sim t(n-1)$　　　　D. $\dfrac{(n-1)X_1^2}{\sum\limits_{i=2}^{n}X_i^2}\sim F(1,n-1)$

10. 设随机变量 $X$ 服从正态分布 $N(0,1)$,对给定的 $\alpha(0<\alpha<1)$,数 $u_\alpha$ 满足 $P\{X>u_\alpha\}=\alpha$,若 $P\{|X|<x\}=\alpha$,则 $x$ 等于(　　).

A. $u_{\frac{\alpha}{2}}$　　　　B. $u_{1-\frac{\alpha}{2}}$

C. $u_{\frac{1-\alpha}{2}}$　　　　D. $u_{1-\alpha}$

11. 从正态总体 $N(3.4,6^2)$ 中抽取容量为 $n$ 的样本,如果要求其样本均值位于区间 $(1.4,5.4)$ 内的概率不小于 0.95,问样本容量 $n$ 至少应取多大?

12. 设 $X_1,X_2,\cdots,X_9$ 是来自正态总体 $X$ 的简单随机样本,

$$Y_1=\frac{1}{6}(X_1+\cdots+X_6),Y_2=\frac{1}{3}(X_7+X_8+X_9);$$

$$S^2=\frac{1}{2}\sum_{i=1}^{9}(X_i-Y_2)^2,Z=\frac{\sqrt{2}(Y_1-Y_2)}{S}.$$

证明:统计量 $Z$ 服从自由度为 2 的 $t$ 分布.

13. 设总体 $X$ 服从正态分布 $N(\mu_1,\sigma^2)$,总体 $Y$ 服从正态分布 $N(\mu_2,\sigma^2)$,$X_1,X_2,\cdots,X_{n_1}$ 和 $Y_1,Y_2,\cdots,Y_{n_2}$ 分别是来自总体 $X$ 和 $Y$ 的简单随机样本,试计算

$$E\left[\frac{\sum\limits_{i=1}^{n_1}(X_i-\overline{X})^2+\sum\limits_{j=1}^{n_2}(Y_j-\overline{Y})^2}{n_1+n_2-2}\right].$$

14. 设 $X_1,X_2,\cdots,X_n(n>2)$ 为来自总体 $N(0,1)$ 的简单随机样本,$\overline{X}$ 为样本均值,记 $Y_i=X_i-\overline{X},i=1,2,\cdots,n$.求:

(1)$Y_i$ 的方差 $D(Y_i),i=1,2,\cdots,n$;

(2)$Y_1$ 与 $Y_n$ 的协方差 $\mathrm{Cov}(Y_1,Y_n)$.

15. 设 $X\sim N(\mu,\sigma^2)$,抽取简单随机样本 $X_1,X_2,\cdots,X_{2n}(n\geqslant 2)$,样本均值 $\overline{X}=\dfrac{1}{2n}\sum\limits_{i=1}^{2n}X_i$,$Y=\sum\limits_{i=1}^{n}(X_i+X_{n+i}-2\overline{X})^2$,求 $E(Y)$.

# 第六章　参数估计

上一章，我们讲了数理统计的基本概念，从这一章开始，我们研究数理统计的重要内容——统计推断.所谓统计推断，就是根据从总体中抽取到的一个简单随机样本对总体进行分析和推断.即由样本来推断总体，或者由部分推断总体.它的基本问题包括两大类问题，一类是参数估计；另一类是假设检验.本章主要讨论参数估计，其一般提法为：设 $X_1$，$X_2$，…，$X_n$ 为来自总体 $X$ 服从分布 $F(x;\theta)$ 的一个样本，其中 $\theta$ 为未知参数或未知参数向量.现要根据该组样本对参数 $\theta$ 作出估计或估计 $\theta$ 的某个函数 $g(\theta)$.

参数估计又分为点估计和区间估计两种.

## 第一节　点估计问题概述

### 一、点估计的概念

设总体 $X$ 服从某已知分布，如正态分布 $N(\mu,\sigma^2)$，泊松分布 $P(\lambda)$ 和指数分布 $E(\lambda)$ 等，但是其中的一个或多个参数为未知，如何根据抽取的样本估计出未知参数的值，就是参数的**点估计问题**.

在实际问题中我们可以根据参数的性质确定出参数的取值范围，并把参数的取值范围称为**参数空间**，记为 $\Theta$.例如：设某总体 $X\sim p(\lambda)$，试由样本 $(X_1,X_2,\cdots,X_n)$ 来估计参数 $\lambda$.这个例子中参数空间 $\Theta=\{\lambda\,|\,\lambda>0\}$.

**定义 1**　设总体 $X$ 的分布中含有未知参数 $\theta$，从总体 $X$ 中抽取样本 $X_1,X_2,\cdots,X_n$，构造某个统计量 $\hat{\theta}(X_1,X_2,\cdots,X_n)$ 作为参数 $\theta$ 的估计，则称 $\hat{\theta}(X_1,X_2,\cdots,X_n)$ 为**参数 $\theta$ 的点估计量**；若样本 $X_1,X_2,\cdots,X_n$ 的观测值为 $x_1,x_2,\cdots,x_n$，则称 $\hat{\theta}(x_1,x_2,\cdots,x_n)$ 为**参数 $\theta$ 的点估计值**.

例如，人的身高 $X\sim N(\mu,\sigma^2)$，一个样本为 $X_1,X_2,\cdots,X_n$，则 $\overline{X}=\dfrac{1}{n}(X_1+\cdots+X_n)$ 为 $n$ 个人的平均身高，近似认为总体均值 $\mu$ 为 $\overline{X}$，即 $\hat{\mu}=\overline{X}$.用 $\overline{X}$ 来估计 $\mu$，这里 $\hat{\mu}$ 不是真值，而是估计值.

若总体的分布中含有 $m(m>1)$ 个未知参数，则需构造 $m$ 个统计量作为相应 $m$ 个未知参数的点估计量.点估计量的求解方法很多，如矩估计法、最大似然估计法、贝叶斯方法和最小二乘法等.本书只介绍前两种最常用的方法：矩估计法和最大似然估计法.

### 二、判别估计量好坏的标准

对于同一个未知参数，用不同的估计法得到的点估计量可能是不相同的，那么哪一个估计量更好呢？为此我们需要建立判别估计量好坏的标准，而参数 $\theta$ 的所谓“最佳估计量”$\hat{\theta}(X_1,X_2,\cdots,X_n)$应当是在某种意义下最接近于 $\theta$.通常有三个标准：无偏性、有效性和一致性(相合性).

在具体介绍估计量的评价标准之前，需指出：评价一个估计量的好坏，不能仅仅依据一次试验的结果，而必须由多次试验结果来衡量.因为估计量是样本的函数，是随机变量.故由不同的观测结果，就会求得不同的参数估计值.因此一个好的估计，应在多次重复试验中体现出其优良性.

1. **无偏性**

设 $\hat{\theta}$ 是未知参数 $\theta$ 的估计量，则 $\hat{\theta}$ 是一个随机变量，对于不同的样本值就会得到不同的估计值，我们总希望估计值在 $\theta$ 的真实值左右徘徊，而若其数学期望恰等于 $\theta$ 的真实值，这就导致无偏性这个标准.

**定义 2** 设 $\hat{\theta}=\hat{\theta}(X_1,X_2,\cdots,X_n)$是未知参数 $\theta$ 的估计量，若 $E(\hat{\theta})$存在，且对 $\forall\theta\in\Theta$ 有 $E(\hat{\theta})=\theta$，则称 $\hat{\theta}$ 是 $\theta$ 的**无偏估计量**，并称 $\hat{\theta}$ 具有无偏性.

**例 1** 设总体 $X$ 的均值 $E(X)=\mu$，方差 $D(X)=\sigma^2$，证明：样本均值 $\overline{X}=\dfrac{1}{n}\sum\limits_{i=1}^{n}X_i$ 是总体均值 $\mu$ 的无偏估计量.

**证明** 因为样本 $X_1,X_2,\cdots,X_n$ 相互独立，且与总体 $X$ 服从相同分布，所以有 $E(X_i)=\mu,D(X_i)=\sigma^2,i=1,2,\cdots,n$.

由于

$$E(\overline{X})=E\left(\frac{1}{n}\sum_{i=1}^{n}X_i\right)=\frac{1}{n}E\left(\sum_{i=1}^{n}X_i\right)=\frac{1}{n}\sum_{i=1}^{n}E(X_i)=\frac{1}{n}\sum_{i=1}^{n}\mu=\frac{1}{n}\cdot n\mu=\mu$$

所以样本均值 $\overline{X}$ 是总体均值 $\mu$ 的无偏估计量.

无偏性是对估计量的一个基本要求.在科学技术中，$E(\hat{\theta})-\theta$ 称为以 $\hat{\theta}$ 作为 $\theta$ 的估计的系统误差，无偏估计的实际意义就是无系统误差.在多次抽样的平均意义下，给出接近真值的估计，这一点可由大数定律保证.另一方面，我们注意到：无偏估计只涉及到一阶矩(均值)，虽然计算简便，但有时会出现一个参数的无偏估计有多个，而无法确定哪个估计量好.

**例 2** 设总体 $X\sim E\left(\dfrac{1}{\theta}\right)$，概率密度为 $f(x;\theta)=\begin{cases}\dfrac{1}{\theta}e^{-\frac{x}{\theta}}, & x>0,\\ 0, & \text{其他},\end{cases}$ 其中 $\theta>0$ 未知，又 $(X_1,X_2,\cdots,X_n)$是 $X$ 的一样本，求证：$\overline{X}$ 和 $nZ=n\min\{X_1,X_2,\cdots,X_n\}$都是 $\theta$ 的无偏估计.

**证明** 由于 $E(\overline{X})=E(X)=\theta$，则 $\overline{X}$ 是 $\theta$ 的无偏估计.

而 $Z=\min\{X_1,X_2,\cdots,X_n\}$则服从参数为$\dfrac{n}{\theta}$的指数分布，其密度为

$$f_{\min}(x;\theta)=\begin{cases}\dfrac{n}{\theta}e^{-\frac{nx}{\theta}}, & x>0,\\ 0, & \text{其他}.\end{cases}$$

则 $E(Z)=\dfrac{\theta}{n}$，

从而有 $E(nZ)=\theta$，即 $nZ$ 是 $\theta$ 的无偏估计.

事实上，$(X_1,X_2,\cdots,X_n)$中的每一个均可作为 $\theta$ 的无偏估计.

那么，究竟哪个无偏估计更好、更合理？直观的想法就是希望该估计围绕真值的波动越小越好，波动大小可以用方差来衡量，因此人们常用无偏估计方差的大小作为衡量无偏估计优劣的标准，为此引入了估计量的有效性概念.

2. **有效性**

**定义 3**　设 $\hat{\theta}_1=\hat{\theta}_1(X_1,X_2,\cdots,X_n)$与 $\hat{\theta}_2=\hat{\theta}_2(X_1,X_2,\cdots,X_n)$都是参数 $\theta$ 的无偏估计量，若 $D(\hat{\theta}_1)<D(\hat{\theta}_2)$，则称 $\hat{\theta}_1$ 较 $\hat{\theta}_2$ 有效.当样本容量 $n$ 一定时，若 $\theta$ 的所有无偏估计量中，$\hat{\theta}$ 的方差 $D(\hat{\theta})$最小，则称 $\hat{\theta}$ 是参数 $\theta$ 的**有效估计量**.

**例 3**　证明：样本均值 $\overline{X}$ 作为总体均值 $\mu$ 的估计量较个别样本 $X_i(i=1,2,\cdots,n)$ 有效.

**证明**　由例 1 知，$\overline{X}$ 与 $X_i$ 都是总体均值 $\mu$ 的无偏估计量，即

$$E(\overline{X})=\mu,E(X_i)=\mu,i=1,2,\cdots,n,$$

又

$$D(\overline{X})=D\left(\frac{1}{n}\sum_{i=1}^{n}X_i\right)=\frac{1}{n^2}\left(\sum_{i=1}^{n}\sigma^2\right)=\frac{\sigma^2}{n},$$

而　　$D(X_i)=\sigma^2,i=1,2,\cdots,n$，所以当 $n\geqslant 2$ 时，$D(\overline{X})<D(X_i)$，

故样本均值 $\overline{X}$ 作为总体均值 $\mu$ 的估计量较个别样本 $X_i(i=1,2,\cdots,n)$ 有效.

**例 4**　从总体 $X$ 中抽取样本 $X_1,X_2,X_3$，证明：下列三个统计量

$$\hat{\theta}_1=\frac{X_1}{2}+\frac{X_2}{3}+\frac{X_3}{6},\hat{\theta}_2=\frac{X_1}{2}+\frac{X_2}{4}+\frac{X_3}{4},\hat{\theta}_3=\frac{X_1}{3}+\frac{X_2}{3}+\frac{X_3}{3},$$

都是总体均值 $E(X)=\mu$ 的无偏估计量，并确定哪个估计量更有效.

**证明**　$E(\hat{\theta}_1)=E\left(\frac{X_1}{2}+\frac{X_2}{3}+\frac{X_3}{6}\right)=\frac{\mu}{2}+\frac{\mu}{3}+\frac{\mu}{6}=\mu$；

$$E(\hat{\theta}_2)=E\left(\frac{X_1}{2}+\frac{X_2}{4}+\frac{X_3}{4}\right)=\frac{\mu}{2}+\frac{\mu}{4}+\frac{\mu}{4}=\mu;$$

$$E(\hat{\theta}_3)=E\left(\frac{X_1}{3}+\frac{X_2}{3}+\frac{X_3}{3}\right)=\frac{\mu}{3}+\frac{\mu}{3}+\frac{\mu}{3}=\mu;$$

所以三个统计量都是总体均值 $\mu$ 的无偏估计量.

$$D(\hat{\theta}_1)=D\left(\frac{X_1}{2}+\frac{X_2}{3}+\frac{X_3}{6}\right)=\frac{\sigma^2}{4}+\frac{\sigma^2}{9}+\frac{\sigma^2}{36}=\frac{28}{72}\sigma^2;$$

$$D(\hat{\theta}_2)=D\left(\frac{X_1}{2}+\frac{X_2}{4}+\frac{X_3}{4}\right)=\frac{\sigma^2}{4}+\frac{\sigma^2}{16}+\frac{\sigma^2}{16}=\frac{27}{72}\sigma^2;$$

$$D(\hat{\theta}_3)=D\left(\frac{X_1}{3}+\frac{X_2}{3}+\frac{X_3}{3}\right)=\frac{\sigma^2}{9}+\frac{\sigma^2}{9}+\frac{\sigma^2}{9}=\frac{24}{72}\sigma^2;$$

由于 $D(\hat{\theta}_3)=\frac{24}{72}\sigma^2$ 的值最小，所以 $\hat{\theta}_3$ 是三个估计量中最有效估计量.

3. **一致性**

上面提出的判断估计量好坏的标准都是在无偏性的前提下给出的，而且所考虑的估

计量 $\hat{\theta}=\hat{\theta}(X_1,X_2,\cdots,X_n)$ 都是在样本容量 $n$ 固定的条件下讨论的.实际上,样本容量 $n$ 的大小与估计量 $\hat{\theta}$ 是有关的,有时为了强调这一点,常记 $\hat{\theta}$ 为 $\hat{\theta}_n$.显然,当 $n$ 越大时,$\hat{\theta}_n$ 提供的信息越多,从而在某种意义上,$\hat{\theta}_n$ 越接近于未知参数 $\theta$ 的真值.否则,我们有理由怀疑这个估计量 $\hat{\theta}_n$ 是否合适,基于这一点我们引入一致性(有的教材又称为相合性)的概念.

**定义 4** 对于任意给定的正数 $\varepsilon$,有 $\lim\limits_{n\to\infty}P\{|\hat{\theta}_n-\theta|<\varepsilon\}=1$,则称 $\hat{\theta}_n$ 是参数 $\theta$ 的**一致估计量**.

**例 5** 设总体 $X$ 的均值 $E(X)=\mu$,方差 $D(X)=\sigma^2$,证明:样本均值 $\overline{X}$ 是总体均值 $\mu$ 的一致估计量.

**证明** 因为样本 $X_1,X_2,\cdots,X_n$ 相互独立,且与总体 $X$ 服从相同的分布,所以

$$E(X_i)=\mu,D(X_i)=\sigma^2,i=1,2,\cdots,n,$$

于是,由切比雪夫定理知

$$\lim_{n\to\infty}P\left(\left|\frac{1}{n}\sum_{i=1}^{n}X_i-\frac{1}{n}\sum_{i=1}^{n}E(X_i)\right|<\varepsilon\right)=\lim_{n\to\infty}P(|\overline{X}-\mu|<\varepsilon)=1.$$

所以 $\overline{X}$ 是 $\mu$ 的一致估计量.

**例 6** 设总体 $X\sim N(\mu,\sigma^2)$,$X_1,\cdots,X_n$ 为其样本.试证样本方差 $S^2$ 是 $\sigma^2$ 的一致估计量.

**证明** 由第五章第一节例 6 知,$E(S^2)=\sigma^2$,又由第五章第三节定理 4,知 $\dfrac{(n-1)S^2}{\sigma^2}\sim\chi^2(n-1)$,从而 $D\left[\dfrac{(n-1)S^2}{\sigma^2}\right]=2(n-1)$.即有

$$D(S^2)=\frac{2\sigma^4}{n-1}.$$

故由切比雪夫不等式推得,对任意 $\varepsilon>0$,有

$$0\leqslant P\{|S^2-E(S^2)|\geqslant\varepsilon\}=P\{|S^2-\sigma^2|\geqslant\varepsilon\}\leqslant\frac{1}{\varepsilon^2}D(S^2)=\frac{2\sigma^4}{\varepsilon^2(n-1)}.$$

当 $n\to\infty$ 时,上式左、右端均趋于 0,根据相合性定义可知 $S^2$ 是 $\sigma^2$ 的一致估计量.

对于未知参数 $\theta$ 的估计量,我们可以运用无偏性、有效性、一致性来判断其优劣,以便选择出较好的估计量.

## 习题 6-1

1. 设 $X$ 表示某种型号的电子元件的寿命(单位:h),它服从指数分布:

$$X\sim f(x,\theta)=\begin{cases}\dfrac{1}{\theta}\mathrm{e}^{-x/\theta}, & x>0,\\ 0, & x\leqslant 0.\end{cases}$$

其中 $\theta$ 为未知参数,$\theta>0$.现得样本值如下:

168 130 169 143 174 198 108 212 252

试估计未知参数 $\theta$.

2. 设 $(X_1,X_2,X_3)$ 取自总体 $X$,$E(X)=\mu$,$D(X)=\sigma^2$,则有(　　).

A. $X_1+X_2+X_3$是$\mu$的无偏估计　　　B. $\dfrac{X_1+X_2+X_3}{3}$是$\mu$的无偏估计

C. $X_2^2$是$\sigma^2$的无偏估计　　　D. $\left(\dfrac{X_1+X_2+X_3}{3}\right)^2$是$\sigma^2$的无偏估计

3. 总体 $X\sim N(0,\sigma^2)$，$X_1,X_2,\cdots,X_n$ 是来自这一总体的样本.

(1) 证明：$\hat{\sigma}^2=\dfrac{1}{n}\sum\limits_{i=1}^{n}X_i^2$ 是$\sigma^2$的无偏估计；

(2)求 $D(\hat{\sigma}^2)$.

4. 设 $X_1,X_2,\cdots,X_n$ 是总体$N(\mu,\sigma^2)$的一个简单随机样本，求 $k$ 使

$$\hat{\sigma}=k\sum_{i=1}^{n}\sum_{j=1}^{n}|X_i-X_j|$$

为$\sigma$的无偏估计.

5. 设总体$X$在区间$[0,\theta]$上服从均匀分布，$X_1,X_2,\cdots,X_n$ 是取自总体$X$的简单随机样本，$\overline{X}=\dfrac{1}{n}\sum\limits_{i=1}^{n}X_i$，$X_{(n)}=\max\{X_1,\cdots,X_n\}$，求常数$a$，$b$，使$\hat{\theta}_1=a\overline{X}$，$\hat{\theta}_2=bX_{(n)}$均为$\theta$的无偏估计，并比较其有效性.

## 第二节　点估计的常用方法

### 一、矩估计法

**1. 基本思想**

矩估计法是由著名的统计学家卡尔·皮尔逊(K. Pearson) 首先提出的.它的理论依据是当$n$充分大时，样本的$k$阶原点矩$A_k=\dfrac{1}{n}\sum\limits_{i=1}^{n}X_i^k$依概率收敛到总体$X$的$k$阶原点矩.矩估计法的基本思想就是用样本的各阶矩来估计总体的相应矩.一般地，记

总体$k$阶矩：$\mu_k=E(X^k)$；

样本$k$阶矩：$A_k=\dfrac{1}{n}\sum\limits_{i=1}^{n}X_i^k$；

总体$k$阶中心矩：$V_k=E[X-E(X)]^k$；

样本$k$阶中心矩：$B_k=\dfrac{1}{n}\sum\limits_{i=1}^{n}(X_i-\overline{X})^k$.

**定义 1**　用相应的样本矩去估计总体矩的方法就称为**矩估计法**.用矩估计法确定的估计量称为矩估计量.相应的估计值称为**矩估计值**.矩估计量与矩估计值统称为矩估计.

**2. 矩估计的计算步骤**

设总体$X$的分布函数为$F(x;\theta_1,\theta_2,\cdots,\theta_k)$，即有$k$个未知参数$\theta_1,\theta_2,\cdots,\theta_k$，$X_1,X_2,\cdots,X_n$为来自总体$X$的一个样本，$x_1,x_2,\cdots,x_n$为相应的样本观测值，并设总体$X$的前$k$阶矩$E(X),E(X^2),\cdots,E(X^k)$都存在，则$\theta_1,\theta_2,\cdots,\theta_k$的矩估计的计算步骤如下：

(1)计算出总体$X$的前$i$阶矩

$$E(X^i)=\int_{-\infty}^{+\infty} x^i f(x;\theta_1,\theta_2,\cdots,\theta_k)\mathrm{d}x, i=1,2,\cdots,k,$$

则 $\mu_i=E(X^i)$是 $\theta_1,\theta_2,\cdots,\theta_k$ 的函数,记作 $\mu_i=\mu_i(\theta_1,\theta_2,\cdots,\theta_k)$.

(2)用样本矩代替总体矩,列出方程组

$$\begin{cases}\mu_1(\theta_1,\theta_2,\cdots,\theta_k)=\dfrac{1}{n}\sum\limits_{i=1}^{n}X_i;\\ \mu_2(\theta_1,\theta_2,\cdots,\theta_k)=\dfrac{1}{n}\sum\limits_{i=1}^{n}X_i^2;\\ \qquad\vdots\\ \mu_k(\theta_1,\theta_2,\cdots,\theta_k)=\dfrac{1}{n}\sum\limits_{i=1}^{n}X_i^k.\end{cases}$$

(3) 解(2)中的方程组得到参数 $\theta_1,\theta_2,\cdots,\theta_k$ 的矩估计量为

$$\hat{\theta}_i=\hat{\theta}_i(X_1,X_2,\cdots,X_n), i=1,2,\cdots,k,$$

将样本值 $x_1,x_2,\cdots,x_n$ 替换 $X_1,X_2,\cdots,X_n$,即得到相应的矩估计值.

**例 1** 设总体 $X$ 的均值 $\mu$ 及方差 $\sigma^2$ 都存在但均未知,且有 $\sigma^2>0$,又设 $(X_1,X_2,\cdots,X_n)$是来自总体 $X$ 的一个样本,试求 $\mu,\sigma^2$ 的矩估计量.

**解** 因为

$$\begin{cases}E(X)=\mu,\\ E(X^2)=D(X)+[E(X)]^2=\sigma^2+\mu^2,\end{cases}$$

则令

$$\begin{cases}\mu=\dfrac{1}{n}\sum\limits_{i=1}^{n}X_i=\overline{X},\\ \sigma^2+\mu^2=\dfrac{1}{n}\sum\limits_{i=1}^{n}X_i^2.\end{cases}$$

解得 $\mu$ 和 $\sigma^2$ 的矩估计量为

$$\begin{cases}\hat{\mu}=\overline{X},\\ \hat{\sigma}^2=\dfrac{1}{n}\sum\limits_{i=1}^{n}(X_i^2)-\overline{X}^2=\dfrac{1}{n}\sum\limits_{i=1}^{n}(X_i-\overline{X})^2.\end{cases}$$

**注** 本例表明,总体均值与方差的矩估计量的表达式不因不同的总体分布而异.如 $X\sim N(\mu,\sigma^2)$,$\mu,\sigma^2$ 未知,则 $\mu,\sigma^2$ 的矩估计量为 $\hat{\mu}=\overline{X}$,$\hat{\sigma}^2=\dfrac{1}{n}\sum\limits_{i=1}^{n}(X_i-\overline{X})^2$.

**例 2** 设 $X_1,X_2,\cdots,X_n$ 为来自总体 $X\sim P(\lambda)$(泊松分布)的一个样本,求参数 $\lambda$ 矩估计量.

**解** 由于 $E(X)=\lambda$,从而参数 $\lambda$ 的矩估计量为

$$\hat{\lambda}=\overline{X}=\frac{1}{n}\sum_{i=1}^{n}X_i.$$

由于参数 $\theta$ 可以由其总体的各阶原点矩表示出来,即

$$\theta=g(E(X),E(X^2),\cdots,E(X^k)).$$

此时,用样本原点矩来估计总体原点矩代入上面的函数中就可以得到参数 $\theta$ 的估

计，即

$$\hat{\theta}=g(\hat{E}(X),\hat{E}(X^2),\cdots,\hat{E}(X^k))=g\left(\overline{X},\frac{1}{n}\sum_{i=1}^{n}X_i^2,\cdots,\frac{1}{n}\sum_{i=1}^{n}X_i^k\right).$$

因此，求 $\theta$ 的矩估计的关键就在于找出关系 $\theta=g(E(X),E(X^2),\cdots,E(X^k))$.

**例 3**　设 $X_1,X_2,\cdots,X_n$ 为来自总体 $X\sim U(a,b)$的一个样本，求参数 $a,b$ 的矩估计.

**解**　因为

$$\begin{cases}E(X)=\dfrac{a+b}{2}\Rightarrow b=2E(X)-a,\\ D(X)=\dfrac{(b-a)^2}{12}\Rightarrow\dfrac{(E(X)-a)^2}{3}=D(X).\end{cases}$$

故

$$a=E(X)-\sqrt{3D(X)},b=E(X)+\sqrt{3D(X)};$$

则

$$\hat{a}=\hat{E}(X)-\sqrt{3\hat{D}(X)}=\overline{X}-\sqrt{\frac{3}{n}\sum_{i=1}^{n}(X_i-\overline{X})^2};$$

$$\hat{b}=\hat{E}(X)+\sqrt{3\hat{D}(X)}=\overline{X}+\sqrt{\frac{3}{n}\sum_{i=1}^{n}(X_i-\overline{X})^2}.$$

**例 4**　设总体 $X$ 的概率分布为

| $X$ | 1 | 2 | 3 |
|---|---|---|---|
| $P_i$ | $\theta^2$ | $2\theta(1-\theta)$ | $(1-\theta)^2$ |

其中 $\theta$ 为未知参数.现抽得一个样本 $x_1=1,x_2=2,x_3=1$，求 $\theta$ 的矩估计值.

**解**　总体 $X$ 的数学期望为

$$E(X)=1\times\theta^2+2\times2\theta(1-\theta)+3(1-\theta)^2=3-2\theta$$

从而若设 $X_1,X_2,\cdots,X_n$ 为来自总体 $X$ 的一个样本，

令 $\overline{X}=3-2\theta$，则得 $\theta$ 的矩估计量为

$$\hat{\theta}=\frac{3-\overline{X}}{2}.$$

由于样本均值为 $\bar{x}=\dfrac{1}{3}(1+2+1)=\dfrac{4}{3}$，从而有 $\theta$ 的矩估计值为

$$\hat{\theta}=\frac{3-4/3}{2}=\frac{5}{6}.$$

矩估计法的优点是计算较为简便，且当样本容量 $n$ 很大时矩估计接近被估计参数真值的可能性很大.但其估计量有时不唯一.例如，对于泊松分布 $P(\lambda)$，我们已知 $E(X)=\lambda=D(X)$，于是可以得到 $\lambda$ 的两个矩估计量：$\overline{X}$ 与 $\dfrac{1}{n}\sum_{i=1}^{n}(X_i-\overline{X})^2$.一般来讲，在求矩估计量时，如没有其他要求，往往用一个较简单的结果就行了.

## 二、最大似然估计法

### 1. 最大似然估计的基本思想

最大似然估计法最早由高斯(1821)提出,后经英国统计学家费舍尔(R.A.Fisher,1922)发展起来的一种应用广泛的参数估计方法.它是建立在最大似然原理基础上的一种统计方法.假如一个随机试验可能发生的结果有 $A,B,C$ 三种.若在一次试验中结果 $A$ 发生了,通常便认为事件 $A$ 发生的概率最大.换句话说,对于概率不同的三个事件,在一次试验之前,如果我们断言将发生的事件是概率大的事件而不是概率小的事件,应该说是合理的.所谓的最大似然估计法就是依据此想法来估计未知参数的.为进一步说明最大似然估计法的基本思想,我们下面通过一个例子的分析进行介绍.

**例 5** 设 $X_1,X_2,\cdots,X_n$ 为来自总体 $X$ 服从 0-1 分布的一个样本,$x_1,x_2,\cdots,x_n$ 为相应的样本观测值,则 $X_1,X_2,\cdots,X_n$ 的联合分布律为

$$P(X_1=x_1,X_2=x_2,\cdots,X_n=x_n)$$
$$=\prod_{i=1}^{n}p^{x_i}(1-p)^{1-x_i}=p^{\sum\limits_{i=1}^{n}x_i}(1-p)^{n-\sum\limits_{i=1}^{n}x_i},x_i=0,1. \qquad (6.2.1)$$

易知随 $p$ 的取值不同,概率值 $P(X_1=x_1,X_2=x_2,\cdots,X_n=x_n)$ 将发生变化,而此处 $p$ 的实际取值是未知的,那么如何估计 $p$ 的实际取值呢?

既然 $x_1,x_2,\cdots,x_n$ 在一次试验中已经出现,按最大似然原理,事件 $\{X_1=x_1,X_2=x_2,\cdots,X_n=x_n\}$ 发生的概率是最大的,因此 $p$ 的实际取值应使(6.2.1)式中的概率值比 $p$ 取其他所得的概率值要大.这样,我们自然选取使(6.2.1)中的概率值达到最大的 $p$ 值作为 $p$ 的估计值,这就是最大似然估计法选择未知参数的估计值的基本思想.

下面给出最大似然估计的定义:

**定义 2** (**最大似然估计量**)设总体 $X$ 的概率密度函数为 $p(x;\theta)$,当 $X$ 为离散型总体时,$p(x;\theta)=P(X=x)$;而当 $X$ 为连续型总体时,$p(x;\theta)=f(x;\theta)$,其中 $\theta$ 为未知参数或未知参数向量.并设 $X_1,X_2,\cdots,X_n$ 为来自总体 $X$ 的一个样本,$x_1,x_2,\cdots,x_n$ 为相应的样本观测值,将样本的联合概率密度函数看成 $\theta$ 的函数,用 $L(x_1,x_2,\cdots,x_n;\theta)$ 表示,简记为 $L(\theta)$,即

$$L(\theta)=L(x_1,x_2,\cdots,x_n;\theta)=\prod_{i=1}^{n}p(x_i;\theta).$$

这里 $L(\theta)$ 称为**参数 $\theta$ 的似然函数**.若某统计量 $\hat{\theta}=\hat{\theta}(X_1,X_2,\cdots,X_n)$ 的观测值使得函数 $L(\theta)$ 取到最大值,则称 $\hat{\theta}=\hat{\theta}(X_1,X_2,\cdots,X_n)$ 为参数 $\theta$ 的最大似然估计量,并称这种求估计量的方法为**最大似然估计法**.相应的 $\hat{\theta}=\hat{\theta}(x_1,x_2,\cdots,x_n)$ 称为参数 $\theta$ 的最大似然估计值.

### 2. 求最大似然估计量的方法

在很多情况下,$p(x;\theta)$ 关于 $\theta$ 可微,因此据似然函数的特点,常把它变为如下形式:$\ln L(\theta)=\sum\limits_{i=1}^{n}\ln p(x_i;\theta)$,该式称为对数似然函数.由高等数学知 $L(\theta)$ 与 $\ln L(\theta)$ 的最大值点相同,为计算方便,人们更习惯于从 $\ln L(\theta)$ 出发寻找参数 $\theta$ 的最大似然估计.下面给出

最大似然估计的计算步骤.

(1)计算最大似然函数：

$$L(\theta)=\prod_{i=1}^{n}p(x_i;\theta)=\begin{cases}\prod_{i=1}^{n}p(X=x_i), X\text{ 为离散型,分布律}:P_i=P(X=x_i),\\ \prod_{i=1}^{n}f(x_i,\theta), X\text{ 为连续型,密度函数为 }f(x;\theta).\end{cases}$$

(2)等式两边同时取对数,得

$$\ln L(\theta)=\sum_{i=1}^{n}\ln p(x_i;\theta).$$

(3)得到对数似然方程组为

$$\frac{\partial \ln L(\theta)}{\partial \theta_i}=0, i=1,2,\cdots,k.$$

(4)解得 $\theta_i$ 的最大似然估计值为 $\hat{\theta}_i=\hat{\theta}_i(x_1,x_2,\cdots,x_n)$,相应的最大似然估计量为 $\hat{\theta}_i=\hat{\theta}_i(X_1,X_2,\cdots,X_n)$.

**注**　若 $p(x;\theta)$关于 $\theta$ 不可微时,需另寻他法.

**例 6**　设 $X_1,X_2,\cdots,X_n$ 为总体 $X$ 服从 $B(1,p)$的一个样本,$(x_1,x_2,\cdots,x_n)$为相应的样本观测值,求参数 $p$ 的最大似然估计.

**解**　因为总体 $X$ 的分布律为 $P\{X=x\}=p^x(1-p)^{1-x}, x=0,1$,

故似然函数为

$$L(p)=\prod_{i=1}^{n}p^{x_i}(1-p)^{1-x_i}=p^{\sum_{i=1}^{n}x_i}(1-p)^{n-\sum_{i=1}^{n}x_i}, x_i=0,1(i=1,2,\cdots n).$$

而

$$\ln L(p)=(\sum_{i=1}^{n}x_i)\ln p+(n-\sum_{i=1}^{n}x_i)\ln(1-p).$$

令

$$[\ln L(p)]'=\frac{\sum_{i=1}^{n}x_i}{p}+\frac{(n-\sum_{i=1}^{n}x_i)}{(p-1)}=0,$$

解得 $p$ 的最大似然估计值为 $\hat{p}=\frac{1}{n}\sum_{i=1}^{n}x_i=\bar{x}$,

所以 $p$ 的最大似然估计量为 $\hat{p}=\frac{1}{n}\sum_{i=1}^{n}X_i=\bar{X}$.

**例 7**　设 $X_1,X_2,\cdots,X_n$ 为总体 $X$ 服从参数为 $\theta$ 的指数分布的一个样本,其观测值为 $x_1,x_2,\cdots,x_n$,求 $\theta$ 的最大似然估计.

**解**　由于 $X$ 的概率密度函数为

$$f(x;\theta)=\begin{cases}\frac{1}{\theta}e^{-\frac{x}{\theta}}, & x>0,\\ 0, & \text{其他}.\end{cases}$$

故似然函数为

$$L(\theta)=\prod_{i=1}^{n} f(x_i;\theta)=\prod_{i=1}^{n} \frac{1}{\theta}\mathrm{e}^{-\frac{x_i}{\theta}}=\frac{1}{\theta^n}\mathrm{e}^{-\frac{1}{\theta}\sum\limits_{i=1}^{n}x_i}.$$

取对数

$$\ln L(\theta)=-n\ln\theta-\frac{1}{\theta}\sum_{i=1}^{n}x_i,$$

令

$$\frac{\mathrm{d}(\ln L(\theta))}{\mathrm{d}\theta}=-\frac{n}{\theta}-\left(\sum_{i=1}^{n}x_i\right)\left(-\frac{1}{\theta^2}\right)=-\frac{n}{\theta}+\frac{1}{\theta^2}\sum_{i=1}^{n}x_i=0,$$

解得参数 $\theta$ 的最大似然估计值为 $\hat{\theta}=\frac{1}{n}\sum\limits_{i=1}^{n}x_i=\bar{x}$;最大似然估计量为 $\hat{\theta}=\frac{1}{n}\sum\limits_{i=1}^{n}X_i=\overline{X}$.

**例 8** 设 $X_1,X_2,\cdots,X_n$ 为来自总体 $X\sim N(\mu,\sigma^2)$ 的一个样本,参数 $\mu$ 和 $\sigma^2$ 均未知,$x_1,x_2,\cdots,x_n$ 为相应的样本观测值,求 $\mu$ 和 $\sigma^2$ 的最大似然估计值及相应的估计量.

**解** 由于 $X$ 的概率密度函数为

$$f(x;\mu,\sigma)=\frac{1}{\sqrt{2\pi}\sigma}\mathrm{e}^{-\frac{(x-\mu)^2}{2\sigma^2}},x\in\mathbf{R}.$$

故似然函数为

$$L(\mu,\sigma^2)=\prod_{i=1}^{n}\frac{1}{\sqrt{2\pi}\sigma}\mathrm{e}^{-\frac{(x_i-\mu)^2}{2\sigma^2}}=(2\pi\sigma^2)^{-\frac{n}{2}}\mathrm{e}^{-\frac{1}{2\sigma^2}\sum\limits_{i=1}^{n}(x_i-\mu)^2}.$$

取对数

$$\ln L(\mu,\sigma^2)=-\frac{n}{2}(\ln 2\pi+\ln\sigma^2)-\frac{1}{2\sigma^2}\sum_{i=1}^{n}(x_i-\mu)^2.$$

分别对 $\mu$ 和 $\sigma^2$ 求偏导数并令其为 0,得

$$\begin{cases}\dfrac{\partial}{\partial\mu}(\ln L)=\dfrac{1}{\sigma^2}\sum\limits_{i=1}^{n}(x_i-\mu)=0,\\ \dfrac{\partial}{\partial\sigma^2}(\ln L)=-\dfrac{n}{2\sigma^2}+\dfrac{1}{2\sigma^4}\sum\limits_{i=1}^{n}(x_i-\mu)^2=0.\end{cases}$$

解得 $\mu$ 和 $\sigma^2$ 的最大似然估计值分别为

$$\hat{\mu}=\frac{1}{n}\sum_{i=1}^{n}x_i=\bar{x};\quad \hat{\sigma}^2=\frac{1}{n}\sum_{i=1}^{n}(x_i-\bar{x})^2.$$

相应的 $\mu$ 和 $\sigma^2$ 的最大似然估计量分别为 $\hat{\mu}=\frac{1}{n}\sum\limits_{i=1}^{n}X_i=\overline{X}$, $\hat{\sigma}^2=\frac{1}{n}\sum\limits_{i=1}^{n}(X_i-\overline{X})^2$.

**例 9** 设 $X\sim U(a,b)$,其中 $a,b$ 未知,$(x_1,x_2,\cdots,x_n)$ 是一个样本值,求 $a,b$ 的最大似然估计.

**解** 由于 $X\sim f(x;a,b)=\begin{cases}\dfrac{1}{b-a}, & a<x<b,\\ 0, & \text{其他}.\end{cases}$

故似然函数为

$$L(a,b)=\begin{cases}\dfrac{1}{(b-a)^n}, & a\leqslant x_1,x_2,\cdots,x_n\leqslant b,\\ 0, & 其他.\end{cases}$$

通过分析可知,用解似然方程最大值的方法求最大似然估计很难求解(因为无极值点),所以可用直接观察法.

记 $x_{(1)}=\min\limits_{1\leqslant i\leqslant n}x_i,x_{(n)}=\max\limits_{1\leqslant i\leqslant n}x_i$,有 $a\leqslant x_1,x_2,\cdots,x_n\leqslant b\Leftrightarrow a\leqslant x_{(1)},x_{(n)}\leqslant b$.

则对于满足条件 $a\leqslant x_{(1)},x_{(n)}\leqslant b$ 的任意 $a,b$ 有 $L(a,b)=\dfrac{1}{(b-a)^n}\leqslant\dfrac{1}{[x_{(n)}-x_{(1)}]^n}$.

即 $L(a,b)$ 在 $a=x_{(1)},b=x_{(n)}$ 时取得最大值 $L_{\max}(a,b)=\dfrac{1}{[x_{(n)}-x_{(1)}]^n}$.

故 $a,b$ 的最大似然估计值为 $\hat{a}=x_{(1)}=\min\limits_{1\leqslant i\leqslant n}\{x_i\},\hat{b}=x_{(n)}=\max\limits_{1\leqslant i\leqslant n}\{x_i\}$,$a,b$ 的最大似然估计量为 $\hat{a}=X_{(1)}=\min\limits_{1\leqslant i\leqslant n}\{X_i\},\hat{b}=X_{(n)}=\max\limits_{1\leqslant i\leqslant n}\{X_i\}$.

**注**　最大似然估计量有如下的性质:设 $\hat{\theta}$ 为参数 $\theta$ 的最大似然估计,则对 $\theta$ 的任意函数 $g(\theta)$,$g(\theta)$ 的最大似然估计为 $g(\hat{\theta})$.该性质称为最大似然估计的不变性.

例如,在例 8 中得到 $\sigma^2$ 的最大似然估计量为 $\hat{\sigma}^2=\dfrac{1}{n}\sum\limits_{i=1}^{n}(X_i-\overline{X})^2$,则据上述性质有:标准差 $\sigma$ 的最大似然估计为 $\hat{\sigma}=\sqrt{\hat{\sigma}^2}=\sqrt{\dfrac{1}{n}\sum\limits_{i=1}^{n}(X_i-\overline{X})^2}$.

## 习题 6-2

1. 随机地取 8 只活塞环,测得它们的直径(单位:mm)如下:

74.001　74.005　74.003　74.001　74.000　73.998　74.006　74.002

求总体均值 $\mu$ 及方差 $\sigma^2$ 的矩估计,并求样本方差 $S^2$.

2. 设 $X_1,X_2,\cdots,X_n$ 是来自参数为 $\lambda$ 的泊松分布总体的一个样本,试求 $\lambda$ 的矩估计量及最大似然估计量.

3. 一地质学家研究密歇根湖滩地区的岩石成分,随机地自该地区取 100 个样品,每个样品有 10 块石子,记录每个样品中属石灰石的石子数.假设这 100 次观察相互独立,并由过去经验知,它们都服从参数为 $n=10,p$ 的二项分布.$p$ 是该地区一块石子是石灰石的概率.求 $p$ 的最大似然估计值.该地质学家所得的数据如下:

| 样品中属石灰石的石子数(个) | 0 | 1 | 2 | 3 | 4 | 5 | 6 | 7 | 8 | 9 | 10 |
|---|---|---|---|---|---|---|---|---|---|---|---|
| 观察到石灰石的样品个数(个) | 0 | 1 | 6 | 7 | 23 | 26 | 21 | 12 | 3 | 1 | 0 |

4. 设总体 $X$ 的概率密度函数为

$$f(x)=\begin{cases}(\alpha+1)x^{\alpha}, & 0<x<1,\\ 0, & 其他.\end{cases}$$

其中 $\alpha>-1$ 是未知数,$X_1,X_2,\cdots,X_n$ 是取自 $X$ 的样本,求参数 $\alpha$ 的矩估计.

5. 设 $X_1,X_2,\cdots,X_n$ 为来自正态总体 $N(\mu_0,\sigma^2)$ 的简单随机样本,其中 $\mu_0$ 已知,$\sigma^2>0$ 未知,$\overline{X}$ 和 $S^2$ 分别表示样本均值和样本方差,

(1)求参数 $\sigma^2$ 的最大似然估计 $\hat{\sigma}^2$;

(2)计算 $E(\hat{\sigma}^2)$ 和 $D(\hat{\sigma}^2)$.

## 第三节 置信区间

参数的点估计值给出了一个具体的数值,便于计算和使用,但点估计值本身只是未知参数的一个近似值.人们在测量或计算时,常不以得到近似值为满足,还需估计误差,即要求知道近似值的精确程度.因此,对于未知参数 $\theta$,除了求出它的点估计 $\hat{\theta}$ 外,我们还希望估计出一个范围,并希望知道这个范围包含参数 $\theta$ 真值的可信程度.

本节将要引入的另一类估计即为区间估计,在区间估计理论中,被广泛接受的一种观点是置信区间,它由奈曼(Neymann)于 1934 年提出的.

### 一、置信区间的概念

设 $\hat{\theta}$ 为未知参数 $\theta$ 的估计量,其误差小于某个正数 $\varepsilon$ 的概率为 $1-\alpha(0<\alpha<1)$,即

$$P\{|\hat{\theta}-\theta|<\varepsilon\}=1-\alpha,$$

或

$$P(\hat{\theta}-\varepsilon<\theta<\hat{\theta}+\varepsilon)=1-\alpha.$$

这表明,随机区间 $(\hat{\theta}-\varepsilon,\hat{\theta}+\varepsilon)$ 包含参数 $\theta$ 真值的概率(可信程度)为 $1-\alpha$,则这个区间 $(\hat{\theta}-\varepsilon,\hat{\theta}+\varepsilon)$ 就称为置信区间,$1-\alpha$ 称为置信水平.

**定义 1** 设总体 $X$ 的分布中含有一个未知参数 $\theta$.若对于给定的概率 $1-\alpha(0<\alpha<1)$,存在两个统计量 $\hat{\theta}_1=\theta_1(X_1,X_2,\cdots,X_n)$ 与 $\hat{\theta}_2=\theta_2(X_1,X_2,\cdots,X_n)$,使得

$$P\{\hat{\theta}_1<\theta<\hat{\theta}_2\}=1-\alpha$$

则随机区间 $(\hat{\theta}_1,\hat{\theta}_2)$ 称为**参数 $\theta$ 的置信水平为 $1-\alpha$ 的置信区间**,$\hat{\theta}_1$ 称为**置信下限**,$\hat{\theta}_2$ 称为**置信上限**,$1-\alpha$ 称为**置信水平**或**置信度**.

**注** (1)置信区间的含义.若反复抽样多次(各次的样本容量相等,均为 $n$),每一组样本值确定一个区间 $(\hat{\theta}_1,\hat{\theta}_2)$,每个区间要么包含 $\theta$ 的真值,要么不包含 $\theta$ 的真值.按伯努利大数定理,在众多的区间中,包含 $\theta$ 真值的约占 $100(1-\alpha)\%$,不包含 $\theta$ 真值的约仅占 $100\alpha\%$.例如若 $\alpha=0.01$,反复抽样 1 000 次,则得到的 1 000 个区间中,不包含 $\theta$ 真值的约为 10 个.

(2)置信区间的长度表示估计结果的精确性,而置信水平则表示估计结果的可靠性.对于置信水平为 $1-\alpha$ 的置信区间 $(\hat{\theta}_1,\hat{\theta}_2)$,一方面置信水平 $1-\alpha$ 越大,估计的可靠性越高;另一方面区间 $(\hat{\theta}_1,\hat{\theta}_2)$ 的长度 $(2\varepsilon)$ 越小,估计的精确性越好.我们自然希望反映可信程度越大越好,反映精确程度的区间长度越小越好.但在实际问题,二者常常不能兼顾,提高可靠性通常会使精确性下降(区间长度变大),而提高精确性通常会使可靠性下降($1-\alpha$ 变小),因此需要找两方面的平衡点.

## 二、寻求置信区间的方法

寻求置信区间的基本思想：在点估计的基础上，构造合适的函数，并针对给定的置信度导出置信区间.

(1) 首先要选取样本函数 $Z=Z(X_1,X_2,\cdots,X_n;\theta)$；它只包含待估参数 $\theta$，而不包含其他任何未知参数，且其分布已知并且不依赖于任何未知参数 $Z$，我们称为 $\theta$ 的枢轴量.

(2) 对于给定的置信水平 $1-\alpha$，确定常数 $a,b$，使 $P\{a\leqslant Z\leqslant b\}=1-\alpha$.

由于 $Z=Z(X_1,X_2,\cdots,X_n;\theta)$的分布是已知的，所以一般利用该分布的分位数来确定常数 $a,b$ 的值.

(3) 从 $a\leqslant Z\leqslant b$ 中得到等价不等式 $\underline{\theta}\leqslant\theta\leqslant\bar{\theta}$，其中 $\bar{\theta}=\bar{\theta}(X_1,X_2,\cdots,X_n)$，$\underline{\theta}=\underline{\theta}(X_1,X_2,\cdots,X_n)$都是统计量，则$(\underline{\theta},\bar{\theta})$就是 $\theta$ 的一个置信水平为 $1-\alpha$ 的置信区间.

上述构造置信区间的关键在于构造枢轴量 $Z$，故把这种方法称为枢轴量法.

**注**　枢轴量的寻找一般从 $\theta$ 的点估计及抽样分布得到，而满足(2)的常数 $a,b$ 可能会有很多个，选择时要依据是希望 $E(\bar{\theta}-\underline{\theta})$尽可能小.假如可以找到这样的 $a,b$ 使得 $E(\bar{\theta}-\underline{\theta})$达到最小，当然是最好的，然而不少场合很难达到这一点，故常选择 $a,b$，使得

$$P\{Z<a\}=P\{Z>b\}=\alpha/2$$

这样得到的置信区间称为等尾置信区间.对于很多非对称分布常采用这种置信区间求法.

**例 1**　设总体 $X\sim N(\mu,\sigma^2)$，$\sigma^2$ 为已知，$\mu$ 为未知，设 $X_1,X_2,\cdots,X_n$ 是来自 $X$ 的样本，求 $\mu$ 的置信水平为 $1-\alpha$ 的置信区间.

**解**　已知 $\overline{X}$ 是 $\mu$ 的无偏估计，且 $\dfrac{\overline{X}-\mu}{\sigma/\sqrt{n}}\sim N(0,1)$.而 $N(0,1)$不依赖于任何未知参数.按标准正态分布的双侧 $\alpha$ 分位数的定义，有 $P\left\{\left|\dfrac{\overline{X}-\mu}{\sigma/\sqrt{n}}\right|<u_{\alpha/2}\right\}=1-\alpha$，即

$$P\left\{\overline{X}-\frac{\sigma}{\sqrt{n}}u_{\alpha/2}<\mu<\overline{X}+\frac{\sigma}{\sqrt{n}}u_{\alpha/2}\right\}=1-\alpha.$$

这样，就得到了 $\mu$ 的一个置信水平为 $1-\alpha$ 的置信区间 $\left(\overline{X}-\dfrac{\sigma}{\sqrt{n}}u_{\alpha/2},\overline{X}+\dfrac{\sigma}{\sqrt{n}}u_{\alpha/2}\right)$，常写成 $\left(\overline{X}\pm\dfrac{\sigma}{\sqrt{n}}u_{\alpha/2}\right)$.

若取 $\alpha=0.05$，即 $1-\alpha=0.95$，及 $\sigma=1,n=16$，查表得 $u_{\alpha/2}=u_{0.025}=1.96$，则得到一个置信水平为 0.95 的置信区间$(\overline{X}\pm0.49)$.

若由一个样本值得样本均值的观察值 $\bar{x}=5.20$，则进一步得到一个置信水平为 0.95 的置信区间$(5.20\pm0.49)=(4.71,5.69)$.

这个区间的含义是：若反复抽样多次，每个样本值均确定一个区间，在这些区间中，包含 $\mu$ 的约占 95%，或者说该区间属于包含 $\mu$ 的区间的可信程度为 95%.

**例 2**　设总体 $X$ 的密度函数为

$$f(x;\theta)=\begin{cases}\dfrac{1}{\theta}e^{-\frac{x}{\theta}}, & x>0,\\ 0, & x\leqslant 0.\end{cases}$$

其中未知参数 $\theta>0$，$X_1,\cdots,X_n$ 为取自 $X$ 的样本.

(1)试证 $W=\dfrac{2n\overline{X}}{\theta}\sim\chi^2(2n)$；

(2)试求 $\theta$ 的 $1-\alpha$ 置信区间.

**解** (1) 记 $Y=\dfrac{2}{\theta}X$，设 $Y$ 的分布函数与密度函数分别为 $G(y)$ 与 $g(y)$，则

$$G(y)=P\{Y\leqslant y\}=P\{\frac{2}{\theta}X\leqslant y\}=P\{X\leqslant\frac{\theta}{2}y\}=F\left(\frac{\theta}{2}y\right)$$

这里 $F(x)=\begin{cases}1-e^{-x/\theta}, & x>0,\\ 0, & x\leqslant 0.\end{cases}$ 于是

$$G(y)=\begin{cases}1-e^{-y/2}, & y>0,\\ 0, & y\leqslant 0.\end{cases}\quad g(y)=\begin{cases}\dfrac{1}{2}e^{-y/2}, & y>0,\\ 0, & y\leqslant 0.\end{cases}$$

即 $Y\sim\chi^2(2)$，从而 $\dfrac{2}{\theta}X_i\sim\chi^2(2)$，$i=1,\cdots,n$. 又由 $\chi^2$ 分布的可加性得

$$\sum_{i=1}^{n}\frac{2}{\theta}X_i\sim\chi^2(2n),$$

而 $\displaystyle\sum_{i=1}^{n}\frac{2}{\theta}X_i=\frac{2}{\theta}\sum_{i=1}^{n}X_i=\frac{2n}{\theta}\overline{X}$，故 $\dfrac{2n}{\theta}\overline{X}\sim\chi^2(2n)$.

(2)由于 $\overline{X}$ 是 $\theta$ 的最大似然估计，从 $\overline{X}$ 出发考虑 $W=\dfrac{2n}{\theta}\overline{X}$. 由(1)知 $W$ 的分布只依赖于样本容量 $n$，即 $W=\dfrac{2n}{\theta}\overline{X}\sim\chi^2(2n)$，给定的 $1-\alpha$，有

$$P\{\chi^2_{1-\alpha/2}(2n)<\frac{2n}{\theta}\overline{X}<\chi^2_{\alpha/2}(2n)\}=1-\alpha.$$

经不等式变形得

$$P\left\{\frac{2n\overline{X}}{\chi^2_{\alpha/2}(2n)}<\theta<\frac{2n\overline{X}}{\chi^2_{1-\alpha/2}(2n)}\right\}=1-\alpha.$$

于是，所求置信区间为

$$\left(\frac{2n\overline{X}}{\chi^2_{\alpha/2}(2n)},\frac{2n\overline{X}}{\chi^2_{1-\alpha/2}(2n)}\right).$$

## 三、总体频率的置信区间

总体频率又称总体百分率或总体成数，它是指总体中具有某种特点的个体在总的个体数中所占的比率，如产品的次品率、种子的发芽率、造林成活率等.

若令具有某种特点的个体取值为 1，不具有该种特点的个体取值为 0，则该总体 $X$ 就

是服从(0－1)分布的随机变量，分布律为

| $X$ | 0 | 1 |
|---|---|---|
| $P$ | $1-p$ | $p$ |

故总体频率 $p$ 的区间估计一般又称为(0－1)分布参数的区间估计.

由于 $E(X)=p$，$D(X)=p(1-p)$，故由矩估计法确定 $p$ 的点估计为 $\bar{x}$，即 $\hat{p}=\bar{x}$.

对于抽自(0－1)分布总体的样本$(X_1,X_2,\cdots,X_n)$，当 $n$ 较大时，由中心极限定理可近似认为

$$\bar{X}\sim N\left(p,\frac{p(1-p)}{n}\right),$$

即近似认为

$$u=\frac{\bar{X}-p}{\sqrt{\frac{p(1-p)}{n}}}\sim N(0,1).$$

类似于前面的方法，对给定的 $\alpha$，可由

$$P\left\{\frac{|\bar{X}-p|}{\sqrt{\frac{p(1-p)}{n}}}<u_{\frac{\alpha}{2}}\right\}=1-\alpha,$$

确定 $p$ 的置信区间的不等式为 $\dfrac{|\bar{X}-p|}{\sqrt{\frac{p(1-p)}{n}}}<u_{\frac{\alpha}{2}}$，它等价于

$$(n+u_{\frac{\alpha}{2}}^2)p^2-(2n\bar{X}+u_{\frac{\alpha}{2}}^2)p+n\bar{X}^2<0.$$

若记

$$\begin{cases}\hat{p}_1=\dfrac{1}{2a}(-b-\sqrt{b^2-4ac}),\\[2mm]\hat{p}_2=\dfrac{1}{2a}(-b+\sqrt{b^2-4ac}),\end{cases}$$

其中

$$a=n+u_{\frac{\alpha}{2}}^2,b=-(2n\bar{X}+u_{\frac{\alpha}{2}}^2),c=n\bar{X}^2,$$

则所求置信区间为$(\hat{p}_1,\hat{p}_2)$.

另外，当 $n$ 较大时，若将 $\sqrt{\frac{p(1-p)}{n}}$ 用 $\sqrt{\frac{\bar{X}(1-\bar{X})}{n}}$ 来代替，则可得到 $p$ 的另一种形式的近似置信区间

$$\left(\bar{X}-u_{\frac{\alpha}{2}}\sqrt{\frac{\bar{X}(1-\bar{X})}{n}},\bar{X}+u_{\frac{\alpha}{2}}\sqrt{\frac{\bar{X}(1-\bar{X})}{n}}\right).$$

**例 3**　为检查一批果树嫁接成活率，用重复抽样方式，由该批嫁接果树中抽取 400 株进行观察，结果在所观察的 400 株中有 376 株成活，试以 0.95 的置信概率，估计该批果树嫁接成活率的置信区间.

**解** (1)$n=400,\bar{x}=\frac{376}{400}=0.94,u_{\frac{\alpha}{2}}=u_{0.025}=1.96,a=n+u_{\frac{\alpha}{2}}^2=403.8416,b=-(2n\bar{x}+u_{\frac{\alpha}{2}}^2)=-755.8416,c=n\bar{x}^2=353.44$,

于是有

$\hat{p}_1=\frac{1}{2a}(-b-\sqrt{b^2-4ac})=0.9123,\hat{p}_2=\frac{1}{2a}(-b+\sqrt{b^2-4ac})=0.9594$,

故该批果树嫁接成活率的 0.95 置信区间为(0.912 3,0.959 4).

(2)用另一种形式估计

$$u_{\frac{\alpha}{2}}\sqrt{\frac{\bar{x}(1-\bar{x})}{n}}=1.96\times\sqrt{\frac{0.94(1-0.94)}{400}}=0.0233,$$

故 $p$ 的 0.95 置信区间为$(0.94-0.0233,0.94+0.0233)=(0.9167,0.9633)$.

以上两种方法所得的结果非常接近.

## 四、单侧置信区间

前面讨论的置信区间$(\underline{\theta},\bar{\theta})$称为双侧置信区间,但在有些实际问题中只要考虑选取满足 $P\{u\leqslant\lambda_1\}=\alpha$ 或 $P\{u\geqslant\lambda_2\}=\alpha$ 的 $\lambda_1$ 与 $\lambda_2$,对不等式作恒等变形后化为

$$P\{\underline{\theta}\leqslant\theta\}=1-\alpha\quad 或\quad P\{\theta\leqslant\bar{\theta}\}=1-\alpha.$$

从而得到形如$(\underline{\theta},+\infty)$或$(-\infty,\bar{\theta})$的置信区间.

例如,对产品设备、电子元件等来说,我们关心的是平均寿命的置信下限,而在讨论产品的废品率时,我们感兴趣的是其置信上限.于是我们引入单侧置信区间.

**定义 2** 设 $\theta$ 为总体分布的未知参数,$X_1,X_2,\cdots,X_n$ 是取自总体 $X$ 的一个样本,对给定的数 $1-\alpha(0<\alpha<1)$,若存在统计量

$$\underline{\theta}=\underline{\theta}(X_1,X_2,\cdots,X_n),$$

满足 $P\{\underline{\theta}<\theta\}=1-\alpha$,则称$(\underline{\theta},+\infty)$为 $\theta$ 的置信度为 $1-\alpha$ 的单侧置信区间,称 $\underline{\theta}$ 为 $\theta$ 的**单侧置信下限**;若存在统计量

$$\bar{\theta}=\bar{\theta}(X_1,X_2,\cdots,X_n),$$

满足 $P\{\theta<\bar{\theta}\}=1-\alpha$,则称$(-\infty,\bar{\theta})$为 $\theta$ 的置信度为 $1-\alpha$ 的**单侧置信区间**,称 $\bar{\theta}$ 为 $\theta$ 的单侧置信上限.

**例 4** 假设总体 $X\sim N(\mu,\sigma^2)$,从总体 $X$ 中抽取容量为 10 的一个样本,算得样本均值 $\bar{X}=41.3$,样本标准差 $S=1.05$,求未知参数 $\mu$ 的置信水平为 0.95 的单侧置信区间的下限.

**解** 由题设知 $\frac{\bar{X}-\mu}{S/\sqrt{n}}\sim t(n-1)$,即 $\frac{\bar{X}-\mu}{S/\sqrt{10}}\sim t(9)$,令 $P\left\{\frac{\bar{X}-\mu}{S/\sqrt{10}}<t_\alpha(9)\right\}=1-\alpha=0.95$,

即
$$P\left\{\mu>\bar{X}-\frac{S}{\sqrt{10}}t_{0.05}(9)\right\}=0.95,$$

故 $\mu$ 置信水平为 0.95 的单侧置信区间下限为 $41.3-\frac{1.05}{\sqrt{10}}\times1.8831=40.84$.

**例 5**　从一批灯泡中随机地抽取 5 只作寿命试验，其寿命(单位:h)如下：

1 050　1 100　1 120　1 250　1 280

已知这批灯泡寿命 $X\sim N(\mu,\sigma^2)$，求平均寿命 $\mu$ 的置信度为 95%的单侧置信下限.

**解**　由于 $T=\dfrac{\overline{X}-\mu}{S/\sqrt{n}}\sim t(n-1)$，则对于给定的置信度 $1-\alpha$，有

$$P\left\{\frac{\overline{X}-\mu}{S/\sqrt{n}}<t_\alpha(n-1)\right\}=1-\alpha,$$

即

$$P\left\{\mu>\overline{X}-t_\alpha(n-1)\frac{S}{\sqrt{n}}\right\}=1-\alpha,$$

可得 $\mu$ 的置信度为 $1-\alpha$ 的单侧置信下限为 $\overline{X}-t_\alpha(n-1)\dfrac{S}{\sqrt{n}}$.

由所得数据计算，有 $\overline{X}=1\ 160$，$S\approx 99.75$，$n=5$，$\alpha=0.05$，查表得 $t_{0.05}(4)=2.14$，

所以 $\mu$ 的置信度为 95%的置信下限为 $\overline{X}-t_\alpha(n-1)\dfrac{S}{\sqrt{n}}=1\ 064.9$，即该批灯泡的平均寿命至少在 1 064.9 h 以上，可靠程度为 95%.

## 习题 6-3

1. 设总体 $X\sim N(\mu,8)$，$\mu$ 为未知参数，$X_1,\cdots,X_{36}$ 是取自总体 $X$ 的简单随机样本，如果以区间 $(\overline{X}-1,\overline{X}+1)$ 作为 $\mu$ 的置信区间，那么置信度是多少？

2. 设抽自一大批产品的 100 个样品中，得一级品 60 个，求这批产品的一级品率 $p$ 的置信水平为 0.95 的置信区间.

3. 设 $X_1,X_2,\cdots,X_n$ 为来自总体 $X\sim N(\mu,\sigma^2)$ 的一个样本，试求 $\mu$ 的置信水平为 $1-\alpha$ 的单侧置信限.

# 第四节　正态总体参数的区间估计

与其他总体相比，正态总体参数的置信区间是最完善的，应用也最广泛.在构造正态总体参数的置信区间的过程中，$t$ 分布、$\chi^2$ 分布、$F$ 分布以及标准正态分布 $N(0,1)$ 扮演了重要角色.

本节介绍正态总体的置信区间，讨论下列情形：

(1)单正态总体均值(方差已知、方差未知)的置信区间；

(2)单正态总体方差的置信区间；

(3)双正态总体均值差(方差已知、方差未知但相等)的置信区间；

(4)双正态总体方差比的置信区间.

**注**　由于正态分布具有对称性，利用双侧分位数来计算未知参数的置信度为 $1-\alpha$ 的置信区间，其区间长度在所有这类区间中是最短的.

## 一、方差已知时单正态总体均值的置信区间

设已给定置信水平为 $1-\alpha$，总体 $X\sim N(\mu,\sigma^2)$，$X_1,X_2,\cdots,X_n$ 为一个样本，$\overline{X}$，$S^2$ 分别是样本均值和样本方差.并设 $u_\alpha$ 为标准正态分布的上 $\alpha$ 分位点.

**注** 由于标准正态分布具有对称性，见图 6.4.1，利用双侧分位数来计算正态总体均值参数的置信水平(置信度)为 $1-\alpha$ 的置信区间，其区间长度在所有这类区间中是最短的.

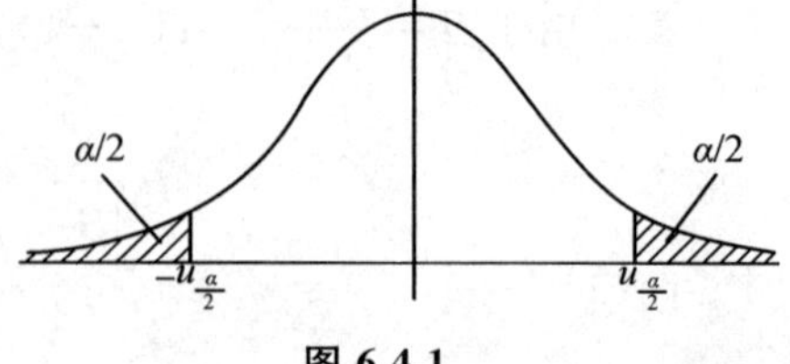


图 6.4.1

我们知道 $\overline{X}$ 是 $\mu$ 的无偏估计，且有统计量 $\dfrac{\overline{X}-\mu}{\sigma/\sqrt{n}}\sim N(0,1)$.由标准正态分布的上 $\alpha$ 分位点的定义，有

$$P\left\{\left|\frac{\overline{X}-\mu}{\sigma/\sqrt{n}}\right|<u_{\alpha/2}\right\}=1-\alpha.$$

即

$$P\left\{\overline{X}-\frac{\sigma}{\sqrt{n}}u_{\alpha/2}<\mu<\overline{X}+\frac{\sigma}{\sqrt{n}}u_{\alpha/2}\right\}=1-\alpha,$$

这样，我们就得到了 $\mu$ 的一个置信水平为 $1-\alpha$ 的置信区间

$$\left(\overline{X}-\frac{\sigma}{\sqrt{n}}u_{\alpha/2},\overline{X}+\frac{\sigma}{\sqrt{n}}u_{\alpha/2}\right),$$

这样的置信区间常写成

$$\left(\overline{X}\pm\frac{\sigma}{\sqrt{n}}u_{\alpha/2}\right).$$

**例 1** 从某厂生产的滚珠中随机抽取 10 个，测得滚珠的直径(单位：mm)如下：

14.6 15.0 14.7 15.1 14.9 14.8 15.0 15.1 15.2 14.8

若滚珠直径服从正态分布 $N(\mu,\sigma^2)$，并且已知 $\sigma=0.16$(mm)，求滚珠直径均值 $\mu$ 的置信水平为 95%的置信区间.

**解** 计算样本均值 $\bar{x}=14.92$，置信水平 $1-\alpha=0.95$，$\alpha=0.05$，查表得 $u_{\alpha/2}=u_{0.025}=1.96$(可利用 $z_\alpha=t_\alpha(\infty)$查表).由此得 $\mu$ 的置信水平为 95%的置信区间为

$$\left(\overline{X}\pm\frac{\sigma}{\sqrt{n}}u_{\alpha/2}\right)=\left(14.92\pm\frac{0.16}{\sqrt{10}}\times1.96\right).$$

即$(14.92-0.099,14.92+0.099)=(14.821,15.019)$.

**注** 置信水平为 $1-\alpha$ 的置信区间并不是唯一的.以例 1 来说，给定 $\alpha=0.05$，则又有

$$P\left\{-u_{0.04}<\frac{\overline{X}-\mu}{\sigma/\sqrt{n}}<u_{0.01}\right\}=0.95.$$

故$\left(\overline{X}-\dfrac{\sigma}{\sqrt{n}}u_{0.01},\overline{X}+\dfrac{\sigma}{\sqrt{n}}u_{0.04}\right)$也是 $\mu$ 的置信水平为 95%的置信区间，其区间长度为 $\dfrac{\sigma}{\sqrt{n}}(u_{0.04}+u_{0.01})=4.08\times\dfrac{\sigma}{\sqrt{n}}$.而在对称区间$\left(\overline{X}\pm\dfrac{\sigma}{\sqrt{n}}u_{0.05}\right)$上，区间长度为 $2\times\dfrac{\sigma}{\sqrt{n}}=3.92\times$

$\frac{\sigma}{\sqrt{n}}$，比非对称区间长度要短，较优.易知，像 $N(0,1)$ 分布那样其概率密度的图形是单峰且对称的情况，当 $n$ 固定时，以对称区间其长度为最短，我们选用对称区间.

## 二、方差未知时单正态总体均值的置信区间

此时不能使用 $\left(\overline{X}\pm\frac{\sigma}{\sqrt{n}}u_{\alpha/2}\right)$，因为其中包含了未知参数 $\sigma$.考虑到 $S^2$ 是 $\sigma^2$ 的无偏估计，将上述区间中的 $\sigma$ 换成 $S=\sqrt{S^2}$.我们已知统计量 $\frac{\overline{X}-\mu}{S/\sqrt{n}}\sim t(n-1)$，则由于 $t$ 分布是关于 $t=0$ 对称的分布，如图 6.4.2 所示.

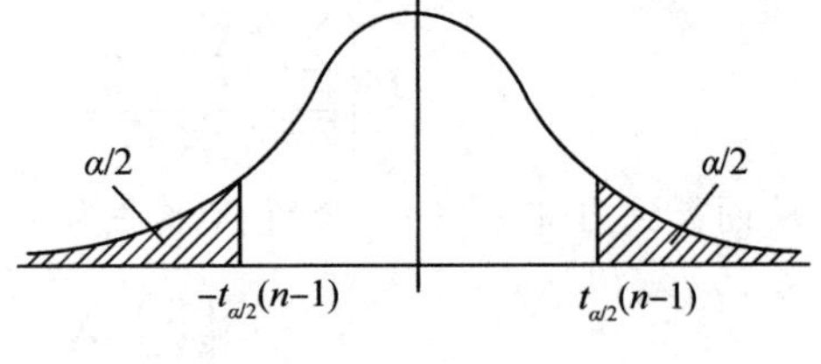


图 6.4.2

可得

$$P\left\{-t_{\alpha/2}(n-1)<\frac{\overline{X}-\mu}{S/\sqrt{n}}<t_{\alpha/2}(n-1)\right\}=1-\alpha,$$

即

$$P\left\{\overline{X}-\frac{S}{\sqrt{n}}t_{\alpha/2}(n-1)<\mu<\overline{X}+\frac{S}{\sqrt{n}}t_{\alpha/2}(n-1)\right\}=1-\alpha,$$

于是得到 $\mu$ 的一个置信水平为 $1-\alpha$ 的置信区间

$$\left(\overline{X}\pm\frac{S}{\sqrt{n}}t_{\alpha/2}(n-1)\right).$$

**例 2**　在例 1 中，若未知 $\sigma$，求滚珠直径均值 $\mu$ 的置信水平为 95% 的置信区间.

**解**　计算样本均值 $\bar{x}=14.92$，样本标准差 $s=0.193$；置信水平 $1-\alpha=0.95$，$\alpha=0.05$，自由度 $n-1=10-1=9$，查表得 $t_{\alpha/2}(n-1)=t_{0.025}(9)=2.26$.由此得 $\mu$ 的置信水平为 95% 的置信区间为

$$\left(\overline{X}\pm\frac{S}{\sqrt{n}}t_{\alpha/2}(n-1)\right)=\left(14.92\pm\frac{0.193}{\sqrt{10}}\times 2.26\right),$$

即　　$$(14.92-0.138,14.92+0.138)=(14.782,15.058).$$

**注**　比较例 1 和例 2 中 $\mu$ 的置信区间，可以发现当 $\sigma^2$ 未知时，$\mu$ 的置信区间的长度要比 $\sigma^2$ 已知时的置信区间的长度大，这表明当未知条件增多时，估计的精确程度变差，这也符合我们的直观感觉.

## 三、均值已知时单正态总体方差 $\sigma^2$ 的区间估计

已知 $\frac{1}{\sigma^2}\sum_{i=1}^{n}(X_i-\mu)^2\sim\chi^2(n)$，但是 $\chi^2$ 分布的概率密度图形不是对称的，对于已给的置信水平 $1-\alpha$，要想找到最短的置信区间是困难的.因此，习惯上仍然取对称的分位点 $\chi^2_{1-\alpha/2}$ 和 $\chi^2_{\alpha/2}$，

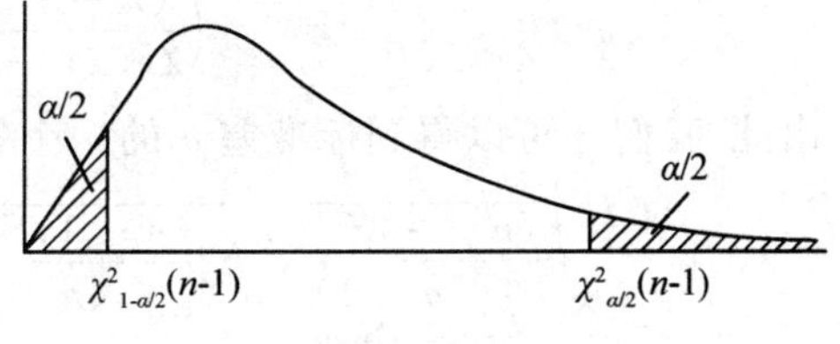


图 6.4.3

如图 6.4.3 所示.

于是我们有

$$P\left\{\chi^2_{1-\alpha/2}(n) < \frac{1}{\sigma^2}\sum_{i=1}^{n}(X_i-\mu)^2 < \chi^2_{\alpha/2}(n)\right\}=1-\alpha,$$

即

$$P\left\{\frac{\sum_{i=1}^{n}(X_i-\mu)^2}{\chi^2_{\alpha/2}(n)} < \sigma^2 < \frac{\sum_{i=1}^{n}(X_i-\mu)^2}{\chi^2_{1-\alpha/2}(n)}\right\}=1-\alpha.$$

从而得到方差 $\sigma^2$ 的一个置信水平为 $1-\alpha$ 的置信区间

$$\left(\frac{\sum_{i=1}^{n}(X_i-\mu)^2}{\chi^2_{\alpha/2}(n)},\frac{\sum_{i=1}^{n}(X_i-\mu)^2}{\chi^2_{1-\alpha/2}(n)}\right).$$

**例 3** 在例 1 中,若已知 $\mu=14.9$(mm),求滚珠直径方差 $\sigma^2$ 的置信水平为 95%的置信区间.

**解** 已知 $\mu=14.9$,置信水平 $1-\alpha=0.95$,$\alpha=0.05$,自由度 $n=10$,查表得 $\chi^2_{\alpha/2}(n)=\chi^2_{0.025}(10)=20.5$,$\chi^2_{1-\alpha/2}(n)=\chi^2_{0.975}(10)=3.25$.

则方差 $\sigma^2$ 的置信水平为 95%的置信区间为

$$\left(\frac{\sum_{i=1}^{n}(X_i-\mu)^2}{\chi^2_{\alpha/2}(n)},\frac{\sum_{i=1}^{n}(X_i-\mu)^2}{\chi^2_{1-\alpha/2}(n)}\right)=\left(\frac{\sum_{i=1}^{10}(x_i-14.9)^2}{20.5},\frac{\sum_{i=1}^{10}(x_i-14.9)^2}{3.25}\right),$$

即

$$\left(\frac{0.34}{20.5},\frac{0.34}{3.25}\right)=(0.0166,0.1046).$$

## 四、均值未知时单正态总体方差 $\sigma^2$ 的区间估计

$\sigma^2$ 的无偏估计为 $S^2$,且统计量$\frac{(n-1)S^2}{\sigma^2}\sim\chi^2(n-1)$.选取分位点 $\chi^2_{1-\alpha/2}$ 和 $\chi^2_{\alpha/2}$ 可得

$$P\left\{\chi^2_{1-\alpha/2}(n-1) < \frac{(n-1)S^2}{\sigma^2} < \chi^2_{\alpha/2}(n-1)\right\}=1-\alpha,$$

即

$$P\left\{\frac{(n-1)S^2}{\chi^2_{\alpha/2}(n-1)} < \sigma^2 < \frac{(n-1)S^2}{\chi^2_{1-\alpha/2}(n-1)}\right\}=1-\alpha.$$

于是得到方差 $\sigma^2$ 的一个置信水平为 $1-\alpha$ 的置信区间

$$\left(\frac{(n-1)S^2}{\chi^2_{\alpha/2}(n-1)},\frac{(n-1)S^2}{\chi^2_{1-\alpha/2}(n-1)}\right),$$

由此,我们还可以得到标准差 $\sigma$ 的一个置信水平为 $1-\alpha$ 的置信区间

$$\left(\sqrt{\frac{(n-1)S^2}{\chi^2_{\alpha/2}(n-1)}},\sqrt{\frac{(n-1)S^2}{\chi^2_{1-\alpha/2}(n-1)}}\right)=\left(\frac{\sqrt{n-1}S}{\sqrt{\chi^2_{\alpha/2}(n-1)}},\frac{\sqrt{n-1}S}{\sqrt{\chi^2_{1-\alpha/2}(n-1)}}\right).$$

**注**　在实际问题中，对 $\sigma^2$ 做估计的时候，一般均是 $\mu$ 未知的情况.因此，我们重点掌握 $\mu$ 未知条件下求 $\sigma^2$ 的置信区间问题.

**例 4**　在例 1 中，若未知 $\mu$，求滚珠直径方差 $\sigma^2$ 的置信水平为 95%的置信区间.

**解**　$\mu$ 未知，计算样本方差 $s^2=0.0373$，置信水平 $1-\alpha=0.95$，$\alpha=0.05$，自由度 $n-1=9$，查表可得 $\chi^2_{\alpha/2}(n-1)=\chi^2_{0.025}(9)=19.0$，$\chi^2_{1-\alpha/2}(n-1)=\chi^2_{0.975}(9)=2.70$.

则方差 $\sigma^2$ 的置信水平为 95%的置信区间为

$$\left(\frac{(n-1)S^2}{\chi^2_{\alpha/2}(n-1)},\frac{(n-1)S^2}{\chi^2_{1-\alpha/2}(n-1)}\right)=\left(\frac{9\times 0.0373}{19.0},\frac{9\times 0.0373}{2.70}\right),$$

即(0.0177,0.1243).

## 五、双正态总体均值差的置信区间

在实际中常遇到下面的问题：已知产品的某一质量指标服从正态分布，但由于原料、设备条件、操作人员不同，或工艺过程的改变等因素，引起总体均值、总体方差有所改变，我们需要知道这些变化有多大，这就需要考虑两个正态总体均值差或方差比的估计问题.

设总体 $X\sim N(\mu_1,\sigma_1^2)$，$Y\sim N(\mu_2,\sigma_2^2)$且 $X$ 与 $Y$ 相互独立，$X_1,X_2,\cdots,X_m$ 来自 $X$ 的一个样本，$Y_1,Y_2,\cdots,Y_n$ 为来自 $Y$ 的一个样本，对给定置信水平为 $1-\alpha$，且设 $\overline{X},\overline{Y},S_1^2,S_2^2$ 分别为总体 $X$ 与 $Y$ 的样本均值与样本方差.下面推导 $\mu_1-\mu_2$ 的置信区间：

(1)当 $\sigma_1^2,\sigma_2^2$ 已知时，由抽样分布可知

$$U=\frac{(\overline{X}-\overline{Y})-(\mu_1-\mu_2)}{\sqrt{\dfrac{\sigma_1^2}{m}+\dfrac{\sigma_2^2}{n}}}\sim N(0,1),$$

所以可以得到 $\mu_1-\mu_2$ 的置信水平为 $1-\alpha$ 的置信区间为

$$(\overline{X}-\overline{Y})\pm u_{\alpha/2}\cdot\sqrt{\frac{\sigma_1^2}{m}+\frac{\sigma_2^2}{n}}.$$

(2)当 $\sigma_1^2,\sigma_2^2$ 未知时，但 $m,n$ 均较大(大于 50)，可用 $S_1^2$ 和 $S_2^2$ 分别代替 $\sigma_1^2,\sigma_2^2$，则可得$(\mu_1-\mu_2)$的置信水平为 $1-\alpha$ 的近似置信区间为

$$(\overline{X}-\overline{Y})\pm u_{\alpha/2}\cdot\sqrt{\frac{S_1^2}{m}+\frac{S_2^2}{n}}.$$

(3)当 $\sigma_1^2=\sigma_2^2=\sigma^2$，且 $\sigma^2$ 未知时，若令

$$S^{*2}=\frac{(m-1)S_1^2+(n-1)S_2^2}{m+n-2},$$

则

$$T=\frac{(\overline{X}-\overline{Y})-(\mu_1-\mu_2)}{\sqrt{\dfrac{1}{m}+\dfrac{1}{n}}\cdot S^*}\sim t(m+n-2).$$

由 $t$ 分布分位数的定义有 $P\{|T|\leqslant t_{\frac{\alpha}{2}}(m+n-2)\}=1-\alpha$，从而可得 $\mu_1-\mu_2$ 的可信度为 $1-\alpha$ 的置信区间为

$$(\overline{X}-\overline{Y})\pm t_{\frac{\alpha}{2}}(m+n-2)\cdot S^{*}\cdot\sqrt{\frac{1}{m}+\frac{1}{n}}.$$

**例 5** 2003 年在某地区分行业调查职工平均工资(单位:元)情况:已知体育、卫生、社会福利事业职工工资 $X\sim N(\mu_1,218^2)$;文教、艺术、广播事业职工工资 $Y\sim N(\mu_2,227^2)$,从总体 $X$ 中调查 25 人,平均工资 1 286 元;从总体 $Y$ 中 30 人,平均工资 1 272 元,求这两大类行业职工平均工资之差的 99%的置信区间.

**解** 由于 $1-\alpha=0.99$,故 $\alpha=0.01$,查表得 $u_{0.005}=2.576$.

又 $n_1=25,n_2=30,\sigma_1^2=218^2,\sigma_2^2=227^2,\bar{x}=1\ 286,\bar{y}=1\ 272$,于是 $\mu_1-\mu_2$ 的置信度为 99%的置信区间为$(-140.96,168.96)$,即两大类行业职工平均工资相差在$-140.96\sim168.96$之间,这个估计的置信度为 99%.

**例 6** 为比较Ⅰ,Ⅱ两种型号步枪子弹的枪口速度(单位:m/s),随机的取Ⅰ型子弹 10 发,得到枪口平均速度为 $\bar{x}_1=500$,标准差 $s_1=1.10$,取Ⅱ型子弹 20 发,得到枪口平均速度为 $\bar{x}_2=496$,标准差 $s_2=1.20$,假设两总体都可认为近似地服从正态分布,且由生产过程可认为它们的方差相等,求两总体均值差 $\mu_1-\mu_2$ 的置信度为 0.95 的置信区间.

**解** 由题设:两总体的方差相等,却未知,所以可按照第三种情形计算.

由于 $1-\alpha=0.95,\alpha/2=0.025,m=10,n=20,m+n-2=28,t_{0.025}(28)=2.0484$,

$s^{*2}=\dfrac{9\times1.1^2+19\times1.2^2}{28}$,所以 $s^{*}=\sqrt{s^{*2}}=1.168\ 8$.

故所求置信区间为

$$(\overline{x_1}-\overline{x_2})\pm s^{*}\cdot t_{0.025}(28)\cdot\sqrt{\frac{1}{10}+\frac{1}{20}}=4\pm0.93,$$

即所求置信区间为$(3.07,4.93)$.

在该题中所得下限大于 0,在实际中,我们认为 $\mu_1$ 比 $\mu_2$ 大,相反,若下限小于 0,则认为 $\mu_1$ 与 $\mu_2$ 没有显著的差别.

## *六、双正态总体方差比的置信区间

设 $S_1^2$ 是总体 $N(\mu_1,\sigma_1^2)$的容量为 $n_1$ 的样本方差,$S_2^2$ 是总体 $N(\mu_2,\sigma_2^2)$的容量为 $n_2$ 的样本方差,且两总体相互独立,其中 $\mu_1,\sigma_1^2,\mu_2,\sigma_2^2$ 未知.$S_1^2$ 与 $S_2^2$ 分别是 $\sigma_1^2$ 与 $\sigma_2^2$ 的无偏估计,从第五章第三节的定理 8 知

$$F=\left(\frac{\sigma_2}{\sigma_1}\right)^2\frac{S_1^2}{S_2^2}\sim F(n_1-1,n_2-1),$$

对给定的置信水平 $1-\alpha$,由 $F$ 分布的分位数定义及其特点有

$$P\{F_{1-\alpha/2}(n_1-1,n_2-1)<F<F_{\alpha/2}(n_1-1,n_2-1)\}=1-\alpha,$$

$$P\left\{\frac{1}{F_{\alpha/2}(n_1-1,n_2-1)}\cdot\frac{S_1^2}{S_2^2}<\frac{\sigma_1^2}{\sigma_2^2}<\frac{1}{F_{1-\alpha/2}(n_1-1,n_2-1)}\cdot\frac{S_1^2}{S_2^2}\right\}=1-\alpha,$$

可导出方差比 $\sigma_1^2/\sigma_2^2$ 的置信水平为 $1-\alpha$ 置信区间为

$$\left(\frac{1}{F_{\alpha/2}(n_1-1,n_2-1)}\cdot\frac{S_1^2}{S_2^2},\frac{1}{F_{1-\alpha/2}(n_1-1,n_2-1)}\cdot\frac{S_1^2}{S_2^2}\right).$$

**例 7**　某钢铁公司的管理人员为比较新旧两个电炉的温度状况，他们抽取了新电炉的 31 个温度数据及旧电炉的 25 个温度数据，并计算得样本方差分别为 $s_1^2=75$ 及 $s_2^2=100$.设新电炉的温度 $X\sim N(\mu_1,\sigma_1^2)$，旧电炉的温度 $Y\sim N(\mu_2,\sigma_2^2)$.试求 $\sigma_1^2/\sigma_2^2$ 的 95% 置信区间.

**解**　$\sigma_1^2/\sigma_2^2$ 的 $1-\alpha$ 置信区间的两个端点分别是

$(F_{\alpha/2}(n_1-1,n_2-1))^{-1}\cdot\dfrac{s_1^2}{s_2^2}$ 与 $F_{\alpha/2}(n_2-1,n_1-1)\cdot\dfrac{s_1^2}{s_2^2}$，$\alpha=0.05$，$n_1=31$，$n_2=25$，

查表得 $F_{0.05/2}(30,24)=2.21$，$F_{0.05/2}(24,30)=2.14$.

于是置信下限为 $\dfrac{1}{2.21}\times\dfrac{75}{100}\approx0.34$，置信上限为 $2.14\times\dfrac{75}{100}\approx1.61$.

则所求置信区间为(0.34，1.61).

## *七、非正态总体参数的置信区间

### 1. 非正态总体均值的大样本估计

设 $X$ 为非正态总体，$(X_1,X_2,\cdots,X_n)$ 是来自 $X$ 的大样本(一般要求 $n\geqslant50$)，则由中心极限定理，我们可近似地认为

$$u=\frac{\overline{X}-\mu}{\sigma/\sqrt{n}}\sim N(0,1).$$

(1)当 $\sigma^2$ 已知时，$\mu$ 的 $1-\alpha$ 置信区间为

$$(\overline{X}-u_{\alpha/2}\sigma/\sqrt{n},\overline{X}+u_{\alpha/2}\sigma/\sqrt{n})=(\overline{X}\pm u_{\alpha/2}\sigma/\sqrt{n}).$$

(2) 当 $\sigma^2$ 未知时，用 $S$ 取代 $\sigma$，可以证明当 $n\to\infty$ 时，$\dfrac{\overline{X}-\mu}{S/\sqrt{n}}$ 的分布函数收敛到标准正态分布函数 $\Phi(x)$，因此当 $n$ 充分大时，可用

$$(\overline{X}-u_{\alpha/2}S/\sqrt{n},\overline{X}+u_{\alpha/2}S/\sqrt{n})$$

作为 $\mu$ 的 $1-\alpha$ 置信区间.

**例 8**　设采取等概重复的抽样方式，由某块林地上的全部林木所组成的总体中抽取了 60 株林木组成样本.由样本中各林木的树高资料(单位：m)，可算得 $\bar{x}=22.145$，$s=2.495$，试求该林地上全部林木的平均高的 0.95 置信区间.

**解**　由于 $n=60$ 较大样本，故全部林木的平均高的置信水平为 $1-\alpha$ 置信区间为 $(\bar{x}-u_{\alpha/2}s/\sqrt{n},\bar{x}+u_{\alpha/2}s/\sqrt{n})$，代入 $\bar{x}=22.145$，$s=2.495$，$\alpha=0.05$.得到该林地上全部林木的平均高的 0.95 置信区间为

$$\left(22.145\pm1.96\times\frac{2.495}{\sqrt{60}}\right)=(21.5137,22.7763).$$

### 2.两个非未知总体均值差的大样本估计

设 $X$ 与 $Y$ 是两个独立的未知总体，$(X_1,X_2,\cdots,X_{n_1})$ 和 $(Y_1,Y_2,\cdots,Y_{n_2})$ 分别是来自总体 $X$ 和 $Y$ 的大样本，则可以近似认为

$$\frac{(\bar{X}-\bar{Y})-(\mu_1-\mu_2)}{\sqrt{\frac{\sigma_1^2}{n_1}+\frac{\sigma_2^2}{n_2}}} \sim N(0,1).$$

从而有如下结论：

(1)$\sigma_1^2,\sigma_2^2$ 均已知时，$\mu_2-\mu_1$ 的 $1-\alpha$ 置信区间为

$$\left[(\bar{X}-\bar{Y}) \pm u_{\alpha/2}\sqrt{\frac{\sigma_1^2}{n_1}+\frac{\sigma_2^2}{n_2}}\right].$$

(2) $\sigma_1^2,\sigma_2^2$ 均未知，由于是大样本，故可用 $S_1^2,S_2^2$ 分别代替 $\sigma_1^2,\sigma_2^2$ 进行计算，故可得 $\mu_1-\mu_2$ 的 $1-\alpha$ 置信区间为

$$\left[(\bar{X}-\bar{Y}) \pm u_{\alpha/2}\sqrt{\frac{S_1^2}{n_1}+\frac{S_2^2}{n_2}}\right].$$

## 习题 6-4

1. 设随机抽测某品种玉米株高数据(单位:cm)如下：

170　180　270　280　250　270　290　270　230　170

由以往资料，该品种玉米株高服从正态分布，方差为 25，求该品种玉米株高总体期望 $\mu$ 的 95%置信区间.

2. 为估计 36 ha 豆地的大豆产量，以 200 $m^2$ 面积上的大豆作为总体的一个个体，并从中任意抽得 24 个个体，分别测得大豆的产量(单位:kg/200 $m^2$)如下：

50　42　32　46　35　44　45　38　35　54　42　36

41　34　39　50　43　36　34　49　35　46　38　43

试估计该豆地大豆平均产量的范围(假定大豆产量服从正态分布)，置信度为 $1-\alpha=0.95$.

3. 某旅行社为调查当地一旅游者的平均消费额，随机访问了 100 名旅游者，得知平均消费额 $\bar{x}=80$ 元.根据经验，已知旅游者消费服从正态分布，且标准差 $\sigma=12$ 元，求该地旅游者平均消费额 $\mu$ 的置信度为 95%的置信区间.

4. 设总体 $X \sim N(\mu,\sigma^2)$，其中 $\mu$ 未知，$\sigma^2=4$.$X_1,X_2,\cdots,X_n$ 为其样本.当 $n=16$ 时，试求置信度分别为 0.9 及 0.95 的 $\mu$ 的置信区间的长度.

5. 有一大批袋装糖果.现从中随机地取 16 袋，称得质量(单位:g)如下：

506　508　499　503　504　510　497　512

514　505　493　496　506　502　509　496

设袋装糖果的质量近似地服从正态分布，试求总体均值 $\mu$ 的置信水平为 0.95 的置信区间.

6. 为考察某大学成年男性的胆固醇水平，现抽取了样本容量为 25 的一样本，并测得样本均值 $\bar{x}=186$，样本标准差 $s=12$.假定所论胆固醇水平 $X \sim N(\mu,\sigma^2)$，$\mu$ 与 $\sigma^2$ 均未知.试分别求出 $\mu$ 以及 $\sigma$ 的 90%置信区间.

7. 某车间生产的螺钉，其直径 $X \sim N(\mu,\sigma^2)$，由过去的经验知道 $\sigma^2=0.06$，今随机抽

取 6 枚,测得其长度(单位:mm)如下:

14.7　15.0　14.8　14.9　15.1　15.2

试求 $\mu$ 的置信概率为 0.95 的置信区间.

8. 纤度是衡量纤维粗细程度的一个量,某厂化纤纤度 $X\sim N(\mu,\sigma^2)$,抽取 9 根纤维,测量其纤度为:

1.36　1.49　1.43　1.41　1.27　1.40　1.32　1.42　1.47

试求 $\mu$ 的置信度为 0.95 的置信区间,(1)若 $\sigma^2=0.048^2$;(2)若 $\sigma^2$ 未知.

9. 为分析某自动设备加工的零件的精度,抽查 16 个零件,测量其长度(单位:mm),得 $\bar{x}=12.075$,$s=0.0494$,设零件长度 $X\sim N(\mu,\sigma^2)$,取置信度为 0.95.求:

(1)$\sigma^2$ 的置信区间;

(2)$\sigma$ 的置信区间.

10. 设某种砖头的抗压强度 $X\sim N(\mu,\sigma^2)$,今随机抽取 20 块砖头,测得数据如下(单位:$\mathrm{kg\cdot cm^{-2}}$):

64　69　49　92　55　97　41　84　88　99

84　66　100　98　72　74　87　84　48　81

(1) 求 $\mu$ 的置信概率为 0.95 的置信区间;

(2) 求 $\sigma^2$ 的置信概率为 0.95 的置信区间.

11. 研究两种固体燃料火箭推进器的燃烧率.设两者都服从正态分布,并且已知燃烧率的标准差均近似地为 0.05 cm/s,取样本容量为 $n_1=n_2=20$.得燃烧率的样本均值分别为 $\bar{x}_1=18$ cm/s,$\bar{x}_2=24$ cm/s.设两样本独立,求两燃烧率总体均值差 $\mu_1-\mu_2$ 的置信度为 0.99 的置信区间.

12. 某厂分别从两条流水生产线上抽取样本(单位:g):$X_1,X_2,\cdots,X_{12}$ 及 $Y_1,Y_2,\cdots,Y_{17}$,测得 $\bar{x}=10.6$,$\bar{y}=9.5$,$s_1^2=2.4$,$s_2^2=4.7$.设两个正态总体的均值分别为 $\mu_1$ 和 $\mu_2$,且有相同方差,试求 $\mu_1-\mu_2$ 的置信度 95%的置信区间.

13. 为了估计磷肥对农作物增产的作用,现选 20 块条件大致相同的土地.10 块不施磷肥,另外 10 块施磷肥,得亩产量(单位:kg)如下:

不施磷肥的:560　590　560　570　580　570　600　550　570　550

施磷肥的:620　570　650　600　630　580　570　600　600　580

设不施磷肥亩产和施磷肥亩产均服从正态分布,其方差相同.试对施磷肥平均亩产与不施磷肥平均亩产之差作区间估计($\alpha=0.05$).

14. 设两位化验员 $A$,$B$ 独立地对某种聚合物含氯量用同样的方法各做 10 次测定,其测定值的样本方差依次为 $s_A^2=0.5419$,$s_B^2=0.6065$.设 $\sigma_A^2$,$\sigma_B^2$ 分别为 $A$,$B$ 所测定的测定值总体的方差,设总体均为正态的.设两样本独立,求方差比 $\sigma_A^2/\sigma_B^2$ 的置信度为 0.95 的置信区间.

15. 为估计制造某种产品所需的单件平均工时(单位:h),现制造 5 件,记录每件所需工时如下:

10.5　11　11.2　12.5　12.8

设制造单件产品所需工时 $X\sim N(\mu,\sigma^2)$,试求均值 $\mu$ 的 95%单侧置信下限和方差 $\sigma^2$ 的 95%的单侧置信上限.

# 总习题六

1. 设总体 $X$ 的方差为 1,根据来自 $X$ 的容量为 100 的简单随机样本,测得样本均值为 5.则 $X$ 的数学期望的置信度近似等于 0.95 的置信区间为__________.

2. 设由来自正态总体 $X \sim N(\mu, 0.9^2)$ 容量为 9 的简单随机样本,得样本均值 $\overline{X}=5$.则未知参数 $\mu$ 的置信度为 0.95 的置信区间是__________.

3. 设总体 $X$ 的概率密度为

$$f(x;\theta)=\begin{cases} e^{-(x-\theta)}, & x \geqslant 0, \\ 0, & x < 0. \end{cases}$$

则 $X_1, X_2, \cdots, X_n$ 是来自总体 $X$ 的简单随机样本,则未知参数 $\theta$ 的矩估计量为__________.

4. 已知一批零件的长度 $X$(单位:cm)服从正态分布 $N(\mu,1)$,从中随机地抽取 16 个零件,得到长度的平均值为 40 cm,则 $\mu$ 的置信度为 0.95 的置信区间是__________.

[注:标准正态分布函数值 $\Phi(1.96)=0.975$,$\Phi(1.645)=0.95$]

5. 设 $n$ 个随机变量 $X_1, X_2, \cdots, X_n$ 独立同分布,$D(X)=\sigma^2$,$\overline{X}=\frac{1}{n}\sum_{i=1}^{n} X_i$,$S^2=\frac{1}{n-1}\sum_{i=1}^{n}(X_i-\overline{X})^2$,则(　　).

A. $S$ 是 $\sigma$ 的无偏估计量

B. $S$ 是 $\sigma$ 的最大似然估计量

C. $S$ 是 $\sigma$ 的相合估计量(即一致估计量)

D. $S$ 与 $\overline{X}$ 相互独立

6. 设一批零件的长度服从正态分布 $N(\mu,\sigma^2)$,其中 $\mu,\sigma^2$ 均未知.现从中随机抽取 16 个零件,测得样本均值 $\bar{x}=20$(cm),样本标准差 $s=1$(cm),则 $\mu$ 的置信度为 0.90 的置信区间是(　　).

A. $\left(20-\frac{1}{4}t_{0.05}(16), 20+\frac{1}{4}t_{0.05}(16)\right)$

B. $\left(20-\frac{1}{4}t_{0.1}(16), 20+\frac{1}{4}t_{0.1}(16)\right)$

C. $\left(20-\frac{1}{4}t_{0.05}(15), 20+\frac{1}{4}t_{0.05}(15)\right)$

D. $\left(20-\frac{1}{4}t_{0.1}(15), 20+\frac{1}{4}t_{0.1}(15)\right)$

7. 设 0.50,1.25,0.80,2.00 是来自总体 $X$ 的简单随机样本值.已知 $Y=\ln X$ 服从正态分布 $N(\mu,1)$.

(1)求 $X$ 的数学期望 $E(X)$[记 $E(X)$ 为 $b$];

(2)求 $\mu$ 的置信度为 0.95 的置信区间;

(3)利用上述结果,求 $b$ 的置信度为 0.95 的置信区间.

8. 设总体 $X$ 的概率密度为

$$f(x;\lambda)=\begin{cases}\lambda\alpha x^{\alpha-1}\mathrm{e}^{-\lambda x^{\alpha}}, & x>0,\\ 0, & x\leqslant 0.\end{cases}$$

其中 $\lambda>0$ 是未知参数，$\alpha>0$ 是已知常数.试根据来自总体 $X$ 的简单随机样本 $X_1,X_2,\cdots,X_n$，求 $\lambda$ 的最大似然估计量 $\bar{\lambda}$.

9. 设总体 $X$ 的概率密度为

$$f(x)=\begin{cases}(\theta+1)x^{\theta}, & 0<x<1,\\ 0, & \text{其他}.\end{cases}$$

其中 $\theta>-1$ 是未知参数.$X_1,X_2,\cdots,X_n$ 是来自总体 $X$ 的一个容量为 $n$ 的简单随机样本，分别用矩估计法和极大似然估计法求 $\theta$ 的估计量.

10. 设总体 $X$ 的概率密度为

$$f(x)=\begin{cases}\dfrac{6x}{\theta^3}(\theta-x), & 0<x<\theta,\\ 0, & \text{其他}.\end{cases}$$

$X_1,X_2,\cdots,X_n$ 是取自总体 $X$ 的简单随机样本.求：

(1)$\theta$ 的矩估计量 $\hat{\theta}$；

(2)$D(\hat{\theta})$.

11. 设某种元件的使用寿命 $X$ 的概率密度为

$$f(x;\theta)=\begin{cases}2\mathrm{e}^{-2(x-\theta)}, & x>0,\\ 0, & x\leqslant 0.\end{cases}$$

其中 $\theta>0$ 为未知参数.又设 $x_1,x_2,\cdots,x_n$ 是 $X$ 的一组样本观测值，求参数 $\theta$ 的最大似然估计值.

12. 设总体 $X$ 的概率分布为

| $X$ | 0 | 1 | 2 | 3 |
|---|---|---|---|---|
| $P$ | $\theta^2$ | $2\theta(1-\theta)$ | $\theta^2$ | $1-2\theta$ |

其中 $\theta(0<\theta<\dfrac{1}{2})$ 是未知参数，利用总体 $X$ 的如下样本值：

3　1　3　0　3　1　2　3

求 $\theta$ 的矩估计值和最大似然估计值.

13. 设总体 $X$ 的概率密度为

$$f(x)=\begin{cases}2\mathrm{e}^{-2(x-\theta)}, & x>\theta,\\ 0, & x\leqslant\theta.\end{cases}$$

其中 $\theta>0$ 是未知参数，从总体 $X$ 中抽取简单随机样本 $X_1,X_2,\cdots,X_n$，记 $\hat{\theta}=\min(X_1,X_2,\cdots,X_n)$.

(1)求总体 $X$ 的分布函数 $F(x)$；

(2)求统计量 $\hat{\theta}$ 的分布函数 $f_{\hat{\theta}}(x)$；

(3)如果用 $\hat{\theta}$ 作为 $\theta$ 的估计量,讨论它是否具有无偏性.

14. 设总体 $X$ 的分布函数为

$$F(x,\beta)=\begin{cases}1-\dfrac{1}{x^{\beta}}, & x>1,\\ 0, & x\leqslant 1.\end{cases}$$

其中未知参数 $\beta>1$,$X_1,X_2,\cdots,X_n$ 为来自总体 $X$ 的简单随机样本,求:

(1)$\beta$ 的矩估计量;

(2)$\beta$ 的最大似然估计量.

15. 设总体 $X$ 的概率密度为

$$f(x,\theta)=\begin{cases}\theta, & 0<x<1,\\ 1-\theta, & 1\leqslant x<2,\\ 0, & \text{其他}.\end{cases}$$

其中 $\theta$ 是未知参数($0<\theta<1$),$X_1,X_2,\cdots,X_n$ 为来自总体 $X$ 的简单随机样本,记 $N$ 为样本值 $x_1,x_2,\cdots,x_n$ 中小于 1 的个数,求 $\theta$ 的最大似然估计.

16. 设 $X_1,X_2,\cdots,X_n(n>2)$ 为来自总体 $N(0,\sigma^2)$ 的简单随机样本,其样本均值为 $\overline{X}$.记 $Y_i=X_i-\overline{X}$,$i=1,2,\cdots,n$.求:

(1)$Y_i$ 的方差 $D(Y_i)$,$i=1,2,\cdots,n$;

(2)$Y_1$ 与 $Y_n$ 的协方差 $\mathrm{Cov}(Y_1,Y_n)$.

(3)若 $c(Y_1+Y_n)^2$ 是 $\sigma^2$ 的无偏估计量,求常数 $c$.

17. 设总体 $X$ 的概率密度为 $f(x;\theta)=\begin{cases}\theta, & 0<x<1,\\ 1-\theta, & 1\leqslant x<2,\\ 0, & \text{其他}.\end{cases}$ 其中 $\theta$ 是未知参数,其中 $\theta$ 是未知参数($0<\theta<1$),$X_1,X_2,\cdots,X_n$ 为来自总体的随机样本,记 $N$ 为样本值 $X_1,X_2,\cdots,X_n$ 中小于 1 的个数,求:

(1)$\theta$ 的矩估计;

(2)$\theta$ 的最大似然估计.

18. 设 $X_1,X_2,\cdots,X_n$ 为总体的一个样本.求下列各总体的密度函数或分布律中的未知参数的矩估计量.

(1)$f(x)=\begin{cases}\theta c^{\theta}x^{-(\theta+1)}, & x>c,\\ 0, & \text{其他}.\end{cases}$ 其中 $c>0$ 为已知,$\theta>1$,$\theta$ 为未知参数.

(2)$f(x)=\begin{cases}\sqrt{\theta}x^{\sqrt{\theta}-1}, & 0\leqslant x\leqslant 1,\\ 0, & \text{其他}.\end{cases}$ 其中 $\theta>0$,$\theta$ 为未知参数.

(3)$P(X=x)=\dbinom{m}{s}p^{x}(1-p)^{m-x}$,$x=0,1,2,\cdots,m$,$0<p<1$,$p$ 为未知参数.

19. 设总体 $X$ 服从参数为 $\lambda$ 的泊松分布,$X_1,X_2,\cdots,X_n$ 是 $X$ 的简单随机样本,试证:$\dfrac{1}{2}(\overline{X}+S^2)$ 是 $\lambda$ 的无偏估计.

20. 设总体 $X$ 的概率密度为 $f(x;\theta)=\begin{cases}\dfrac{\theta^2}{x^3}\mathrm{e}^{-\frac{\theta}{x}}, & x>0,\\ 0, & 其他.\end{cases}$ 其中 $\theta$ 为未知参数且大于零，$X_1,X_2,\cdots,X_n$ 为来自总体 $X$ 的简单随机样本.求：

(1)$\theta$ 的矩估计量；

(2)$\theta$ 的最大似然估计量.

21. 设总体 $X$ 的概率密度为 $f(x,\theta)=\begin{cases}\dfrac{1}{2\theta}, & 0<x<\theta,\\ \dfrac{1}{2(1-\theta)}, & \theta\leqslant x<1,\\ 0, & 其他.\end{cases}$ $X_1,X_2,\cdots,X_n$ 是来自总体 $X$ 的简单随机样本，$\overline{X}$ 是样本均值.

(1)求参数 $\theta$ 的矩估计量 $\hat{\theta}$；

(2)判断 $4\overline{X}^2$ 是否为 $\theta^2$ 的无偏估计量，并说明理由.

22. 设随机变量 $X$ 服从正态分布 $N(\mu_1,\sigma_1^2)$，随机变量 $Y$ 服从正态分布 $N(\mu_2,\sigma_2^2)$，且 $P\{|X-\mu_1|<1\}>P\{|Y-\mu_2|<1\}$，试确定 $\sigma_1$ 和 $\sigma_2$ 的大小关系.

23. 设总体 $X$ 的概率密度 $f(x,\sigma)=\dfrac{1}{2\sigma}\mathrm{e}^{-\frac{|x|}{\sigma}}$，$-\infty<x<+\infty$，其中参数 $\sigma(\sigma>0)$ 未知，若 $x_1,x_2,\cdots,x_n$ 是来自总体 $X$ 的简单随机样本，$\hat{\sigma}=\dfrac{1}{n-1}\sum\limits_{i=1}^{n}|x_i|$ 是 $\sigma$ 的估计量，求 $E(\hat{\sigma})$.

24. 设 $X_1,X_2,\cdots,X_m$ 为来自二项分布总体 $B(n,p)$ 的简单随机样本，$\overline{X}$ 和 $S^2$ 分别为样本均值和样本方差.若 $\overline{X}+kS^2$ 为 $np^2$ 的无偏估计量，求 $k$.

25. 设 $X_1,X_2,\cdots,X_m$ 为来自二项分布总体 $B(n,p)$ 的简单随机样本，$\overline{X}$ 和 $S^2$ 分别为样本均值和样本方差.记统计量 $T=\overline{X}-S^2$，求 $E(T)$.

26. 以 $X$ 表示某一工厂制造的某种器件的寿命(单位:h)，设 $X\sim N(\mu,1\ 296)$，今取得一容量为 $n=27$ 的样本，测得其样本均值为 $\bar{x}=1\ 478$，求 $\mu$ 的置信水平为 0.95 的置信区间.

27. 以 $X$ 表示某种小包装糖果的质量(单位:g)，设 $X\sim N(\mu,4)$，今取得样本(容量为 $n=10$)：

55.95　56.54　57.58　55.13　57.48　56.06　59.93　58.30　52.57　58.46

(1)求 $\mu$ 的最大似然估计值；

(2)求 $\mu$ 的置信水平为 0.95 的置信区间.

28. 一农场种植生产果冻的葡萄，以下数据是从 30 车葡萄中采样测得的糖含量(以某种单位计)：

16.0　15.2　12.0　16.9　14.4　16.3　15.6　12.9　15.3　15.1
15.8　15.5　12.5　14.5　14.9　15.1　16.0　12.5　14.3　15.4
15.4　13.0　12.6　14.9　15.1　15.3　12.4　17.2　14.7　14.8

并设样本来自正态总体 $N(\mu,\sigma^2)$,$\mu,\sigma^2$ 均未知.求:

(1)$\mu,\sigma^2$ 的无偏估计值.

(2)$\mu$ 的置信水平为 90%的置信区间.

29. 一油漆商希望知道某种新的内墙油漆的干燥时间.在面积相同的 12 块内墙上做试验,记录干燥时间(单位:min),得样本均值 $\overline{x}=66.3$,样本标准差 $s=9.4$.设样本来自正态总体 $N(\mu,\sigma^2)$,$\mu,\sigma^2$ 均未知.求干燥时间的数学期望的置信水平为 0.95 的置信区间.

# 第七章　假设检验

假设检验是统计推断的第二个重要内容.假设检验,顾名思义,即先提假设,再做检验.本章所说的假设检验,是对总体分布的参数或总体分布的类型、性质等先提出某种假设,然后根据样本信息,借助统计分析方法对所提出的假设进行检验,判断这个假设是否成立或者是否合理,接受还是拒绝.假设检验包括:参数假设检验和非参数假设检验.参数假设检验是针对总体分布函数中的未知参数提出的假设进行检验,非参数假设检验是针对总体分布函数形式或类型而提出的假设进行检验.本章主要讨论单参数假设检验问题.

## 第一节　假设检验的基本概念

### 一、假设检验的基本思想

下面通过一个实例来给出假设检验问题的有关概念,并总结假设检验问题的基本思想和方法.

**例 1**　某车间用一台包装机包装洗衣粉,每袋洗衣粉的净重是一个随机变量,它服从正态分布.洗衣粉包装机在正常工作时,装包量 $X\sim N(500,15^2)$,为了判断包装机工作是否正常,每日开工后都要抽样检验.设某日开工后随机抽取它所包装的 9 袋洗衣粉,称得净重为(单位:g):

498　508　518　524　500　513　520　515　512

问包装机工作是否正常?(取 $\alpha=0.05$)

长期的实践经验表明每袋洗衣粉质量的标准差比较稳定,所以我们假定 $X\sim N(500,15^2)$,要考察包装机是否正常工作,实际上就等于检验 $\mu$ 是否等于 500g,于是提出假设

$$H_0:\mu=\mu_0=500;H_1:\mu\neq\mu_0=500 \tag{7.1.1}$$

如果接受 $H_0$,即认为 $\mu=500$,则表明包装机工作正常;如果拒绝 $H_0$,而接受 $H_1$,则表明包装机工作不正常.

在很多实际问题中,我们常常需要对关于总体的分布形式或分布中的未知参数的某个陈述或命题进行判断,数理统计学中将这些有待验证的陈述或命题称为统计假设,简称假设.如上例问题中的 $H_0$ 和 $H_1$ 都是假设.利用样本对假设的真假进行判断称为**假设检验**.在总体的概率分布已知的情况下,对分布中的未知参数作假设并进行检验,称为**参数假设检验**;若总体的分布未知、对总体的分布形式或性质作假设并进行检验,称为**非参数假设检验**.

在假设检验中,常把被检验的假设称为**零假设**或**原假设**,而把它的对立面称为备择假

设或对立假设.如上例中的 $H_0$ 就称为原假设,$H_1$ 称为备择假设.在假设检验中需要同时提出原假设和备择假设.

形如(7.1.1)式的备择假设 $H_1$,表示 $\mu$ 可能大于 $\mu_0$ 也可能小于 $\mu_0$,称为**双侧(边)备择假设**.形如(7.1.1)式的假设检验称为**双侧(边)假设检验**.

在实际问题中,有时还需要检验下列形式的假设

$$H_0:\mu \leqslant \mu_0, H_1:\mu > \mu_0 \tag{7.1.2}$$

$$H_0:\mu \geqslant \mu_0, H_1:\mu < \mu_0 \tag{7.1.3}$$

形如(7.1.2)式的假设检验称为右侧(边)检验;形如(7.1.3)式的假设检验称为左侧(边)检验;右侧(边)检验和左侧(边)检验统称为单侧(边)检验.

在以上的分析中我们介绍了如何根据问题提出假设,但如何对所提出的假设进行判断呢?也就是如何通过所抽取的样本来判断是接受还是拒绝原假设 $H_0$.统计学中常用"小概率事件原理"和"概率反证法"来解决这一问题.

**小概率事件原理(或实际推断原理)**:小概率事件在一次试验中被认为是不会发生的.

如果小概率事件在一次试验中发生了,即出现了不正常的结果,我们就有充分的理由怀疑所提假设的正确性,从而拒绝原假设.

**概率反证法**:要证明原假设 $H_0$ 是否为真,我们先假设原假设 $H_0$ 为真,在此前提下构造一个对应的小概率事件 $A$,然后通过样本信息来判断小概率事件 $A$ 是否发生,如果小概率事件 $A$ 发生了,这与小概率事件原理相违背,则有充分的理由拒绝原假设 $H_0$,接受备择假设 $H_1$.如果小概率事件 $A$ 没有发生,则没有理由拒绝原假设 $H_0$,即应该接受 $H_0$.

概率反证法的关键是考察是否出现一个与小概率原理相违背的结论.那么多小的概率才能算是小概率呢,我们用 $\alpha$ 来表示这一小概率,$\alpha$ 通常取 0.01、0.05、0.1 等,称 $\alpha$ 为**检验水平或显著性水平**.

下面结合例题 1 来说明假设检验的基本思想和方法.

根据前面的学习知道,样本均值 $\overline{X}$ 是总体期望 $\mu$ 的无偏估计量.因此,如果原假设 $H_0:\mu=\mu_0$ 正确,那么 $\overline{X}$ 和 $\mu_0$ 的差异不会太大,虽然由于抽样的随机性会导致 $\overline{X}$ 和 $\mu_0$ 之间存在一些差异,但当 $|\overline{X}-\mu_0|$ 很大时,我们就有理由怀疑原假设 $H_0$ 的正确性.当方差 $\sigma^2$ 已知时,统计量

$$U=\frac{\overline{X}-\mu_0}{\sigma/\sqrt{n}} \sim N(0,1).$$

所以我们就可以把衡量 $|\overline{X}-\mu_0|$ 的大小等价地转化为衡量 $|U|$ 的大小,衡量一个事件发生概率大小需要一个标准,这个标准可以由给定的显著性水平 $\alpha$ 表出.

在原假设 $H_0$ 为真的条件下,$P(|U|>u_{\alpha/2})=\alpha$,即事件"$|U|>u_{\alpha/2}$"是一个概率为 $\alpha$ 小概率事件.如果在一次具体的试验中,这个小概率事件发生了,即"$\left|\dfrac{\overline{X}-\mu_0}{\sigma/\sqrt{n}}\right|>u_{\alpha/2}$"发生了,就有充分的理由怀疑原假设 $H_0$ 的正确性,从而拒绝原假设,接受备择假设.如果"$\left|\dfrac{\overline{X}-\mu_0}{\sigma/\sqrt{n}}\right|>u_{\alpha/2}$"没有发生,则不能拒绝原假设,这时就应该接受原假设.

称使得小概率事件发生的样本取值集合

$$W=\{(X_1,\cdots,X_n):|U|>u_{\alpha/2}\}=\left\{(X_1,\cdots,X_n):\left|\frac{\overline{X}-\mu_0}{\sigma/\sqrt{n}}\right|>u_{\alpha/2}\right\}$$

为检验的拒绝域,用来检验假设 $H_0$ 的统计量 $U$ 称为**检验统计量**,$u_{\alpha/2}$ 称为**检验的临界值**.

## 二、假设检验的两类错误

在推断统计中,我们总是通过部分来推断总体,通过一次抽样结果来对总体的假设做出判断,因而假设检验不可能绝对准确,它也可能犯错误.可能犯的错误有以下两类:

**第一类错误**:原假设 $H_0$ 符合实际情况,而一次抽样检验结果却把它否定了,称这类错误为**弃真错误**.

**第二类错误**:原假设 $H_0$ 不符合实际情况,而一次抽样检验结果却把它肯定下来了,称这类错误为**取伪错误**.

犯第一类错误的概率恰好就是“小概率事件”发生的概率 $\alpha$,即

$$P\{拒绝\ H_0 \mid H_0\ 为真\}=\alpha.$$

记 $\beta$ 为犯第二类错误的概率,即

$$P\{接受\ H_0 \mid H_0\ 不真\}=\beta.$$

实际中,我们总希望犯错误的概率小一些,也就是说希望犯两类错误的概率越小越好.但当样本容量 $n$ 固定时,$\alpha$,$\beta$ 不能同时都小,即 $\alpha$ 变小时,$\beta$ 就变大;而 $\beta$ 变小时,$\alpha$ 就变大.要想同时减少犯两类错误的概率就只有增加样本容量 $n$.通常的做法是,先固定“犯第一类错误”的概率,即给定 $\alpha$,再通过增大样本容量 $n$ 来减小“犯第二类错误”的概率 $\beta$.

在样本容量确定,两类错误不能同时减小的情况下,通常着重控制犯第一类错误的概率 $\alpha$,使之不能轻易拒绝 $H_0$,而 $H_0$ 一旦被拒绝,则理由是充分的,这种只控制第一类错误而不考虑第二类错误的检验问题称为显著性检验问题.

$\alpha$ 通常选取 0.01、0.05 或 0.1,样本容量 $n$ 也不能太小,最少应大于等于 5,最好大于等于 10.$n$ 越大,$\beta$ 就会越小.

## 三、假设检验的一般步骤

根据前面的讨论,我们把假设检验的一般步骤总结如下:

(1)根据实际问题提出原假设 $H_0$ 和备择假设 $H_1$;

(2)构造适当的检验统计量,并在原假设 $H_0$ 成立的条件下确定该检验统计量的分布;

(3)确定拒绝域,即依据直观分析先确定拒绝域的形式,然后根据给定的显著性水平 $\alpha$ 和 $U$ 的分布,由

$$P\{拒绝\ H_0 \mid H_0\ 为真\}=\alpha,$$

确定拒绝域的临界值,从而确定拒绝域;

(4)作一次具体的抽样,根据样本观测值计算检验统计量的观测值;

(5)用检验统计量的观测值和临界值进行比较,如统计量的观测值落入拒绝域,则拒绝原假设 $H_0$,接受备择假设 $H_1$,否则不能拒绝原假设 $H_0$.

**例 2** 有一封装盒装牛奶的生产流水线，每盒的标准容量规定为 200 毫升.质检员每天都要检验牛奶的容量是否合格,已知每盒容量服从正态分布,且生产比较稳定时,其标准差 $\sigma=9$ 毫升.某日上班后,质检员每隔半小时从生产线上取一盒,共抽测了 9 盒,测得容量(单位:ml)如下：

211　203　198　220　196　207　214　199　206

试问生产线工作是否正常?(取 $\alpha=0.05$.)

**解** (1) 提出假设检验

$$H_0:\mu=200, H_1:\mu\neq 200.$$

(2)以 $H_0$ 成立为前提,确定检验 $H_0$ 的统计量及其分布,有

$$U=\frac{\overline{X}-\mu_0}{\sigma/\sqrt{n}}=\frac{\overline{X}-200}{9/3}\sim N(0,1).$$

(3)对给定显著性水平 $\alpha=0.05$,确定 $H_0$ 的接受域 $\overline{W}$ 或拒绝 $W$,取临界点为 $u_{\alpha/2}=1.96$,使 $P\{|U|>u_{\alpha/2}\}=\alpha$,故 $H_0$ 被接受与拒绝的区域分别为

$$\overline{W}=[-1.96,1.96], W=(-\infty,-1.96)\cup(1.96,+\infty).$$

(4)由样本计算统计量 $U$ 的值　$u=\dfrac{206-200}{9/3}=2>1.96.$

(5)对假设 $H_0$ 作推断,因为 $u\in W$(拒绝域),故认为这天生产线工作不正常.

**例 3** 某厂生产的一种螺钉,标准要求长度(单位:mm)是 68.实际生产的产品，其长度服从正态分布 $N(\mu,3.6^2)$,考虑设检验问题

$$H_0:\mu=68, H_1:\mu\neq 68.$$

设 $\overline{X}$ 为样本均值,按下列方式进行假设检验:当 $|\overline{X}-68|>1$ 时,拒绝假设 $H_0$;当 $|\overline{X}-68|\leqslant 1$ 时,接受假设 $H_0$.

(1)当样本容量 $n=36$ 时,求犯第一类错误的概率 $\alpha$;

(2)当样本容量 $n=64$ 时,求犯第一类错误的概率 $\alpha$.

**解** 当 $n=36$ 时，有

$$\overline{X}\sim N\left(\mu,\frac{3.6^2}{36}\right)=N(\mu,0.6^2),$$

$$\begin{aligned}\alpha&=P\{|\overline{X}-68|>1\mid H_0\text{ 成立}\}=P\{\overline{X}<67\mid H_0\text{ 成立}\}+P\{\overline{X}>69\mid H_0\text{ 成立}\}\\&=\Phi\left(\frac{67-68}{0.6}\right)+\left[1-\Phi\left(\frac{69-68}{0.6}\right)\right]\approx\Phi(-1.67)+[1-\Phi(1.67)]\\&=2[1-\Phi(1.67)]=2[1-0.952\ 5]=0.095\ 0.\end{aligned}$$

(2)当 $n=64$ 时,$\overline{X}\sim N(\mu,0.45^2)$.

$$\begin{aligned}\alpha&=P\{|\overline{X}<67\mid H_0\text{ 成立}\}+P\{|\overline{X}>69\mid H_0\text{ 成立}\}\\&=\Phi\left(\frac{67-68}{0.45}\right)+\left[1-\Phi\left(\frac{69-68}{0.45}\right)\right]\\&\approx 2[1-\Phi(2.22)]=2[1-0.986\ 8]=0.0264.\end{aligned}$$

**注** 随着样本容量 $n$ 的增大,得到关于总体的信息更多,从而犯弃真错误的概率越小.

## 四、多参数与非参数假设检验问题

原则上，以上介绍的所有单参数假设检验的内容也适用于多参数与非参数假设检验问题，只需在某些细节上作适当的调整即可，这里仅说明下列两点：

(1)对多参数假设检验问题，要寻求一个包含所有待检验参数的检验统计量，使之服从一个已知的确定分布；

(2)非参数假设检验问题可近似地化为一个多参数建设检验问题.

鉴于正态总体是统计应用中最为常见的总体，在以下两节中，我们将首先分别讨论单正态总体与双正态总体的参数假设检验.

## 习题 7-1

1.在假设检验中，$H_0$ 表示原假设，$H_1$ 为备择假设，则称为犯第二类错误的是(　　).

A.$H_1$ 不真，接受 $H_1$　　B.$H_1$ 不真，接受 $H_0$

C.$H_0$ 不真，接受 $H_1$　　D.$H_0$ 不真，接受 $H_0$

2.样本容量 $n$ 确定后，在一个假设检验中，给定显著性水平为 $\alpha$，设此第二类错误的概率为 $\beta$，则必有(　　).

A.$\alpha+\beta=1$　　B.$\alpha+\beta>1$

C.$\alpha+\beta<1$　　D.$\alpha+\beta<2$

3.设总体 $X\sim N(\mu,\sigma^2)$，其中 $\sigma^2$ 已知，若要检验 $\mu$，需考虑统计量

$$U=\frac{\overline{X}-\mu_0}{\sigma/\sqrt{n}}.$$

(1)若对单边检验，统计假设为 $H_0:\mu=\mu_0$($\mu_0$ 已知)，$H_1:\mu>\mu_0$，则拒绝区间为__________；

(2)若单边假设为 $H_0:\mu=\mu_0$($\mu_0$ 已知)，$H_1:\mu<\mu_0$，则拒绝区间为__________(给定显著性水平为 $\alpha$，样本均值为 $\overline{X}$，样本容量为 $n$，且可记 $u_{1-\alpha}$ 为标准正态分布的$(1-\alpha)$分位数).

4.假设检验的基本步骤有哪些？

5.假设检验与区间估计有何异同？

6.某天开工时，需检验自动包装机工作是否正常.根据以往的经验，其包装的质量(单位:kg)在正常情况下服从正态分布 $N(100,1.5^2)$.现抽测了 9 包，其质量数据如下：

99.3　98.7　100.5　101.2　98.3　99.7　99.5　102.0　100.5

问这天包装机工作是否正常？将这一问题化为假设检验问题，写出假设检验的步骤.(取 $\alpha=0.05$)

7.假设 $X_1,X_2,\cdots,X_{36}$是来自正态总体 $N(\mu,0.04)$的简单随机样本，其中 $\mu$ 为未知参数，记 $\overline{X}=\frac{1}{36}\sum_{i=1}^{36}X_i$，现对检验问题 $H_0:\mu=0.5$，$H_1:\mu=\mu_1>0.5$，并取检验否定域$D=\{(x_1,x_2,\cdots,x_{36}):\overline{X}>C\}$，检验显著水平 $\alpha=0.05$.求：

(1)$C$ 的值;

(2)若 $\alpha=0.05$,$\mu_1=0.65$,犯第二类错误的概率是多少?

## 第二节 单正态总体的假设检验

由中心极限定理知,正态分布是一种常见的分布,关于它的两个参数 $\mu$ 和 $\sigma$ 的检验经常遇到,所以本节就单个正态总体的两个参数的假设检验问题进行讨论.设总体 $X\sim N(\mu,\sigma^2)$,抽取容量为 $n$ 的样本 $X_1,X_2,\cdots,X_n$,样本均值和样本方差分别为

$$\overline{X}=\frac{1}{n}\sum_{i=1}^{n}X_i,S^2=\frac{1}{n-1}\sum_{i=1}^{n}(X_i-\overline{X})^2.$$

### 一、单正态总体均值的假设检验

在检验关于总体均值 $\mu$(数学期望)的假设时,该总体中的另一个参数(即方差 $\sigma^2$)是否已知,会影响到对于检验统计量的选择,故下面分两种情形进行讨论.

**1. 方差 $\sigma^2$ 已知,检验假设 $H_0:\mu=\mu_0,H_1:\mu\neq\mu_0$.其中 $\mu_0$ 为已知常数.**

由第五章第三节知,当 $H_0$ 为真时,有

$$U=\frac{\overline{X}-\mu_0}{\sigma/\sqrt{n}}\sim N(0,1) \tag{7.2.1}$$

故选取 $U$ 作为检验统计量,记其观察值为 $u$.相应的检验法称为 **$u$ 检验法**.

因为 $\overline{X}$ 是 $\mu$ 的无偏估计量,当 $H_0$ 成立时,$|u|$不应太大,当 $H_1$ 成立时,$|u|$有偏大的趋势,故拒绝域形式为

$$|u|=\left|\frac{\overline{x}-\mu_0}{\sigma/\sqrt{n}}\right|>k \quad (k\text{ 待定}).$$

对于给定的显著性水平 $\alpha$,查标准正态分布表得 $k=u_{\alpha/2}$,使

$$P\{|U|>u_{\alpha/2}\}=\alpha,$$

由此即得拒绝域(如图 7.2.1 所示)为

$$|u|=\left|\frac{\overline{x}-\mu_0}{\sigma/\sqrt{n}}\right|>u_{\alpha/2} \tag{7.2.2}$$

即
$$W=(-\infty,-u_{\alpha/2})\cup(u_{\alpha/2},+\infty)$$

类似地,还可以给出对总体均值 $\mu$ 的单侧检验的拒绝域.

右侧检验:检验假设 $H_0:\mu\leqslant\mu_0,H_1:\mu>\mu_0$,其中 $\mu_0$ 为已知常数.可得拒绝域为

$$u=\frac{\overline{x}-\mu_0}{\sigma/\sqrt{n}}>u_\alpha \tag{7.2.3}$$

左侧检验:检验假设 $H_0:\mu\geqslant\mu_0,H_1:\mu<\mu_0$,其中 $\mu_0$ 为已知常数.可得拒绝域为

$$u=\frac{\overline{x}-\mu_0}{\sigma/\sqrt{n}}<-u_\alpha \tag{7.2.4}$$

**例 1** 由统计资料得知,某地新生儿的体重 $X$(单位:g)服从正态分布,已知 $\sigma=80$ g,

1989 年新生儿的平均体重为 3 190 g，现从 1990 年的新生儿中随机抽取 100 个，测得其平均体重为 3 210 g，问 1990 年的新生儿与 1989 年相比，体重有无显著差异($\alpha=0.05$)？

**解**　(1) 建立假设 $H_0:\mu=\mu_0=3\ 190, H_1:\mu\neq\mu_0=3\ 190$.

(2)选取统计量

$$U=\frac{\overline{X}-\mu_0}{\sigma/\sqrt{n}}\sim N(0,1).$$

(3)对于给定的显著性水平 $\alpha$ 确定 $k$.使 $p\{|U|>k\}=\alpha$.查正态分布表得 $k=u_{\alpha/2}=u_{0.025}=1.96$，从而拒绝域为 $|u|>1.96$.

(4)计算统计量 $|U|$ 的观测值：$|u|=\left|\frac{\overline{x}-\mu_0}{\sigma/\sqrt{n}}\right|=\left|\frac{3\ 210-3\ 190}{80/\sqrt{100}}\right|=2.5$.

(5)作出决策：由于 $|u|=2.5>u_{\alpha/2}=1.96$，故应拒绝 $H_0$，即样本观测值落入拒绝域，因此认为 1990 年的新生儿体重和 1989 年相比有显著差异.

把上面的检验过程加以概括，得到了关于方差 $\sigma^2$ 已知的正态总体的期望值 $\mu$ 的检验步骤：

(1)提出假设

$$H_0:\mu=\mu_0, H_1:\mu\neq\mu_0.$$

(2)选取样本统计量 $U$，并计算统计量的观测值 $u$，有

$$U=\frac{\overline{X}-\mu_0}{\sigma/\sqrt{n}}\sim N(0,1), u=\frac{\overline{x}-\mu_0}{\sigma/\sqrt{n}}.$$

(3)对给定的显著性水平 $\alpha$，查表确定临界值 $u_{\alpha/2}$；

(4)作出决策：

若 $|u|>u_{\alpha/2}$，则拒绝 $H_0$，即认为总体均值与 $\mu_0$ 有显著差异；

若 $|u|<u_{\alpha/2}$，则接受 $H_0$，即认为总体均值与 $\mu_0$ 无显著差异；

若 $|u|=u_{\alpha/2}$ 或 $|u|$ 与 $u_{\alpha/2}$ 很接近，则需再进行一次抽样检验.

**例 2**　有一工厂生产一种灯管，已知灯管的寿命 $X$(单位：h)服从正态分布 $N(\mu, 40\ 000)$，根据以往的生产经验，知道灯管的平均寿命不会超过 1 500.为了提高灯管的平均寿命，工厂采用了新的工艺.为了弄清楚新工艺是否真的能提高灯管的平均寿命，他们测试了采用新工艺生产的 25 只灯管的寿命，其平均值是 1 575.尽管样本的平均值大于 1 500，试问：可否由此判定这是新工艺的效应，而非偶然的原因使得抽出的这 25 只灯管的平均寿命较长呢？(取 $\alpha=0.05$.)

**解**　把上述问题归纳为下述假设检验问题

$$H_0:\mu\leqslant 1\ 500, H_1:\mu>1\ 500.$$

从而可利用右侧检验法来检验，相应于 $\mu_0=1\ 500, \sigma=200, n=25$.取显著水平为 $\alpha=0.05$，查附表得 $u_\alpha=1.645$，因已测出 $\overline{x}=1\ 575$，从而

$$u=\frac{\overline{x}-u_0}{\sigma/\sqrt{n}}=\frac{1\ 575-1\ 500}{200}\cdot\sqrt{25}=1.875.$$

由于 $u=1.875>u_\alpha=1.645$，从而否定原假设 $H_0$，接受备择假设 $H_1$，即认为新工艺

事实上提高了灯管的平均寿命.

2.**方差 $\sigma^2$ 未知,检验假设 $H_0:\mu=\mu_0$,$H_1:\mu\neq\mu_0$.其中 $\mu_0$ 为已知常数.**

由于 $\sigma^2$ 未知,所以 $\dfrac{\overline{X}-\mu}{\sigma/\sqrt{n}}$ 就不是统计量,这时可用样本方差 $S^2$ 来代替 $\sigma^2$,由第五章第三节知,当 $H_0$ 为真时,有

$$\frac{\overline{X}-\mu}{S/\sqrt{n}}\sim t(n-1),$$

所以可以构造检验统计量 $T=\dfrac{\overline{X}-\mu_0}{S/\sqrt{n}}$,记其观察值为 $t$.相应的检验法称为 **$t$ 检验法**.

由于 $\overline{X}$ 是 $\mu$ 的无偏估计量,$S^2$ 是 $\sigma^2$ 的无偏估计量,当 $H_0$ 成立时,$|t|$不应太大,当 $H_1$ 成立时,$|t|$有偏大的趋势,故拒绝域形式为

$$|t|=\left|\frac{\overline{x}-\mu_0}{s/\sqrt{n}}\right|>k,(k\ 待定).$$

对于给定的显著性水平 $\alpha$,查分布表得 $k=t_{\alpha/2}(n-1)$,使

$$P\{|T|>t_{\alpha/2}(n-1)\}=\alpha,$$

由此即得拒绝域(如图 7.2.2)为

$$|t|=\left|\frac{\overline{x}-\mu_0}{s/\sqrt{n}}\right|>t_{\alpha/2}(n-1).$$

即
$$W=(-\infty,-t_{\alpha/2}(n-1))\cup(t_{\alpha/2}(n-1),+\infty). \tag{7.2.6}$$

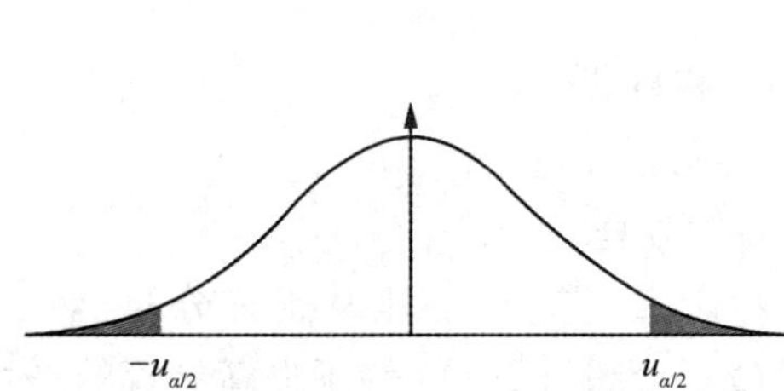


**图 7.2.1 标准正态分布双侧检验拒绝域**

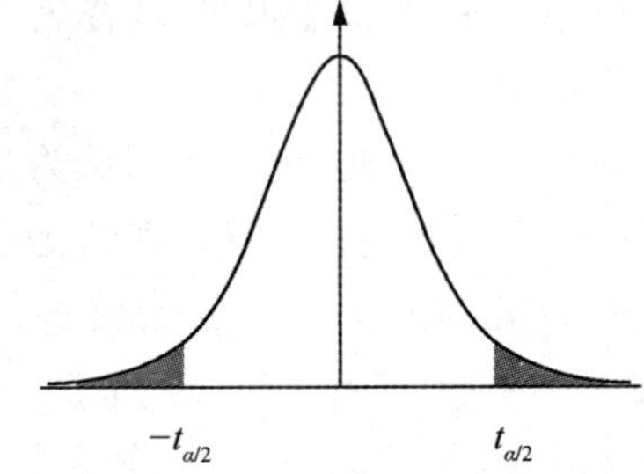


**图 7.2.2 $t$ 分布双侧检验拒绝域**

**例 3** 用某仪器间接测量温度(单位:℃),重复五次,测得结果为:

1 250　1 265　1 245　1 260　1 275

设测量值 $X\sim N(\mu,\sigma^2)$.问 $\mu$ 是否等于 1 277?(取 $\alpha=0.05$)

**解** 建立假设

$$H_0:\mu=1\ 277,H_1:\mu\neq1\ 277.$$

因方差 $\sigma^2$ 未知,所以用 $t$ 检验法.由 $n=5$,$\alpha=0.05$,查表得

$$t_{\frac{\alpha}{2}}(n-1)=2.776.$$

由样本算得 $\overline{x}=1\ 259$,$s^2=142.5$,其拒绝域为

$$W=\left\{\frac{|\overline{x}-\mu_0|}{s/\sqrt{n}}>t_{\frac{\alpha}{2}}(n-1)\right\}=(-\infty,-2.776)\cup(2.776,+\infty).$$

而
$$t=\frac{|\overline{x}-\mu|}{s/\sqrt{n}}=\frac{|1\ 259-1\ 277|}{\sqrt{\frac{142.5}{5}}}\approx 3.372\in W,$$
所以拒绝接受 $H_0$，即认为 $\mu$ 不等于 1 277.

把上面的检验过程加以概括，得到了关于方差 $\sigma^2$ 未知的正态总体的期望值 $\mu$ 的检验步骤：

(1)提出假设
$$H_0:\mu=\mu_0, H_1:\mu\neq\mu_0.$$

(2)选取样本统计量 $T$，并计算统计量的观测值 $t$，有
$$T=\frac{\overline{X}-\mu_0}{S/\sqrt{n}}\sim t(n-1), t=\frac{\overline{x}-\mu_0}{s/\sqrt{n}}.$$

(3)对给定的显著性水平 $\alpha$，查表确定临界值 $t_{\alpha/2}(n-1)$.

(4)作出决策：

若 $|t|>t_{\alpha/2}$，则拒绝 $H_0$，即认为总体均值与 $\mu_0$ 有显著差异；

若 $|t|<t_{\alpha/2}$，则接受 $H_0$，即认为总体均值与 $\mu_0$ 无显著差异；

若 $|t|=t_{\alpha/2}$ 或 $|t|$ 与 $t_{\alpha/2}$ 很接近，则需再进行一次抽样检验.

**例 4**　某种原件，要求其使用寿命(单位:h)不得低于 1 000，现从一批这种元件中随机抽取 25 件，测得其寿命样本平均值为 950，样本标准差为 100.已知该种元件寿命服从正态分布，试问这批元件是否可认为合格？(取 $\alpha=0.05$)

**解**　按题意需检验
$$H_0:\mu\geqslant\mu_0=1\ 000, H_1:\mu<\mu_0=1\ 000.$$

利用 $t$ 检验法的左侧检验法来解.本例中 $\mu_0=1\ 000, n=25, \overline{x}=950, s=100$.对于给定的显著性水平 $\alpha=0.05$，查附表得 $t_\alpha(n-1)=t_{0.05}(24)=1.710\ 9$.

由此计算
$$t=\frac{\overline{x}-\mu_0}{s/\sqrt{n}}=\frac{950-1\ 000}{\sqrt{25}}100=-2.5.$$

因为 $t=-25<-1.710\ 9=-t_{0.05}(24)$，所以拒绝原假设 $H_0$，从而认为这批元件不合格.

## 二、单正态总体方差的假设检验

设 $X\sim N(\mu,\sigma^2)$，$X_1,X_2,\cdots,X_n$ 是取自 $X$ 的一个样本，$\overline{X}$ 与 $S^2$ 分别为样本均值与样本方差.

检验假设　$H_0:\sigma^2=\sigma_0^2, H_1:\sigma^2\neq\sigma_0^2$.其中均值 $\mu$ 未知，$\sigma_0^2$ 已知.

由于 $S^2$ 是 $\sigma^2$ 的无偏估计量，所以可以用 $S^2$ 和 $\sigma_0^2$ 进行比较.

由第五章第三节知，当 $H_0$ 为真时，有
$$\chi^2=\frac{(n-1)S^2}{\sigma_0^2}=\frac{\sum_{i=1}^{n}(X_i-\overline{X})^2}{\sigma_0^2}\sim\chi^2(n-1), \tag{7.2.7}$$

故选取 $\chi^2$ 作为检验统计量.相应的检验法称为 **$\chi^2$ 检验法**.

由于 $S^2$ 是 $\sigma^2$ 的无偏估计量,当 $H_0$ 成立时,$S^2$ 应在 $\sigma_0^2$ 附近,当 $H_1$ 成立时,$\chi^2$ 有偏小或偏大的趋势,故拒绝域形式为

$$\chi^2=\frac{n-1}{\sigma_0^2}S^2<k_1 \quad 或 \quad \chi^2=\frac{n-1}{\sigma_0^2}S^2>k_2 \quad (k_1,k_2 \text{ 待定}).$$

对于给定的显著性水平 $\alpha$,查分布表得临界值

$$k_1=\chi^2_{1-\alpha/2}(n-1),k_2=\chi^2_{\alpha/2}(n-1),$$

使

$$P\{\chi^2<\chi^2_{1-\alpha/2}(n-1)\}=\frac{\alpha}{2},P\{\chi^2>\chi^2_{\alpha/2}(n-1)\}=\frac{\alpha}{2}.$$

由此即得拒绝域(如图 7.2.3 所示)为

$$W=[0,\chi^2_{1-\alpha/2}(n-1))\cup(\chi^2_{\alpha/2}(n-1),+\infty). \tag{7.2.8}$$

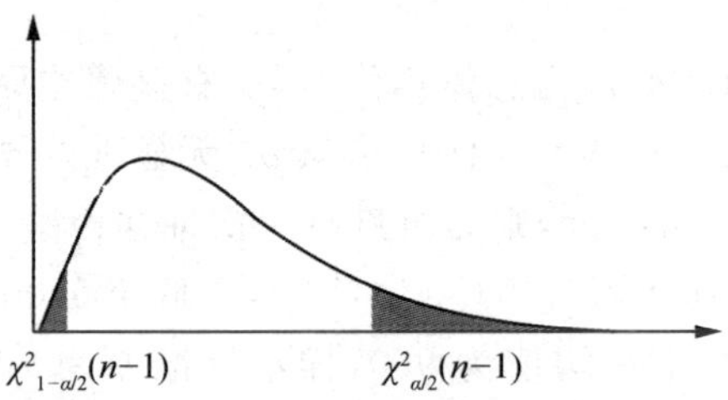


**图 7.2.3 卡方分布双侧检验拒绝域**

**例 5** 某炼铁厂铁水中碳的质量分数 $X$(单位:%)服从方差 $\sigma^2=0.112^2$ 的正态分布,现对工艺进行改进,从中抽取 7 炉铁水,测得碳的质量分数为:

4.411 4.062 4.337 4.394 4.346 4.277 4.693

问新工艺炼出的铁水中碳的质量分数的方差是否有明显改变?(取 $\alpha=0.05$)

**解** 提出假设:$H_0:\sigma^2=0.112^2,H_1:\sigma^2\neq0.112^2$,

现 $n=7,\sigma_0^2=0.112^2,\alpha=0.05$,查表得

$$\chi^2_{\alpha/2}(n-1)=\chi^2_{0.025}(6)=14.449,\chi^2_{1-\alpha/2}(n-1)=\chi^2_{0.975}(6)=1.237,$$

根据 $\chi^2$ 检验法,拒绝域为

$$W=[0,1.237)\cup(14.449,+\infty),$$

根据样本计算得:$\bar{x}=4.36,S^2=0.035\,1$,所以

$$\chi^2=\frac{(n-1)S^2}{\sigma_0^2}=16.789$$

因为 $16.789>14.449$,即 $\chi^2>\chi^2_{0.025}(6)$,所以拒绝原假设 $H_0$,认为铁水中碳的质量分数的方差有显著变化.

把上面的检验过程加以概括,得到了关于未知期望的正态总体方差 $\sigma^2$ 的检验步骤:

(1)提出假设:$H_0:\sigma^2=\sigma_0{}^2,H_1:\sigma^2\neq\sigma_0{}^2$.

(2)选取检验统计量 $\chi^2$,并计算统计量的观测值 $\chi^2$:

$$\chi^2=\frac{(n-1)S^2}{\sigma_0^2}\sim\chi^2(n-1),\ \chi^2=\frac{(n-1)s^2}{\sigma_0^2}.$$

(3)对给定的显著性水平 $\alpha$,查表确定临界值 $\chi^2_{1-\alpha/2}(n-1)$,$\chi^2_{\alpha/2}(n-1)$.

(4)作出决策：

若 $\chi^2<\chi^2_{1-\alpha/2}(n-1)$ 或 $\chi^2>\chi^2_{\alpha/2}(n-1)$,则拒绝原假设 $H_0$;

若 $\chi^2_{1-\alpha/2}(n-1)\leqslant\chi^2\leqslant\chi^2_{\alpha/2}(n-1)$,则接受假设 $H_0$.

**例 6** 已知维尼纤度在正常条件下服从方差为 $\sigma^2=0.048^2$ 的正态分布.某日抽取 5 根纤维,测得其纤度为 1.32,1.55,1.36,1.40,1.44.试在 $\alpha=0.05$ 下检验该日纤度总体标准差小于等于 0.048.

**解** (1)建立假设检验 $H_0:\sigma^2\leqslant\sigma_0^2=0.048^2$,$H_1:\sigma^2>0.048^2$.

(2)由于 $\mu$ 未知,当 $H_0$ 成立时

$$\chi^2=\frac{n-1}{\sigma_0^2}s^2\sim\chi^2(n-1).$$

(3) $\alpha=0.05$,自由度为 $n-1=5-4=4$.查 $\chi^2$ 分布表得

$$\chi^2_\alpha(n-1)=\chi^2_{0.05}(4)=9.488;$$

根据样本算得 $(n-1)s^2=\sum\limits_{i=1}^{5}(x_i-\overline{x})^2=0.031\,42$,则

$$\frac{n-1}{\sigma_0^2}s^2=\frac{0.031\,42}{(0.048)^2}\approx 13.64>9.488=\chi^2_{0.05}(4),$$

故拒绝原假设 $H_0$,认为这一天的纤度标准差大于 0.048.

## 习题 7-2

1.某车间生产的钮扣的直径服从正态分布 $N(\mu,5.2^2)$,根据经验 $\mu=26$,现抽取容量 $n=100$ 的样本,其样本均值 $\overline{x}=26.56$,问这一车间生产是否正常?(取 $\alpha=0.05$)

2.从甲地发送一个信号到乙地.设乙地接受到的信号值服从正态分布 $N(\mu,0.2^2)$,其中 $\mu$ 为甲地发送的真实信号值.现甲地重复发送同一信号 5 次,乙地接收到的信号值如下:

8.05　8.15　8.2　8.1　8.25

设接受方有理由猜测甲地发送的信号值为 8,问能否接受这猜测?

3.某公司宣称由他们生产的某种型号的电池其平均寿命(单位:h)为 21.5,标准差为 2.9.在实验室测试了该公司生产的 6 只电池,测得它们的寿命如下:

19　18　20　22　16　25

问这些结果是否表明这种电池的平均寿命比该公司宣称的平均寿命要短?设电池寿命近似地服从正态分布.(取 $\alpha=0.05$)

4.打包机装糖入包,每包标准质量为 100,一天所装各包糖质量的总体均值等于标准质量时,认为打包机工作正常,某日开工后抽测 9 包糖(单位:kg)的质量如下:

99.3　98.7　100.5　101.2　98.3　99.7　99.5　102.1　100.5

打包机装糖的包服从正态分布,问该天打包机工作是否正常?(取 $\alpha=0.05$)

5.包装机包装食盐,假设每袋盐的净重服从正态分布,规定每袋标准含量为 500 g.某天开工后,随机抽取 9 袋,测得净重如下(单位:g):

497　507　510　475　515　484　488　524　491.

试在显著性水平 $\alpha=0.05$ 下检验假设:

$$H_0:\mu=500, H_1:\mu\neq 500.$$

6.某日用化工厂用一种设备生产香皂,其厚度(单位:cm)要求为5,今欲了解设备的工作性能是否良好,随机抽取10块香皂,测得平均厚度为5.3,标准差为0.3,试分别以0.01,0.05的显著性水平检验设备的工作性能是否符合要求.

7.某炼铁厂铁水中碳的质量分数 $X$(单位:%)服从正态分布 $N(\mu,0.112^2)$,现对工艺进行改进,从中抽取7炉铁水,测得碳的质量分数如下:

4.411　4.062　4.337　4.394　4.346　4.277　4.693.

试问新工艺炼出的铁水中碳的质量分数的方差是否有明显改变?(取 $\alpha=0.05$)

8.某特殊润滑油容器的容量(单位:L)服从正态分布,其方差为0.03,在 $\alpha=0.01$ 的显著性水平下,抽取样本10个,测得样本标准差为 $s=0.246$,试检验假设:$H_0:\sigma^2=0.03$,$H_1:\sigma^2\neq 0.03$.

## 第三节　双正态总体的假设检验

上一节介绍了单个正态总体的数学期望和方差的假设检验,我们在实际工作中还会遇到两个总体之间均值和方差的比较问题,也就是双正态总体的假设检验问题.

设 $X\sim N(\mu_1,\sigma_1^2)$,$Y\sim N(\mu_2,\sigma_2^2)$,$X_1,X_2,\cdots,X_{n_1}$ 为取自总体 $N(\mu_1,\sigma_1^2)$ 的一个样本,$Y_1,Y_2,\cdots,Y_{n_2}$ 为取自总体 $N(\mu_2,\sigma_2^2)$ 的一个样本,并且两个样本相互独立,记 $\overline{X}$ 与 $\overline{Y}$ 分别为样本 $X_1,X_2,\cdots,X_{n_1}$ 与 $Y_1,Y_2,\cdots,Y_{n_2}$ 的均值,$S_1^2$ 与 $S_2^2$ 分别为 $X_1,X_2,\cdots,X_{n_1}$ 与 $Y_1,Y_2,\cdots,Y_{n_2}$ 的方差.

### 一、双正态总体均值差的假设检验

**1.方差 $\sigma_1^2,\sigma_2^2$ 已知**

检验假设 $H_0:\mu_1-\mu_2=\mu_0$,$H_1:\mu_1-\mu_2\neq\mu_0$,其中 $\mu_0$ 为已知常数.

由第五章第三节知,当 $H_0$ 为真时,有

$$U=\frac{\overline{X}-\overline{Y}-\mu_0}{\sqrt{{\sigma_1}^2/n_1+\sigma_2^2/n_2}}\sim N(0,1). \tag{7.3.1}$$

故选取 $U$ 作为检验统计量.记其观察值为 $u$.称相应的检验法为 **$u$ 检验法**.

由于 $\overline{X}$ 与 $\overline{Y}$ 是 $\mu_1$ 与 $\mu_2$ 的无偏估计量,当 $H_0$ 成立时,$|u|$ 不应太大,当 $H_1$ 成立时,$|u|$ 有偏大的趋势,故拒绝域形式为

$$|u|=\left|\frac{\overline{X}-\overline{Y}-\mu_0}{\sqrt{\sigma_1^2/n_1+\sigma_2^2/n_2}}\right|>k,(k\text{ 待定}).$$

对于给定的显著性水平 $\alpha$,查标准正态分布表得 $k=u_{\alpha/2}$,使

$$P\{|U|>u_{\alpha/2}\}=\alpha,$$

由此即得拒绝域为

$$|u|=\left|\frac{\overline{X}-\overline{Y}-\mu_0}{\sqrt{\sigma_1^2/n_1+\sigma_2^2/n_2}}\right|>u_{\alpha/2}. \tag{7.3.2}$$

关于已知方差 $\sigma_1^2,\sigma_2^2$ 的正态总体均值差 $\mu_1-\mu_2$ 的检验步骤：

(1)提出假设

$$H_0:\mu_1-\mu_2=\mu_0, H_1:\mu_1-\mu_2\neq\mu_0.$$

(2)选取样本统计量 $U$,并计算统计量的观测值 $u$,则

$$U=\frac{\overline{X}-\overline{Y}-\mu_0}{\sqrt{\sigma_1^2/n_1+\sigma_2^2/n_2}}\sim N(0,1),\quad u=\frac{\overline{x}-\overline{y}-\mu_0}{\sqrt{\sigma_1^2/n_1+\sigma_2^2/n_2}}.$$

(3)对给定的显著性水平 $\alpha$,查表确定临界值 $u_{\alpha/2}$.

(4)作出决策：

若 $|u|>u_{\alpha/2}$,则拒绝原假设 $H_0$,特别地,当 $\mu_0=0$ 时即认为总体均值 $\mu_1$ 与 $\mu_2$ 有显著差异；

若 $|u|\leqslant u_{\alpha/2}$,则接受原假设 $H_0$,特别地,当 $\mu_0=0$ 时即认为总体均值 $\mu_1$ 与 $\mu_2$ 无显著差异.

**例 1**　用甲、乙两种方法生产同一种药品,其成品率的方差分别为 $\sigma_1^2=0.46,\sigma_2^2=0.37$.现测得甲方法生产的药品得率的 25 个数据,$\overline{X}=3.81$;乙方法生产的药品得率的 30 个数据,$\overline{Y}=3.56$.设得率服从正态分布.问甲、乙两种方法的平均得率是否有显著的差异?(取 $\alpha=0.05$)

**解**　(1) 提出假设:$H_0:\mu_1=\mu_2,H_1:\mu_1\neq\mu_2$;

(2)由于方差已知,故在 $H_0$ 成立时,选择统计量

$$U=\frac{\overline{X}-\overline{Y}}{\sqrt{\sigma_1^2/n_1+\sigma_2^2/n_2}}\sim N(0,1);$$

(3)对于给定的显著性水平 $\alpha$,确定 $k$,使 $P\{|U|>k\}=\alpha$,查标准正态分布表 $k=u_{\alpha/2}=u_{0.025}=1.96$,从而拒绝域为 $|u|>1.96$;

(4)由于 $\overline{x}=3.81,\overline{y}=3.56,\sigma_1^2=0.46,\sigma_2^2=0.37$ 所以

$$|u|=\left|\frac{\overline{x}-\overline{y}}{\sqrt{\sigma_1^2/n_1+\sigma_1^2/n_2}}\right|=\left|\frac{3.81-3.56}{\sqrt{\dfrac{0.46}{25}+\dfrac{0.37}{30}}}\right|=1.426<1.96,$$

故应接受 $H_0$,即认为两种方法的平均得率没有显著差异.

**例 2**　设 7 岁男童的身高 $X\sim N(\mu_1,4.53^2)$,女童的身高 $Y\sim N(\mu_2,4.86^2)$,现对 7 岁儿童身高(单位:cm)的调查结果如下表,能否说明性别对 7 岁儿童的身高有显著影响?(取 $\alpha=0.05$)

| 性　别 | 人　数 | 平均身高(cm) |
|---|---|---|
| 男 | 384 | 118.64 |
| 女 | 377 | 117.86 |

**解**　因为方差 $\sigma^2$ 已知,所以用 $u$ 检验法.由题意知 $H_0:\mu_1=\mu_2,H_1:\mu_1\neq\mu_2$,查表得

$u_{1-\alpha/2}=1.96$,其拒绝域为

$$W=\left\{\frac{|\overline{x}-\overline{y}|}{\sqrt{\sigma_1^2/n_1+\sigma_2^2/n_2}}>u_{1-\frac{\alpha}{2}}\right\}=(-\infty,-1.96)\cup(1.96,+\infty).$$

而
$$u=\frac{|\overline{x}-\overline{y}|}{\sqrt{\frac{\sigma_1^2}{n_1}+\frac{\sigma_2^2}{n_2}}}=\frac{118.64-117.86}{\sqrt{\frac{4.53^2}{384}+\frac{4.86^2}{377}}}=2.29\in W.$$

所以在 $\alpha=0.05$ 下,拒绝 $H_0$,接受 $H_1$,即认为性别对 7 岁儿童的身高有显著影响.

**2.方差 $\sigma_1^2,\sigma_2^2$ 未知,但 $\sigma_1^2=\sigma_2^2=\sigma^2$**

检验假设

$$H_0:\mu_1-\mu_2=\mu_0,H_1:\mu_1-\mu_2\neq\mu_0,$$

其中 $\mu_0$ 为已知常数.由第五章第三节知,当 $H_0$ 为真时,有

$$T=\frac{\overline{X}-\overline{Y}-\mu_0}{S_w\sqrt{1/n_1+1/n_2}}\sim t(n_1+n_2-2),\tag{7.3.3}$$

其中 $S_w^2=\frac{(n_1-1)s_1^2+(n_2-1)s_2^2}{n_1+n_2-2}$.故选取 $T$ 作为检验统计量.记其观察值为 $t$.相应的检验法称为 **$t$ 检验法**.

由于 $S_w^2$ 也是 $\sigma^2$ 的最小方差无偏估计量,当 $H_0$ 成立时,$|t|$不应太大,当 $H_1$ 成立时,$|t|$有偏大的趋势,故拒绝域形式为

$$|t|=\left|\frac{\overline{x}-\overline{y}-\mu_0}{S_w\sqrt{1/n_1+1/n_2}}\right|>k\quad(k\text{ 待定}).$$

对于给定的显著性水平 $\alpha$,查分布表得 $k=t_{\alpha/2}(n_1+n_2-2)$,使

$$P\{|T|>t_{\alpha/2}(n_1+n_2-2)\}=\alpha,\tag{7.3.4}$$

由此即得拒绝域为

$$|t|=\left|\frac{\overline{x}-\overline{y}-\mu_0}{S_w\sqrt{1/n_1+1/n_2}}\right|>t_{\alpha/2}(n_1+n_2-2).$$

根据一次抽样后得到的样本观察值 $x_1,x_2,\cdots,x_{n_1}$ 和 $y_1,y_2,\cdots,y_{n_2}$ 计算出 $T$ 的观察值 $t$,若$|t|>t_{\alpha/2}(n_1+n_2-2)$,则拒绝原假设 $H_0$,特别地,当 $\mu_0=0$ 时即认为总体均值 $\mu_1$ 与 $\mu_2$ 有显著差异;若$|t|\leqslant t_{\alpha/2}(n_1+n_2-2)$,则接受原假设 $H_0$,特别地,当 $\mu_0=0$ 时即认为总体均值 $\mu_1$ 与 $\mu_2$ 无显著差异.

以上问题对于左侧检验 $H_0:\mu_1-\mu_2\geqslant\mu_0,H_1:\mu_1-\mu_2<\mu_0$,其拒绝域为$(-\infty,-t_\alpha(n_1+n_2-2))$;对于右侧检验 $H_0:\mu_1-\mu_2\leqslant\mu_0,H_1:\mu_1-\mu_2>\mu_0$,其拒绝域为$(t_\alpha(n_1+n_2-2),+\infty)$.

**例 3** 用自动车床采用新旧两种工艺加工同种零件,测得的加工偏差(单位:$\mu$m)分别为:

旧工艺:2.7　2.4　2.5　3.1　2.7　3.5　2.9　2.7　3.5　3.3

新工艺:2.6　2.1　2.7　2.8　2.3　3.1　2.4　2.4　2.7　2.3

设测量的加工偏差服从正态分布,所得的两个样本相互独立.试问自动车床在新旧两种工艺的加工精度有无显著差异?(取 $\alpha=0.01$)

**解**　建立假设

$$H_0:\mu_1=\mu_2, H_1:\mu_1\neq\mu_2.$$

由于方差 $\sigma_1^2$、$\sigma_2^2$ 未知，所以用 $t$ 检验法.由 $m=n=10$，查表得：

$$t_{1-\alpha/2}(n+m-2)=2.878,$$

由样本算得 $\overline{x}=2.93$，$\overline{y}=2.54$，$s_w^2=0.125$，其拒绝域为

$$W=\left\{\frac{|\overline{x}-\overline{y}|}{s_w\sqrt{1/n_1+1/n_2}}>t_{1-\frac{\alpha}{2}}(n_1+n_2-2)\right\}=(-\infty,-2.878)\cup(2.878,+\infty).$$

而 $$t=\frac{|\overline{\xi}-\overline{\eta}|}{S_w\sqrt{\frac{1}{n_1}+\frac{1}{n_2}}}=\frac{|2.93-2.54|}{\sqrt{\frac{0.125}{5}}}\approx 2.47\in\overline{W},$$

故接受 $H_0$，即认为新旧工艺对零件的加工精度无显著差异.

**例 4**　某次期末考试抽得 15 名男生、12 名女生的数学考试成绩(单位:分)如下：

男生:51　47　48　53　49　39　43　57　56　46　44　42　55　40　44

女生:40　47　46　51　43　36　38　43　48　34　48　54

这 27 名学生的成绩能说明这次期末考试男女生的数学成绩不相上下吗?(取 $\alpha=0.05$)

**解**　把该次期末考试男生和女生数学成绩分别近似地看作服从正态分布的随机变量 $X\sim N(\mu_1,\sigma^2)$ 与 $Y\sim N(\mu_2,\sigma^2)$，则此题为双侧检验问题.提出假设

$$H_0:\mu_1=\mu_2, H_1:\mu_1\neq\mu_2.$$

有 $n_1=15$，$n_2=12$，则 $n=n_1+n_2=27$.代入数据算得 $\overline{x}=47.6$，$\overline{y}=44$，及

$$(n_1-1)s_1^2=\sum_{i=1}^{15}(x_i-\overline{x})^2=469.6,(n_2-1)s_2^2=\sum_{i=1}^{12}(y_i-\overline{y})^2=412.$$

$$S_w=\sqrt{\frac{1}{n_1+n_2-2}\{(n_1-1)S_1^2+(n_2-1)S_2^2\}}=\sqrt{\frac{1}{25}(469.6+412)}\approx 5.94.$$

因此

$$t=\frac{\overline{x}-\overline{y}}{S_w\sqrt{1/n_1+1/n_2}}=\frac{47.6-44}{5.94\sqrt{1/15+1/12}}\approx 1.566.$$

查正态分布表得 $t_{\alpha/2}(n-2)=t_{0.025}(25)=2.060$.

因为 $|t|=1.556<2.060=t_{0.025}(25)$，所以没有充分理由否认原假设 $H_0$，即认为这次期末考试男女生的数学成绩不相上下.

*3.**方差 $\sigma_1^2$，$\sigma_2^2$ 未知，但 $\sigma_1^2\neq\sigma_2^2$**

检验假设

$$H_0:\mu_1-\mu_2=\mu_0, H_1:\mu_1-\mu_2\neq\mu_0.$$

其中 $\mu_0$ 为已知常数.当 $H_0$ 为真时，

$$T=\frac{\overline{X}-\overline{Y}-\mu_0}{\sqrt{S_1^2/n_1+S_2^2/n_2}}\tag{7.3.5}$$

近似的服从 $t(f)$，其中

$$f=\frac{\left(\frac{S_1^2}{n_1}+\frac{S_2^2}{n_2}\right)^2}{\frac{S_1^4}{n_1^2(n_1-1)}+\frac{S_2^4}{n_2^2(n_2-1)}},\tag{7.3.6}$$

故选取 $T$ 作为检验统计量.记其观察值为 $t$.可得拒绝域为

$$|t|=\left|\frac{\overline{x}-\overline{y}-\mu_0}{\sqrt{S_1^2/n_1+S_2^2/n_2}}\right|>t_{\alpha/2}(f)\tag{7.3.7}$$

根据一次抽样后得到的样本观察值 $x_1,x_2,\cdots,x_{n_1}$ 和 $y_1,y_2,\cdots,y_{n_2}$ 计算出 $T$ 的观察值 $t$,若 $|t|>t_{\alpha/2}(f)$,则拒绝原假设 $H_0$,否则接受原假设 $H_0$.

**注** 对此类情况的一般情形进行假设检验比较复杂,已超出了教学大纲的要求,这里不再深入讨论.但在实际应用中,对于大样本问题,常采用如下简化方法:把 $s_1,s_2$ 近似看作 $\sigma_1,\sigma_2$,从而将问题转化为方差 $\sigma_1^2,\sigma_2^2$ 已知情形的假设检验,即用 $u$ 检验法进行检验.

**例 5** 甲、乙两机床加工同一种零件,抽样测量其产品的数据(单位:mm),经计算得

$$甲机床:n_1=80,\overline{x}=33.75,s_1=0.1;$$

$$乙机床:n_2=100,\overline{y}=34.15,s_2=0.15.$$

问在 $\alpha=0.01$ 下,两机床加工的产品尺寸有无显著差异?

**解** $n\geqslant 50$ 时,即可认为是大样本问题.$\sigma_1^2,\sigma_2^2$ 均未知,提出检验假设

$$H_0:\mu_1=\mu_2,\quad H_1:\mu_1\neq\mu_2.$$

用 $u$ 检验法,经计算得

$$|u|=\frac{|\overline{x}-\overline{y}|}{\sqrt{s_1^2/n_1+s_2^2/n_2}}=\frac{0.4}{\sqrt{0.000\ 125+0.000\ 225}}=21.39.$$

查正态分布表得 $u_{0.005}=2.57$.

经比较 $|u|=21.39>u_{0.005}=2.57$,故拒绝 $H_0$,认为两机床加工的产品尺寸有显著差异.

## 二、双总体方差相等的假设检验

设 $X\sim N(\mu_1,\sigma_1^2)$,$Y\sim N(\mu_2,\sigma_2^2)$,且 $X$ 与 $Y$ 相互独立,$X_1,X_2,\cdots,X_{n_1}$ 为取自总体 $N(\mu_1,\sigma_1^2)$ 的一个样本,$Y_1,Y_2,\cdots,Y_{n_2}$ 为取自总体 $N(\mu_2,\sigma_2^2)$ 的一个样本,记 $\overline{X}$ 与 $\overline{Y}$ 分别为相应的样本均值,$S_1{}^2$ 与 $S_2^2$ 分别为相应的样本方差.

检验假设 $H_0:\sigma_1^2=\sigma_2^2,H_1:\sigma_1^2\neq\sigma_2^2$.

由第五章第三节知,当 $H_0$ 为真时,有

$$F=\frac{S_1^2/\sigma_1^2}{S_2^2/\sigma_2^2}=\frac{S_1^2}{S_2^2}\sim F(n_1-1,n_2-1)\tag{7.3.8}$$

故选取 $F$ 作为检验统计量.相应的检验法称为 ***F* 检验法**.

由于 $S_1^2$ 与 $S_2^2$ 是 $\sigma_1^2$ 与 $\sigma_2^2$ 的无偏估计量,当 $H_0$ 成立时,$F$ 的取值应集中在 1 附近,当 $H_1$ 成立时,$F$ 的取值有偏小或偏大的趋势,故拒绝域形式为

$$F<k_1\quad 或\quad F>k_2\quad (k_1,k_2\ 待定).$$

对于给定的显著性水平 $\alpha$,查 $F$ 分布表得

$$k_1 = F_{1-\alpha/2}(n_1-1, n_2-1),$$
$$k_2 = F_{\alpha/2}(n_1-1, n_2-1),$$

使　$P\{F<F_{1-\alpha/2}(n_1-1,n_2-1)\}=P\{F>F_{\alpha/2}(n_1-1,n_2-1)\}=\alpha/2.$

由此即得拒绝域为

$$F < F_{1-\alpha/2}(n_1-1, n_2-1) \text{ 或 } F > F_{\alpha/2}(n_1-1, n_2-1). \tag{7.3.9}$$

根据一次抽样后得到的样本观察值 $x_1, x_2, \cdots, x_{n_1}$ 和 $y_1, y_2, \cdots, y_{n_1}$ 计算出 $F$ 的观察值，若(7.3.9)式成立，则拒绝原假设 $H_0$，否则接受原假设 $H_0$，拒绝域如图 7.3.1.

在单侧检验中，一般把较大的 $s^2$ 放在分子 $s_1^2$ 的位置，此时 $F>1$，假设为：$H_0: \sigma_1^2 \leqslant \sigma_2^2, H_1: \sigma_1^2 > \sigma_2^2$，拒绝域为$(F_\alpha(n_1-1, n_2-1), +\infty)$，如图 7.3.2.这样处理含义明确，易于理解，而且方便查表.

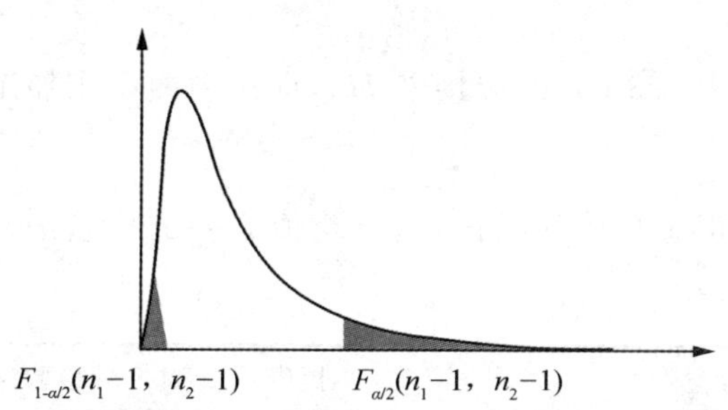


**图 7.3.1　F 分布双侧检验拒绝域**

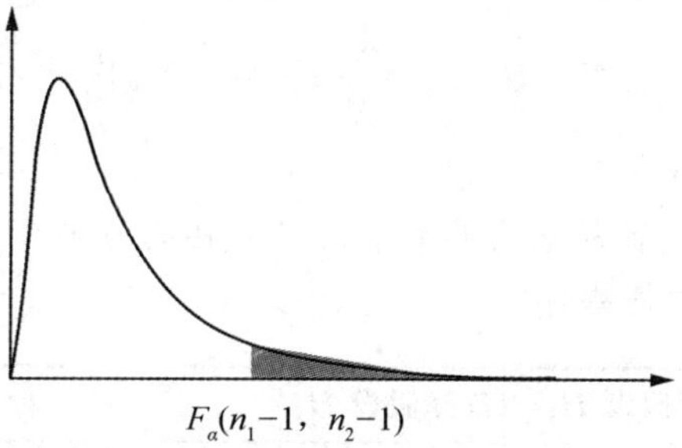

$F_\alpha(n_1-1，n_2-1)$

**图 7.3.2　F 分布单侧检验拒绝域**

**例 6**　某中学从初二年级中各随机抽取若干学生施以两种不同的数学教改实验，一段时间后统一测试结果见下表：

| 实验组 | 学生数 | 样本方差 |
| --- | --- | --- |
| 甲 | 25 | 36 |
| 乙 | 27 | 81 |

在测试成绩均服从正态分布的条件下，问两种实验效果差异是否显著？(取 $\alpha=0.10$)

**解**　该问题即检验假设　$H_0: \sigma_1^2=\sigma_2^2, H_1: \sigma_1^2 \neq \sigma_2^2$.

因为 $n_1=25, n_2=27$，我们需要计算 $F_{0.95}(24,26)$，查表得

$$F_{1-\frac{\alpha}{2}}(24,26)=F_{0.95}(24,26)=1.95,$$

再利用 $F$ 分布的性质，有

$$F_{\frac{\alpha}{2}}(24,26)=\frac{1}{F_{1-\frac{\alpha}{2}}(24,26)}=\frac{1}{1.97}=0.508.$$

其拒绝域为

$$W=\left\{\frac{s_1^2}{s_2^2}<F_{1-\frac{\alpha}{2}}(n_1-1,n_2-1) \text{ 或} \frac{s_1^2}{s_2^2}>F_{\frac{\alpha}{2}}(n_1-1,n_2-1)\right\}.$$

而 $F=S_1^2/S_2^2=\dfrac{36}{81}=1.68<1.95=F_{0.95}(24,26)$，故拒绝接受 $H_0$，接受 $H_1$，即两种实

验效果有显著差异.

**例 7** 两台机床加工同种零件,分别从两台车床加工的零件中抽取 6 个和 9 个测量其直径,并计算得 $s_1^2=0.345$,$s_2^2=0.375$.假定零件直径(单位:mm)服从正态分布,试比较两台车床加工精度有无显著差异?(取 $\alpha=0.10$)

**解** 该问题即检验假设 $H_0:\sigma_1^2=\sigma_2^2$,$H_1:\sigma_1^2\neq\sigma_2^2$,

选取统计量 $F=S_1^2/S_2^2\sim F(n_1-1,n_2-1)$.对于给定的显著性水平 $\alpha$,确定 $k_1,k_2$ 使 $P\{F<k_1 \text{ 或 } F>k_2\}=\alpha$,查 $F$ 分布表得

$$k_1=F_{1-\alpha/2}(n_1-1,n_2-1)=F_{0.95}(5,8)=\frac{1}{F_{0.05}(8,5)}=0.207,$$

$$k_2=F_{\alpha/2}(n_1-1,n_2-1)=F_{0.05}(5,8)=3.69,$$

从而拒绝域为 $F<0.207$ 或 $F>3.69$.

而 $F=S_1^2/S_2^2=\dfrac{0.345}{0.375}=0.92$.且 $0.27<0.92<3.69$,故应接受 $H_0$,即认为两车床加工精度无差异.

下表总结了本章第二节和第三节中有关正态总体的假设检验(均值方差的检验法),以方便查用.

| 原假设 $H_0$ | 备择假设 $H_1$ | 检验统计量 | 拒绝域 | 检验法 |
|---|---|---|---|---|
| $\mu=\mu_0$<br>$\mu\leqslant\mu_0$<br>$\mu\geqslant\mu_0$<br>($\sigma^2$ 已知) | $\mu\neq\mu_0$<br>$\mu>\mu_0$<br>$\mu<\mu_0$ | $U=\dfrac{\overline{X}-\mu_0}{\sigma/\sqrt{n}}\sim N(0,1)$ | $\lvert u\rvert>u_{\alpha/2}$<br>$u>u_\alpha$<br>$u<-u_\alpha$ | $u$ 检验法 |
| $\mu=\mu_0$<br>$\mu\leqslant\mu_0$<br>$\mu\geqslant\mu_0$<br>($\sigma^2$ 已知) | $\mu\neq\mu_0$<br>$\mu>\mu_0$<br>$\mu<\mu_0$ | $T=\dfrac{\overline{X}-\mu_0}{S/\sqrt{n}}\sim t(n-1)$ | $\lvert t\rvert>t_{\alpha/2}(n-1)$<br>$t>t_\alpha(n-1)$<br>$t<-t_\alpha(n-1)$ | $t$ 检验法 |
| $\sigma^2=\sigma_0^2$<br>$\sigma^2\leqslant\sigma_0^2$<br>$\sigma^2\geqslant\sigma_0^2$<br>($\mu$ 未知) | $\sigma^2\neq\sigma_0^2$<br>$\sigma^2>\sigma_0^2$<br>$\sigma^2<\sigma_0^2$ | $\chi^2=\dfrac{(n-1)S^2}{\sigma_0^2}\sim\chi^2(n-1)$ | $\chi^2<\chi^2_{1-\alpha/2}(n-1)$或<br>$\chi^2>\chi^2_{\alpha/2}(n-1)$<br>$\chi^2>\chi^2_\alpha(n-1)$<br>$\chi^2<\chi^2_\alpha(n-1)$ | $\chi^2$ 检验法 |
| $\mu_1-\mu_2=\mu_0$<br>$\mu_1-\mu_2\leqslant\mu_0$<br>$\mu_1-\mu_2\geqslant\mu_0$<br>($\sigma_1^2,\sigma_2^2$ 已知) | $\mu_1-\mu_2>\delta$<br>$\mu_1-\mu_2<\delta$<br>$\mu_1-\mu_2\neq\delta$ | $U=\dfrac{\overline{X}-\overline{Y}-(\mu_1-\mu_2)}{\sqrt{\dfrac{\sigma_1^2}{n_1}+\dfrac{\sigma_2^2}{n_2}}}\sim N(0,1)$ | $\lvert u\rvert>u_{\alpha/2}$<br>$u<-u_\alpha$<br>$u<-u_\alpha$ | $u$ 检验法 |
| $\mu_1-\mu_2=\mu_0$<br>$\mu_1-\mu_2\leqslant\mu_0$<br>$\mu_1-\mu_2\geqslant\mu_0$<br>($\sigma_1^2,\sigma_2^2$ 未知,<br>但 $\sigma_1^2=\sigma_2^2$) | $\mu_1-\mu_2\neq\mu_0$<br>$\mu_1-\mu_2>\mu_0$<br>$\mu_1-\mu_2<\mu_0$ | $T=\dfrac{\overline{X}-\overline{Y}-(\mu_1-\mu_2)}{S_w\sqrt{1/n_1+1/n_2}}\sim t(n_1+n_2-2)$<br>$S_w=\sqrt{\dfrac{(n_1-1)S_1^2+(n_2-1)S_2^2}{n_1+n_2-2}}$ | $\lvert t\rvert>t_{\alpha/2}(n_1+n_2-2)$<br>$t>t_\alpha(n_1+n_2-2)$<br>$t<-t_\alpha(n_1+n_2-2)$ | $t$ 检验法 |

续表

| 原假设 $H_0$ | 备择假设 $H_1$ | 检验统计量 | 拒绝域 | 检验法 |
|---|---|---|---|---|
| $\mu_1-\mu_2=\mu_0$<br>$\mu_1-\mu_2\leqslant\mu_0$<br>$\mu_1-\mu_2\geqslant\mu_0$<br>($\sigma_1^2,\sigma_2^2$ 未知，但 $\sigma_1^2\neq\sigma_2^2$) | $\mu_1-\mu_2\neq\mu_0$<br>$\mu_1-\mu_2>\mu_0$<br>$\mu_1-\mu_2<\mu_0$ | $T=\dfrac{\overline{X}-\overline{Y}-\mu_0}{\sqrt{S_1^2/n_1+S_2^2/n_2}}\sim t(f)$ | $\|t\|>t_{\alpha/2}(n_1+n_2-2)$<br>$t>t_\alpha(n_1+n_2-2)$<br>$t<-t_\alpha(n_1+n_2-2)$ | $t$ 检验法 |
| $\sigma_1^2=\sigma_2^2$<br>$\sigma_1^2\leqslant\sigma_2^2$<br>$\sigma_1^2\geqslant\sigma_2^2$<br>($\mu_1,\mu_2$ 未知) | $\sigma_1^2\neq\sigma_2^2$<br>$\sigma_1^2>\sigma_2^2$<br>$\sigma_1^2<\sigma_2^2$ | $F=\dfrac{S_1^2}{S_2^2}\sim F(n_1-1,n_2-1)$ | $F>F_{\alpha/2}(n_1-1,n_2-1)$<br>或<br>$F<F_{1-\alpha/2}(n_1-1,n_2-1)$<br>$F>F_\alpha(n_1-1,n_2-1)$<br>$F<F_{1-\alpha}(n_1-1,n_2-1)$ | $F$ 检验法 |

置信期间与假设检验的关系：给定显著水平 $\alpha$，其检验的接受域可视为对应参数的置信水平为 $1-\alpha$ 的置信期间.

## 习题 7-3

1.有两种方法可用于制造某种以抗拉强度为重要特征的产品(单位：kg).根据以往的资料得知，第一种方法生产出的产品的抗拉强度的标准差为 8，第二种方法的标准差为 10，二者的抗拉强度均服从正态分布.从两种方法生产的产品中各抽取一个随机样本，样本量分别为 $n_1=32,n_2=40$，测得 $\overline{x}_1=50,\overline{x}_2=44$.问这两种方法生产出的产品的平均抗拉强度是否有显著差别？(取 $\alpha=0.05$)

2.某药厂生产一种新的止痛片，厂方希望验证服用新药片后至开始起作用的时间间隔较原有止痛片至少缩短一半，因此，厂方提出需检验假设：

$$H_0:\mu_1\geqslant 2\mu_2,H_1:\mu_1<2\mu_2.$$

此处 $\mu_1,\mu_2$ 分别是服用原有止痛片和服用新止痛片后至起作用的时间间隔的总体的均值.设两总体均为正态总体，且方差分别为已知值 $\sigma_1^2,\sigma_2^2$，现分别在两总体中取样 $X_1,X_2,\cdots,X_{n_1}$ 和 $Y_1,Y_2,\cdots,Y_{n_2}$，设两个样本独立.试给出上述假设 $H_0$ 的拒绝域，取显著性水平为 $\alpha$.

3.设有种植玉米的甲、乙两个农业试验区，各分为 10 个小区，各小区的面积相同，除甲区各小区增施磷肥外，其他试验条件均相同，两个试验区的玉米产量(单位：kg) 如下(假设玉米产量服从正态分布，且有相同的方差)：

甲区：65　60　62　57　58　63　60　57　60　58

乙区：59　56　56　58　57　57　55　60　57　55

试统计推断，增施磷肥是否对玉米产量有影响？(取 $\alpha=0.05$)

4.为了研究一种新化肥对小麦产量的影响，选用 13 块条件相同、面积相等的土地进行试验，各块产量(单位：kg)如下：

施　肥：34　35　30　33　34　32

未施肥:29　27　32　28　32　31　31

若设 $X$ 与 $Y$ 分别表示施肥与未施肥两种情况下的产量,$X\sim N(\mu_1,\sigma^2)$,$Y\sim N(\mu_2,\sigma^2)$,问这种化肥是否使小麦产量有显著提高?(取 $\alpha=0.05$)

5.甲、乙两台机床加工某种零件,零件的直径(单位:mm)服从正态分布,总体方差反映了加工精度,现从各自加工的零件中分别抽取7件产品和8件产品,测得其直径如下:

$X$(机床甲):16.2　16.4　15.8　15.5　16.7　15.6　15.8

$Y$(机床乙):15.9　16.0　16.4　16.1　16.5　15.8　15.7　15.0

试比较两台机床的加工精度有无差别.(取 $\alpha=0.05$)

6.甲、乙两厂生产同一种电阻,现从甲乙两厂的产品中分别随机抽取12个和10个样品,测得它们的电阻值(单位:Ω)后,计算出样本方差分别为 $s_1^2=1.40$,$s_2^2=4.38$.假设电阻值服从正态分布,在显著性水平 $\alpha=0.10$ 下,我们是否可以认为两厂生产的电阻值的方差相等?

7.为比较甲、乙两种安眠药的疗效,将20名患者分成两组,每组10人,如服药后延长的睡眠时间分别服从正态分布,其数据为(单位:h):

甲:5.5　4.6　4.4　3.4　1.9　1.6　1.1　0.8　0.1　−0.1

乙:3.7　3.4　2.0　2.0　0.8　0.7　0　−0.1　−0.2　−1.6

问在显著性水平 $\alpha=0.05$ 下两种药的疗效有无显著差别?

## *第四节　非正态总体数学期望的假设检验

在前两节中,我们讨论了正态总体的假设检验问题.本节我们讨论非正态总体的假设检验问题,此类问题可借助一些统计量的极限分布近似地进行假设检验,属于大样本统计范畴.其理论依据是中心极限定理.

### 一、非正态总体数学期望的假设检验

**1.一个总体均值的大样本假设检验**

设非正态总体 $X$ 的均值为 $\mu$,方差为 $\sigma^2$,$X_1,X_2,\cdots,X_n$ 为总体 $X$ 的一个样本,样本的均值为 $\overline{X}$,样本的方差为 $S^2$,则当 $n$ 充分大时,由中心极限定理知,$U_n=\dfrac{\overline{X}-\mu}{\sigma/\sqrt{n}}$ 近似地服从 $N(0,1)$.所以对 $\mu$ 的假设检验可以用前面讲过的 $u$ 检验法.这时所不同的是拒绝域是近似的,这是关于一般总体数学期望的假设检验的简单有效的方法.

(1)对于双侧检验

$$H_0:\mu=\mu_0,H_1:\mu\neq\mu_0,$$

可得近似的拒绝域为 $|U|>u_{\alpha/2}$,即 $W=\left(-\infty,\overline{X}-u_{\alpha/2}\dfrac{\sigma}{\sqrt{n}}\right)\cup\left(\overline{X}+u_{\alpha/2}\dfrac{\sigma}{\sqrt{n}},+\infty\right)$;

(2)对于右侧检验

$$H_0:\mu\leqslant\mu_0,H_1:\mu>\mu_0,$$

可得近似的拒绝域为 $U_n > u_\alpha$，即 $W=\left(\overline{X}+u_\alpha\frac{\sigma}{\sqrt{n}},+\infty\right)$；

(3)对于左侧假检验

$$H_0:\mu\geqslant\mu_0, H_1:\mu<\mu_0,$$

可得近似的拒绝域为 $U_n<-u_\alpha$，即 $W=\left(-\infty,\overline{X}-u_\alpha\frac{\sigma}{\sqrt{n}}\right)$.

**注**　若标准差 $\sigma$ 未知，可以用样本标准差 $S$ 来代替.即当 $n$ 充分大时，由中心极限定理知，$T_n=\frac{\overline{X}-\mu_0}{S/\sqrt{n}}\overset{\text{近似}}{\sim}N(0,1)$.只需将上述的 $\sigma$ 用 $S$ 代替，$U$ 用 $T_n$ 代替，可得到类似的结论.

**例 1**　设某段高速公路上汽车限速(单位:km/h)为 104.6，现检验 85 辆汽车的样本，测出的平均车速为 106.7，已知总体标准差为 $\sigma=13.4$，但不知总体是否服从正态分布.在显著性水平 $\alpha=0.05$ 下，试检验高速公路上的汽车是否比限制速度 104.6 显著地快.

**解**　依题意，检验假设

$$H_0:\mu\leqslant\mu_0=104.6; H_1:\mu>\mu_0,$$

由于 $\sigma=13.4$ 已知，$n=85$ 足够大，选择检验统计量

$$U=\frac{\overline{X}-\mu_0}{\sigma/\sqrt{n}}\overset{\text{近似}}{\sim}N(0,1).$$

其拒绝域 $W=\{U>u_\alpha\}$，其中 $u_\alpha=u_{0.05}=1.65$.

计算 $U$ 的值，有

$$u=\frac{106.7-104.6}{13.4/\sqrt{85}}\dot{=}1.444\ 9,$$

由于 $u<u_\alpha$，因此接受 $H_0$，没有理由认为高速公路上的汽车比限制速度 104.6 km/h 显著地快.

**2.两个总体均值的大样本假设检验**

设有两个独立的总体 $X,Y$，其均值分别为 $\mu_1,\mu_2$，方差分别为 $\sigma_1^2,\sigma_2^2$，均值与方差均未知，现从两个总体中分别抽取样本容量 $n_1,n_2$($n_1,n_2$ 均大于 100)的大样本 $X_1,X_2,\cdots,X_{n_1}$ 与 $Y_1,Y_2,\cdots,Y_{n_2}$，$\overline{X}$ 与 $\overline{Y}$ 及 $S_1^2$ 与 $S_2^2$ 分别为这两个样本的样本均值及样本方差，记 $S_w^2$ 是 $S_1^2$ 与 $S_2^2$ 的加权平均

$$S_w^2=\frac{(n_1-1)S_1^2+(n_2-1)S_2^2}{n_1+n_2-2}.$$

检验假设为

(1) $H_0:\mu_1=\mu_2, H_1:\mu_1\neq\mu_2$.

(2) $H_0:\mu_1\leqslant\mu_2, H_1:\mu_1>\mu_2$.

(3) $H_0:\mu_1\geqslant\mu_2, H_1:\mu_1<\mu_2$.

若 $\sigma_1^2\neq\sigma_2^2$，可采用以下检验统计量及其近似分布($\mu_1=\mu_2$)：

$$U=\frac{\overline{X}-\overline{Y}}{\sqrt{S_1^2/n_1+S_2^2/n_2}}\overset{\text{近似}}{\sim}N(0,1),$$

若$\sigma_1^2=\sigma_2^2$,可采用以下检验统计量及其近似分布($\mu_1=\mu_2$):

$$U=\frac{\overline{X}-\overline{Y}}{S_w\sqrt{1/n_1+1/n_2}}\overset{\text{近似}}{\sim}N(0,1),$$

对于给定的显著性水平$\alpha$,有

(a) 对假设(1),$P\{|U|\geqslant u_{\alpha/2}\}\approx\alpha$,此时拒绝域为$|U|>u_{\alpha/2}$;

(b) 对假设(2),$P\{U>u_\alpha\}\approx\alpha$,此时拒绝域为$U>u_\alpha$;

(c) 对假设(3),$P\{U<-u_\alpha\}\approx\alpha$,此时拒绝域为$U<-u_\alpha$.

**例 2** 某厂使用两种不同的原料$A,B$生产同一类型产品,各在一周的产品中取样进行分析比较,取使用原料$A$生产的样品220件,测得平均质量(单位:kg)为2.46,样本标准差$s_1=0.57$,取使用原料$B$生产的样品205件,测得平均质量为2.55.样本标准差为$s_1=0.48$.设这两个样本独立,且分别来自正态总体$N(\mu_A,\sigma_A^2)$和$N(\mu_B,\sigma_B^2)$.问在水平0.05下能否认为使用原料$B$的产品平均质量较使用原料$A$为大?

**解** 提出检验假设:$H_0:\mu_1=\mu_2$,$H_1:\mu_1<\mu_2$,这是属于大样本情形下两个方差未知的正态总体对其均值的差异性检验,故可以认为统计量

$$U=\frac{\overline{X}-\overline{Y}}{\sqrt{S_1^2/n_1+S_2^2/n_2}}\overset{\text{近似}}{\sim}N(0,1),$$

则该检验的拒绝域为

$$U=\frac{\overline{X}-\overline{Y}}{\sqrt{S_1^2/n_1+S_2^2/n_2}}\leqslant -u_\alpha$$

由于$\alpha=0.05$,$u_\alpha=1.65$,又$n_1=220$,$n_2=205$,$\bar{x}=2.46$,$\bar{y}=2.55$,$s_1^2=0.57^2$,$s_2^2=0.48^2$,计算统计量$U$的值

$$u=\frac{\bar{x}-\bar{y}}{\sqrt{\dfrac{s_1^2}{n_1}+\dfrac{s_2^2}{n_2}}}$$

$$=\frac{2.46-2.55}{\sqrt{\dfrac{0.57^2}{220}+\dfrac{0.48^2}{205}}}=\frac{-0.09}{0.051}=-1.765<-1.65$$

由于$u$落在拒绝域中,故应拒绝$H_0$,在显著性水平$\alpha=0.05$下可认为使用原料$B$的产品平均质量较使用原料$A$为大.

## 二、0-1分布总体数学期望的假设检验

在实际问题中,常常需要对一个事件$A$发生的概率$p$进行假设检验.从而可以设总体服从两点分布.

**1.一个0-1分布总体参数的检验**

设总体$X\sim B(1,p)$,$X_1,X_2,\cdots,X_n$是取自$X$的一个样本,$p$为未知参数.关于参数$p$的检验问题有三种类型,其待检假设分别为

(1)$H_0:p=p_0$,$H_1:p\neq p_0$;

(2)$H_0:p\leqslant p_0$,$H_1:p>p_0$;

(3) $H_0: p \geqslant p_0, H_1: p < p_0$.

因对于这种类型的假设检验无现成的统计量可利用，一般借助于中心极限定理对这类假设进行检验.因

$$E(\overline{X}) = p, D(\overline{X}) = p(1-p)/n.$$

由中心极限定理，当 $n$ 充分大($n \geqslant 30$)时，有

$$\frac{\overline{X} - p}{\sqrt{p(1-p)/n}} \overset{\text{近似}}{\sim} N(0,1),$$

其中 $\overline{X} = \mu_n / n$，$\mu_n$ 是 $n$ 次独立重复试验中事件 $A$ 发生(即 $X=1$)的次数.若 $H_0$ 为真，则

$$U = \frac{\overline{X} - p_0}{\sqrt{p_0(1-p_0)/n}} \overset{\text{近似}}{\sim} N(0,1)$$

对于给定的显著性水平 $\alpha$，有

(a)对假设(1) $P\{|U| \geqslant u_{\alpha/2}\} \approx \alpha$，此时拒绝域为 $|U| > u_{\alpha/2}$；

(b)对假设(2) $P\{U > u_\alpha\} \approx \alpha$，此时拒绝域为 $U > u_\alpha$；

(c)对假设(3) $P\{U < -u_\alpha\} \approx \alpha$，此时拒绝域为 $U < -u_\alpha$.

**例 3**　光华厂有批产品 10 000 件，按规定的标准，出厂时次品率不得超过 3%，质量检验员从中任意抽取 100 件，发现其中有 5 件次品，问这批产品能否出厂？($\alpha = 0.05$)

**解**　(1) 建立检验假设 $H_0: p = 0.03, H_1: p > 0.03$.

(2)选择统计量 $U = \dfrac{\sum_{i=1}^{100} x_i - np}{\sqrt{np(1-p)}} \overset{\text{近似}}{\sim} N(0,1)$

(3)对显著性水平 $\alpha = 0.05$，查标准正态分布表得临界值 $u_{0.05} = 1.645$，从而 $u < u_{0.05}$.

(4)由于 $n = 100, p = 0.03, \sum_{i=1}^{100} x_i = 5$，所以计算得

$$u = \frac{\sum_{i=1}^{100} x_i - np}{\sqrt{np(1-p)}} = \frac{5 - 100 \times 0.03}{\sqrt{100 \times 0.03 \times 0.97}} = 1.172 < u_{0.05}.$$

故接受 $H_0$，即认为该批产品符合规定标准可以出厂.

**2.两个 0-1 分布总体参数的检验**

对两个独立 0-1 总体 $X$ 与 $Y$，我们要检验的是两个总体参数 $p_1, p_2$ 差异性.故给出如下检验假设：

(1) $H_0: p_1 = p_2, H_1: p_1 \neq p_2$；

(2) $H_0: p_1 \leqslant p_2, H_1: p_1 > p_2$；

(3) $H_0: p_1 \geqslant p_2, H_1: p_1 < p_2$.

由中心极限定理，当 $H_0$ 为真且 $n_1, n_2$ 充分大($n_1, n_2$ 均大于 100)时，有

$$U = \frac{\overline{p}_1 - \overline{p}_2}{\sqrt{\overline{p}(1-\overline{p})(1/n_1 + 1/n_2)}} \overset{\text{近似}}{\sim} N(0,1),$$

其中 $\overline{p}_1 = \mu_{n_1}/n_1$，$\overline{p}_2 = \mu_{n_2}/n_2$，$\overline{p} = (\mu_{n_1} + \mu_{n_2})/(n_1 + n_2)$，$\mu_{n_1}$ 是 $n_1$ 次独立重复试验中事

件 $A$ 发生(即 $X=1$)的次数,$\mu_{n_2}$ 是 $n_2$ 次独立重复试验中事件 $B$ 发生(即 $Y=1$)的次.

对于给定的显著性水平 $\alpha$,有

(a)对假设(1) 由 $p\{|U|\geqslant u_{\alpha/2}\}\approx\alpha$,可得拒绝域为 $|U|>u_{\alpha/2}$;

(b)对假设(2) 由 $p\{U>u_{\alpha}\}\approx\alpha$,可得拒绝域为 $U>u_{\alpha}$;

(c)对假设(3) 由 $p\{U<-u_{\alpha}\}\approx\alpha$,可得拒绝域为 $U<-u_{\alpha}$.

**例 4** 在 $A$ 县调查 $n_1=1\ 500$ 个农户,其中有中小型农业机械的农户 $\mu_{n_1}=300$ 户;在 $B$ 县调查 $n_2=1\ 800$ 户,其中有中小型农业机械的农户 $\mu_{n_2}=320$ 户.试在显著性水平 $\alpha=0.05$ 下检验两个县有中小型农户的比率有无差异?

**解** 由于 $n_1=1\ 500,n_2=1\ 800$,这是大样本情下两个 0-1 总体的概率检验问题.检验假设 $H_0:p_1=p_2,H_1:p_1\neq p_2$.

由于 $n_1=1\ 500,n_2=1\ 800,\mu_{n1}=300,\mu_{n2}=320$,经计算得

$$\overline{p}_1=\frac{\mu_{n1}}{n_1}=0.200,\overline{p}_2=\frac{\mu_{n2}}{n_2}\approx 0.178,\overline{p}=\frac{\mu_{n1}+\mu_{n2}}{n_1+n_2}\approx 0.188,$$

$$\begin{aligned}u&=\frac{\overline{p}_1-\overline{p}_2}{\sqrt{\overline{p}(1-\overline{p})(1/n_1+1/n_2)}}\\&=\frac{0.2-0.178}{\sqrt{0.188(1-0.188)(1/1\ 500+1/1\ 800)}}\approx 0.161.\end{aligned}$$

由 $\alpha=0.05$,可知 $u_{\alpha/2}=1.96$,由于 $|u|<u_{\alpha/2}$,故在显著性水平 $\alpha=0.05$ 下接受 $H_0$.即可认为两县有中小型农户的比率有无显著差异.

## 习题 7-4

1.设两总体 $X,Y$ 分别服从泊松分布 $P(\lambda_1),P(\lambda_2)$,给定显著性水平 $\alpha$,试设计一个检验统计量,使之能确定检验 $H_0:\lambda_1=\lambda_2,H_1:\lambda_1\neq\lambda_2$ 的拒绝域,并说明设计的理论依据.

2.设药品广告上声称该药品对某种疾病的治愈率为 90%,一家医院对该种药品临床使用 120 例,治愈 85 人,问该药品广告是否真实?(取 $\alpha=0.02$)

*3.在可靠性理论与应用中,常根据设备或部件不同的失效性质,以指数分布、韦布尔(Weibull)分布、伽马分布、对数正态分布等多种寿命分布类来描述设备或部件的使用寿命.某厂新研究并开发了某类设备所需的关键部件,由于尚缺乏足够的经验数据,还无法判定此部件的使用寿命所服从的分布类型.现通过加速失效试验法,测得了 100 个新生产部件的使用寿命,并算出了它们样本均值的观测值为 $\overline{x}=17.84$(kh),样本标准差的观测值为 $s=1.25$(kh),试问:由这些数据能否判定此部件的连续使用寿命至少为 2 年?(取 $\alpha=0.01$)

4.一位小学校长在报纸上看到这样的报道:“这一城市的初中生平均每周看 8 h 电视”,她认为她所领导的学校,学生看电视的时间明显小于该数字.为此她向 100 名学生作了调查,得知平均每周看电视的时间 $\overline{x}=6.5$ h 样本标准差 $s=2$ h,问是否可以认为这位校长的看法是对的?(取 $\alpha=0.05$)

5.已知某种电子元件的使用寿命 $X$(单位:h)服从指数分布 $E(\lambda)$.抽查 100 个元件,

得样本均值 $\overline{x}=950$，能否认为参数 $\lambda=0.001$？（取 $\alpha=0.05$）

# *第五节　分布拟合检验

前面给出的各种检验方法是在总体分布已知的条件下进行的.在总体分布类型已知的情况下，对其中的未知参数进行检验，这类统计检验法统称为参数检验.在实际问题中，很多时候我们根本不知道总体服从什么分布，这时就需要根据样本信息对总体的分布进行推断，以判断总体服从何种分布.这类统计检验称为非参数检验.目前关于总体分布的假设检验的方法很多，本节只介绍比较常用的 $\chi^2$ 拟合检验法.

## 一、$\chi^2$ 检验的基本思想及原理

设总体 $X$ 的分布函数 $F(x)$ 未知，$X_1,X_2,\cdots,X_n$ 是来自总体 $X$ 的一个样本，先提出假设

$$H_0:F(x)=F_0(x);H_1:F(x)\neq F_0(x)$$

此时 $F_0(x)$ 已知，可以含有未知参数，若 $F_0(x)$ 中含有未知参数，一般先利用最大似然估计给出参数的一个点估计值.

然后根据样本的经验分布和所假设的理论分布之间的吻合程度来决定是否接受原假设.这种检验通常称作拟合优度检验.它是一种非参数检验.一般地，我们总是根据样本观察值用直方图和经验分布函数，推断出总体可能服从的分布，然后作检验.

若总体是离散的，则假设为

$H_0$：总体分布律 $P(X=x_i)=p_i\quad(i=1,2,\cdots;p_i$ 为已知).

若总体是连续型的，则假设为 $H_0$：$X$ 的密度函数为 $f(x)$[$f(x)$已知].

将随机试验的可能结果的全体分为 $k$ 个互斥事件 $A_1,A_2,\cdots,A_k$，在 $H_0$ 成立的条件下计算 $P(A_i)=p_i(i=1,2,\cdots,k)$，若将试验进行 $n$ 次，事件 $A_i$ 出现的频率为 $\dfrac{n_i}{n}$（$\sum\limits_{i=1}^{k}n_i=n$，$n_i$ 为落入第 $i$ 个小区间 $A_i$ 的样本值的个数），由大数定律可知，若试验次数很多，在 $H_0$ 成立的前提下，$\left|\dfrac{n_i}{n}-p_i\right|$ 的值应该比较小，故选用统计量：

$$\chi^2=\sum_{i=1}^{k}\frac{(n_i-np_i)^2}{np_i}$$

若知道统计量 $\chi^2$ 的分布，就可以用样本值来判别是否能拒绝 $H_0$ 了，皮尔逊(Pearson)以定理的形式给出了 $\chi^2$ 的分布.

**定理 1**　若试验次数 $n$ 充分大($n\geqslant 50$)时，则当 $H_0$ 成立时，无论总体 $X$ 服从何种分布，统计量 $\chi^2=\sum\limits_{i=1}^{k}\dfrac{(n_i-np_i)^2}{np_i}\overset{\text{近似}}{\sim}X\sim N(\mu,\sigma^2)\quad(\alpha=0.01)$，其中 $r$ 是分布中未知参数的个数.

统计量 $\chi^2$ 的分布已经知道了，那么在 $H_0$ 成立的条件下，对于给定的显著性水平 $\alpha$，查表得到 $\chi^2_\alpha(k-r-1)$ 的值，再利用样本值计算出 $\chi^2$ 的值，如果 $\chi^2>\chi^2_\alpha(k-r-1)$，则拒

绝 $H_0$,否则不能拒绝 $H_0$.

## 二、$\chi^2$ 检验法的基本步骤

(1) 提出原假设:$H_0:F(x)=F_0(x)$;

(2) 将总体 $X$ 的取值范围分成 $k$ 个互不相交的小区间,记为 $A_1,A_2,\cdots,A_k$,一般 $5\leqslant k\leqslant 16$.如可取为

$$A_1=(a_0,a_1],A_2=(a_1,a_2],\cdots,A_{k-1}=(a_{k-2},a_{k-1}],A_k=(a_{k-1},a_k);$$

(3)计算组频数 $f_i$,即所给的 $n$ 个样本观测值 $x_1,x_2,\cdots,x_n$ 中落入第 $i$ 个区间 $A_i$ 内的个数.所有组频数之和 $f_1+f_2+\cdots+f_k$ 等于样本容量 $n$;

(4)在 $H_0$ 成立的条件下,求 $X$ 落入第 $i$ 个区间 $A_i$ 的概率 $p_i$.$np_i$ 即为落入第 $i$ 个小区间 $A_i$ 的样本值的理论频数;

(5)计算统计量 $\chi^2=\sum\limits_{i=1}^{k}\dfrac{(n_i-np_i)^2}{np_i}$ 的值;

(6) 对给定的显著性水平 $\alpha$,查表得到 $\chi_\alpha^2(k-r-1)$的值,若 $\chi^2>\chi_\alpha^2(k-r-1)$,则拒绝 $H_0$,否则不能拒绝 $H_0$.

**例 1** 将一颗骰子掷 300 次,所得数据见下表.

| 点数 $i$ | 1 | 2 | 3 | 4 | 5 | 6 |
|---|---|---|---|---|---|---|
| 出现次数 $f_i$ | 40 | 70 | 48 | 60 | 52 | 30 |

问这颗骰子是否均匀、对称?(取 $\alpha=0.05$)

**解** 根据题意提出假设:$H_0$:这颗骰子的六个面是均匀的或

$$P(X=i)=\frac{1}{6},(i=1,2,\cdots,6).$$

事件 $A_i=\{X=i\},(i=1,2,\cdots,6)$为互不相容事件. 在原假设成立的条件下有下表

| $A_i$ | $n_i$ | $p_i$ | $np_i$ | $(n_i-np_i)^2$ | $(n_i-np_i)^2/np_i$ |
|---|---|---|---|---|---|
| 1 | 40 | 1/6 | 50.00 | 100 | 2 |
| 2 | 70 | 1/6 | 50.00 | 400 | 8 |
| 3 | 48 | 1/6 | 50.00 | 4 | 0.08 |
| 4 | 60 | 1/6 | 50.00 | 100 | 2 |
| 5 | 52 | 1/6 | 50.00 | 4 | 0.08 |
| 6 | 30 | 1/6 | 50.00 | 400 | 8 |
| 合计 | | | | | 20.16 |

所以 $\chi^2=20.16$,由于没有未知参数,所以自由度为 $6-1=5$,查表得到 $\chi_{0.05}^2(5)=11.071$,有 $\chi^2>\chi_{0.05}^2(5)$.由上表计算,知

$\chi^2=\sum\limits_{i=1}^{6}\dfrac{(n_i-np_i)^2}{np_i}=20.16>11.071$,故拒绝原假设 $H_0$,认为这颗骰子不均匀对称.

**例 2** 在一次试验中,每隔一段时间观察一次由某种铀所放射的到达计数器上的 $\alpha$

粒子数，共观察 100 次，得结果如下表：

| $i$ | 0 | 1 | 2 | 3 | 4 | 5 | 6 | 7 | 8 | 9 | 10 | 11 | $\geqslant 12$ |
|---|---|---|---|---|---|---|---|---|---|---|---|---|---|
| $n_i$ | 1 | 5 | 16 | 17 | 26 | 11 | 9 | 9 | 2 | 1 | 2 | 1 | 0 |
| $A_i$ | $A_1$ | $A_2$ | $A_3$ | $A_4$ | $A_5$ | $A_6$ | $A_7$ | $A_8$ | $A_9$ | $A_{10}$ | $A_{11}$ | $A_{12}$ | $A_{13}$ |

其中 $n_i$ 是观察到有 $i$ 个 $\alpha$ 粒子的次数.从理论上考虑 $X$ 应服从泊松分布：$P(X=i)=\frac{\lambda^i}{i!}e^{-\lambda}, i=0,1,2,\cdots$，问 $P(X=i)=\frac{\lambda^i}{i!}e^{-\lambda}$ 是否符合实际？（取 $\alpha=0.05$）

**解**　根据所求问题，提出假设 $H_0$：总体 $X$ 服从泊松分布 $P(X=i)=\frac{\lambda^i}{i!}e^{-\lambda}, i=0,1,2,\cdots$.

由于在 $H_0$ 中参数 $\lambda$ 未知，所以先估计 $\lambda$，由最大似然估计法得 $\lambda=\bar{x}=4.2$，在原假设成立的条件下有下表.

| $A_i$ | $i$ | $n_i$ | $p_i=\frac{\lambda^i}{i!}e^{-\lambda}$ | $np_i$ | $(n_i-np_i)^2$ | $(n_i-np_i)^2/np_i$ |
|---|---|---|---|---|---|---|
| $A_1$ | 0 | 1 | 0.015 | 1.500 | 0.25 | 0.167 |
| $A_2$ | 1 | 5 | 0.063 | 6.300 | 1.69 | 0.268 |
| $A_3$ | 2 | 16 | 0.132 | 13.200 | 7.84 | 0.594 |
| $A_4$ | 3 | 17 | 0.185 | 18.500 | 2.25 | 0.122 |
| $A_5$ | 4 | 26 | 0.194 | 19.400 | 43.56 | 2.245 |
| $A_6$ | 5 | 11 | 0.163 | 16.300 | 28.09 | 1.723 |
| $A_7$ | 6 | 9 | 0.114 | 11.400 | 5.76 | 0.505 |
| $A_8$ | 7 | 9 | 0.069 | 6.900 | 4.41 | 0.639 |
| $A_9$ | 8 | 2 | 0.036 | 3.600 | 2.56 | 0.711 |
| $A_{10}$ | 9 | 1 | 0.017 | 1.700 | 0.49 | 0.288 |
| $A_{11}$ | 10 | 2 | 0.007 | 0.700 | 1.69 | 2.414 |
| $A_{12}$ | 11 | 1 | 0.003 | 0.300 | 0.49 | 1.633 |
| $A_{13}$ | $\geqslant 12$ | 0 | 0.002 | 0.200 | 0.04 | 0.200 |
| 合计 | | | | | | 11.509 |

注意其中 $p_{12}=P(X\geqslant 12)=1-P(X\leqslant 11)=1-\sum_{i=0}^{11}p_i=0.02$.

由上表计算出 $\chi^2=11.509$，由于题目中有一个未知参数，所以自由度为 $k-r-1=13-1-1=11$，查表得到 $\chi^2_{0.05}(11)=19.675$.

$\chi^2<\chi^2_{0.05}(11)$，所以不能拒绝原假设，认为样本来自泊松分布总体.

## 习题 7-5

1.一农场 10 年前在一鱼塘 里按比例 20∶15∶40∶25 投放了四种鱼:鲑鱼、鲈鱼、竹夹鱼和鲇鱼的鱼苗.现在在鱼塘里获得一样本如下:

| 序　号 | 1 | 2 | 3 | 4 | |
|---|---|---|---|---|---|
| 种　类 | 鲑鱼 | 鲈鱼 | 竹夹鱼 | 鲇鱼 | |
| 数量(条) | 132 | 100 | 200 | 168 | $\sum=600$ |

试取 $\alpha=0.05$ 检验各类鱼数量的比例较 10 年前是否有显著改变.

2.在一次试验中,每隔一段时间观察一次由某种铀所放射的到达计数器上的 $\alpha$ 粒子数,共观察 100 次,得到的数据见下表:

| $i$ | 0 | 1 | 2 | 3 | 4 | 5 | 6 | 7 | 8 | 9 | 10 | 11 | $\geqslant 12$ |
|---|---|---|---|---|---|---|---|---|---|---|---|---|---|
| $n_i$ | 1 | 5 | 16 | 17 | 26 | 11 | 9 | 9 | 2 | 1 | 2 | 1 | 0 |
| $A_i$ | $A_1$ | $A_2$ | $A_3$ | $A_4$ | $A_5$ | $A_6$ | $A_7$ | $A_8$ | $A_9$ | $A_{10}$ | $A_{11}$ | $A_{12}$ | $A_{13}$ |

其中 $n_i$ 是观察到有 $i$ 个 $\alpha$ 粒子的次数.从理论上考虑 $X$ 应服从泊松分布:

$$P(X=i)=\frac{\lambda}{i!}\mathrm{e}^{-\lambda},i=0,1,2,\cdots,$$

问 $P(X=i)=\frac{\lambda}{i!}\mathrm{e}^{-\lambda}$ 是否符合实际?(取 $\alpha=0.05$)

3.检查了一本书的 100 页,记录各页中印刷错误的个数,得到的数据见下表:

| 错误个数 $f_i$ | 0 | 1 | 2 | 3 | 4 | 5 | 6 | $\geqslant 7$ |
|---|---|---|---|---|---|---|---|---|
| 含 $f_i$ 个错误的页数 | 36 | 40 | 19 | 2 | 0 | 2 | 1 | 0 |

问能否认为一页印刷错误个数服从泊松分布?(取 $\alpha=0.05$)

*4.某高校对 100 名新生的身高(单位:cm)做了检查,把测得的 100 个数据按由大到小的顺序排列,相同的数合并得下表:

| 身　高<br>人　数 | 153<br>1 | 156<br>3 | 157<br>2 | 159<br>1 | 160<br>4 | 161<br>6 | 162<br>7 | 163<br>6 | 164<br>10 |
|---|---|---|---|---|---|---|---|---|---|
| 身　高<br>人　数 | 165<br>8 | 166<br>7 | 167<br>5 | 168<br>7 | 169<br>5 | 170<br>6 | 171<br>3 | 172<br>4 | 173<br>7 |
| 身　高<br>人　数 | 174<br>3 | 176<br>2 | 178<br>1 | 180<br>1 | 181<br>1 | | | | |

试问,在显著性水平 $\alpha=0.05$ 下是否可以认为学生身高 $X$ 服从正态分布?

# 总习题七

1.某茶厂规定其盒装的茶叶每盒的平均质量不低于 500 克，否则不能出厂.现对一批盒装的茶叶进行检验，要求其规定的可靠性要达到 99%，其原假设和备择假设应该是(　　).

A.$H_0:\mu=500,H_1:\mu\neq500$　　B.$H_0:\mu\leqslant500,H_1:\mu>500$

C.$H_0:\mu\geqslant500,H_1:\mu<500$　　D.$H_0:\mu>500,H_1:\mu\leqslant500$

2.设正态总体，均值 $\mu$ 和方差 $\sigma^2$ 未知.$H_0:\mu=\mu_0,H_1:\mu\neq\mu_0$，显著性水平为 $\alpha$，采用大样本，则统计量 $Z$ 的拒绝域(　　).

A.$Z<-z_\alpha$　　B.$Z>z_\alpha$　　C.$|Z|>z_{\alpha/2}$　　D.$|Z|<z_{\alpha/1}$

3.在假设检验中，显著性水平 $\alpha$ 是表示(　　).

A.原假设为真时被拒绝的概率　　B.原假设为假时被接受的概率

C.原假设为真时被接受的概率　　D.原假设为假时被拒绝的概率

4.在一次假设检验中，当显著性水平 $\alpha=0.05$，$H_0$ 被接受时，则用 $\alpha=0.01$(　　).

A.一定会被接受　　B.一定不会被接受

C.可能会接受　　D.必须从新检验

5.两个非正态总体的均值比较，采用 $Z$ 检验时必须(　　).

A.两个总体的方差均已知　　B.两个样本的容量要相等

C.两个总体的方差要相等　　D.两个样本均为大样本

6.假设检验中，记 $H_0$ 为原假设，则称____________为犯第一类错误.

7.一台机床加工轴的椭圆度服从正态分布 $N(0.095,0.2^2)$(单位:mm)，机床经调整后随机抽取 20 根轴测量其椭圆度，计算得 $\overline{x}=0.081$，问调整后机床加工轴的平均椭圆度有无显著降低?($\alpha=0.05$)对此问题，假设检验问题应设为:________________

8.设总体 $X\sim N(\mu,\sigma^2)$，其中 $\sigma^2$ 未知，取得样本 $X_1,X_2,\cdots,X_n$，记 $\overline{X}$ 为样本均值，$S$ 为样本方差，对假设检验 $H_0:\mu=\mu_0,H_1:\mu<\mu_0$(在显著水平 $\alpha$ 下)取统计量 $T=\dfrac{\overline{X}-\mu_0}{S/\sqrt{n}}$，则拒绝域为________________

9.设 $X_1,X_2,\cdots,X_n$ 是来自总体 $X\sim N(\mu,\sigma^2)$ 的样本，且 $\mu,\sigma$ 未知，检验假设 $H_0:\sigma^2=\sigma_0^2$(备择假设 $H_1:\sigma^2\neq\sigma_0^2$)时应选用统计量____________

10.某自动生产线在正常生产条件下有 2%的产品是次品，一个质量检验员每小时抽取 5 件产品做检验，规则要求发现一个次品就拒绝.

(1)试建立原假设和备择假设;

(2)说明检验统计量是什么?

(3)给出接受域和拒绝域，并分别计算接受和拒绝的概率.

11.已知某炼铁厂的铁水含碳量在正常情况下服从正态分布 $N(4.55,0.108^2)$.现在测了 5 炉铁水，其含碳量(单位:%)如下:

4.28　4.40　4.42　4.35　4.37

问若标准差不改变,总体平均值有无显著性变化?(取 $\alpha=0.05$)

12.某种矿砂的 5 个样品中的含镍量(单位:%)经测定为:

3.24　3.26　3.24　3.27　3.25

设含镍量服从正态分布,问在 $\alpha=0.01$ 下能否接收假设:这批矿砂的含镍量为 3.25.

13.在正常状态下,某品牌一支香烟的平均质量(单位:g)为 1.1,若从这种香烟堆中任取 36 支作为样本,测得样本均值 $\overline{x}=1.008$,样本方差 $s^2=0.1$.问这堆香烟是否处于正常状态.已知香烟的质量近似服从正态分布.(取 $\alpha=0.05$)

14.测量某种溶液中的水分(单位:%),从它的 10 个测定值得出 $\overline{x}=0.452$(%),$s=0.037$(%).设测定值总体为正态,为总体均值,$\sigma$ 为总体标准差,试在水平 $\alpha=0.05$ 下检验:

(1)$H_0:\mu=0.5$(%);$H_0:\mu<0.5$(%).

(2)$H_0{}':\sigma=0.04$(%);$H_1{}':\sigma<0.04$(%).

15.有两批棉纱,为比较其断裂强度(单位:kg),从中各取一个样本,测试得到:

第一批棉纱样本:$n_1=200,\overline{x}=0.532,s_1=0.218$;

第二批棉纱样本:$n_2=200,\overline{y}=0.57,s_1-0.176$.

设两强度总体服从正态分布,方差未知但相等,问两批强度均值有无显著差异?(取 $\alpha=0.05$)

16.两位化验员 A,B 对一种矿砂的含铁量(单位:%)各自独立地用同一方法做了 5 次分析,得到样本方差分别为 0.432 2($\%^2$)与 0.500 6($\%^2$).若 A,B 所得的测定值的总体都是正态分布,其方差分别为 $\sigma_A^2,\sigma_B^2$,试在水平 $\alpha=0.05$ 下检验方差齐性的假设:

$$H_0:\sigma_A^2=\sigma_B^2,H_1:\sigma_A^2\neq\sigma_B^2.$$

17.设考生成绩服从正态分布,抽得 36 位考生成绩(单位:分),平均分为 66.5 分,标准差为 15 分,问在水平 $\alpha=0.05$ 下,是否可认为平均成绩为 70 分?给出检验过程.参考数据如下表所示:

| $n$ \ $\alpha$ | 0.95 | 0.975 |
|---|---|---|
| 35 | 1.6896 | 2.0301 |
| 36 | 1.6883 | 2.0282 |
| $P\{t(n)\leqslant t_\alpha(n)\}=\alpha$ | | |

18.设在木材(单位:cm)中抽出 100 根,得到样本平均数为 $\overline{x}=11.2$,已知标准差 $\sigma^2=2.6$,问能否认为该批木材的直径在 12 以上?($\alpha=0.05$,已知标准正态分布函数 $\Phi=(1.65)=0.95$)

*19.设总体 $X\sim N(\mu,\sigma^2)$ 待检验的原假设为 $H_0:\sigma^2=\sigma_0^2$,对于给定的显著水平 $\alpha$,若拒绝域为下面的情形,则相应的备择假设是什么?

(1)拒绝域:$(\chi^2(n-1),+\infty)$;

(2)拒绝域:$(0,\chi^2_{1-\alpha/2}(n-1))\cup(\chi^2_{\alpha/2}(n-1),+\infty)$.

20.假设某厂生产的揽绳,其抗拉强度 $X$ 服从正态分布 $N(10\ 600,82^2)$,现从改进工艺后生产的一批揽绳中随机抽取 10 根,测量其抗拉强度,算出样本均值 $\overline{x}=10\ 653$,方差

$s^2=6\ 992$，当显著水平 $\alpha=0.05$ 时，能否据此样本认为：

(1)新工艺生产的揽绳比过去生产的揽绳抗拉强度有显著提高；

(2)与过去相比新工艺生产的揽绳抗拉强度的方差有显著变化.

21.已知炼铁厂在生产正常情况下，铁水碳的质量分数为 7%，方差为 0.03，现测了 10 炉铁水，测得其平均碳的质量分数为 6.97%，方差为 0.037 5，设铁水碳的质量分数服从正态分布，试问生产是否正常？(取 $\alpha=0.05$)

22.机器加工某种零件(单位：cm)，规定零件长度 100，标准差不超过 2，每天定时检查机器的运行情况.某日抽取 10 个零件，测得其平均长度 $\overline{x}=101$，样本标准差 $s=2$，假定零件长度服从正态分布，问该日机器工作是否正常？(取 $\alpha=0.05$)

23.某种导线，要求其电阻(单位：Ω)的标准差不超过 0.005，今在生产的一批导线中取抽样品 9 根，测得 $s=0.007$.设总体为正态分布，问在显著水平 $\alpha=0.05$ 下，能否认为这批导线的标准差显著地偏大？

24.测得两批电子器件样品的电阻(单位：Ω)如下：

甲批($X$)：0.140　0.138　0.143　0.142　0.144　0.137

乙批($Y$)：0.135　0.140　0.142　0.136　0.138　0.140

设这两批器件的电阻总体分别服从分布 $N(\mu_1,\sigma_1^2)$，$N(\mu_2,\sigma_2^2)$，且两样本独立.

(1)检验假设 $H_0:\sigma_1^2=\sigma_2^2$，$H_1:\sigma_1^2\neq\sigma_2^2$.(取 $\alpha=0.05$)

(2)在(1)的基础上检验假设 $H_0:\mu_1=\mu_2$，$H_1:\mu_1\neq\mu_2$.(取 $\alpha=0.05$)

25.至 1984 年底，南京市开办有奖储蓄以来，13 期兑奖号码中诸数码的频数汇总见下表：

| 数码 $i$ | 0 | 1 | 2 | 3 | 4 | 5 | 6 | 7 | 8 | 9 | 总数 |
|---|---|---|---|---|---|---|---|---|---|---|---|
| 频数 $f_i$ | 21 | 28 | 37 | 36 | 31 | 45 | 30 | 37 | 33 | 52 | 350 |

试检验器械或操作方法是否有问题.(取 $\alpha=0.05$)

# 第八章 方差分析与回归分析

## 第一节 单因素试验方差分析

在科学试验、生产实践或社会社会生活中，影响一事物的因素往往很多.例如，在饮料生产中，有原料成分、原料剂量、气温、压力、机器设备及操作人员的水平等因素，每一因素的改变都有可能影响产品的质量和数量；又如在工作中，影响个人收入的因素，除了学历、专业、工作时间等方面外，还受到个人能力、经历及机遇等偶然因素的影响.虽然在这众多因素中，每一个因素的改变都可能影响最终的结果，但有些因素影响较大，有些因素影响较小.所以在实际问题中，有必要找出对事件最终结果有显著影响的那些因素.方差分析就是根据试验的结果进行分析，通过建立数学模型，鉴别各有关因素对试验结果影响是否显著的一种有效方法.

### 一、基本概念

在方差分析中，我们把试验中要观察的数据称为**试验指标**，如电子元件的使用寿命、一种股票的交易价格、上海市肺癌的发病率等.影响试验指标的条件称为**因素**，用 $A$，$B$，$C$ 等表示.因素可分为两类，一类是人们可以控制的(可控因素)，如上述提到的原料剂量、原料成分、机器设备等；另一类是人们不能控制的(不可控因素)，如上述提到的员工素质与机遇等因素.因素在试验中所处的不同状态称为该因素的水平，因素 $A$ 的 $m$ 个不同水平分别用 $A_1,A_2,\cdots,A_m$ 表示.若一项试验中只有一个因素在改变，这种试验称为**单因素试验**；若多于一个因素在改变，则这种试验称为**多因素试验**.以下分别介绍单因素试验方差分析与多因素试验方差分析的基本原理与方法.

**例 1** 某灯泡厂用四种不同的配料方案制成的灯丝，生产了四批灯泡.在每批灯泡中随机抽取若干灯泡测得其使用寿命数据见下表：

单位：h

| 号泡灯取抽 / 使用寿命 / 灯泡种类 | 1 | 2 | 3 | 4 | 5 | 6 | 7 | 8 |
|---|---|---|---|---|---|---|---|---|
| 甲 | 1 600 | 1 610 | 1 650 | 1 680 | 1 700 | 1 720 | 1 800 | |
| 乙 | 1 580 | 1 640 | 1 640 | 1 700 | 1 750 | | | |
| 丙 | 1 460 | 1 550 | 1 600 | 1 620 | 1 640 | 1 660 | 1 740 | 1 820 |
| 丁 | 1 510 | 1 520 | 1 530 | 1 570 | 1 600 | 1 680 | | |

这里，试验的指标是灯泡的使用寿命，试验的条件是灯丝的配料方案，我们关心的是灯丝的配料方案这一因素对灯泡使用寿命的影响，用 $A$ 表示灯丝配料方案这个因素，四种不同的配料方案就是因素 $A$ 的四个不同的水平，可分别记为 $A_1,A_2,A_3,A_4$.如果假定除灯丝的配料方案这一因素外，灯丝的规格、操作人员水平等其他条件都相同，这就是单因素试验.试验的目的是考察四种不同配料方案制成的灯丝使用寿命有无显著差异，如果使用寿命有显著差异，则表明灯丝的配料方案这一因素对灯泡使用寿命的影响是显著的.

**例 2**　某食品公司对一种食品设计了四种新包装，为了考察哪种包装最受欢迎，选取了十个有近似相同销售量的商店做实验，其中有两种包装各指定了两个商店来销售，另两种包装各指定三个商店销售.在试验期间，各商店尽可能创造基本相同的条件(如货架的排放位置、营业员的促销方法等基本相同).观察在一定时期的销售量(单位：件)，得到的数据见下表：

| 包　装 | 商　店 | | | 商店数 $n_i$ |
|---|---|---|---|---|
| | 1 | 2 | 3 | |
| $A_1$ | 12 | 18 | | 2 |
| $A_2$ | 14 | 12 | 13 | 3 |
| $A_3$ | 19 | 17 | 21 | 3 |
| $A_4$ | 24 | 30 | | 2 |

在本例中，我们要考察的是四种不同包装的销售量是否一致，为此，把包装类型看成是一个因素，记为因素 $A$，它有四种不同的包装，四种包装可看成是因素 $A$ 的四个水平，记为 $A_1,A_2,A_3,A_4$.一般把第 $i$ 种包装在第 $j$ 个商店的销量记为 $X_{ij}(i=1,2,3,4;j=1,2,\cdots,n_i)$(在本例中，$n_1=2,n_2=3,n_3=3,n_4=2$).

由于各商店的差异控制在最小范围内，因此，一种包装在不同商店里的销量被看作是一种包装的若干次重复观察，所以可把一种包装看作一个总体.为比较四种包装的销售量是否相同，相当于要比较四个总体的均值是否一致.为简化起见，需要给出若干假定，建立相应的数学模型.

## 二、基本思想与数学模型

设单因素 $A$ 具有 $m$ 个不同水平，分别用 $A_1,A_2,\cdots,A_m$ 表示.在每个水平 $A_i(i=1,2,\cdots,m)$下，要考察的指标可以看成一个总体，从而有 $m$ 个总体，现作如下假设：

(1)正态性：每个总体都服从正态分布；

(2)方差齐性：每个总体的方差相等；

(3)独立性：每个总体中抽取的样本相互独立.

那么，要比较各个总体的均值是否一致，就是要检验各个总体的均值是否相等.一般地，我们设所考察的因素 $A$ 在水平 $A_i$ 下的总体设为 $X_i(i=1,2,\cdots,m)$，假设 $A_1,A_2,\cdots,A_m$ 相互独立，且 $X_i\sim N(\mu_i,\sigma^2)$，其中 $\mu$ 和 $\sigma^2$ 未知，在水平 $A_i$ 下进行 $n_i$ 次独立试验，就得到了来自总体 $X_i$ 的一个容量为 $n_i$ 的样本 $(X_{i1},X_{i2},\cdots,X_{in_i})(i=1,2,\cdots,m)$，可得如下单因素方差分析数据表：

| 水平 \ 指标 \ 序号 | 1 | 2 | … | $n_i$ |
|---|---|---|---|---|
| $A_1$ | $x_{11}$ | $x_{12}$ | … | $x_{1n_1}$ |
| $A_2$ | $x_{21}$ | $x_{22}$ | … | $x_{2n_2}$ |
| ⋮ | ⋮ | ⋮ | | ⋮ |
| $A_m$ | $x_{m1}$ | $x_{m2}$ | … | $x_{mn_m}$ |

假设这 $m$ 组样本是相互独立.则要检验的统计假设就是：

$$H_0:\mu_1=\mu_2=\cdots=\mu_m,$$

$$H_1:\mu_1,\mu_2,\cdots,\mu_m \text{ 不全相等}.$$

通常备择假设可以不写.

令 $\varepsilon_{ij}=X_{ij}-\mu_i(i=1,2,\cdots,m;j=1,2,\cdots,n_i)$，可把 $\varepsilon_{ij}$ 视为水平 $A_i$ 下第 $j$ 次试验的随机误差，由假设有 $X_{ij}\sim N(\mu_i,\sigma^2)$($\mu_i$ 和 $\sigma^2$ 未知)，从而 $\varepsilon_{ij}\sim N(0,\sigma^2)$，于是单因素试验方差分析的数学模型为

$$\begin{cases}X_{ij}=u_i+\varepsilon_{ij},i=1,2,\cdots,m,j=1,2,\cdots,n_i,\\ \varepsilon_{ij}\sim N(0,\sigma^2),\text{各个 }\varepsilon_{ij}\text{ 相互独立},\mu_i\text{ 和 }\sigma^2\text{ 未知}.\end{cases} \tag{8.1.1}$$

方差分析的任务：

(1)检验该模型中 $m$ 个总体 $N(\mu_i,\sigma^2)(i=1,2,\cdots,m)$ 的均值是否相等；

(2)作出未知参数 $\mu_1,\mu_2,\cdots,\mu_m,\sigma^2$ 的估计.

为了更仔细地描述数据，常在方差分析中引入总平均和效应的概念.称各均值的加权平均

$$\mu=\frac{1}{n}\sum_{i=1}^{r}n_i\mu_i,$$

为总平均.其中 $n=\sum\limits_{i=1}^{r}n_i$.再引入

$$\delta_i=\mu_i-\mu\ (i=1,2,\cdots,m),$$

其中 $\delta_i$ 表示在水平 $A_i$ 下总体的均值 $\mu_i$ 与总平均 $\mu$ 的差异，称其为因子 $A$ 的第 $i$ 个水平 $A_i$ 的效应.易见，效应间有如下关系式：

$$\sum_{i=1}^{m}n_i\delta_i=\sum_{i=1}^{m}n_i(\mu_i-\mu)=0,$$

利用上述记号，前述数学模型 (8.1.1)可改写为

$$\begin{cases}X_{ij}=\mu+\delta_i+\varepsilon_{ij},i=1,2,\cdots,m,j=1,2,\cdots,n_i,\\ \sum\limits_{i=1}^{m}n_i\delta_i=0,\\ \varepsilon_{ij}\sim N(0,\sigma^2),\text{各个 }\varepsilon_{ij}\text{ 相互独立},\mu_i\text{ 和 }\sigma^2\text{ 未知}.\end{cases} \tag{8.1.2}$$

而前述要检验的统计假设则等价于：

$$H_0:\delta_1=\delta_2=\cdots=\delta_m=0,$$

$$H_1:\delta_1,\delta_2,\cdots,\delta_m \text{ 不全为零}.$$

## 三、离差平方和的分解

为了使造成各 $X_{ij}$ 之间的差异的大小能定量表示出来，我们先引入下列记号.

在水平 $A_i$ 下数据和为：$X_{i\cdot}=\sum\limits_{j=1}^{n_i}X_{ij}$，其样本均值为 $\overline{X_{i\cdot}}=\frac{1}{n}\sum\limits_{j=1}^{n_i}X_{ij}$，因素 $A$ 下的所有水平的样本总均值为

$$\overline{X}=\frac{1}{n}\sum_{i=1}^{m}\sum_{j=1}^{n_i}X_{ij},n=n_1+n_2+\cdots+n_i.$$

为了通过分析对比产生样本 $X_{ij}(i=1,2,\cdots,m,j=1,2,\cdots,n_i)$ 之间差异性的原因，从而确定因素 $A$ 的影响是否显著，我们引入离差平方和来度量各个体间的差异程度，即

$$S_T=\sum_{i=1}^{m}\sum_{j=1}^{n_i}(X_{ij}-\overline{X})^2,$$

这里 $S_T$ 能反映全部试验数据之间的差异，又称为**总离差平方和**.

如果 $H_0$ 成立，则 $m$ 个总体间无显著差异，也就是说因素 $A$ 对指标没有显著影响，所有的 $X_{ij}$ 可以认为来自同一个总体 $N(\mu,\sigma^2)$，各个 $X_{ij}$ 间的差异只是由随机因素引起的. 若 $H_0$ 不成立，则在总偏差中，除随机因素引起的差异外，还包括由因素 $A$ 的不同水平的作用而产生的差异，如果不同水平作用产生的差异比随机因素引起的差异大得多，就认为因素 $A$ 对指标有显著影响，否则，认为无显著影响.为此，可将总离差中的这两种差异分开，然后进行比较.将总离差平方和分解为两部分，即

$$\begin{aligned}S_T&=\sum_{i=1}^{m}\sum_{j=1}^{n_i}(X_{ij}-\overline{X})^2=\sum_{i=1}^{m}\sum_{j=1}^{n_i}[(X_{ij}-\overline{X}_{i\cdot})+(\overline{X}_{i\cdot}-X)]^2\\&=\sum_{i=1}^{m}\sum_{j=1}^{n_i}(X_{ij}-\overline{X}_{i\cdot})^2+\sum_{i=1}^{m}n_i\cdot(\overline{X}_{i\cdot}-\overline{X})^2,\end{aligned}\tag{8.1.3}$$

记 $S_E=\sum\limits_{i=1}^{m}\sum\limits_{j=1}^{n_i}(X_{ij}-\overline{X}_{i\cdot})^2$，$S_R=\sum\limits_{i=1}^{m}n_i\cdot(\overline{X}_{i\cdot}-\overline{X})^2$，则(8.1.3)可写成如下形式：

$$S_T=S_R+S_E,\tag{8.1.4}$$

上述 $S_E$ 中的项 $\sum\limits_{j=1}^{n_i}(X_{ij}-\overline{X}_{i\cdot})^2$ 表示第 $i$ 组样本观察值与第 $i$ 组样本均值离差的平方和，它是由随机因素影响引起的，通常称 $S_E$ 为**组内平方和**(或误差平方和).$S_R$ 表示各组样本均值与总均值 $\overline{X}$ 的离差的加权平方和，它是由因素 $A$ 的不同水平影响所产生的，通常称 $S_R$ 为**组间平方和**，(8.1.4)式称为离差平方和分解式.

## 四、检验方法

从 $S_R$ 和 $S_E$ 的含义可以看出，如果 $S_R$ 显著地大于 $S_E$，则因素 $A$ 的不同水平影响所产生差异大小显著地大于重复试验中随机因素影响引起误差的总大小，即应该拒绝 $H_0$. 因此，我们可以通过比较 $S_R$ 和 $S_E$ 的大小来构造检验统计量，为此，我们先来讨论 $S_R$ 和 $S_E$ 的统计特性.

由于$(X_{i1},X_{i2},\cdots,X_{in_i})$是来自总体$X_i\sim N(\mu,\sigma^2)$的样本，从而有

$$\frac{1}{\sigma^2}\sum_{j=1}^{n_i}(X_{ij}-\overline{X}_{i\cdot})^2\sim\chi^2(n_i-1)\quad(i=1,2,\cdots,m),$$

由$\chi^2$分布的可加性可以得

$$\frac{S_E}{\sigma^2}\sim\chi^2\left(\sum_{i=1}^{m}(n_i-1)\right)=\chi^2(n-m).$$

在$H_0$成立下，即$\mu_1=\mu_2=\cdots=\mu_m=\mu$，则$m$组样本就是来自同一正态总体$N(\mu,\sigma^2)$的一个容量为$n$的一个样本，从而

$$\frac{S_T}{\sigma^2}\sim\chi^2(n-1),$$

利用离差平方和分解式，可以证明，在$H_0$成立下，$S_R$和$S_E$相互独立且

$$\frac{S_R}{\sigma^2}\sim\chi^2(m-1),$$

记$\overline{S}_R=\dfrac{S_R}{m-1}$，$\overline{S}_E=\dfrac{S_E}{n-m}$，由$F$分布的定义可以得到，在$H_0$成立下

$$F=\frac{\overline{S}_R}{\overline{S}_E}\sim F(m-1,n-m),$$

选取$F$作为检验统计量，前面已经提到，如果$S_R$显著地大于$S_E$，即$F=\overline{S}_R/\overline{S}_E$的值偏大时，应拒绝$H_0$，因此可采用右单侧检验，对于给定的显著水平$\alpha$，查$F$分布表得到$F_\alpha(m-1,n-m)$，使得

$$P\{F\geqslant F_\alpha(m-1,n-m)\}=\alpha,$$

因此拒绝域为$[F_\alpha(m-1,n-m),+\infty)$，接受域为$(-\infty,F_\alpha(m-1,n-m))$.

检验步骤为：

(1)化简数据.容易证明，在方差分析中，对所有试验数据$x_{ij}$进行线性变换$x'_{ij}=kx_{ij}+b$($k$和$b$为常数)，用$x'_{ij}$替代$x_{ij}$，检验统计量$F$的值不变.

(2)计算$S_R$和$S_E$及$F$的值，得如下单因素方差分析表：

| 方差来源 | 离差平方和 | 自由度 | 均方差 | 检验统计量 $F$ |
|---|---|---|---|---|
| 组间 | $S_R$ | $m-1$ | $\overline{S}_R=\dfrac{S_R}{m-1}$ | $F=\dfrac{\overline{S}_R}{\overline{S}_E}$ |
| 组内 | $S_E$ | $n-m$ | $\overline{S}_E=\dfrac{S_E}{n-m}$ | |
| 总方差 | $S_T$ | $n-1$ | | |

(3)作决策.如果$F\geqslant F_\alpha(m-1,n-m)$，则拒绝$H_0$；如果$F<F_\alpha(n-1,n-m)$，则接受$H_0$.

我们在计算$S_R$和$S_E$的观察值时，常常要用到如下几个简便计算公式：

$$S_E=S_T-S_R,S_T=\sum_{i=1}^{m}\sum_{j=1}^{n_i}x_{ij}^2-\frac{1}{n}\left(\sum_{i=1}^{m}\sum_{j=1}^{n_i}x_{ij}\right)^2,$$

$$S_R=\sum_{i=1}^{m}\frac{1}{n_i}\left(\sum_{j=1}^{n_i}x_{ij}\right)^2-\frac{1}{n}\left(\sum_{i=1}^{m}\sum_{j=1}^{n_i}x_{ij}\right)^2.$$

**例 3**　对本节例 1 进行方差分析，检验假设($\alpha=0.05$)，将例 1 中所有寿命数据都减去 1 600(仍记为 $x_{ij}$)后计算可得下表：

| 水　平 | $n_i$ | $\sum_{j=1}^{n_i} x_{ij}$ | $(\sum_{j=1}^{n_i} x_{ij})^2/n_i$ | $\sum_{j=1}^{n_i} x_{ij}^2$ |
|---|---|---|---|---|
| 甲 | 7 | 560 | 44 800 | 73 400 |
| 乙 | 5 | 310 | 19 200 | 36 100 |
| 丙 | 8 | 190 | 10 512.5 | 95 700 |
| 丁 | 6 | −190 | 6 016.67 | 26 700 |
| $\sum$ | 26 | 970 | 80 549.7 | 231 900 |

于是有

$$S_T=231\ 900-\frac{970^2}{26}=195\ 711.54, S_R=80\ 549.17-\frac{970^2}{26}=44\ 360.71,$$

$$S_E=S_T-S_R=151\ 350.83.$$

从而得方差分析表如下：

| 方差来源 | 离差平方和 | 自由度 | 均方差 | 检验统计量 $F$ |
|---|---|---|---|---|
| $S_R$ | 44 360.71 | 3 | 14 786.9 | 2.15 |
| $S_E$ | 151 350.83 | 22 | 6 879.6 | |
| $S_T$ | 195 711.54 | 25 | | |

对显著性水平 $\alpha=0.05$，查表得到 $F_{0.05}(3,22)=3.05$. 因为 $F=2.15<3.05$，所以在显著性水平 $\alpha=0.05$ 下接受 $H_0$，即配料方案对灯泡的使用寿命没有显著的影响.

**例 4**　在本节例 2 中，检验假设($\alpha=0.05$)

$$H_0:\mu_1=\mu_2=\mu_3=\mu_4, H_1:\mu_1,\mu_2,\mu_3,\mu_4 \text{ 不全相等}.$$

**解**　这里 $m=4, n_1=n_4=2, n_2-n_3=3, n=10$,

$T_1=30, T_2=39, T_3=57, T_4=54, T=180$,

$$S_T=\sum_{i=1}^{4}\sum_{j=1}^{n_i} X_{ij}^2-\frac{T^2}{n}=3\ 544-3\ 240=304,$$

$$S_R=\sum_{i=1}^{4}\frac{T_i^2}{n_i}-\frac{T^2}{n}=3\ 498-3\ 240=258,$$

$S_T, S_R, S_E$ 的自由度依次为 $n-1=9, m-1=3, n-m=6$，得方差分析如下：

| 方差来源 | 平方和 | 自由度 | 均方和 | $F$ 值 |
|---|---|---|---|---|
| 因素 | 258 | 3 | 86 | 11.2 |
| 误差 | 46 | 6 | 7.67 | |
| 总和 | 304 | 9 | | |

因 $F_{0.05}(3,6)=4.74<11.22$，故在水平 0.05 下拒绝 $H_0$，即认为四种包装的销售量有显著差异，这说明不同包装受欢迎的程度不同.

## 习题 8-1

1.一个年级有三个小班,他们进行了一次数学考试,现从各个班级随机的抽取了一些学生,记录其成绩如下:

单位:分

| Ⅰ | | | Ⅱ | | Ⅲ |
|---|---|---|---|---|---|
| 73 | 66 | 88 | 77 | 68 | 41 |
| 89 | 60 | 78 | 31 | 79 | 59 |
| 82 | 45 | 48 | 78 | 56 | 68 |
| 43 | 93 | 91 | 62 | 91 | 53 |
| 80 | 36 | 51 | 76 | 71 | 79 |
| 73 | 77 | 85 | 96 | 71 | 15 |
| | | 74 | 80 | 87 | |
| | | 56 | | | |

试在显著水平 0.05 下检验各班级的平均分数有无显著差异,设各个总体服从正态分布,且方差相等.

2.某公司为了研究三种内容的广告宣传对某种大型机械销售量的影响,进行了调查统计,经广告以不同的内容广泛宣传后,按寄回的广告上的订购数计算,一年四个季度的销售量情况如下表:表中 $A_1$ 是强调运输方便性的广告,$A_2$ 是强调节省燃料经济性的广告,$A_3$ 是强调噪声低的优良性的广告.试在显著水平 0.05 下检验新闻广告的类型对该种机械销售量是否有显著的影响.

单位:台

| 广告类型 | 季度 | | | |
|---|---|---|---|---|
| | 一 | 二 | 三 | 四 |
| $A_1$ | 163 | 176 | 170 | 185 |
| $A_2$ | 184 | 198 | 179 | 190 |
| $A_3$ | 206 | 191 | 218 | 224 |

3.今有某种型号的电池三批,它们分别是 $A,B,C$ 三个工厂生产的,为评比其质量,各随机的抽取 5 只电池为样品,经试验得其寿命的数据见下表:

单位:h

| $A$ | | $B$ | | $C$ | |
|---|---|---|---|---|---|
| 40 | 42 | 26 | 28 | 39 | 50 |
| 48 | 45 | 34 | 32 | 40 | 50 |
| 38 | | 30 | | 43 | |

试在显著水平 0.05 下检验电池的平均寿命有无显著差异,若差异是显著的,试求均值差 $\mu_A-\mu_B,\mu_A-\mu_C,\mu_B-\mu_C$ 的置信水平为 95%的置信区间.

4.将抗生素注入人体会产生抗生素与血浆蛋白质结合的现象,以致减弱了药效,下表列出了 5 种常用的抗生素注入到牛的体内时，抗生素与血浆蛋白质结合的百分比.试在水平 $\alpha=0.05$ 下检验这些百分比的均值有无显著差异.

单位:%

| 青霉素 | 四环素 | 链霉素 | 红霉素 | 氯霉素 |
|---|---|---|---|---|
| 29.6 | 27.3 | 5.8 | 21.6 | 29.2 |
| 24.3 | 32.6 | 6.2 | 17.4 | 32.8 |
| 28.5 | 30.8 | 11.0 | 18.3 | 25.0 |
| 32.0 | 34.8 | 8.3 | 19.0 | 24.2 |

5.在市场经济中，价格因素的杠杆作用固然起着十分重要的作用，但对一些商品，尤其是某些衣着用品，由于受人们的某些消费心理的影响，低价格不一定能提高产品的销量，某厂家生产了一种新品牌的衬衫，厂家想考察其价格对销售量的影响，特设计了一种随机试验:对该品牌的衬衫定出 3 种价格，即 25 元、30 元和 35 元，选择不同的 3 个周日以这 3 种价格同时在各商场销售，之后，在感兴趣的地区随机抽取了 5 个商场，观测到 5 个商场按 3 种不同的价格出售该品牌衬衫的日销售件数见下表：

单位:件

| 售价 \ 商场编号 | 1 | 2 | 3 | 4 | 5 | 合计 | 平均值 |
|---|---|---|---|---|---|---|---|
| 25 | 8 | 12 | 10 | 9 | 11 | 50 | 10 |
| 30 | 7 | 10 | 6 | 8 | 9 | 40 | 8 |
| 35 | 4 | 8 | 7 | 9 | 7 | 35 | 7 |

由此判断在不同价格下这种衬衫的日销量是否有显著差异，讨论 $\alpha=0.05$，$\alpha=0.10$ 结论如何.为什么?

# 第二节　双因素试验方差分析

前面研究了试验结果仅受一个因素影响的情况时，检验因素取不同水平对结果所产生的影响是否显著的问题.但在许多实际问题中，往往需同时考虑两个因素对试验指标的影响.例如，产品的合格率可能与所用的设备以及操作人员有关，企业的利润可能与市场的潜力、产品的式样和所投入的广告费用有关.我们把研究的是两个因素的不同水平对试验结果的影响是否显著的问题称作**双因素方差分析**.双因素方差分析与单因素方差分析的基本思想是一致的，不同之处就在于各因素不但对试验指标起作用，而且各因素不同水平的搭配也对试验指标起作用.统计学上把多因素不同水平的搭配对试验指标的影响称为交互作用.交互作用的效应只有在有重复的试验中才能分析出来.

对于双因素试验的方差分析，我们分为无重复试验和等重复试验两种情况来讨论.对无重复试验只需要检验两个因素对试验结果有无显著影响，而对等重复试验还要考察两个因素的交互作用对试验结果有无显著影响.

## 一、无重复试验双因素方差分析

设因素 $A$，$B$ 作用于试验指标，因素 $A$ 有 $r$ 个水平 $A_1$，$A_2$，$\cdots$，$A_r$，因素 $B$ 有 $s$ 个水平

$B_1,B_2,\cdots,B_s$.对因素 $A,B$ 每一个水平的一对组合$(A_i,B_j)$,$(i=1,2,\cdots,r,j=1,2,\cdots,s)$只进行一次试验,得到 $rs$ 个试验结果 $X_{ij}$,见下表:

| 试验结果 因素 $B$ / 因素 $A$ | $B_1$ | $B_2$ | $\cdots$ | $B_s$ |
|---|---|---|---|---|
| $A_1$ | $X_{11}$ | $X_{12}$ | $\cdots$ | $X_{1s}$ |
| $A_2$ | $X_{21}$ | $X_{22}$ | $\cdots$ | $X_{2s}$ |
| $\vdots$ | $\vdots$ | $\vdots$ | | $\vdots$ |
| $A_r$ | $X_{r1}$ | $X_{r2}$ | $\cdots$ | $X_{rs}$ |

**1.基本思想与数学模型**

与单因素方差分析的假设前提相同,作如下假设:

(1)正态性:每个总体都服从正态分布,即 $X_{ij}\sim N(\mu_{ij},\sigma^2)$,$\mu_{ij},\sigma^2$ 未知;

(2)方差齐性:每个总体的方差相等;

(3)独立性:每个总体中抽取的样本 $X_{ij}$ 相互独立$(i=1,\cdots,r;j=1,\cdots,s)$.引入以下记号:

$$\mu=\frac{1}{rs}\sum_{i=1}^{r}\sum_{j=1}^{s}\mu_{ij},$$

$$\mu_{i\cdot}=\frac{1}{s}\sum_{j=1}^{s}\mu_{ij},i=1,2,\cdots,r,$$

$$\mu_{\cdot j}=\frac{1}{r}\sum_{i=1}^{r}\mu_{ij},j=1,2,\cdots,s,$$

设在水平 $A_i$ 下的总体为 $X_{i\cdot}$,$X_{1\cdot}$,$X_{2\cdot}$,$\cdots$,$X_{r\cdot}$ 相互独立,且 $X_{i\cdot}\sim N(\mu_{i\cdot},\sigma^2)$;在水平 $B_j$ 下的总体设为 $X_{\cdot j}$,$X_{\cdot 1}$,$X_{\cdot 2}$,$\cdots$,$X_{\cdot s}$ 相互独立,且 $X_{\cdot j}\sim N(\mu_{\cdot j},\sigma^2)$,其中 $\mu_{i\cdot}$,$\mu_{\cdot j}$ 和 $\sigma^2$ 未知.为判断因素 $A$ 对指标影响是否显著,就要检验下列假设:

$$H_{0A}:\mu_{1j}=\mu_{2j}=\cdots=\mu_{rj}=\mu_{\cdot j},j=1,\cdots,s,$$

$$H_{1A}:\mu_{1j},\mu_{2j},\cdots,\mu_{rj}\text{不全相等},j=1,\cdots,s.$$

为判断因素 $B$ 的影响是否显著,就要检验下列假设:

$$H_{0B}:\mu_{i1}=\mu_{i2}=\cdots=\mu_{is}=\mu_{i\cdot},i=1,\cdots,r.$$

$$H_{1B}:\mu_{i1},\mu_{i2},\cdots,\mu_{is}\text{不全相等},i=1,\cdots,r.$$

由假设有 $X_{ij}\sim N(\mu_{ij},\sigma^2)$($\mu_{ij}$ 和 $\sigma^2$ 未知),记 $X_{ij}-\mu_{ij}=\varepsilon_{ij}$,即有 $\varepsilon_{ij}=X_{ij}-\mu_{ij}\sim N(0,\sigma^2)$,故 $X_{ij}-\mu_{ij}$ 可视为随机误差.从而得到如下数学模型

$$\begin{cases}X_{ij}=\mu_{ij}+\varepsilon_{ij},i=1,\cdots,r;j=1,\cdots,s;\\ \varepsilon_{ij}\sim N(0,\sigma^2),\mu_{ij},\sigma^2\text{ 未知},\varepsilon_{ij}\text{ 相互独立}.\end{cases}\tag{8.2.1}$$

记 $\alpha_i=\mu_{i\cdot}-\mu,i=1,2,\cdots,r,\beta_j=u_{\cdot j}-\mu,j=1,2,\cdots,s$.

易见 $\sum\limits_{i=1}^{r}\alpha_i=0$,$\sum\limits_{j=1}^{s}\beta_j=0$.称 $\mu$ 为总平均,$\alpha_i$ 为水平 $A_i$ 的效应,$\beta_j$ 为水平 $B_j$ 的效应.且 $\mu_{ij}=\mu+\alpha_i+\beta_j$.

于是上述模型进一步可写成

$$\begin{cases} X_{ij}=\mu+\alpha_i+\beta_j+\varepsilon_{ij}(i=1,2,\cdots,r,j=1,2,\cdots,s), \\ \varepsilon_{ij}\sim N(0,\sigma^2),\mu_{ij},\sigma^2 \text{ 未知,各 } \varepsilon_{ij} \text{ 相互独立}, \\ \sum_{i=1}^{r}\alpha_i=0,\sum_{j=1}^{s}\beta_j=0. \end{cases} \tag{8.2.2}$$

检验假设：
$$\begin{cases} H_{0A}:\alpha_1=\alpha_2=\cdots=\alpha_r=0, \\ H_{1A}:\alpha_1,\alpha_2,\cdots\alpha_r \text{ 不全为零}. \end{cases}$$
$$\begin{cases} H_{0B}:\beta_1=\beta_2=\cdots=\beta_s=0, \\ H_{1B}:\beta_1,\beta_2,\cdots\beta_s \text{ 不全为零}. \end{cases}$$

若 $H_{0A}$(或 $H_{0B}$)成立,则认为因素 $A$(或 $B$)的影响不显著,否则影响显著.

**2.离差平方和的分解**

跟单因素方差分析类似,将总离差平方和进行分解,记

$$\overline{X}=\frac{1}{n}\sum_{i=1}^{r}\sum_{j=1}^{s}X_{ij},$$

$$\overline{X}_{i\cdot}=\frac{1}{s}\sum_{j=1}^{s}X_{ij},i=1,\cdots,r,$$

$$\overline{X}_{\cdot j}=\frac{1}{r}\sum_{i=1}^{r}X_{ij},j=1,\cdots,s.$$

其中 $n=rs$ 是所有观测值的总数.

我们称 $S_T=\sum_{i=1}^{r}\sum_{j=1}^{s}(X_{ij}-\overline{X})^2$ 为总离差平方和,将总离差平方和分解为三部分：

$$\begin{aligned} S_T&=\sum_{i=1}^{r}\sum_{j=1}^{s}(X_{ij}-\overline{X})^2 \\ &=\sum_{i=1}^{r}\sum_{j=1}^{s}[(\overline{X}_{i\cdot}-\overline{X})+(\overline{X}_{\cdot j}-\overline{X})+(X_{ij}-\overline{X}_{i\cdot}-\overline{X}_{\cdot j}+\overline{X})]^2. \end{aligned}$$

由于在 $S_T$ 的展开式中三个交叉项的乘积都等于零,故有

$$S_T=S_A+S_B+S_E, \tag{8.2.3}$$

其中

$$S_A=\sum_{i=1}^{r}\sum_{j=1}^{s}(\overline{X}_{i\cdot}-\overline{X})^2=s\sum_{i=1}^{r}(\overline{X}_{i\cdot}-\overline{X})^2,$$

它是由因素 $A$ 的不同水平影响所产生的,通常称 $S_A$ 为因素 $A$ 的平方和；

$$S_B=\sum_{i=1}^{r}\sum_{j=1}^{s}(\overline{X}_{\cdot j}-\overline{X})^2=r\sum_{j=1}^{s}(\overline{X}_{\cdot j}-\overline{X})^2,$$

它是由因素 $B$ 的不同水平影响所产生的,通常称 $S_B$ 为因素 $B$ 的平方和；

$$S_E=\sum_{i=1}^{r}\sum_{j=1}^{s}(X_{ij}-\overline{X}_{i\cdot}-\overline{X}_{\cdot j}+\overline{X})^2,$$

它是由随机因素影响引起的,通常称 $S_E$ 为组误差平方和；(8.2.3)式为离差平方和分解式.可以证明当 $H_{0A}$,$H_{0B}$成立时,有

(1)$S_T/\sigma^2$,$S_A/\sigma^2$,$S_B/\sigma^2$,$S_E/\sigma^2$ 分别服从自由度依次为 $rs-1$,$r-1$,$s-1$,$(r-1)(s-1)$的 $\chi^2$ 分布；

(2)$S_T,S_A,S_B,S_E$ 相互独立.

**3.检验统计量的构造**

从 $S_A,S_B$ 和 $S_E$ 的含义可以看出,如果 $S_A$ 显著地大于 $S_E$,则因素 $A$ 的不同水平影响所产生差异大小显著地大于重复试验中随机因素影响引起误差的总大小,即应该拒绝 $H_{0A}$;如果 $S_B$ 显著地大于 $S_E$,则因素 $B$ 的不同水平影响所产生差异大小显著地大于重复试验中随机因素影响引起误差的总大小,即应该拒绝 $H_{0B}$.因此我们可以通过比较 $S_A$ 和 $S_E$ 及 $S_B$ 和 $S_E$ 的大小来构造检验统计量.

记

$$\overline{S}_A=\frac{S_A}{r-1},\overline{S}_B=\frac{S_B}{s-1},\overline{S}_E=\frac{S_E}{(r-1)(s-1)},$$

与单因素方差分析相似,可以证明下述两个结论.

(1)当假设 $H_{0A}$ 成立时,

$$F_A=\frac{\overline{S}_A}{\overline{S}_E}\sim F(r-1,(r-1)(s-1)),$$

取显著性水平为 $\alpha$,得假设 $H_{0A}$ 的拒绝域为

$$F_A\geqslant F_\alpha(r-1,(r-1)(s-1));$$

(2)当假设 $H_{0B}$ 成立时,

$$F_B=\frac{\overline{S}_B}{\overline{S}_E}\sim F(s-1,(r-1)(s-1)),$$

取显著性水平为 $\alpha$,得假设 $H_{0B}$ 的拒绝域为

$$F_B\geqslant F_\alpha(s-1,(r-1)(s-1)).$$

**4.编制方差分析表,进行 F 检验**

实际分析中,常采用如下简便算法和记号:

记

$$T=\sum_{i=1}^{r}\sum_{j=1}^{s}X_{ij}=rs\overline{X},$$

$$T_{i\cdot}=\sum_{j=1}^{s}X_{ij}=s\overline{X}_{i\cdot},i=1,\cdots,r;$$

$$T_{\cdot j}=\sum_{i=1}^{r}X_{ij}=r\overline{X}_{\cdot j},j=1,\cdots,s;$$

则

$$S_T=\sum_{i=1}^{r}\sum_{j=1}^{s}X_{ij}^2-\frac{T^2}{rs},$$

$$S_A=\frac{1}{s}\sum_{i=1}^{r}T_{i\cdot}^2-\frac{T^2}{rs},$$

$$S_B=\frac{1}{r}\sum_{j=1}^{s}T_{\cdot j}^2-\frac{T^2}{rs},$$

$$S_E=S_T-S_A-S_B.$$

可得如下无重复试验双因素方差分析表:

| 方差来源 | 平方和 | 自由度 | 均方和 | F 比 |
|---|---|---|---|---|
| 因素 $A$ | $S_A$ | $r-1$ | $\overline{S}_A=\dfrac{S_A}{r-1}$ | $F_A=\overline{S}_A/\overline{S}_E$ |
| 因素 $B$ | $S_B$ | $s-1$ | $\overline{S}_B=\dfrac{S_B}{s-1}$ | $F_B=\overline{S}_B/\overline{S}_E$ |
| 误差 | $S_E$ | $(r-1)(s-1)$ | $\overline{S}_E=\dfrac{S_E}{(r-1)(s-1)}$ | |
| 总和 | $S_T$ | $rs-1$ | | |

根据方差分析表计算得到 $F_A$ 和 $F_B$ 以后，根据问题的显著性水平 $\alpha$，查表得到 $F_\alpha\{(r-1),(r-1)(s-1)\}$. 于是我们可以分别检验因素 $A$ 和 $B$ 的影响是否显著. 对于因素 $A$ 而言，若 $F_A>F_\alpha\{(r-1),(r-1)(s-1)\}$，我们就拒绝关于因素 $A$ 的原假设，说明因素 $A$ 对结果有显著的影响. 否则，就接受原假设，说明因素 $A$ 对结果没有显著的影响. 对于因素 $B$ 而言，若 $F_B>F_\alpha\{(s-1),(r-1)(s-1)\}$，我们就拒绝关于因素 $B$ 的原假设，说明因素 $B$ 对结果有显著的影响. 否则，就接受原假设，说明因素 $B$ 对结果没有显著的影响.

**例 1** 某商品有五种不同的包装方式（因素 $A$），在五个不同地区销售（因素 $B$），现从每个地区随机抽取一个规模相同的超级市场，得到该商品不同包装的销售资料如下表：

单位：箱

| 地区($B$) | 包装方式($A$) | | | | |
|---|---|---|---|---|---|
| | $A_1$ | $A_2$ | $A_3$ | $A_4$ | $A_5$ |
| $B_1$ | 20 | 12 | 20 | 10 | 14 |
| $B_2$ | 22 | 10 | 20 | 12 | 6 |
| $B_3$ | 24 | 14 | 18 | 18 | 10 |
| $B_4$ | 16 | 4 | 8 | 6 | 18 |
| $B_5$ | 26 | 22 | 16 | 20 | 10 |

现欲检验包装方式和销售地区对该商品销售是否有显著性影响.（取 $\alpha=0.05$）

**解** 若五种包装方式销售的均值相等，则表明不同的包装方式在销售上没有差别.

(1)建立假设.

设在水平 $A_i$ 下的总体为 $X_{i\cdot}\sim N(\mu_{i\cdot},\sigma^2)$，$i=1,2,\cdots,5$，设在水平 $B_j$ 下的总体为 $X_{\cdot j}\sim N(\mu_{\cdot j},\sigma^2)$，$j=1,2,\cdots,5$，其中 $\mu_{ij}$，$\mu_{\cdot j}$ 和 $\sigma^2$ 未知. 要检验的统计假设，

对于因素 $A$：

$$H_{10}:\mu_{1\cdot}=\mu_{2\cdot}=\cdots=\mu_{5\cdot};$$

$$H_{11}:\mu_{1\cdot},\mu_{2\cdot},\cdots,\mu_{5\cdot}\text{ 不全相等.}$$

对于因素 $B$：

$$H_{20}:\mu_{\cdot 1}=\mu_{\cdot 2}=\cdots=\mu_{\cdot 5};$$

$$H_{21}:\mu_{\cdot 1},\mu_{\cdot 2},\cdots,\mu_{\cdot 5}\text{ 不全相等.}$$

(2)计算 $F$ 值.

由已知数据计算得因素 $A$ 的列均值分别为

$$\overline{x}_{\cdot 1}=21.6,\overline{x}_{\cdot 2}=12.4,\overline{x}_{\cdot 3}=16.4,\overline{x}_{\cdot 4}=13.2,\overline{x}_{\cdot 5}=11.6,$$

因素 $B$ 的行均值分别为

$$\overline{x}_{1}.=15.2,\overline{x}_{2}.=14,\overline{x}_{3}.=16.8,\overline{x}_{4}.=10.4,\overline{x}_{5}.=18.8,$$

总均值 $\overline{x}=15.04$，于是有

$S_T=(20-15.04)^2+\cdots+(10-15.04)^2=880.96$,

$S_A=5\times(21.6-15.04)^2+\cdots+5\times(11.6-15.04)^2=335.36$,

$S_B=5\times(15.2-15.04)^1+\cdots+(18.8-15.04)^2=199.36$,

$S_E=880.96-335.36-199.36=346.24$,

$\overline{S}_A=\dfrac{335.36}{5-1}=83.84,\overline{S}_B=\dfrac{199.36}{5-1}=49.84,\overline{S}_E=\dfrac{346.24}{(5-1)(5-1)}=21.64$,

因此

$$F_A=\frac{83.84}{21.64}=3.874\ 3,F_B=\frac{49.84}{21.64}=2.303\ 1.$$

(3)作出决策.

对于因素 $A$,因为 $F_A=3.874\ 3>F_{0.05}(4,16)=3.01$,所以拒绝 $H_{0A}$,接受 $H_{1A}$,说明不同的包装方式对该商品的销售产生显著的影响.

对于因素 $B$,因为 $F_B=2.303\ 1<F_{0.05}(4,16)=3.01$,所以接受 $H_{0B}$,说明不同地区之间在该商品的销售上没有显著的差异.

## 二、等重复试验双因素方差分析

设因素 $A,B$ 作用于试验指标.因素 $A$ 有 $r$ 个水平 $A_1,A_2,\cdots,A_r$,因素 $B$ 有 $s$ 个水平 $B_1,B_2,\cdots,B_s$.对因素 $A,B$ 的每一个水平的一对组合$(A_i,B_j)$,$(i=1,2,\cdots,r,j=1,2,\cdots,s)$只进行 $t(t\geqslant 2)$次实验(称为等重复实验),得到 $rst$ 个试验结果为

$$X_{ijk}(i=1,\cdots,r;j=1,\cdots,s;k=1,\cdots,t).$$

### 1.基本思想与数学模型

与前类似,作如下假设:

(1)正态性:$X_{ijk}\sim N(\mu_{ij},\sigma^2)$,$\mu_{ij}$,$\sigma^2$ 未知$(i=1,\cdots,r;j=1,\cdots,s;k=1,\cdots,t)$;

(2)方差齐性:每个总体的方差相同;

(3)独立性:各 $X_{ijk}$ 相互独立,$(i=1,\cdots,r;j=1,\cdots,s;k=1,\cdots,t)$.

由假设有 $X_{ijk}\sim N(\mu_{ij},\sigma^2)$($\mu_{ij}$ 和 $\sigma^2$ 未知),记 $X_{ijk}-\mu_{ij}=\varepsilon_{ijk}$,即有 $\varepsilon_{ijk}=X_{ijk}-\mu_{ij}\sim N(0,\sigma^2)$，故 $X_{ijk}-\mu_{ij}$ 可视为随机误差.从而得到如下数学模型

$$\begin{cases}X_{ijk}=\mu_{ij}+\varepsilon_{ijk},\varepsilon_{ijk}\sim N(0,\sigma^2),\\ \text{各 }\varepsilon_{ijk}\text{ 相互独立},i=1,\cdots,r;j=1,\cdots,s;k=1,\cdots,t;\end{cases}\tag{8.2.4}$$

类似地,引入记号:$\mu,\mu_{i.},\mu_{.j},\alpha_i,\beta_j$,易见

$$\sum_{i=1}^{r}\alpha_i=0,\ \sum_{j=1}^{s}\beta_j=0.$$

仍称 $\mu$ 为总平均,$\alpha_i$ 为水平 $A_i$ 的效应,$\beta_j$ 为水平 $B_j$ 的效应.这样可以将 $\mu_{ij}$ 表示成

$$\mu_{ij}=\mu+\alpha_i+\beta_j+\gamma_{ij}(i=1,\cdots,r;j=1,\cdots,s),$$

其中 $\gamma_{ij}=\mu_{ij}-\mu_{i}.-\mu_{.j}+\mu(i=1,\cdots,r;j=1,\cdots,s)$,称 $\gamma_{ij}$ 为水平 $A_i$ 和水平 $B_j$ 的交互效应，这是由 $A_i$ 与 $B_j$ 搭配联合起作用而引起的.易见

$$\sum_{j=1}^{s}\gamma_{ij}=0,i=1,\cdots,r,\sum_{i=1}^{r}\gamma_{ij}=0,j=1,2,\cdots,s,$$

从而前述数学模型可改写为

$$\begin{cases}X_{ijk}=\mu+\alpha_i+\beta_j+\gamma_{ij}+\varepsilon_{ijk},\varepsilon_{ijk}\sim N(0,\sigma^2),\\ \text{各 }\varepsilon_{ijk}\text{ 相互独立},i=1,\cdots,r;j=1,\cdots,s;k=1,\cdots,t.\\ \sum_{i=1}^{r}\alpha_i=0,\sum_{j=1}^{s}\beta_j=0,\sum_{i=1}^{r}\gamma_{ij}=0,\sum_{j=1}^{s}=0,\end{cases}$$

其中 $\mu,\alpha_i,\beta_j,\gamma_{ij}$ 及 $\sigma^2$ 都是未知参数.

假设检验为

(1) $\begin{cases}H_{0A}:\alpha_1=\alpha_2=\cdots=\alpha_r=0,\\ H_{1A}:\alpha_1,\alpha_2,\cdots,\alpha_r\text{ 不全为零};\end{cases}$

(2) $\begin{cases}H_{0B}:\beta_1=\beta_2=\cdots=\beta_s=0,\\ H_{1B}:\beta_1,\beta_2,\cdots,\beta_s\text{ 不全为零};\end{cases}$

(3) $\begin{cases}H_{0A\times B}:\gamma_{11}=\gamma_{12}=\cdots=\gamma_{rs}=0,\\ H_{1A\times B}:\gamma_{11},\gamma_{12},\cdots,\gamma_{rs}\text{不全为零}.\end{cases}$

与无重复试验的情况类似,此类问题的检验方法也是建立在离差平方和的分解上的.

**2.离差平方和的分解**

引入记号:$\overline{X}=\dfrac{1}{rst}\sum_{i=1}^{r}\sum_{j=1}^{s}\sum_{k=1}^{t}X_{ijk}$,

$$\overline{X}_{ij.}=\frac{1}{t}\sum_{k=1}^{t}X_{ijk},i=1,2,\cdots,r,j=1,2,\cdots,s,$$

$$\overline{X}_{i..}=\frac{1}{st}\sum_{j=1}^{s}\sum_{k=1}^{t}X_{ijk},i=1,2,\cdots,r,$$

$$\overline{X}_{.j.}=\frac{1}{rt}\sum_{i=1}^{r}\sum_{k=1}^{t}X_{ijk},j=1,2,\cdots,s.$$

称总离差平方和(或总变差)为

$$S_T=\sum_{i=1}^{r}\sum_{j=1}^{s}\sum_{k=1}^{t}(X_{ijk}-\overline{X})^2.$$

上式可分解为　$S_T=S_E+S_A+S_B+S_{A\times B}$

其中　$S_E=\sum_{i=1}^{r}\sum_{j=1}^{s}\sum_{k=1}^{t}(X_{ijk}-\overline{X}_{ij.})^2$,

$$S_A=st\sum_{i=1}^{r}(\overline{X}_{i..}-\overline{X})^2,$$

$$S_B=rt\sum_{j=1}^{s}(\overline{X}_{.j.}-\overline{X})^2,$$

$$S_{A\times B}=t\sum_{i=1}^{r}\sum_{j=1}^{s}(\overline{X}_{ij.}-\overline{X}_{i..}-\overline{X}_{.j.}+\overline{X})^2.$$

同样,我们仍称 $S_E$ 为误差平方和,$S_A$,$S_B$ 分别称为因素 $A$、因素 $B$ 的偏差平方和,$S_{A\times B}$为 $A$,$B$ 交互偏差平方和.

类似地,可以证明当 $H_{0A}$,$H_{0B}$,$H_{0A\times B}$成立时,有

(1)$S_T/\sigma^2$,$S_A/\sigma^2$,$S_B/\sigma^2$,$S_{A\times B}/\sigma^2$,$S_E/\sigma^2$ 分别服从自由度依次为 $rst-1$,$r-1$,$s-1$,$(r-1)(s-1)$,$rs(t-1)$的 $\chi^2$ 分布,

(2)$S_T$,$S_A$,$S_B$,$S_{A\times B}$,$S_E$ 相互独立.

3.**检验方法**

当 $H_{0A}$ 为真时,可以证明

$$F_A=\frac{S_A/(r-1)}{S_E/(rs(t-1))}\sim F(r-1,rs(t-1)),$$

取显著性水平为 $\alpha$,得假设 $H_{0A}$ 的拒绝域为

$$F_A=\frac{S_A/(r-1)}{S_E/(rs(t-1))}\geqslant F_\alpha(r-1,rs(t-1)).$$

类似地,当 $H_{0B}$ 为真时,可以证明

$$F_B=\frac{S_B/(s-1)}{S_E/(rs(t-1))}\sim F(s-1,rs(t-1)),$$

取显著性水平为 $\alpha$,得假设 $H_{0B}$ 的拒绝域为

$$F_B=\frac{S_B/(s-1)}{S_E/(rs(t-1))}\geqslant F_\alpha(s-1,rs(t-1)).$$

类似地,当 $H_{0A\times B}$ 为真时,可以证明

$$F_{A\times B}=\frac{S_{A\times B}/(r-1)(s-1)}{S_E/(rs(t-1))}\sim F((r-1)(s-1),rs(t-1)),$$

取显著性水平为 $\alpha$,得假设 $H_{0B}$ 的拒绝域为

$$F_{A\times B}=\frac{S_{A\times B}/(r-1)(s-1)}{S_E/(rs(t-1))}\geqslant F_\alpha((r-1)(s-1),rs(t-1)).$$

实际分析中,常采用如下简便算法和记号:

$$T=\sum_{i=1}^{r}\sum_{j=1}^{s}\sum_{k=1}^{t}X_{ijk}=rst\,\overline{X},$$

$$T_{ij\cdot}=\sum_{k=1}^{t}X_{ijk},i=1,2,\cdots,r,j=1,2,\cdots,s,$$

$$T_{i\cdot\cdot}=\sum_{j=1}^{s}\sum_{k=1}^{t}X_{ijk},i=1,2,\cdots,r,$$

$$T_{\cdot j\cdot}=\sum_{i=1}^{r}\sum_{k=1}^{t}X_{ijk},j=1,2,\cdots,s.$$

则

$$S_T=\sum_{i=1}^{r}\sum_{j=1}^{s}\sum_{k=1}^{t}X_{ijk}^2-\frac{T^2}{rst},$$

$$S_A=\frac{1}{st}\sum_{i=1}^{r}X_{i\cdot\cdot}^2-\frac{T^2}{rst},$$

$$S_B=\frac{1}{rt}\sum_{j=1}^{s}X_{\cdot j\cdot}^2-\frac{T^2}{rst},$$

$$S_{A\times B}=\left(\frac{1}{t}\sum_{i=1}^{r}\sum_{j=1}^{s}T_{ij\cdot}^2-\frac{T^2}{rst}\right)-S_A-S_B,$$

$$S_E = S_T - S_A - S_B - S_{A\times B}.$$

可得如下有重复试验双因素方差分析表：

| 方差来源 | 平方和 | 自由度 | 均方和 | F 比 |
|---|---|---|---|---|
| 因素 $A$ | $S_A$ | $r-1$ | $\overline{S}_A = \frac{S_A}{r-1}$ | $F_A = \frac{\overline{S}_A}{\overline{S}_E}$ |
| 因素 $B$ | $S_B$ | $s-1$ | $\overline{S}_B = \frac{S_B}{s-1}$ | $F_B = \frac{\overline{S}_B}{\overline{S}_E}$ |
| 交互作用 | $S_{A\times B}$ | $(r-1)(s-1)$ | $\overline{S}_{A\times B} = \frac{S_{A\times B}}{(r-1)(s-1)}$ | $F_{A\times B} = \frac{\overline{S}_{A\times B}}{\overline{S}_E}$ |
| 误差 | $S_E$ | $rs(t-1)$ | $\overline{S}_E = \frac{S_E}{rs(t-1)}$ | |
| 总和 | $S_T$ | $rst-1$ | | |

**例 2**　为了保证某零件镀铬的质量，需重点考察通电方法和液温的影响.通电方法选取三个水平：$A_1$（现行方法）、$A_2$（改进方案一）、$A_3$（改进方案二）；液温选取两个水平：$B_1$（现行温度）、$B_2$（增加 10℃）.每个水平组合进行两次试验，所得结果如下表（指标值以大为好）.问通电方法、液温和它们的交互作用对该质量指标有无显著影响？（取 $\alpha=0.01$）

单位：g

| 因素 B / 指标值 / 因素 A | $B_1$ | $B_2$ |
|---|---|---|
| $A_1$ | 9.2　9.0 | 9.8　9.8 |
| $A_2$ | 9.8　9.8 | 10　10 |
| $A_3$ | 10　9.8 | 10　10 |

**解**　由题意，$r=3, s=2, t=2$.

由上表及相关计算公式，可得各样本平均值如下表：

| $B$ / $\overline{x}_{ij.}$ / $A$ | $B_1$ | $B_2$ | $\overline{x}_{i..}$ |
|---|---|---|---|
| $A_1$ | 9.1 | 9.8 | 9.45 |
| $A_2$ | 9.8 | 10 | 9.9 |
| $A_3$ | 9.9 | 10 | 9.95 |
| $\overline{x}_{j.}$ | 9.6 | 9.93 | $\overline{x}=9.77$ |

进一步计算得

$$S_A=0.61, S_B=0.33, S_{A\times B}=0.21, S_E=0.04, S_T=0.19.$$

从而得到　$F_A=45.75, F_B=49.50, F_{A\times B}=15.75.$

对 $\alpha=0.01$，查表得

$$F_\alpha(r-1, rs(t-1)) = F_{0.01}(2,6) = 10.92,$$

$$F_\alpha(s-1, rs(t-1)) = F_{0.01}(1,6) = 13.75,$$

$$F_\alpha((r-1)(s-1),rs(t-1))=F_{0.01}(2,6)=10.92,$$

得方差分析表:

| 方差来源 | 平方和 | 自由度 | F 值 | F 临界值 |
|---|---|---|---|---|
| 因素 $A$ | $S_A=0.61$ | 2 | $F_A=45.75$ | $F_{0.01}(2,6)=10.92$ |
| 因素 $B$ | $S_B=0.33$ | 1 | $F_B=49.50$ | $F_{0.01}(1,6)=13.75$ |
| 交互作用 | $S_{A\times B}=0.33$ | 2 | $F_{A\times B}=15.75$ | $F_{0.01}(2,6)=10.92$ |
| 误差 | $S_E=0.04$ | 6 | | |
| 总和 | $S_T=1.19$ | 11 | | |

从方差分析表，知 $F_A>F_{0.01}(2,6)$，$F_B>F_{0.01}(1,6)$，$F_{A\times B}>F_{0.01}(2,6)$.

说明通电方法、液温和它们的交互作用对该质量指标都有显著影响.从样本平均值看出，$\overline{x}_{22\cdot}=\overline{x}_{32\cdot}$.最大，所以选择水平组合$(A_2,B_2)$和$(A_3,B_2)$为好.对于因素 $A$ 的两个水平 $A_2$ 和 $A_3$ 还可以根据具体情况，从中选出一个更好的.

## 习题 8-2

1.设四名工人操作机器 $A_1,A_2,A_3$ 各一天，其日产量如表所示，问不同机器或不同工人对日产量是否有显著影响?(取 $\alpha=0.05$)

单位:件

| 工人 / 日产量 / 机器 | $B_1$ | $B_2$ | $B_3$ | $B_4$ |
|---|---|---|---|---|
| $A_1$ | 50 | 47 | 47 | 53 |
| $A_2$ | 53 | 54 | 57 | 58 |
| $A_3$ | 52 | 42 | 41 | 48 |

2.下表给出了在某 5 个不同地点(因素 $B$)，不同时间(因素 $A$)空气中的颗粒状物的含量的数据:

单位:mg/m$^3$

| | | 因素 $B$ | | | | | |
|---|---|---|---|---|---|---|---|
| | | 1 | 2 | 3 | 4 | 5 | $T_{i.}$ |
| 因素 $A$ | 1995 年 10 月 | 76 | 67 | 81 | 56 | 51 | 331 |
| | 1996 年 1 月 | 82 | 69 | 96 | 59 | 70 | 376 |
| | 1996 年 5 月 | 68 | 59 | 67 | 54 | 42 | 290 |
| | 1996 年 8 月 | 63 | 56 | 64 | 58 | 37 | 278 |
| | $T_{\cdot j}$ | 289 | 251 | 308 | 227 | 200 | 1 275 |

试在水平 $\alpha=0.05$ 下检验不同时间的颗粒状物含量的均值有无显著差异?

3. 在某种金属材料的生产过程中，对热处理温度(因素 $B$)(单位:℃)与时间(因素 $A$)(单位:h)各取两个水平，产品强度的测定结果(相对值)如下表所示.在同一条件下每个实验重复两次.设各水平搭配下强度的总体服从正态分布且方差相同.各样本独立.问热

处理温度、时间以及这两者的交互作用对产品强度是否有显著的影响?(取 $\alpha=0.05$)

| A \ B | $B_1$ | $B_2$ | $T_{i..}$ |
|---|---|---|---|
| $A_1$ | 38.0<br>38.6 | 47.0<br>44.8 | 168.4 |
| $A_2$ | 45.0<br>43.8 | 42.4<br>40.8 | 172 |
| $T_{.j.}$ | 165.4 | 175 | 340.4 |

4.下表给出某种化工过程在 3 种浓度(单位:%)、4 种温度(单位:℃)水平下得率的数据:

| 浓度 \ 温度 | 10 | 24 | 38 | 52 |
|---|---|---|---|---|
| 2 | 14,10 | 11,11 | 13,9 | 10,12 |
| 4 | 9,7 | 10,8 | 7,11 | 6,10 |
| 6 | 5,11 | 13,14 | 12,13 | 14,10 |

假设在诸水平搭配下得率的总体服从正态分布,且方差相等,试在显著水平 $\alpha=0.05$ 下检验:在不同浓度下得率有无显著差异;在不同温度下得率有无显著差异;交互作用是否显著.

## 第三节 一元线性回归

在客观世界中,普遍存在着变量之间的关系.数学的一个重要作用就是从数量上来揭示、表达和分析这些关系.这种相互关系一般可分为两类,一类是确定性关系:确定性关系可用函数关系表示,如电路中欧姆定律 $U=IR$,匀加速运动中关系式 $s=v_0t+\frac{1}{2}at^2$,$v_0$,$a$ 均已知;另一类是非确定性关系或相关关系,例如人的身高和体重的关系,身高大时一般来说其体重也倾向于大,但身高相同的人其体重也不完全相同;再如某产品的广告投入与销售额间的关系,它们之间是有关联的,但是它们之间的关系又不能用普通函数来确定表示.研究变量间相关关系的统计分析方法称为**回归分析**.历史上,“回归”(regression)一词最早是由英国生物统计学家高尔顿(Galton)在研究身高的遗传问题中提出的.他通过观察发现:很高(矮)双亲的独生子们一般高(低)于平均值但不像他们的双亲那么高(矮),即儿子们的高度将趋向于“回归”到平均值而不是更趋极端,这就是“回归”一词的最初含义.现在,人们将“回归”理解为研究变量间统计依赖关系的方法,成为统计学中最常用的概念之一.

具有相关关系的变量虽然不具有确定的函数关系,但是可以借助函数关系来表示它们之间的统计规律,这种近似地表示它们之间的相关关系的函数被称为**回归函数**.回归分析是研究两个或两个以上变量相关关系的一种重要的统计方法.

在实际中最简单的情形是由两个变量组成的关系,考虑用模型 $Y=f(x)$ 表示.但是,由于两个变量之间不存在确定的函数关系,因此必须把随机波动考虑进去,故引入模型

如下:

$$Y=f(x)+\varepsilon,$$

其中 $y$ 是随机变量,$x$ 是普通变量,$\varepsilon$ 是随机变量(称为随机误差).

回归分析就是根据已得的试验结果以及以往的经验来建立统计模型,并研究变量间的相关关系,建立变量之间相关关系的表达式即经验公式,给出相关性检验规则,并运用经验公式达到预测与控制目的.

本节主要介绍一元线性回归模型估计、检验以及相应的预测和控制等问题.

## 一、引例

为了研究某一化学反应过程中,温度 $x$ 对产品优良率 $y$ 的影响,现做 10 次试验,得到以下数据表:

| $x$(℃) | 38 | 43 | 49 | 54 | 60 | 66 | 71 | 77 | 82 | 88 |
|---|---|---|---|---|---|---|---|---|---|---|
| $y$(%) | 20.4 | 20.9 | 22.5 | 23.0 | 24.2 | 24.3 | 26.2 | 26.6 | 28.0 | 28.9 |

为了研究这些数据所隐藏的规律性,将温度 $x_i$ 作为横坐标,优良率 $y_i$ 作为纵坐标,在平面直角坐标系中画出这些数据 $(x_i,y_i),(i=1,2,\cdots,10)$ 的散点图.从图 8.3.1 中容易发现,虽然这些点是散乱的,但基本上散布在一条直线附近,反映出产品的优良率 $y$(%)与温度 $x$(℃)之间大致成线性关系,从而可用 $y=\beta_0+\beta_1x+\varepsilon$,其中 $\beta_0,\beta_1$ 为待定系数,$\varepsilon$ 为近似误差,它反映了变量之间的不确定关系.

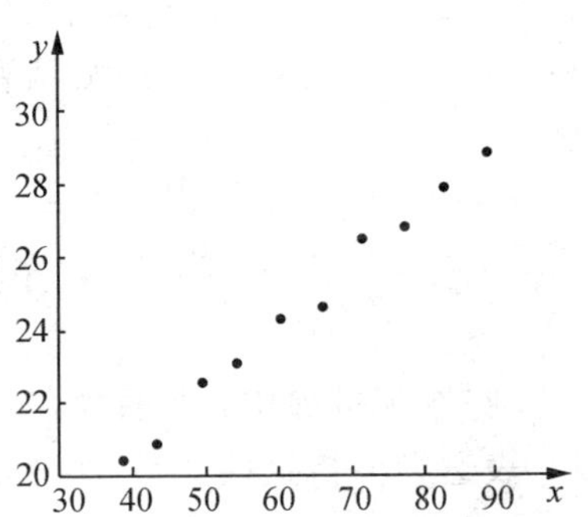


图 8.3.1 优良率与温度的散点图

## 二、一元线性回归的数学模型

设 $x$ 和 $Y$ 是一个问题中的两个变量,其中 $x$ 是可以精确观察或严格控制的一般变量,$Y$ 是可观察的随机变量,当随机变量 $Y$ 与普通变量 $x$ 之间有线性关系时,可设

$$Y=\beta_0+\beta_1x+\varepsilon, \tag{8.3.1}$$

$\varepsilon\sim N(0,\sigma^2)$,其中 $\beta_0,\beta_1$ 为待定系数.

设 $(x_1,Y_1),(x_2,Y_2),\cdots,(x_n,Y_n)$ 是取自总体 $(x,y)$ 的一组样本,而 $(x_1,y_1),(x_2,y_2),\cdots,(x_n,y_n)$ 是该样本的观察值,在样本和它的观察值中的 $x_1,x_2,\cdots,x_n$ 是取定的不完全相同的数值,而样本中的 $Y_1,Y_2,\cdots,Y_n$ 在试验前为随机变量,在试验或观测后是具体的数值,一次抽样的结果可以取得 $n$ 对数据 $(x_1,y_1),(x_2,y_2),\cdots,(x_n,y_n)$,则有

$$Y_i=\beta_0+\beta_1x_i+\varepsilon_i,i=1,2,\cdots,n,$$

其中 $\varepsilon_1,\varepsilon_2,\cdots,\varepsilon_n$ 相互独立.在线性模型中,由假设知

$$Y\sim N(\beta_0+\beta_1x,\sigma^2),E(Y)=\beta_0+\beta_1x,$$

回归分析就是根据样本观察值寻求 $\beta_0,\beta_1$ 的估计 $\hat{\beta}_0,\hat{\beta}_1$.

对于给定 $x$ 值,取

$$\hat{Y}=\hat{\beta}_0+\hat{\beta}_1 x \tag{8.3.2}$$

作为 $E(Y)=\beta_0+\beta_1 x$ 的估计，方程(8.3.2)称为 $y$ 关于 $x$ 的线性回归方程或经验公式，其图像称为回归直线，$\hat{\beta}_1$ 称为回归系数.

一元线性回归的任务是依据$(x,Y)$的 $n$ 组观测数据$(x_i,y_i)(i=1,2,\cdots,n)$对回归系数 $\beta_0$ 和 $\beta_1$ 进行估计，同时对 $\beta_0$ 和 $\beta_1$ 作统计检验，以便指出这些估计的可靠程度.并在此基础上进行预测与控制等.

## 三、回归系数的最小二乘估计

给定样本的一组观察值$(x_1,y_1),(x_2,y_2),\cdots,(x_n,y_n)$，对每个 $x_i$，由线性回归方程 $\hat{y}=\hat{\beta}_0+\hat{\beta}_1 x$ 都可以确定一回归值 $\hat{y}_i=\hat{\beta}_0+\hat{\beta}_1 x_i$，这个回归值 $\hat{y}_i$ 与实际观察值 $y_i$ 之差满足

$$y_i-\hat{y}_i=y_i-(\hat{\beta}_0+\hat{\beta}_1 x_i),$$

反映了 $y_i$ 与回归直线 $\hat{y}=\hat{\beta}_0+\hat{\beta}_1 x$ 的偏离程度.一个自然的想法就是：对所有 $x_i$，若 $y_i$ 与 $\hat{y}_i$ 的偏离越小，则认为直线与所有试验点拟合得越好.

令
$$Q(\beta_0,\beta_1)=\sum_{i=1}^{n}(y_i-\beta_0-\beta_1 x_i)^2,$$

上式表示所有观察值 $y_i$ 与回归直线 $\hat{y}_i$ 的偏离平方和，刻画了所有观察值与回归直线的偏离度.下面我们用最小二乘法来估计 $\beta_0$ 与 $\beta_1$，最小二乘法的基本思想是:选取使残差平方和

$$Q=Q(\beta_0,\beta_1)=\sum_{i=1}^{n}(y_i-\beta_0-\beta_1 x_i)^2,$$

达到最小时的 $\hat{\beta}_0,\hat{\beta}_1$ 的取值分别作为 $\beta_0$ 与 $\beta_1$ 的估计.即寻求 $\beta_0$ 与 $\beta_1$ 的估计 $\hat{\beta}_0,\hat{\beta}_1$.使 $Q(\hat{\beta}_0,\hat{\beta}_1)=\min Q(\beta_0,\beta_1)$.

利用微积分的极值原理，求 $Q$ 关于 $\beta_0,\beta_1$ 的偏导数，并令其为零，得

$$\begin{cases}\dfrac{\partial Q}{\partial\beta_0}=-2\sum\limits_{i=1}^{n}(y_i-\beta_0-\beta_1 x_i)=0,\\ \dfrac{\partial Q}{\partial\beta_1}=-2\sum\limits_{i=1}^{n}(y_i-\beta_0-\beta_1 x_i)x_i=0.\end{cases}$$

整理得

$$\begin{cases}n\beta_0+\left(\sum\limits_{i=1}^{n}x_i\right)\beta_1=\sum\limits_{i=1}^{n}y_i,\\ \left(\sum\limits_{i=1}^{n}x_i\right)\beta_0+\left(\sum\limits_{i=1}^{n}x_i^2\right)\beta_1=\sum\limits_{i=1}^{n}x_i y_i.\end{cases}$$

称此为正规方程组，解正规方程组得

$$\begin{cases}\hat{\beta}_0=\bar{y}-\bar{x}\hat{\beta}_1,\\ \hat{\beta}_1=\left(\sum\limits_{i=1}^{n}x_i y_i-n\bar{x}\bar{y}\right)\Big/\left(\sum\limits_{i=1}^{n}x_i^2-n\bar{x}^2\right).\end{cases}$$

其中 $\bar{x}=\dfrac{1}{n}\sum\limits_{i=1}^{n}x_i$，$\bar{y}=\dfrac{1}{n}\sum\limits_{i=1}^{n}y_i$，若记

$$L_{xy}=\sum_{i=1}^{n}(x_i-\overline{x})(y_i-\overline{y})=\sum_{i=1}^{n}x_iy_i-n\overline{x}\overline{y},$$

$$L_{xx}=\sum_{i=1}^{n}(x_i-\overline{x})^2=\sum_{i=1}^{n}x_i^2-n\overline{x}^2,$$

则

$$\begin{cases}\hat{\beta}_0=\overline{y}-\overline{x}\hat{\beta}_1,\\ \hat{\beta}_1=L_{xy}/L_{xx},\end{cases}$$

把该式子叫作 $\beta_0,\beta_1$ 的最小二乘估计.而

$$\hat{y}=\hat{\beta}_0+\hat{\beta}_1x,$$

为 $Y$ 关于 $x$ 的一元经验回归方程.

模型(8.3.1)中,在 $\varepsilon_i$ 的正态性和独立性假定成立的前提下,可以证明:

**定理 1** 设 $\hat{\beta}_0,\hat{\beta}_1$ 为 $\beta_0,\beta_1$ 的最小二乘估计,则

(1)$\hat{\beta}_0,\hat{\beta}_1$ 分别是 $\beta_0,\beta_1$ 的无偏估计;

(2)$\hat{\beta}_0\sim N\left(\beta_0,\sigma^2\left(\frac{1}{n}+\frac{\overline{x}^2}{L_{xx}}\right)\right),\hat{\beta}_1\sim N\left(\beta_1,\frac{\sigma^2}{L_{xx}}\right)$;

(3)$\frac{Q}{\sigma^2}\sim\chi^2(n-2)$,且 $\hat{\sigma}^2=\frac{Q}{n-2}$为总体方差 $\sigma^2$ 的无偏估计.

证明略.

**例 1** 求本节引例中产品优良率 $y$(单位:%)对温度 $x$(单位:℃)的回归方程.

**解** 由散点图 8.3.1,数据点$(x_i,y_i)(i=1,2,\cdots,10)$都在一条直线附近,用模型(8.3.1)来描述温度和优良率之间的关系比较合适.$n=10$,经计算

$$\sum x_i=628,\overline{x}=62.8,\sum x_i^2=42\ 004,$$

$$l_{xx}=\sum x_i^2-\frac{1}{10}\left(\sum x_i\right)^2=2\ 565.6,$$

$$\sum y_i=245,\overline{y}=24.5,\sum y_i^2=6\ 077.56,$$

$$l_{yy}=\sum y_i^2-\frac{1}{10}\left(\sum y_i\right)^2=75.06,\sum x_iy_i=15\ 821.8,$$

$$l_{xy}=\sum x_iy_i-\frac{1}{10}\left(\sum x_i\right)\left(\sum y_i\right)=435.8.$$

故 $\hat{\beta}_1=\frac{l_{xy}}{l_{xx}}=\frac{435.8}{2\ 565.6}=0.169\ 9,$

$$\hat{\beta}_0=\overline{y}-\hat{\beta}_1\overline{x}=24.5-0.169\ 9\times62.8=13.832\ 6.$$

得线性回归方程 $\hat{y}=13.832\ 6+0.169\ 9x$.

## 四、回归方程的显著性检验

前面关于线性回归方程 $\hat{y}=\hat{\beta}_0+\hat{\beta}_1x$ 的讨论是在线性假设 $Y=\beta_0+\beta_1x+\varepsilon,\varepsilon\sim N(0,\sigma^2)$下进行的.这个线性回归方程是否有实用价值,首先要根据有关专业知识和实践来判

断，其次还要根据实际观察得到的数据运用假设检验的方法来判断.

由线性回归模型 $Y=\beta_0+\beta_1 x+\varepsilon,\varepsilon\sim N(0,\sigma^2)$ 可知，当 $\beta_1=0$ 时，就认为 $Y$ 与 $x$ 之间不存在线性回归关系，故需检验如下假设

$$H_0:\beta_1=0,\quad H_1:\beta_1\neq 0.$$

为了检验假设 $H_0$，先分析对样本观察值 $y_1,y_2,\cdots,y_n$ 的差异，它可以用总的偏差平方和来度量，记为

$$S_{总}=\sum_{i=1}^{n}(y_i-\overline{y})^2,$$

由正规方程组，有

$$\begin{aligned}S_{总}&=\sum_{i=1}^{n}(y_i-\hat{y}_i+\hat{y}_i-\overline{y})^2\\&=\sum_{i=1}^{n}(y_i-\hat{y})^2+2\sum_{i=1}^{n}(y_i-\hat{y}_i)(\hat{y}_i-\overline{y})+\sum_{i=1}^{n}(\hat{y}_i-\overline{y})^2\\&=\sum_{i=1}^{n}(y_i-\hat{y}_i)^2+\sum_{i=1}^{n}(\hat{y}_i-\overline{y})^2.\end{aligned}$$

令　$S_{回}=\sum\limits_{i=1}^{n}(\hat{y}_i-\overline{y})^2,S_{剩}=\sum\limits_{i=1}^{n}(y_i-\hat{y}_i)^2$，则有

$$S_{总}=S_{剩}+S_{回},$$

上式称为总离差平方和分解公式.$S_{回}$ 称为回归平方和，它由普通变量 $x$ 的变化引起的，它的大小(在与误差相比下)反映了普遍变量 $x$ 的重要程度；$S_{剩}$ 称为剩余平方和，它是由试验误差以及其他未加控制因素引起的，它的大小反映了试验误差及其他因素对试验结果的影响.关于 $S_{回}$ 和 $S_{剩}$，有下面的性质：

**定理 2**　在线性模型假设下，当 $H_0$ 成立时，$\hat{\beta}_1$ 与 $S_{剩}$ 相互独立，且

$$S_{剩}/\sigma^2\sim\chi^2(n-2),S_{回}/\sigma^2\sim\chi^2(1).$$

对 $H_0$ 的检验有三种本质相同的检验方法：$t$ 检验法；$F$ 检验法；相关系数检验法.

在介绍这些检验方法之前，先给出 $S_{总},S_{回},S_{剩}$ 的计算方法.

$$\begin{aligned}S_{总}&=\sum_{i=1}^{n}(y_i-\overline{y})^2=\sum_{i=1}^{n}y_i^2-n\overline{y}^2\overset{\text{def}}{=\!=}L_{yy},\\S_{回}&=\hat{\beta}_1^2L_{xx}=\hat{\beta}_1L_{xy},\\S_{剩}&=L_{yy}-\hat{\beta}_1L_{xy}.\end{aligned}$$

1.t **检验法**

由定理 1，$(\hat{\beta}_1-\beta_1)/(\sigma/\sqrt{L_{xx}})\sim N(0,1)$，若令 $\hat{\sigma}^2=S_{剩}/(n-2)$，则由定理 2 知，$\hat{\sigma}$ 为 $\sigma^2$ 的无偏估计，$(n-2)\hat{\sigma}^2/\sigma^2=S_{剩}/\sigma^2\sim\chi^2(n-2)$，且 $(\hat{\beta}_1-\beta_1)/(\sigma/\sqrt{L_{xx}})$ 与 $(n-2)\hat{\sigma}^2/\sigma^2$ 相互独立.故取检验统计量

$$T=\frac{\hat{\beta}_1}{\hat{\sigma}}\sqrt{L_{xx}}\sim t(n-2),$$

由给定的显著性水平 $\alpha$，查表得 $t_{\alpha/2}(n-2)$，根据试验数据 $(x_1,y_1),(x_2,y_2),\cdots,$

$(x_n,y_n)$计算 $T$ 的值 $t$,当$|t|>t_{\alpha/2}(n-2)$时,拒绝 $H_0$,这时回归效应显著;当$|t|\leqslant t_{\alpha/2}(n-2)$时,接受 $H_0$,此时回归效果不显著.

2.F **检验法**

由定理 2,当 $H_0$ 为真时,取统计量

$$F=\frac{F_{回}}{S_{剩}/(n-2)}\sim F(1,n-2)$$

由给定显著性水平 $\alpha$,查表得 $F_\alpha(1,n-2)$,根据试验数据$(x_1,y_1),(x_2,y_2),\cdots,(x_n,y_n)$计算 $F$ 的值,若 $F>F_\alpha(1,n-2)$时,拒绝 $H_0$,表明回归效果显著;若 $F\leqslant F_\alpha(1,n-2)$时,接受 $H_0$,此时回归效果不显著.

3.**相关系数检验法**

由第四章知,相关系数的大小可以表示两个随机变量线性关系的密切程度.对于线性回归中的变量 $X$ 与 $Y$,其样本的相关系数为

$$\rho=\frac{\sum_{i=1}^{n}(X_i-\overline{X})(Y_i-\overline{Y})}{\sqrt{\sum_{i=1}^{n}(X_i-\overline{X})^2\sum_{i=1}^{n}(Y_i-\overline{Y})^2}}=\frac{L_{xy}}{\sqrt{L_{xx}}\sqrt{L_{yy}}},$$

它反映了普通变量 $X$ 与随机变量 $Y$ 之间的线性相关程度.故取检验统计量

$$r=\frac{\sqrt{L_{xy}}}{\sqrt{L_{xx}}\sqrt{L_{yy}}}$$

对给定的显著性水平 $\alpha$,查相关系数表得 $r_\alpha(n-2)$,根据试验数据$(x_1,y_1),(x_2,y_2),\cdots,(x_n,y_n)$计算 $R$ 的值 $r$,当$|r|>r_\alpha(n-2)$时,拒绝 $H_0$,表明回归效果显著;当$|r|\leqslant r_\alpha(n-2)$时,接受 $H_0$,表明回归效果不显著.

**例 2** 试说明引例中的线性回归效果是否显著?(取 $\alpha=0.01$)

**解** 要在水平 $\alpha=0.01$ 下检验假设 $H_0:\beta_1=0;H_1:\beta_1\neq 0$.

前面已算出 $L_{xx}=2\ 565.6,\hat{\beta}_1=0.169\ 9,\hat{\sigma}^2=0.127\ 2$,故 $\hat{\sigma}=\sqrt{\hat{\sigma}^2}=0.356\ 7$,

$$t=\frac{0.169\ 9\times\sqrt{2\ 565.6}}{0.356\ 7}=24.126\ 0,n=10,t_{1-\alpha/2}(n-2)=t_{0.995}(8)=3.355\ 4.$$

因$|t|=24.126\ 0>3.355\ 4$,故拒绝 $H_0$,认为线性回归效果是显著的.

**例 3** 在一次社会调查中,得到某商品的供给量与该商品价格之间的一组调查数据如下表:

| 价格 $x_i$(元) | 7 | 12 | 6 | 9 | 10 | 8 | 11 |
|---|---|---|---|---|---|---|---|
| 供给 $y_i$(吨) | 57 | 72 | 51 | 57 | 60 | 55 | 70 |

试求供给量对价格的经验回归方程 $\hat{y}=\hat{\beta}_0+\hat{\beta}_1x$ 并对回归方程进行显著性检验.

**解** (1) 根据上述观察值得到 $n=7$,

$$\sum_{i=1}^{7}x_i=63,\ \sum_{i=1}^{7}y_i=422,\ \sum_{i=1}^{7}x_i^2=595,\ \sum_{i=1}^{7}x_iy_i=3\ 892,\ \sum_{i=1}^{7}y_i^2=25\ 808,$$

$$L_{xx}=595-\frac{1}{7}\times 63^2=28,L_{xy}=3\ 892-\frac{1}{7}\times 63\times 422=94,$$

$L_{yy}=25\ 808-\frac{1}{7}\times 422^2=367.43, \bar{x}=9, \bar{y}=60.285\ 7$，

$\hat{\beta}_1=\frac{L_{xy}}{L_{xx}}=\frac{94}{28}=3.357\ 1, \hat{\beta}_0=\bar{y}-b\bar{x}=60.285\ 7-3.357\ 1\times 9=30.071\ 8$，

于是得经验回归方程 $\hat{y}=30.071\ 8+3.357\ 1x$.

(2)显著性检验　$S_R=\hat{\beta}_1 L_{xy}=315.517\ 4, Q=L_{yy}-S_R=51.857\ 1$，所以

$$F=\frac{S_R}{Q/5}=30.427\ 0,$$

取显著水平 $\alpha=0.01$,查自由度为(1,5)的 $F$ 分布表,得临界值 $F_{0.01}(1,5)=16.26$,由于 $F=30.427>16.26$,故认为回归方程极显著.

**例 4**　为了研究某一化学反应过程中温度 $t$ 对产品得率 $y$ 的影响,测得实验数据如下：

| $t$(℃) | 100 | 110 | 120 | 130 | 140 | 150 | 160 | 170 | 180 | 190 |
|---|---|---|---|---|---|---|---|---|---|---|
| $y$(%) | 45 | 51 | 54 | 61 | 66 | 70 | 74 | 78 | 85 | 89 |

试求产品得率 $y$ 对温度 $t$ 的经验回归方程 $\hat{y}=\beta_0+\beta t$,并对回归方程进行显著性检验.

**解**　(1)根据上述观察值得到 $n=10$,则

$\sum_{i=1}^{10} t_i=1\ 450$，$\sum_{i=1}^{10} y_i=673$，$\sum_{i=1}^{10} t_i^2=218\ 500$，$\sum_{i=1}^{10} t_i y_i=101\ 570$，

$\sum_{i=1}^{10} y_i^2=47\ 225, L_{tt}=218\ 500-\frac{1}{10}\times 1\ 450^2=8\ 250$，

$L_{ty}=101\ 570-\frac{1}{10}\times 1\ 450\times 673=3\ 985$，

$L_{yy}=47\ 225-\frac{1}{10}\times 673^2=1\ 932.1, \bar{t}=145, \bar{y}=67.3$，

$\hat{\beta}_1=\frac{L_{ty}}{L_{tt}}=\frac{3\ 985}{8\ 250}=0.483, \hat{\beta}_0=\bar{y}-b\bar{t}=67.3-0.483\times 145=-2.735$，

于是得经验回归方程 $\hat{y}=-2.735+0.483t$.

(2)显著性检验.

用相关系数检验法.取显著水平 $\alpha=0.01$，因为

$$r=0.483\sqrt{8\ 250/1\ 932.1}=0.9\ 981,$$

查相关系数检验表得临界值 $r_{0.01}(8)=0.7\ 646$,由于 $r=0.9\ 981>0.7\ 646$,故认为回归方程极显著.

## 五、预测和控制

在回归问题中,若回归方程经检验效果显著，这时回归值与实际值就拟合较好，因而可以利用它对因变量 $Y$ 的新观察值 $y_0$ 进行点预测或区间预测.

对于给定的 $x_0$,由回归方程可得到回归值

$$\hat{y}_0=\hat{\beta}_0+\hat{\beta}_1 x_0,$$

称 $\hat{y}_0$ 为 $y$ 在 $x_0$ 的预测值.$y$ 的观察值 $y_0$ 与预测值 $\hat{y}_0$ 之差称为预测误差.

所谓预测问题,就是问当 $x=x_0$ 时 $y$ 应取什么值.我们很自然地想到用 $\hat{y}_0=\beta_0+\beta_1x_0$ 来预测 $y$ 的真实值 $y_0=\beta_0+\beta_1x_0+\varepsilon$,由于 $y$ 是随机变量,给出 $y_0$ 的区间估计更为合理.通常是在一定的置信度 $1-\alpha$ 下,给出 $y_0$ 的容许限或 $y_0$ 的预测区间.可以证明,当模型(8.3.1)的基本假定成立时,统计量

$$T=\frac{y_0-\hat{y}_0}{S\sqrt{1+\frac{1}{n}+\frac{(x_1-\overline{x})}{L_{xx}}}}\sim t(n-2),$$

其中,$S=\sqrt{Q/(n-2)}$ 为 $\sigma$ 的估计.

对置信水平 $1-\alpha$,查表得临界值 $t_{\alpha/2}$,解不等式 $|T|<t_{\alpha/2}$,得到 $y_0$ 的置信度为 $1-\alpha$ 的预测区间为

$$\left(\hat{y}_0\pm t_{\alpha/2}S\sqrt{1+\frac{1}{n}+\frac{(x_0-\overline{x})^2}{L_{xx}}}\right).$$

由此可见,根据回归方程预测 $y$ 的值时,其精度实际上与 $x_0$ 有关,$x_0$ 越靠近 $\overline{x}$,$y_0$ 的预测区间长度越短,预测精度也就越高.当 $x_0$ 远离 $\overline{x}$ 时,预测精度就差.

控制问题是预测问题的反问题.具体来讲,是要求 $y$ 的观测值以置信度 $1-\alpha$ 在某区间 $(y_1,y_2)$ 内取值时,问相应的 $x_0$ 应控制在什么范围.记

$$l(x)=2t_{\alpha/2}S\sqrt{1+\frac{1}{n}+\frac{(x-\overline{x})^2}{L_{xx}}},$$

由预测问题可知,当 $x=x_0$ 时,$y_0$ 的置信度为 $1-\alpha$ 的预测区间的长度为 $l(x_0)$,且 $\hat{y}_0=\beta_0+\beta_1x_0$ 为预测区间的中点.若假定 $x_k$ 满足

$$\hat{y}_k=\beta_0+\beta_1x_k=\frac{y_2-y_1}{2},$$

即 $\hat{y}_k$ 为区间 $(y_1,y_2)$ 的中点.注意到 $y_k=\beta_0+\beta_1x_k+\varepsilon_k$ 的预测区间长度为 $l(x_k)$,因此,必须当 $y_1-y_2\geqslant l(x_k)$ 时,才能对 $x$ 进行控制.否则,即使 $x$ 只取一个值 $x_k$,也无法保证 $y$ 在 $(y_1,y_2)$ 中的取值.

当 $n$ 较小时,控制问题没有实际意义.因此,一般在 $n$ 较大,且 $y_2-y_1>2t_{\alpha/2}S$ 的情况下考察控制问题.求 $x_k$ 的控制区间的方法是从方程组

$$\begin{cases}y_1=\beta_0+\beta_1x_1-t_{\alpha/2}S,\\ y_2=\beta_0+\beta_1x_2+t_{\alpha/2}S,\end{cases}$$

解出

$$\begin{cases}x_1=(y_1-\beta_0+t_{\alpha/2}S)/\beta_1,\\ x_2=(y_2-\beta_0-t_{\alpha/2}S)/\beta_2.\end{cases}$$

当 $\beta_1>0$ 时 $x$ 的控制区间为 $(x_1,x_2)$,而当 $\beta_1<0$ 时 $x$ 的控制区间为 $(x_2,x_1)$.

**例 5** 在例 1 中取 $x_0=70$℃,求 $y$ 的点预测与置信水平为 95%的预测区间.

**解** $\hat{y}=13.832\ 6+0.169\ 9x_0$,当 $x_0=70$ 时,$y$ 的点预测为

$$\hat{y}=13.832\ 6+0.169\ 9\times70=25.725\ 6.$$

又　$n=10,1-\alpha=0.95,\hat{\sigma}=\sqrt{0.1\,272}=0.356\,7$，

$$\hat{y}\pm t_{1-\alpha/2}(n-2)\hat{\sigma}\sqrt{1+\frac{1}{n}+\frac{(\overline{x}-x_0)^2}{L_{xx}}}$$

$$=25.725\,6\pm t_{0.975}(8)\times0.356\,7\times\sqrt{1+\frac{1}{10}+\frac{(62.8-70)^2}{2\,565.6}},$$

$$=25.725\,6\pm2.306\,0\times0.356\,7\times1.058\,4=25.725\,6\pm0.870\,6,$$

故 $y$ 的置信水平为 95％的预测区间为(24.8 550,26.5 962).

**例 6**　某建材实验室做陶粒混凝土实验室中，考察每平方米混凝土的水泥用量对混凝土抗压强度的影响，测得下列数据：

| 水泥用量 $x$(kg) | 150 | 160 | 170 | 180 | 190 | 200 | 210 | 220 | 230 | 240 | 250 | 260 |
|---|---|---|---|---|---|---|---|---|---|---|---|---|
| 抗压强度 $y$(kg/m$^3$) | 56.9 | 58.3 | 61.6 | 64.6 | 68.1 | 71.3 | 74.1 | 77.4 | 80.2 | 82.6 | 86.4 | 89.7 |

(1)求经验回归方程 $\hat{y}=\hat{\beta}_0+\hat{\beta}_1x$；

(2)检验一元线性回归的显著性(取 $\alpha=0.05$)；

(3)设 $x_0=225$ kg,求 $y$ 的预测值及置信度为 0.95 的预测区间.

**解**(1)$n=12,\overline{x}=205,L_{xx}=14\,300,\overline{y}=72.6$,

$$L_{yy}=1\,323.82,$$

$$L_{xy}=\sum_{i=1}^{n}x_iy_i-n\overline{x}\overline{y}=182\,943-12\times205\times72.6=4\,347,$$

故　$\hat{\beta}_1=L_{xy}/L_{xx}=0.304,\hat{\beta}_0=\overline{y}-\hat{\beta}_1\overline{x}=10.28$,

得经验回归方程 $\hat{y}=10.28+0.304x$.

(2)$S_{回}=\hat{\beta}_1L_{xy}=1\,321.488,S_{剩}=L_{yy}-\hat{\beta}_1L_{xy}=2.332$,

$$F_0=(n-2)\frac{S_{回}}{S_{剩}}=10\times\frac{1\,321.488}{2.332}=5\,666.76.$$

在水平 $\alpha=0.05$ 下,$F_{0.05}(1,10)=4.96$,因 $F_0>F_{0.05}(1,10)$,故回归方程显著.

(3)$\delta(225)=t_{0.025}(10)\cdot\hat{\sigma}\sqrt{1+\frac{1}{12}+\frac{(225-205)^2}{14\,300}}=1.054t_{0.05}(10)\hat{\sigma}$,

则 $\hat{\sigma}=\sqrt{\frac{S_{剩}}{n-2}}=\sqrt{\frac{2.332}{10}}=0.482\,9,t_{0.025}(10)=2.228\,1$,

故 $\hat{y}(225)=10.28+0.304\times225=78.68$,所求预测区间为

$$(76.68\pm2.228\,1\times0.482\,9\times1.054)\approx(78.68\pm1.134).$$

## 七、可化为一元线性回归的情形

前面讨论了一元线性回归问题，但在实际应用中，有时会遇到更复杂的回归问题，有些自变量 $x$ 与因变量 $y$ 之间的关系不是线性相关关系，而是非线性相关关系.为此,可设法通过适当的变换将原来的非线性相关关系转化为新变量之间的线性相关关系,然后用一元线性回归的方法求出新变量的回归方程,最后代入原变量获得关于原变量的回归

方程.常用于解决可线性化的一元非线性回归问题的六种曲线见下表:

| 序　号 | 曲　线 | | 变　换 | 变换后的线性式 |
|---|---|---|---|---|
| 1 | 双曲函数 | $y=\dfrac{x}{ax+b}$ | $u=\dfrac{1}{y},v=\dfrac{1}{x}$ | $u=a+bv$ |
| 2 | 幂函数 | $y=ax^b$ | $u=\ln y,v=\ln x$ | $u=\ln a+bv$ |
| 3 | 指数函数 | $y=a\mathrm{e}^{bx}$ | $u=\ln y$ | $u=\ln a+bx$ |
| 4 | 对数函数 | $y=a+b\ln x$ | $v=\ln x$ | $y=a+bv$ |
| 5 | 倒指数函数 | $y=a\mathrm{e}^{b/x}$ | $u=\ln y,v=\dfrac{1}{x}$ | $u=\ln a+bv$ |
| 6 | S形曲线 | $y=\dfrac{1}{a+b\mathrm{e}^{-x}}$ | $u=\dfrac{1}{y},v=e^{-x}$ | $u=a+bv$ |

(1)双曲函数 $y=\dfrac{x}{ax+b}$(见图 8.3.2).

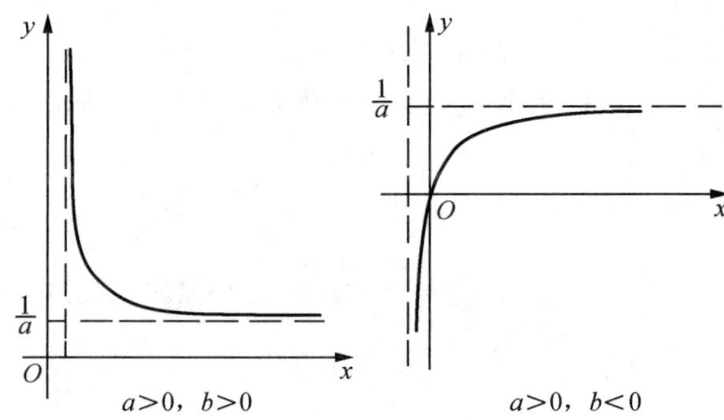


**图 8.3.2　双曲线图形**

(2)幂函数 $y=ax^b,(x>0)$(见图 8.3.3).

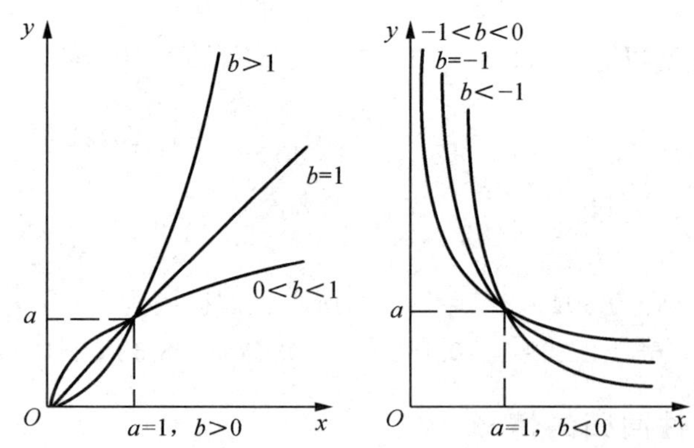


**图 8.3.3　幂函数线图形**

(3)指数函数 $y=a\mathrm{e}^{bx}$(见图 8.3.4).

(4)对数函数 $y=a+b\ln x(x>0)$(见图 8.3.5).

(5)倒指数函数 $y=a\mathrm{e}^{b/x}(x>0)$.(见图 8.3.6)

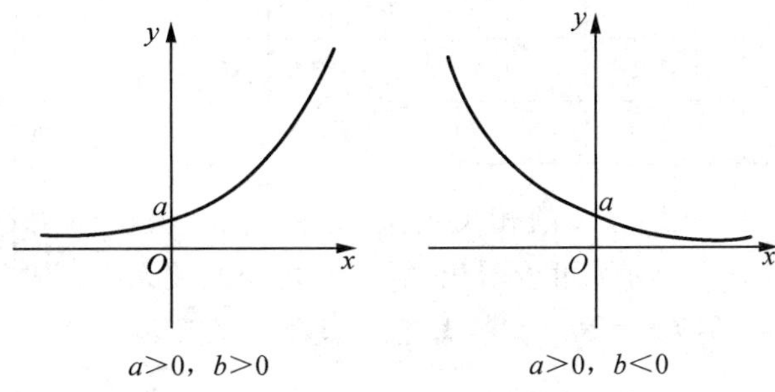


**图 8.3.4　指数曲线图形**

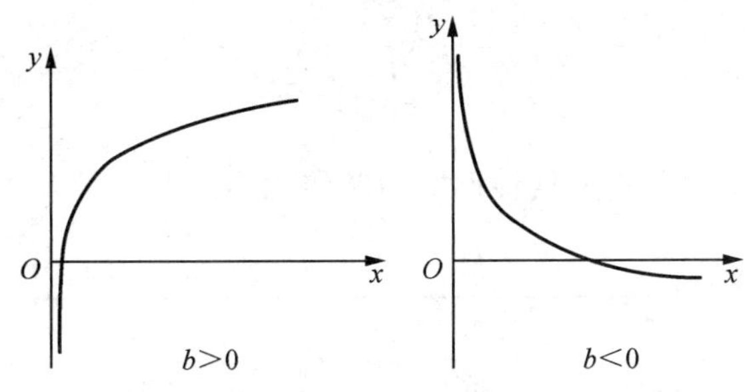


**图 8.3.5　对数曲线图形**

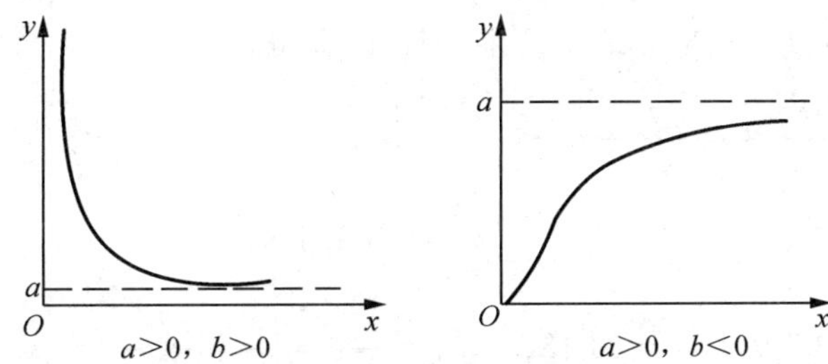


**图 8.3.6　倒指数曲线图形**

(6)S 形函数 $y=\dfrac{1}{a+b\mathrm{e}^{-x}}$(见图 8.3.7).

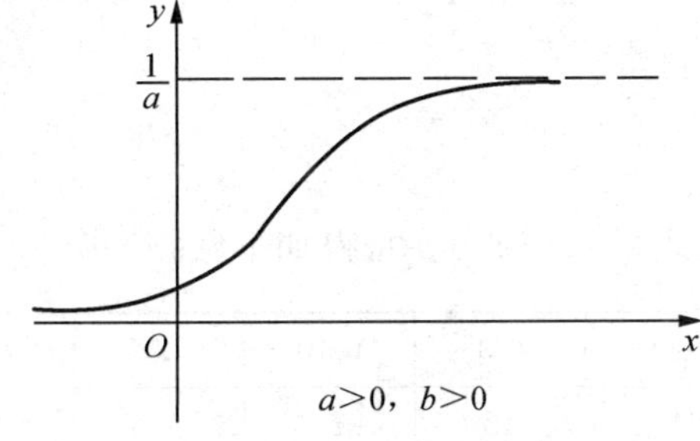


**图 8.3.7　S 形曲线图形**

**例 7**　一只红铃虫的产卵数 $y$ 和温度 $x$ 有关.经观测获得一组红铃虫产卵数与温度的数据如下表所示.试求 $y$ 关于 $x$ 的回归方程.

| 编　号 | 1 | 2 | 3 | 4 | 5 | 6 | 7 |
|---|---|---|---|---|---|---|---|
| 温度 $x$(℃) | 21 | 23 | 25 | 27 | 29 | 32 | 35 |
| 产卵数 $y$ | 7 | 11 | 21 | 24 | 66 | 115 | 325 |

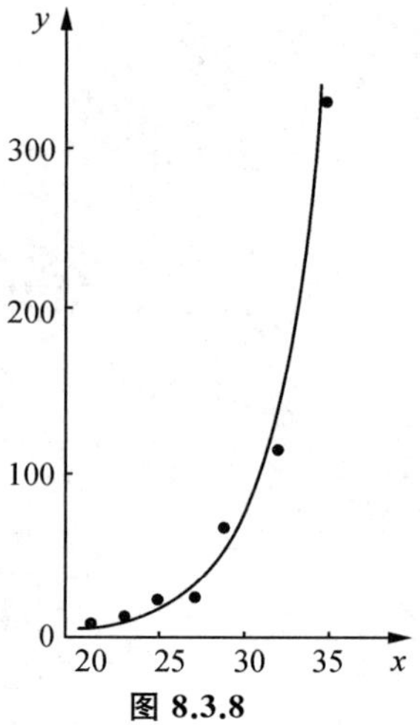

图 8.3.8

**解**　为了确定 $y$ 关于温度 $x$ 的相关关系,先根据这组数据画出散点图(如图 8.3.8 所示).可以看出,$y$ 与 $x$ 之间的关系是非线性的,可用指数函数 $y=\beta_0 e^{\beta_1 x}$ 来描述产卵数 $y$ 关于温度 $x$ 之间的关系.

作变换 $u=\ln y$,$\alpha=\ln\beta_0$,得模型为

$$u_i=\alpha+\beta_1 x_i+\varepsilon_i(i=1,2,\cdots,7),$$

$E(\varepsilon_i)=0,D(\varepsilon_i)=\sigma^2,\mathrm{Cov}(\varepsilon_i,\varepsilon_j)=0,(i,j=1,2,\cdots,7;i\neq j)$.

这样就可将 $y$ 与 $x$ 之间的非线性回归问题转化为 $u$ 与 $x$ 之间的线性回归问题.数据经变换见下表:

| 编　号 | 1 | 2 | 3 | 4 | 5 | 6 | 7 |
|---|---|---|---|---|---|---|---|
| $x$ | 21 | 23 | 25 | 27 | 29 | 32 | 35 |
| $u=\ln y$ | 1.945 9 | 2.397 9 | 3.044 5 | 3.178 1 | 4.189 7 | 4.744 9 | 5.783 8 |

根据这些数据可算得 $\beta_0$ 与 $\beta_1$ 的最小二乘估计.计算得

$$n=7,\sum_{i=1}^{7}x_i=192,\bar{x}=27.428\ 6,$$

$$\sum_{i=1}^{7}x_i^2=5\ 414,L_{xx}=147.714\ 3,\sum_{i=1}^{7}u_i=25.284\ 8,\bar{u}=3.612\ 1,$$

$$\sum_{i=1}^{7}x_iu_i=733.707\ 9,L_{xu}=40.182\ 0,\hat{\beta}_1=\frac{L_{xu}}{L_{xx}}=\frac{40.182\ 0}{147.714\ 3}=0.272\ 0,$$

$$\hat{\beta}_0=\bar{u}-\hat{\beta}_1\bar{x}=3.612\ 1-0.272\ 0\times 27.428\ 6=-3.848\ 5.$$

得到 $u$ 关于 $x$ 的回归方程为 $\hat{u}=-3.848\ 5+0.272\ 0x$.

化为 $y$ 关于 $x$ 的回归方程为 $\hat{y}=\exp(-3.848\ 5+0.272\ 0x)=0.021\ 31e^{0.272x}$.

## 习题 8-3

1.在钢线碳含量对于电阻的效应研究中,得如下数据:

| 碳含量 $x$(%) | 0.1 | 0.3 | 0.40 | 0.55 | 0.70 | 0.80 | 0.95 |
|---|---|---|---|---|---|---|---|
| 电阻 $y$(20℃时,$\mu\Omega$) | 15 | 18 | 19 | 21 | 22.6 | 23.6 | 26 |

求 $y$ 关于 $x$ 的线性回归方程 $\hat{y}=\hat{a}+\hat{b}x$,计算用到的中间数据为

| 序　号 | $x_i$ | $y_i$ | $x_i^2$ | $y_i^2$ | $x_i y_i$ |
|---|---|---|---|---|---|
| 1 | 0.1 | 15 | 0.01 | 225 | 1.5 |
| 2 | 0.3 | 18 | 0.09 | 324 | 5.4 |
| 3 | 0.4 | 19 | 0.16 | 361 | 7.6 |
| 4 | 0.55 | 21 | 0.302 5 | 441 | 11.55 |
| 5 | 0.70 | 22.6 | 0.49 | 510.76 | 15.82 |
| 6 | 0.80 | 23.8 | 0.64 | 566.44 | 19.04 |
| 7 | 0.95 | 26 | 0.902 5 | 676 | 24.7 |
| $\sum$ | 3.8 | 145.2 | 2.595 | 3 104.2 | 85.61 |

2.设 $x$ 固定时，$y$ 为正态变量，对 $x$，$y$ 有如下表所示的观察值：

| $x$ | −1.6 | −1.7 | 0.7 | −1.8 | −1.1 |
|---|---|---|---|---|---|
| $y$ | −2.1 | −3.9 | 3.8 | −7.5 | −2.1 |

求 $y$ 关于 $x$ 的线性回归方程 $\hat{y}=\hat{a}+\hat{b}x$，计算用到的中间数据为

| 序　号 | $x_i$ | $y_i$ | $x_i^2$ | $y_i^2$ | $x_i y_i$ |
|---|---|---|---|---|---|
|  | −1.6 | −2.1 | 2.56 | 4.41 | 3.36 |
|  | −1.7 | −3.9 | 2.89 | 15.21 | 6.63 |
|  | 0.7 | 3.8 | 0.49 | 14.44 | 2.66 |
|  | −1.8 | −7.5 | 3.24 | 56.26 | 13.5 |
|  | −1.1 | −2.1 | 1.21 | 4.41 | 2.31 |
| $\sum$ | −5.5 | −11.8 | 10.39 | 94.73 | 28.46 |

3.下表数据是退火温度 $x$ 对黄铜延性 $y$ 效应的试验结果，$y$ 是以延长度计算的，且对于给定的 $x$，$y$ 为正态变量，其方差与 $x$ 无关，求 $y$ 对 $x$ 的线性回归方程.

| $x$(℃) | 300 | 400 | 500 | 600 | 700 | 800 |
|---|---|---|---|---|---|---|
| $y$(%) | 40 | 50 | 55 | 60 | 67 | 70 |

求 $y$ 关于 $x$ 的线性回归方程 $\hat{y}=\hat{a}+\hat{b}x$，计算用到的中间数据为

$$\sum_i x_i=3\ 300,\sum_i y_i=342,\sum_i x_i^2=1\ 990\ 000\cdot\sum_i y_i^2=20\ 114,\sum_i x_i y_i=198\ 400.$$

4.为研究某国标准普通信件（质量不超过 50g）的邮资（单位：元）与时间的关系，得到如下数据：

| 年份 $x$ | 1978 | 1981 | 1984 | 1985 | 1987 | 1991 | 1995 | 1997 | 2001 | 2005 | 2008 |
|---|---|---|---|---|---|---|---|---|---|---|---|
| 价格 $y$(元) | 0.06 | 0.08 | 0.10 | 0.13 | 0.15 | 0.20 | 0.22 | 0.25 | 0.29 | 0.32 | 0.33 |

求信件的邮资关于时间的回归方程.

5.对某地区生产同一产品的 8 个不同规模的乡镇企业进行生产费用调查，得产量 $x$ 和生产费用 $y$ 的数据如下：

| $x$(万件) | 1.5 | 2 | 3 | 4.5 | 7.5 | 9.1 | 10.5 | 12 |
|---|---|---|---|---|---|---|---|---|
| $y$(万元) | 5.6 | 6.6 | 7.2 | 7.8 | 10.1 | 10.8 | 13.5 | 16.5 |

试据此建立 $y$ 关于 $x$ 的回归方程.

6.以家庭为单位，某种商品年需求量与该商品价格之间的一组调查数据如下表：

| 价格 $x$(元) | 5 | 2 | 2 | 2.3 | 2.5 | 2.6 | 2.8 | 3 | 3.3 | 3.5 |
|---|---|---|---|---|---|---|---|---|---|---|
| 需求量(kg) | 1 | 3.5 | 3 | 2.7 | 2.4 | 2.5 | 2 | 1.5 | 1.2 | 1.2 |

(1)求经验回归方程 $\hat{y}=\hat{\beta}_0+\hat{\beta}_1 x$；

(2)检验线性关系的显著性($\alpha=0.05$,采用 $F$ 检验法).

7.电容器充电达某电压值时为时间的计算原点，此后电容器串联一电阻放电，测定各时刻的电压 $u$，测量结果如下：

| 时间 $t$(s) | 0 | 1 | 2 | 3 | 4 | 5 | 6 | 7 | 8 | 9 | 10 |
|---|---|---|---|---|---|---|---|---|---|---|---|
| 电压 $u$(V) | 100 | 75 | 55 | 40 | 30 | 20 | 15 | 10 | 10 | 5 | 5 |

若 $u$ 与 $t$ 的关系为 $u=u_0 e^{-ct}$,其中 $u_0,c$ 未知，求 $u$ 对 $t$ 的回归方程.

8.槲寄生是一种寄生在大树上部树枝的植物,它喜欢寄生在年轻的大树上,下表给出一定条件下完成的试验中采集的数据.

| 大树的年龄 $x$(年) | 3 | 4 | 9 | 15 | 40 |
|---|---|---|---|---|---|
| 每株大树上槲寄生的株数 $y$(株) | 28,33,22 | 10,36,24 | 15,22,10 | 5,14,9 | 1,1 |

(1)作出$(x_i,y_i)$的散点图；

(2)令 $z_i=\ln y_i$,作出$(x_i,z_i)$的散点图；

(3)以模型 $y=ae^{bx}\varepsilon$,$\ln\varepsilon$ 服从$N(0,\sigma^2)$拟和数据,其中 $a,b,\sigma^2$ 与 $x$ 无关,试求出曲线回归方程 $\hat{y}=\hat{a}e^{\hat{b}x}$.

## *第四节　多元线性回归

在许多实际问题中，常常要研究一个随机变量与多个变量之间的相关关系,例如,某种产品的销售额不仅受到投入的广告费用的影响,通常还与产品的价格、消费者的收入状况、社会保有量以及其他可替代产品的价格等诸多因素有关系.研究这种一个随机变量同其他多个变量之间的关系的主要方法是运用多元回归分析.多元线性回归分析是一元线性回归分析的自然推广形式,两者在参数估计、显著性检验等方面非常相似.本节只简单介绍多元线性回归的数学模型及其最小二乘估计.

### 一、多元线性回归的数学模型

设影响随机变量 $Y$ 的自变量个数为 $k$,即 $Y$ 与 $k$ 个可控变量 $x_1,x_2,\cdots,x_k$ 之间具有线性相关关系,则多元线性回归的数学模型为

$$Y=\beta_0+\beta_1 x_1+\cdots+\beta_k x_k+\varepsilon$$

其中 $\varepsilon$ 为随机误差，且假定 $\varepsilon$ 服从正态分布 $N(0,\sigma^2)$；$\beta_0,\beta_1,\cdots,\beta_k$ 为回归系数.

将 $n$ 次观测数据 $(x_{i1},x_{i2},\cdots,x_{ik},y_i)(i=1,2,\cdots,n)$ 代入上述方程，可得

$$\begin{cases} y_1=\beta_0+\beta_1 x_{11}+\beta_2 x_{12}+\cdots+\beta_k x_{1k}+\varepsilon_1, \\ y_2=\beta_0+\beta_1 x_{21}+\beta_2 x_{22}+\cdots+\beta_k x_{2k}+\varepsilon_2, \\ \qquad\vdots \\ y_n=\beta_0+\beta_1 x_{n1}+\beta_2 x_{n2}+\cdots+\beta_k x_{nk}+\varepsilon_n, \end{cases}$$

其中 $\varepsilon_1,\varepsilon_2,\cdots,\varepsilon_n$ 相互独立，且服从同一正态分布 $N(0,\sigma^2)$. 这个模型称为多元线性回归的数学模型.令

$$\boldsymbol{Y}=\begin{pmatrix} y_1 \\ y_2 \\ \vdots \\ y_n \end{pmatrix},\boldsymbol{X}=\begin{pmatrix} 1 & x_{11} & x_{12} & \cdots & x_{1k} \\ 1 & x_{21} & x_{22} & \cdots & x_{2k} \\ \vdots & \vdots & \vdots & & \vdots \\ 1 & x_{n1} & x_{n2} & \cdots & x_{nk} \end{pmatrix},\boldsymbol{\beta}=\begin{pmatrix} \beta_0 \\ \beta_1 \\ \vdots \\ \beta_k \end{pmatrix},\boldsymbol{\varepsilon}=\begin{pmatrix} \varepsilon_1 \\ \varepsilon_2 \\ \vdots \\ \varepsilon_n \end{pmatrix},$$

则上述数学模型也可用矩阵形式表示为

$$\boldsymbol{Y}=\boldsymbol{X\beta}+\boldsymbol{\varepsilon},$$

其中 $\varepsilon$ 是 $n$ 维随机向量，它的分量相互独立.

## 二、回归系数的最小二乘估计

与一元线性回归类似，我们采用最小二乘法估计参数 $\beta_0,\beta_1,\beta_2,\cdots,\beta_k$，引入偏差平方和

$$Q(\beta_0,\beta_1,\cdots,\beta_k)=\sum_{i=1}^{n}(y_i-\beta_0-\beta_1 x_{i1}-\beta_2 x_{i2}-\cdots-\beta_k x_{ik})^2,$$

最小二乘估计就是求 $\hat{\beta}=(\hat{\beta}_0,\hat{\beta}_1,\cdots,\hat{\beta}_k)^{\mathrm{T}}$，使得

$$\min_{\beta} Q(\beta_0,\beta_1,\cdots,\beta_k)=Q(\hat{\beta}_0,\hat{\beta}_1,\cdots,\hat{\beta}_k).$$

假设由某种方法得到 $\beta_0,\beta_1,\cdots,\beta_k$ 的估计值 $\hat{\beta}_0,\hat{\beta}_1,\hat{\beta}_2,\cdots,\hat{\beta}_k$，则 $y$ 的观测值可表示为

$$y_i=\hat{\beta}_0+\hat{\beta}_1 x_{i1}+\cdots+\hat{\beta}_k x_{ik}+e_i\ (i=1,2,\cdots,n),$$

这里 $e_i$ 是 $\varepsilon_i$ 的估值，称为残差.令 $y_i$ 的估计值为 $\hat{y}_i$，即

$$\hat{y}_i=\hat{\beta}_0+\hat{\beta}_1 x_{i1}+\cdots+\hat{\beta}_k x_{ik},$$

$$e_i=y_i-\hat{y}_i=y_i-\hat{\beta}_0-\hat{\beta}_1 x_{i1}-\cdots-\hat{\beta}_k x_{ik},$$

选取 $\beta_i$ 的最小二乘估计 $\hat{\beta}_i$，使残差平方和 $Q$ 达到最小.记

$$\overline{x}_j=\frac{1}{n}\sum_{i=1}^{n}x_{ij},(j=1,2,\cdots,k),\overline{y}=\frac{1}{n}\sum_{i=1}^{n}y_i,$$

$$c_{ij}=c_{ji}=\sum_{i=1}^{n}(x_{ti}-\overline{x}_i)(x_{tj}-\overline{x}_j)(i,j=1,2,\cdots,k),$$

$$c_{iy}=\sum_{i=1}^{n}(x_{ij}-\overline{x}_j)(y_i-\overline{y})(j=1,2,\cdots,k).$$

由微积分的极值原理，$\hat{\beta}_i$ 应满足方程组

$$\frac{\partial Q}{\partial \hat{\beta}_i}=0, i=0,1,\cdots,k,$$

整理并化简上述方程组,得到

$$\begin{cases} c_{11}\hat{\beta}_1+c_{12}\hat{\beta}_2+\cdots+c_{1k}\hat{\beta}_k=c_{1y}, \\ c_{21}\hat{\beta}_1+c_{22}\hat{\beta}_2+\cdots+c_{2k}\hat{\beta}_k=c_{2y}, \\ \quad\vdots \\ c_{k1}\hat{\beta}_1+c_{k2}\hat{\beta}_2+\cdots+c_{kk}\hat{\beta}_k=c_{ky}, \end{cases} \tag{8.4.1}$$

$$\hat{\beta}_0=\overline{y}-\hat{\beta}_1\overline{x}_1-\cdots-\hat{\beta}_k\overline{x}_k, \tag{8.4.2}$$

称(8.4.1)式为正规方程,从正规方程解出 $\hat{\beta}_1,\hat{\beta}_2,\cdots,\hat{\beta}_k$,再由(8.4.2)求出 $\hat{\beta}_0$,于是可得经验回归方程

$$\hat{y}=\hat{\beta}_0+\hat{\beta}_1x_1+\cdots+\hat{\beta}_kx_k. \tag{8.4.3}$$

在计算 $c_{ij}$ 和 $c_{iy}$ 时,常采用如下公式

$$c_{ij}=\sum_{t=1}^{n}x_{ti}x_{ij}-\frac{1}{n}\Big(\sum_{t=1}^{n}x_{ti}\Big)\Big(\sum_{t=1}^{n}y_{tj}\Big), i,j=1,2,\cdots,k,$$

$$c_{iy}=\sum_{t=1}^{n}x_{ti}y_t-\frac{1}{n}\Big(\sum_{t=1}^{n}x_{ti}\Big)\Big(\sum_{t=1}^{n}y_t\Big), i=1,2,\cdots,k.$$

**例 1** 已知某公司的销售额主要取决于营业人员数和所支出的推销费用,有关统计数据见下表:

| 年　份 | 推销费用 $x_1$(万元) | 营业人员 $x_2$(人) | 销售额 $y$(亿元) |
|---|---|---|---|
| 1980 | 169 | 290 | 264 |
| 1981 | 181 | 318 | 298 |
| 1982 | 160 | 254 | 235 |
| 1983 | 187 | 341 | 318 |
| 1984 | 184 | 327 | 304 |
| 1985 | 178 | 311 | 289 |
| 1986 | 172 | 295 | 271 |
| 1987 | 175 | 296 | 273 |

试求销售额对营业人员数和推销费用的经验回归方程.

**解** $\overline{x}_1=175.75,\overline{x}_2=304,\overline{y}=281.5$,

$$c_{11}=\sum_{i=1}^{8}x_{1i}^2-\frac{1}{8}\Big(\sum_{i=1}^{8}x_{1i}\Big)^2=247\ 640-1\ 406^2/8=535.50,$$

$$c_{22}=\sum_{i=1}^{8}x_{2i}^2-\frac{1}{8}\Big(\sum_{i=1}^{8}x_{2i}\Big)^2=744\ 312-2\ 432^2/8=4\ 984,$$

$$c_{12}=c_{21}=\sum_{i=1}^{8}x_{1i}x_{2i}-\frac{1}{8}\Big(\sum_{i=1}^{8}x_{1i}\Big)\Big(\sum_{i=1}^{8}x_{2i}\Big)=429\ 041-427\ 424=1\ 617,$$

$$c_{1y}=\sum_{i=1}^{8}x_{1i}y_i-\frac{1}{8}\Big(\sum_{i=1}^{8}x_{1i}\Big)\Big(\sum_{i=1}^{8}y_i\Big)=397\ 385-395\ 789=1\ 596,$$

$$c_{2y}=\sum_{i=1}^{8}x_{2i}y_i-\frac{1}{8}\left(\sum_{i=1}^{8}x_{2i}\right)\left(\sum_{i=1}^{8}y_i\right)=689\ 492-684\ 608=4\ 884,$$

将有关数据代入(10.2.5)式得

$$\begin{cases}535.5b_1+1\ 617b_2=1\ 596,\\ 1\ 617b_1+4\ 984b_2=4\ 884,\end{cases}$$

由此解得

$$b_1=\frac{\begin{vmatrix}1\ 596 & 1\ 617\\ 4\ 884 & 4\ 984\end{vmatrix}}{\begin{vmatrix}535.5 & 1\ 617\\ 1\ 617 & 4\ 984\end{vmatrix}}=\frac{57\ 036}{54\ 243}=1.051\ 5,b_2=\frac{\begin{vmatrix}535.5 & 1\ 596\\ 1\ 617 & 4\ 884\end{vmatrix}}{\begin{vmatrix}535.5 & 1\ 617\\ 1\ 617 & 4\ 984\end{vmatrix}}=\frac{34\ 650}{54\ 243}=0.638\ 8,$$

将 $b_1,b_2$ 代入(10.2.6)得

$$b_0=\overline{y}-b_1\overline{x}_1-b_2\overline{x}_2=281.5-1.051\ 5\times175.75-0.638\ 8\times304=-97.494\ 6,$$

所以经验回归方程为

$$\hat{y}=-97.494\ 6+1.051\ 5x_1+0.638\ 8x_2.$$

**例 2**　今年夏季某化妆品公司欲在某新兴城市首次投放一种防晒霜进行销售，根据以往在其他城市的销售记录与经验，该防晒霜的销量主要是由该城市中适合使用该防晒霜的人数及其收入所确定.已知该城市适合使用该防晒霜的人数为 22 万人，这些人的平均每季度收入为 2 500 元，下表是该公司在其他 15 个城市的销售记录：在商业活动中，预测某商品在某地区的投放量对于厂家是十分重要的.若投放量远远大于销量，则造成产品积压以及运输费用的增加等，给厂方造成损失.若投放量过少，同样会影响厂家的经济效益.因此，对商品的投放量作科学的分析是至关重要的.

(1)建立销量 $y$ 关于人数 $x_1$、人均每季度收入 $x_2$ 的回归方程；

(2)当人数为 220、人均每季度收入 2 500 时，对销量进行预测.

| 城　市 | 销售量(箱) | 人数(千人) | 人均每季度收入(元) |
|---|---|---|---|
| 1 | 162 | 274 | 2 450 |
| 2 | 120 | 180 | 3 254 |
| 3 | 223 | 375 | 3 802 |
| 4 | 131 | 205 | 2 838 |
| 5 | 67 | 86 | 2 347 |
| 6 | 169 | 265 | 3 782 |
| 7 | 81 | 98 | 3 008 |
| 8 | 192 | 330 | 2 450 |
| 9 | 116 | 195 | 2 137 |
| 10 | 55 | 53 | 2 560 |
| 11 | 252 | 430 | 4 020 |
| 12 | 232 | 372 | 4 427 |
| 13 | 144 | 236 | 2 660 |
| 14 | 103 | 157 | 2 088 |
| 15 | 212 | 370 | 2 605 |

(1)首先建立回归模型：设 $y=b_0+b_1x_1+b_2x_2+\varepsilon,\varepsilon\sim N(0,\sigma^2)$，因为

$$\boldsymbol{X}=\begin{pmatrix}1 & 274 & 2\ 450\\ 1 & 120 & 3\ 254\\ \vdots & \vdots & \vdots\\ 1 & 370 & 2\ 605\end{pmatrix},\boldsymbol{Y}=\begin{pmatrix}162\\120\\ \vdots\\212\end{pmatrix},\boldsymbol{B}=\begin{pmatrix}b_0\\b_1\\b_2\end{pmatrix}.$$

代入经计算可得,$\hat{\boldsymbol{B}}=\begin{pmatrix}\hat{b}_0\\ \hat{b}_1\\ \hat{b}_2\end{pmatrix}=(\boldsymbol{X}^{\mathrm{T}}\boldsymbol{X})^{-1}\boldsymbol{X}^{\mathrm{T}}\boldsymbol{Y}=\begin{pmatrix}3.452\ 6\\0.496\ 0\\0.009\ 2\end{pmatrix}$,

于是得到回归方程为 $\hat{y}=3.452\ 6+0.496\ 0x_1+0.009\ 2x_2$

将 $x_1=220,x_2=2\ 500$ 代入上式,得关于该城市的防晒霜的销售量预测值为

$$\hat{y}_0=3.452\ 6+0.496\ 0\times 220+0.009\ 2\times 2\ 500=135.573.$$

## 三、回归方程和回归系数的显著性检验

### 1.回归方程的显著性检验

检验多元线性回归方程是否显著,就是检验 $y$ 与 $x_1,x_2,\cdots,x_k$ 中的某些自变量之间是否有较密切的线性相关关系.要检验的原假设为

$$H_0:\beta_1=\beta_2=\cdots=\beta_k=0. \tag{8.4.4}$$

当拒绝假设 $H_0$ 时,称回归方程显著,认为 $y$ 与 $x_1,x_2,\cdots,x_k$ 中的某些变量(并非全部)有较密切的线性相关性;否则,称回归方程不显著,认为 $y$ 与 $x_1,x_2,\cdots,x_k$ 中的任何变量均无密切的线性相关关系.记

$$S_R=\sum_{i=1}^{n}(\hat{y}_i-\overline{y}^2),Q=\sum_{i=1}^{n}(y_i-\hat{y}_i)^2,L_{yy}=\sum_{i=1}^{n}(y_i-\overline{y})^2,$$

并称 $L_{yy}$ 总平方和,$S_R$ 为回归平方和,$Q$ 为剩余平方和,它们所表示的意义与一元回归中基本一致,且有 $L_{yy}=S_R+Q$.可以证明,当假设(8.4.4)成立时,有

$$S_R/\sigma^2\sim\chi^2(k),Q/\sigma^2\sim\chi^2(n-k-1),L_{yy}/\sigma^2\sim\chi^2(n-1),$$

并且 $S_R$ 与 $Q$ 相互独立.选取统计量为

$$F=\frac{S_R/k}{Q/(n-k-1)}\sim F(k,n-k-1),$$

对给定的显著性水平 $\alpha$,查 $F$ 分布表得临界值 $F_\alpha(k,n-k-1)$,若 $F\geqslant F_\alpha(k,n-k-1)$,则拒绝假设 $H_0$,即回归方程显著;否则,接受假设 $H_0$,即回归方程不显著.通常,在计算各平方和时,常采用如下公式

$$L_{yy}=\sum_{i=1}^{n}y_i^2-\frac{1}{n}\left(\sum_{i=1}^{n}y_i\right)^2,S_R=\sum_{i=1}^{p}b_ic_{iy},Q=L_{yy}-S_R.$$

### 2.回归系数的显著性检验

在多元回归模型中,回归方程显著并不意味着每个自变量 $x_i$ 对 $y$ 的影响都重要,需要从回归方程中剔除那些可有可无的变量,重新建立更有效的回归方程,这有利于对 $y$ 的预测预报.类似于一元线性回归中对回归方程的显著性检验,检验 $x_i$ 对 $y$ 的影响是否显

著的统计假设为

$$H_{0i}:\beta_i=0 \quad (1\leqslant i\leqslant k) \tag{8.4.5}$$

设 $D=(d_{ij})_{k\times k}$ 为矩阵 $(c_{ij})_{k\times k}$ 的逆矩阵，可以证明，当假设(8.4.5)成立时，选取检验统计量

$$F_i=\frac{b_j^2/d_{ij}}{Q/(n-k-1)}\sim F(1,n-k-1),$$

对给定的显著性水平 $\alpha$，查 $F$ 分布表得临界值 $F_\alpha(1,n-k-1)$，若 $F_i\geqslant F_\alpha(1,n-k-1)$，则拒绝假设 $H_{0i}$，认为 $x_i$ 是重要的，应保留在回归方程中；若 $F_i<F_\alpha(1,n-k-1)$，则认为变量 $x_i$ 可以从回归方程中剔除.值得注意的是，在对各变量都作一次显著检验后最多剔除一个变量，被剔除的变量是所有不显著变量中 $F$ 值最小者.然后再建立回归方程，并对方程和各变量再进行检验，直到回归方程及各自变量都显著为止.

## 习题 8-4

1.设 $\boldsymbol{Y}=(y_1,y_2,y_3)^{\mathrm{T}}$ 服从线性模型

$$y_i=\beta_0+\beta_1x_i+\beta_2(3x_i^2-2),i=1,2,3,$$

其中 $x_i=-1,x_2=0,x_3=1$，试求出 $\beta_0,\beta_1,\beta_2$ 的最小二乘估计.

2.下面给出了某种产品每件平均单价 $y$ 与批量 $x$ 之间的关系的组数据

| $x$(件) | 20 | 25 | 30 | 35 | 40 | 50 | 60 | 65 | 70 | 75 | 80 | 90 |
|---|---|---|---|---|---|---|---|---|---|---|---|---|
| $y$(元) | 1.81 | 1.70 | 1.65 | 1.55 | 1.48 | 1.40 | 1.30 | 1.26 | 1.24 | 1.21 | 1.20 | 1.18 |

画出散点如右图所示.我们选取模型：

$y=\beta_0+\beta_1x+\beta_2x^2+\varepsilon,\varepsilon\sim N(0,\sigma^2)$ 来拟合它，求回归方程.

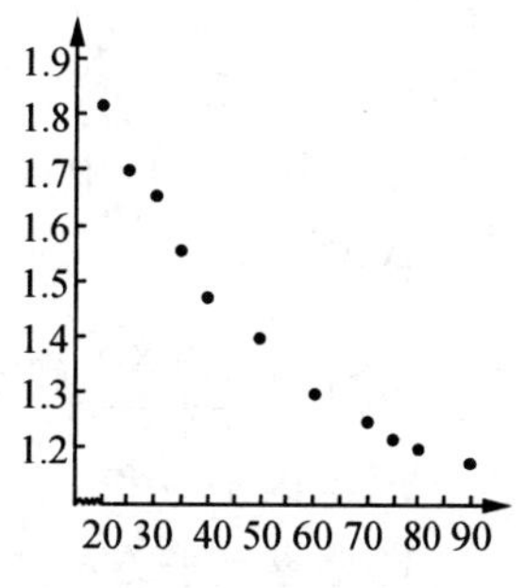


3.某厂生产的圆钢，其屈服点 $y$ 受含碳量 $x_1$ 和含锰量 $x_2$ 的影响，假定 $y$ 与 $x_1,x_2$ 成线性关系，现作了 25 次试验观察，测得如下数据：

| 试验次数 | 含碳量 $x_1$(%) | 含锰量 $x_2$(%) | 屈服点 $y$ |
|---|---|---|---|
| 1 | 16 | 39 | 24 |
| 2 | 18 | 38 | 24.5 |
| 3 | 19 | 39 | 24.5 |
| 4 | 17 | 39 | 24 |
| 5 | 20 | 38 | 25 |
| 6 | 16 | 48 | 24.5 |
| 7 | 16 | 45 | 24 |
| 8 | 15 | 48 | 24 |
| 9 | 19 | 48 | 24.5 |

续表

| 试验次数 | 含碳量 $x_1$(%) | 含锰量 $x_2$(%) | 屈服点 $y$ |
|---|---|---|---|
| 10 | 18 | 48 | 24.5 |
| 11 | 18 | 46 | 24.5 |
| 12 | 17 | 48 | 24.5 |
| 13 | 17 | 49 | 25 |
| 14 | 17 | 46 | 24.5 |
| 15 | 18 | 44 | 24.5 |
| 16 | 18 | 45 | 24.5 |
| 17 | 20 | 48 | 25 |
| 18 | 21 | 48 | 25 |
| 19 | 16 | 55 | 25 |
| 20 | 18 | 55 | 25 |
| 21 | 19 | 56 | 25.5 |
| 22 | 19 | 58 | 26.5 |
| 23 | 21 | 58 | 26.5 |
| 24 | 19 | 49 | 24.5 |
| 25 | 21 | 49 | 26 |

求 $y$ 关于 $x_1,x_2$ 的二元线性回归方程.

# 总习题八

**一、选择题**

1.在方差分析中,(　　)反映的是样本数据与其组平均值的差异.

A.总离差　　B.组间误差　　C.抽样误差　　D.组内误差

2.$S_E=\sum_{i=1}^{m}\sum_{j=1}^{n_i}(X_{ij}-\overline{X}_{i\cdot})$是(　　).

A.组内平方和　　B.组间平方和

C.总离差平方和　　D.因素 $B$ 的离差平方和

3.$S_R=\sum_{i=1}^{m}n_i\cdot(\overline{X}_{i\cdot}-\overline{X})^2$ 是(　　).

A.组内平方和　　B.组间平方和　　C.总离差平方和　　D.总方差

**二、填空题**

1.方差分析的目的是检验因变量 $y$ 与自变量 $x$ 是否________,而实现这个目的的手段是通过________的比较.

2.总变差平方和、组间变差平方和、组内变差平方和三者之间的关系是__________.

3.方差分析中的因变量是________,自变量可以是________,也可以是__________.

4.方差分析是通过对组间均值变异的分析研究判断多个__________是否相等的一种统计方法.

5.在试验设计中,把要考虑的那些可以控制的条件称为________,把因素变化的多个等级状态称为____________.

6.在单因素方差分析中,计算 $F$ 统计量的分子是__________方差,分母是__________方差.

7.在单因素方差分析中,分子的自由度是__________,分母的自由度是__________.

**三、计算题**

1.有三台机器生产规格相同的铝合金薄板,为检验三台机器生产薄板的厚度是否相同,随机从每台机器生产的薄板中各抽取了5个样品,测得结果如下:

单位:mm

| | | | | | |
|---|---|---|---|---|---|
| 机器1 | 0.236 | 0.238 | 0.248 | 0.245 | 0.243 |
| 机器2 | 0.257 | 0.253 | 0.255 | 0.254 | 0.261 |
| 机器3 | 0.258 | 0.264 | 0.259 | 0.267 | 0.262 |

求三台机器生产薄板的厚度是否有显著差异?(取 $\alpha=0.05$)

2..养鸡场要检验四种饲料配方对小鸡增重的影响是否相同,用每一种饲料分别喂养了6只同一品种同时孵出的小鸡,共饲养了8周,每只鸡(单位:g)增重数据如下:

配方 $A$:370　420　450　490　500　450

配方 $B$:490　380　400　390　500　410

配方 $C$:330　340　400　380　470　360

配方 $D$:410　480　400　420　380　410

问四种不同配方的饲料对小鸡增重的影响是否相同?(取 $\alpha=0.05$)

3.下面记录了三位操作工分别在四台不同机器上操作三天的日产量:

单位:件

| 机　器 | 操　作　工 | | | | | | | | |
|---|---|---|---|---|---|---|---|---|---|
| | 甲 | | | 乙 | | | 丙 | | |
| $A_1$ | 15 | 15 | 17 | 17 | 19 | 16 | 16 | 18 | 21 |
| $A_2$ | 17 | 17 | 17 | 15 | 15 | 15 | 19 | 22 | 22 |
| $A_3$ | 15 | 17 | 16 | 18 | 17 | 16 | 18 | 18 | 18 |
| $A_4$ | 18 | 20 | 22 | 15 | 16 | 17 | 17 | 17 | 17 |

试在显著性水平 $\alpha=0.05$ 下检验:

(1)操作工之间有无显著性差异?

(2)机器之间的差异是否显著?

(3)操作工与机器的交互作用是否显著?

4.通过原点的一元线性回归模型是怎样的?通过原点的二元线性回归模型是怎样的?分别写出结构矩阵 $\boldsymbol{X}$,正规方程组的系数矩阵 $\boldsymbol{X}^{\mathrm{T}}\boldsymbol{X}$,常数项矩阵 $\boldsymbol{X}^{\mathrm{T}}\boldsymbol{Y}$,并写出回归系数的最小二乘法估计公式.

5.对不同的元素测量得到的数据见下表:

| 堆　号 | 1 | 2 | 3 | 4 | 5 | 6 |
|---|---|---|---|---|---|---|
| 质量 $p$(t)<br>跨度 $l$(m) | 2 813<br>3.25 | 2 705<br>3.20 | 11 103<br>5.07 | 2 590<br>3.14 | 2 131<br>2.90 | 5 181<br>4.02 |

试求质量对跨度的回归方程,并求出根方差 $\sigma$ 的估计值.

6.某医院用光色比色计检验尿贡时,得尿贡含量与消光系数读数的结果如下:

| 尿贡含量 $x$(mg/L) | 2 | 4 | 6 | 8 | 10 |
|---|---|---|---|---|---|
| 消光系数 $y$ | 64 | 138 | 205 | 285 | 360 |

已知它们之间满足关系式:

$$y_i=\beta_0+\beta_1 x_i+\varepsilon_i, i=1,2,3,4,5,$$

各 $\varepsilon_i$ 相互独立,均服从 $N(0,\sigma^2)$分布,试求 $\beta_0,\beta_1$ 的最小二乘估计,并给出检验假设 $H_0:\beta_1=0$ 的拒绝域.

# 习题参考答案

## 习题 1-1 答案

1.C.　　2.D.　　3.(1)成立；　(2) 不成立；　(3) 不成立；　(4) 成立.

4.(1)$A\overline{B}\overline{C}$；　(2)$ABC$；　(3)$\overline{A}\overline{B}\overline{C}$；　(4)$\overline{ABC}$；

(5)$(A\overline{B}\overline{C})\cup(\overline{A}B\overline{C})\cup(\overline{A}\overline{B}C)$；　(6)$A\cup B\cup C$.

5.(1)$A\cup B=\{1,2,3,5\}$；　(2)$AB=\{1,3\}$；

(3)$\overline{A}=\{2,4,6\}$；　(4)$\overline{B}=\{4,5,6\}$；

(5)$\overline{A\cup B}=\{4,6\}$；　(6)$\overline{AB}=\{2,4,5,6\}$；

(7)$\overline{A}\cup\overline{B}=\{2,4,5,6\}$；　(8)$\overline{A}\overline{B}=\{4,6\}$.

6.(1)$AB\overline{C}$；　(2)$(A\cup B)\overline{C}$；　(3)$(ABC)\cup(\overline{A}\overline{B}\overline{C})$；

(4)$(A\overline{B}\overline{C})\cup(\overline{A}B\overline{C})\cup(\overline{A}\overline{B}C)\cup(\overline{A}\overline{B}\overline{C})$；　(5)$(AB\overline{C})\cup(A\overline{B}C)\cup(\overline{A}BC)$；

(6)$(AB\overline{C})\cup(A\overline{B}C)\cup(\overline{A}BC)\cup(ABC)$；　(7)$\overline{ABC}$.

7.(1)$ABC$ 表示事件 $A,B,C$ 都发生；

(2)$AB\overline{C}$表示 $A,B$ 都发生且 $C$ 不发生；

(3)$AB$ 表示事件 $A$ 与 $B$ 都发生；

(4)$\overline{ABC}$表示 $A,B,C$ 中最多有两个发生.

## 习题 1-2 答案

1.0.6.　　2.0.6.　　3.0.86.　　4.0.3.　　5.0.2.

6.0.3.　　7.$P(B)=1-p$.

8.(1)当 $A\subset B$ 时，$P(AB)$取到最大值 0.6；

(2)当 $P(A\cup B)=1$ 时，$P(AB)$取到最小值 0.3.

## 习题 1-3 答案

1.$\frac{17}{24}$.　　2.$\frac{23}{35}$.　　3.(1)$\frac{15}{28}$；　(2)$\frac{9}{14}$.

4.$\frac{1}{27}$；　$\frac{8}{27}$；　$\frac{2}{9}$；　$\frac{8}{9}$.　　5.$\frac{8}{15}$.　　6. (1)0.25；　(2)0.375.

7.$\frac{7}{9}$.　　8.(1)$\frac{1}{6}$；　(2)$\frac{1}{2}$；　(3)$\frac{1}{3}$；　(4)$\frac{1}{5}$.

9.(1)$\frac{7}{15}$；　(2)$\frac{14}{15}$.

## 习题 1-4 答案

1.(1)$\frac{3}{20}$； (2)$\frac{1}{2}$； (3)$\frac{1}{20}$； (4)$\frac{1}{10}$.

2.(1)$\frac{7}{10}$； (2)$\frac{2}{3}$； (3)$\frac{7}{15}$.　 3.0.6.

4.0.5.　 5.$\frac{1}{5}$.

## 习题 1-5 答案

1. (1)$\frac{3}{5}$； (2)0.6.　 2.0.455.　 3.0.027.

4. 0.575.　 5. (1)0.155； (2)0.9.

6. (1)0.021；
(2)0.24,0.286,0.474,若该产品是次品,则此次品是丙厂产品的可能性最大.

7. (1)$\frac{13}{30}$； (2)$\frac{9}{13}$,$\frac{4}{13}$.　 8. (1)0.2； (2)0.4.

9. (1)$\frac{1}{6}$； (2)$\frac{1}{3}$.　 10.$\frac{331}{360}$.

## 习题 1-6 答案

1. 0.6.　 2.0.95,0.05.

3. (1)0.153 6； (2)0.998 4.

4. (1)0.590 49； (2)0.918 54.　 5.至少 4 次.

## 总习题一答案

1.$AB=\overline{A}\cdot\overline{B}\Leftrightarrow AB=\overline{A\cup B}$,
所以 $\Omega=AB\cup(A\cup B)=A\cup B$,$\varnothing=AB(A\cup B)=AB$.

2.$P[(\overline{A}\cup B)(A\cup B)(A\cup\overline{B})(\overline{A}\cup\overline{B})]=P(B\overline{B})=P(\varnothing)=0$.

3. $P(\overline{A}\overline{B}\overline{C})=P(\overline{A\cup B\cup C})=1-P(A\cup B\cup C)$
$=1-P(A)-P(B)-P(C)+P(AB)+P(AC)+P(BC)-P(ABC)$
$=1-\frac{3}{4}+\frac{1}{8}=\frac{3}{8}$.

4.D.　 5.C.　 6.C.　 7.A.　 8.C.　 9.D.

10.0.8.

11.考虑逆事件求解.$P(A)=1-P(\overline{A})=1-\frac{C_5^4C_2^1C_2^1C_2^1}{C_{10}^4}=\frac{13}{21}$.

12.甲获胜的预期概率为

$$P(A_4+\overline{A_4}A_5)=P(A_4)+P(\overline{A_4})P(A_5)=\frac{1}{2}+\frac{1}{2}\times\frac{1}{2}=\frac{3}{4}.$$

于是,甲应分得 1 000 元奖金中的$\frac{3}{4}\times 1\ 000=750$ 元,乙分得 250 元.

13.(1)0.018; (2)0.999.

14.$P(\overline{A_1}\cdot\overline{A_2}\cdot A_3)=P(\overline{A_1})P(\overline{A_2}|\overline{A_1})P(A_3|\overline{A_1}\cdot\overline{A_2})=\frac{C_{18}^1}{C_{20}^1}\times\frac{C_{17}^1}{C_{19}^1}\times\frac{C_2^1}{C_{18}^1}=0.089$.

15.略.提示:3 个人抽到难签的概率均为 0.4.

16.0.999 3. 17.0.458.

18.设事件 $A_i,B_i,C_i$ 分别表示第一、二、三次比赛时取到 $i$ 个新球($i=0,1,2,3$).

(1)由全概率公式,$P(C_3)=\sum\limits_{i=0}^{3}P(B_i)P(C_3|B_i)$.

其中:$P(B_i)=\frac{C_9^iC_3^{3-i}}{C_{12}^3}(i=0,1,2,3)$,$P(C_3|B_i)=\frac{C_{9-i}^3}{C_{12}^3}(i=0,1,2,3)$.

故 $P(C_3)=\sum\limits_{i=0}^{3}P(B_i)P(C_3|B_i)=\sum\limits_{i=0}^{3}\frac{C_9^iC_3^{3-i}}{C_{12}^3}\cdot\frac{C_{9-i}^3}{C_{12}^3}\approx 0.146$.

(2)由贝叶斯公式,

$P(B_0|C_3)=\frac{P(C_3|B_0)P(B_0)}{P(C_3)}=\frac{84}{7\ 056}$; $P(B_1|C_3)=\frac{P(C_3|B_1)P(B_1)}{P(C_3)}=\frac{1\ 512}{7\ 056}$;

$P(B_2|C_3)=\frac{P(C_3|B_2)P(B_2)}{P(C_3)}=\frac{3\ 780}{7\ 056}$; $P(B_3|C_3)=\frac{P(C_3|B_3)P(B_3)}{P(C_3)}=\frac{1\ 680}{7\ 056}$.

故在第三次取到的三个球都是新球的条件下,第二次取到两个新球的概率最大.

19.$P(A|B)=\frac{P(AB)}{P(B)}=\frac{P(A)P(B|A)}{P(B)}=\frac{196}{197}$.

## 习题 2-1 答案

1.略.

2.$\{0.15X<100\}$.

## 习题 2-2 答案

1.16/15.

2.

| $X$ | 3 | 4 | 5 |
|---|---|---|---|
| $P$ | $\frac{1}{10}$ | $\frac{3}{10}$ | $\frac{3}{5}$ |

3. 3.

4. $\frac{1}{3}$.

5. 0.3.

6. (1)0.3; (2) 0.5; (3) 0.5; (4) 0.

7.$X$ 的分布为

| $X$ | 0 | 1 | 2 | 3 |
| --- | --- | --- | --- | --- |
| $P$ | $\frac{7}{10}$ | $\frac{7}{30}$ | $\frac{7}{120}$ | $\frac{1}{120}$ |

8.0.988 5.

9.(1)0.959 6；(2)0.616 0.

10.(1)$P\{X=0\}=e^{-1}$；(2) $P\{X\geqslant 1\}=1-P\{X<1\}=1-P\{X=0\}=1-e^{-2}$.

11.9 件.

## 习题 2-3 答案

1.(1)不是；(2)不是；(3)是.

2.(1)1；(2)$\frac{1}{4}$；(3)$\frac{8}{9}$.

3.(1)

| $X$ | 2 | 4 | 6 |
| --- | --- | --- | --- |
| $P$ | 0.2 | 0.3 | 0.5 |

(2)0.5.

4.$F(X)=\begin{cases}0, & x<-1,\\ 0.2, & -1\leqslant x<0,\\ 0.3, & 0\leqslant x<1,\\ 0.6, & 1\leqslant x<2,\\ 1, & x\geqslant 2.\end{cases}$

5.$a=1,b=-1$.

6.(1)$a=\frac{1}{2},b=\frac{1}{\pi}$；(2)$\frac{1}{2}$.

## 习题 2-4 答案

1.$\frac{1}{2}$.

2.(1)$c=\frac{1}{\pi}$；(2)$\frac{2}{3}$.

3.(1)$\frac{2}{3}$；(2)$\frac{8}{27}$；(3)$\frac{80}{81}$.

4.$e^{-1}$

5.(1)0.983 0；(2)0.591 0；(3)0.562 3.

6.1.96.

7.0.341 3.

8.1.

9.0.954 4.

10.(1)0.841 3； (2)0.595 5； (3)0.996.

11.0.6.

## 习题 2-5 答案

1.(1)

| $X$ | $-1$ | 0 | 1 | 8 |
|---|---|---|---|---|
| $P$ | 0.2 | 0.1 | 0.3 | 0.4 |

(2)

| $Z$ | 0 | 1 | 4 |
|---|---|---|---|
| $P$ | 0.1 | 0.5 | 0.4 |

2.

| $X$ | $-1$ | 1 |
|---|---|---|
| $P$ | 0.2 | 0.8 |

3.(1)$a=0.1$；

(2)

| $Y$ | $-1$ | 0 | 3 | 8 |
|---|---|---|---|---|
| $p_i$ | 0.3 | 0.2 | 0.3 | 0.2 |

4.0.72.

5. $f_Y(y)=\begin{cases}\dfrac{2}{\pi}\dfrac{1}{\sqrt{1-y^2}}, & 0<y<1, \\ 0, & 其他.\end{cases}$

6. $f_Y(y)=\begin{cases}\dfrac{y-8}{8}, & 8<y<12, \\ 0, & 其他.\end{cases}$

7. $f_Y(y)=\begin{cases}\dfrac{1}{y}, & 1<y<\mathrm{e}, \\ 0, & 其他.\end{cases}$

## 总习题二答案

1.(1)$\mathrm{e}^{-3/2}$； (2)$1-\mathrm{e}^{-5/2}$. 2.10. 3.$P\{X=2\}=C_3^2(0.05)^2(0.95)=0.007\ 125$.

4. $F(x)=\begin{cases}0, & x<0, \\ 1/3, & 0\leqslant x<1, \\ 1/2, & 1\leqslant x<2, \\ 1, & x\geqslant 2.\end{cases}$ 5.(1)$F(x)=\begin{cases}0, & x<-1, \\ 1/4, & -1\leqslant x<2, \\ 3/4, & 2\leqslant x<4, \\ 1, & x\geqslant 4;\end{cases}$

(2)$P\{X\leqslant 1/2\}=1/4$； (3)$P\{3/2<X\leqslant 5/2\}=1/2$； (4)$P\{2\leqslant X\leqslant 3\}=1/2$.

6.(1)

| $X$ | $-1$ | 1 | 3 |
|---|---|---|---|
| $p_i$ | 0.4 | 0.4 | 0.2 |

(2)$\dfrac{2}{3}$.

7.

| Y | 0 | 1 | 4 |
|---|---|---|---|
| $p_i$ | 0.1 | 0.7 | 0.2 |

8.(1)0.25；　(2)0 ；　(3)$F(x)=\begin{cases}0, & x<0,\\ x^2, & 0\leqslant x<1,\\ 1, & x\geqslant 1.\end{cases}$

9.(1)$A=1,B=-1$；　(2)$P\{-1<X<1\}=1-e^{-2}$；

(3)$f(x)=\begin{cases}2e^{-2x}, & x>0,\\ 0, & x\leqslant 0.\end{cases}$

10.4 077.

11.$P\{Y=k\}=C_5^k(e^{-2})^k(1-e^{-2})^{5-k}(k=0,1,2,4,5)$，　$P\{Y\geqslant 1\}\approx 0.516\ 7$.

12.$e^{-1}$.

## 习题 3-1 答案

1.0.6,0.25,0.45,0.25,0.45.

2.(1)

| X \ Y | 0 | 1 |
|---|---|---|
| 0 | $\frac{16}{25}$ | $\frac{4}{25}$ |
| 1 | $\frac{4}{25}$ | $\frac{1}{25}$ |

| X | 0 | 1 |
|---|---|---|
| P | $\frac{4}{5}$ | $\frac{1}{5}$ |

| Y | 0 | 1 |
|---|---|---|
| P | $\frac{4}{5}$ | $\frac{1}{5}$ |

(2)

| X \ Y | 0 | 1 |
|---|---|---|
| 0 | $\frac{28}{45}$ | $\frac{8}{45}$ |
| 1 | $\frac{8}{45}$ | $\frac{1}{45}$ |

| X | 0 | 1 |
|---|---|---|
| P | $\frac{4}{5}$ | $\frac{1}{5}$ |

| Y | 0 | 1 |
|---|---|---|
| P | $\frac{4}{5}$ | $\frac{1}{5}$ |

3.

| X \ Y | 1 | 2 |
|---|---|---|
| −1 | $\frac{1}{6}$ | $\frac{1}{3}$ |
| 1 | $\frac{1}{12}$ | $\frac{5}{12}$ |

| X | −1 | 1 |
|---|---|---|
| P | $\frac{1}{2}$ | $\frac{1}{2}$ |

| Y | 1 | 2 |
|---|---|---|
| P | $\frac{1}{4}$ | $\frac{3}{4}$ |

4.(1)2；　(2)$F(x)=\begin{cases}(1-e^{-x})(1-e^{-2y}), & x>0y>0,\\ 0, & \text{其他}；\end{cases}$　(3)$(1-e^{-1})(1-e^{-4})$.

5. $f(x,y)=\begin{cases}15e^{-(3x+5y)}, & x\geqslant 0, y\geqslant 0,\\ 0, & \text{其他}.\end{cases}$

6. $f_X(x)=\begin{cases}\dfrac{3}{2}-x, & 0\leqslant x\leqslant 1,\\ 0, & \text{其他}.\end{cases}$ $f_Y(y)=\begin{cases}\dfrac{3}{2}-y, & 0\leqslant y\leqslant 1,\\ 0, & \text{其他}.\end{cases}$

7. $f_X(x)=\begin{cases}4x(1-x^2), & 0\leqslant x\leqslant 1,\\ 0, & \text{其他}.\end{cases}$ $f_Y(y)=\begin{cases}4y^3, & 0\leqslant y\leqslant 1,\\ 0, & \text{其他}.\end{cases}$

8. $\dfrac{1}{2}$.

9. (1) $\dfrac{1}{8}$； (2) $\dfrac{3}{8}$； (3) $\dfrac{27}{32}$； (4) $\dfrac{2}{3}$.

10. $f(x,y)=\begin{cases}6, 0\leqslant x\leqslant 1, & x^2\leqslant y\leqslant x,\\ 0, & \text{其他}.\end{cases}$ $f_X(x)=\begin{cases}6(x-x^2), & 0\leqslant x\leqslant 1,\\ 0, & \text{其他}.\end{cases}$

$f_Y(y)=\begin{cases}6(\sqrt{y}-y), & 0\leqslant y\leqslant 1,\\ 0, & \text{其他}.\end{cases}$

## 习题 3-2 答案

1.

| X \ Y | −1 | 1 | 2 |
|---|---|---|---|
| 0 | 0.06 | 0.06 | 0.18 |
| 1 | 0.14 | 0.14 | 0.42 |

2. (1)

| X | 0 | 1 |
|---|---|---|
| P | 0.5 | 0.5 |

| Y | 0 | 1 |
|---|---|---|
| P | 0.35 | 0.65 |

(2) 不独立； (3) $\dfrac{2}{5},\dfrac{3}{7}$.

3. $p=0.09, q=0.14$.

4. 相互独立.

5. (1) $f_X(x)=\begin{cases}3x^2, & 0\leqslant x\leqslant 1,\\ 0, & \text{其他}.\end{cases}$ $f_Y(y)=\begin{cases}\dfrac{3}{2}(1-y^2), & 0\leqslant y\leqslant 1,\\ 0, & \text{其他}.\end{cases}$

(2) $f_{X|Y}(x|y)=\begin{cases}\dfrac{2x}{1-y^2}, & y<x<1,\\ 0, & \text{其他}.\end{cases}$ $f_{Y/X}(y|x)=\begin{cases}\dfrac{1}{x}, 0<y<x,\\ 0, \text{其他}.\end{cases}$

6. 略.

7.$\frac{1}{3}$.

8.(1)$f(x,y)=\begin{cases}\frac{1}{2}e^{-\frac{y}{2}}, & 0\leqslant x\leqslant 1, y>0\\ 0, & \text{其他};\end{cases}$　(2)$2-2e^{-\frac{1}{2}}$；　(3)0.143 3.

## 习题 3-3 答案

1.(1)

| $Z=X+Y$ | $-1$ | 0 | 1 | 2 | 3 |
|---|---|---|---|---|---|
| $P$ | 0.2 | 0.1 | 0.05 | 0.45 | 0.2 |

(2)

| $Z=XY$ | $-1$ | 0 | 1 | 2 |
|---|---|---|---|---|
| $P$ | 0.1 | 0.35 | 0.35 | 0.2 |

(3)

| $Z=X-Y$ | 1 | $-1$ | $-2$ | 2 | 0 |
|---|---|---|---|---|---|
| $P$ | 0.2 | 0.25 | 0.1 | 0.1 | 0.35 |

(4)

| $Z=\max\{X,Y\}$ | 0 | 1 | 2 |
|---|---|---|---|
| $P$ | 0.2 | 0.5 | 0.3 |

2.(1)

| $X$ \ $Y$ | $-1$ | 1 | 2 |
|---|---|---|---|
| 0 | 0.06 | 0.06 | 0.18 |
| 1 | 0.14 | 0.14 | 0.42 |

(2)

| $Z=X+Y$ | $-1$ | 0 | 1 | 2 | 3 |
|---|---|---|---|---|---|
| $P$ | 0.06 | 0.14 | 0.06 | 0.32 | 0.42 |

(3)

| $Z=XY$ | $-1$ | 0 | 1 | 2 |
|---|---|---|---|---|
| $P$ | 0.14 | 0.3 | 0.14 | 0.42 |

3.$X+2Y+3Z\sim N(5,17)$.

4.$f_Z(z)=\begin{cases}z, & 0\leqslant z\leqslant 1,\\ 2-z, & 1<z<2,\\ 0, & \text{其他}.\end{cases}$　5.$f_Z(z)=\begin{cases}0, & z\leqslant 0,\\ 1-e^{-z}, & 0<z\leqslant 1,\\ e^{1-z}-e^{-z}, & \text{其他}.\end{cases}$

6.$f_Z(z)=\begin{cases}(\alpha+\beta)e^{-(\alpha+\beta)z}, & z>0,\\ 0, & \text{其他}.\end{cases}$

## 总习题三答案

一、选择题

1.A.　2.A.　3.C.　4.B.　5.C.　6.D.　7.D.　8.B.　9.A.　10.B.

二、填空题

1.$N(1,14)$.　2.$\frac{1}{6}$.　3.$\frac{1}{2}$.　4.$\frac{1}{4}$.　5.$\frac{1}{4}$.　6.$\frac{1}{\sqrt{2\pi}\sigma_1}e^{-\frac{(x-\mu_1)^2}{2\sigma_1^2}}$.

7.

| $Z$ | 0 | 1 |
|---|---|---|
| $P$ | $\frac{1}{4}$ | $\frac{3}{4}$ |

8.$1-e^{-1}$.　9.$\frac{1}{2}$.　10.$\begin{cases}e^{-y}, & y>0,\\ 0, & \text{其他}.\end{cases}$

三、计算题

1.(1)

| $X$ | 0 | 1 |
|---|---|---|
| $P$ | $\frac{7}{12}$ | $\frac{5}{12}$ |

| $Y$ | 0 | 1 |
|---|---|---|
| $P$ | $\frac{7}{12}$ | $\frac{5}{12}$ |

(2) 不独立；　(3)$\frac{1}{2}$.

2.(1)独立.

| $X$ \ $Y$ | 0 | 1 |
|---|---|---|
| 0 | $\frac{10}{12}\cdot\frac{10}{12}$ | $\frac{2}{12}\cdot\frac{10}{12}$ |
| 1 | $\frac{10}{12}\cdot\frac{2}{12}$ | $\frac{2}{12}\cdot\frac{2}{12}$ |

| $X$ | $-1$ | 1 |
|---|---|---|
| $P$ | $\frac{10}{12}$ | $\frac{2}{12}$ |

| $Y$ | 1 | 2 |
|---|---|---|
| $P$ | $\frac{10}{12}$ | $\frac{2}{12}$ |

(2)不独立.

| $X$ \ $Y$ | 0 | 1 |
|---|---|---|
| 0 | $\frac{10}{12}\cdot\frac{9}{12}$ | $\frac{10}{12}\cdot\frac{2}{11}$ |
| 1 | $\frac{2}{12}\cdot\frac{10}{11}$ | $\frac{2}{12}\cdot\frac{1}{11}$ |

| $X$ | $-1$ | 1 |
|---|---|---|
| $P$ | $\frac{10}{12}$ | $\frac{2}{12}$ |

| $Y$ | 1 | 2 |
|---|---|---|
| $P$ | $\frac{10}{12}$ | $\frac{2}{12}$ |

3.(1)独立；　(2)$e^{-2.4}$.

4.(1) $f_\xi(x)=\begin{cases}2x^2+\dfrac{2}{3}x, & 0\leqslant x\leqslant 1,\\ 0, & 其他.\end{cases}$ $f_\eta(y)=\begin{cases}\dfrac{y}{6}+\dfrac{1}{3}, & 0\leqslant y\leqslant 2,\\ 0, & 其他.\end{cases}$

(2) $\frac{17}{24}$, $\frac{1}{72}$.

5.(1)

| $X\|Y=1$ | 0 | 1 | 2 |
|---|---|---|---|
| $P$ | $\frac{3}{11}$ | $\frac{8}{11}$ | 0 |

| $Y\|X=2$ | 0 | 1 | 2 |
|---|---|---|---|
| $P$ | $\frac{4}{7}$ | 0 | $\frac{3}{7}$ |

(2)

| $Z=X+Y$ | 0 | 1 | 2 | 3 | 4 |
|---|---|---|---|---|---|
| $P$ | $\frac{1}{4}$ | $\frac{7}{24}$ | $\frac{1}{3}$ | 0 | $\frac{1}{8}$ |

| $Z=X-Y$ | 0 | $-1$ | $-2$ | 1 | 2 |
|---|---|---|---|---|---|
| $P$ | $\frac{17}{24}$ | $\frac{1}{8}$ | 0 | 0 | $\frac{1}{6}$ |

| $Z=XY$ | 0 | 1 | 2 | 4 |
|---|---|---|---|---|
| $P$ | $\frac{15}{24}$ | $\frac{1}{3}$ | 0 | $\frac{1}{8}$ |

6.(1) $c=2$; (2) $f_X(x)=\begin{cases}2e^{-2x}, & x>0,\\ 0, & 其他.\end{cases}$ $f_Y(y)=\begin{cases}e^{-y}, & y>0,\\ 0, & 其他.\end{cases}$

(3) $f_{X|Y}(x|y)=\begin{cases}2e^{-2x}, & x>0,y>0\\ 0, & 其他.\end{cases}$ (4) $\frac{1}{3}$; (5) $1-e^{-4}$.

7.(1) $\frac{1}{4}$; (2) $\frac{7}{8}$; (3) $\frac{1}{4}$; (4) $\frac{2}{3}$; (5) 0; (6) $\frac{1}{4}$.

8.略.提示 $f_\xi(x)=\frac{1}{\sqrt{2\pi}}e^{-\frac{x^2}{2}},-\infty<x<+\infty$. $f_\eta(y)=\frac{1}{\sqrt{2\pi}}e^{-\frac{y^2}{2}},-\infty<y<+\infty$.

9.(1)不独立; (2) $f_Z(z)=\begin{cases}\dfrac{1}{2}z^2e^{-z}, & z>0,\\ 0, & 其他.\end{cases}$

10.(1) $f_{\zeta_1}(x)=\frac{1}{6\sqrt{2\pi}}e^{-\frac{(x-7)2}{72}},-\infty<x<+\infty$;

(2) $f_{\zeta_2}(x)=\frac{1}{\sqrt{26\pi}}e^{-\frac{(x-3)2}{26}},-\infty<x<+\infty$;

(3) $f_{\zeta_3}(x)=\frac{1}{12\sqrt{\pi}}e^{-\frac{(x-1)2}{144}},-\infty<x<+\infty$;

11. $F_T(t)=\begin{cases}1-e^{-3\lambda t}, & t>0,\\ 0, & t\leqslant 0.\end{cases}$

12. $f(y)=\begin{cases}\frac{ny}{4}e^{-\frac{y^2}{8}}(1-e^{-\frac{y^2}{8}})^{n-1}, & y>0,\\ 0, & y\leqslant 0.\end{cases}$ $P\{\eta>4\}=1-(1-e^{-2})^n$.

## 习题 4-1 答案

1. $-0.2, 2.8, 13.4$.  2. $0.9, 1.6, 3.4, -1.8, 1.4$.  3. $\frac{n+1}{2}k$.  4. $\mu$.  5. $33.64$.

6. (1) $\frac{2}{3}$; (2) 0.  7. $a=\frac{1}{2}, b=\frac{2}{\pi}, E(X)=0$.  8. $k=3, a=2$.  9. (1) 3; (2) 1/3.

10. $\frac{1}{2}, \frac{3}{2}, \frac{1}{2}$.  11. $\frac{4}{5}, \frac{3}{5}, \frac{1}{2}, \frac{16}{15}$.  12. $2, \frac{1}{3}, \frac{1}{6}$.

## 习题 4-2 答案

1. 0.45, 1.025, 0.822 5.  2. $\frac{5}{12}, \frac{27}{16}, -\frac{1}{12}, \frac{227}{36}$.  3. 1.2, 0.36.  4. $\frac{67}{64}$.

5. $a=12, b=-12, c=3$.  6. $N\left(\mu, \frac{\sigma^2}{n}\right)$.  7. $N\left(\sum_{i=1}^{n}(a_i\mu_i+b_i), \sum_{i=1}^{n}a_i^2\sigma_i^2\right)$.

8. $\frac{3}{4}, \frac{1}{2}, \frac{1}{20}$.  9. $\frac{1}{6}$.

## 习题 4-3 答案

1. 34.  2. $0.9, 0.24, -0.04, -\frac{2}{3\sqrt{26}}, 0.85$.  3. $\frac{3}{4}, \frac{3}{8}, \frac{3}{80}, \frac{19}{320}$.  4. 0, 0, 3.

5. 13.57, 63.48.

## 习题 4-4 答案

1. $\leqslant 0.444\ 4$.  2. $\geqslant 0.975$.  3. $\leqslant 0.111\ 1$.  4. $\geqslant 0.975$.  5. 0.927.
6. 0.046 5.  7. 0.815 9.  8. 69.  9. 0.952 5.  10. 0.006 2.

## 总习题四答案

一、选择题

1. B.  2. C.  3. B.  4. D.  5. B.  6. A.  7. C.  8. B.  9. B.  10. B.

二、填空题

1. 0.  2. 3.  3. $e^{-1}$.  4. 13.  5. 6.  6. 8.  7. 2.  8. 6.  9. 1.

10. $\frac{5}{9}$.  11. $\frac{1}{4}$.  12. 0.006 2.

三、计算题

1. (1) $\frac{3}{2}$, 3, 3, 3, 3; (2) 0, 0, $\frac{3}{2}$, 4.  2. $\frac{1}{2}, \frac{2}{5}$.  3. $\frac{2}{3}$, 0, 0.

4.(1)$\frac{1}{2},\frac{1}{4}$； (2)$f_Y(y)=\begin{cases}e^{-(y+1)}, & y>-1,\\ 0, & y\leqslant -1.\end{cases}$

5.(1)$0,\frac{3}{5}$； (2)1.

6. (1)$\frac{1}{5},\frac{2}{15}$； (2)$\frac{1}{3},\frac{1}{9}$； (3)$\frac{19}{150},\frac{177}{2\ 700},\frac{57}{645},\frac{76}{\sqrt{9\ 363}}$； (4)$\frac{13}{36}$； (5)$\frac{1}{24}$；

7.$\frac{1}{4}$. 8. (1)$\geqslant 0.881\ 5$； (2)$\leqslant 0.118\ 75$. 9.0.682 6.

10.141 kW. 11.37.

## 习题 5-1 答案

1.$P\{X_1=i_1,X_2=i_2,\cdots,X_n=i_n\}=\prod\limits_{k=1}^{n}P\{X=i_k\}=\prod\limits_{k=1}^{n}\frac{\lambda^{i_k}}{i_k!}e^{-\lambda}=\frac{\lambda^{s_n}}{i_1!\ \cdot i_2!\ \cdots i_n!}$ $e^{-n\lambda}$,其中 $i_k(1\leqslant k\leqslant n)$取非负整数，而 $s_n=i_1+i_2+\cdots+i_n$.

2. $f(x_1,x_2,\cdots,x_n)=\begin{cases}\lambda^n e^{-\lambda\sum\limits_{i=1}^{n}x_i}, & x_i>0(i=1,2,\cdots,n),\\ 0, & \text{其他}.\end{cases}$

3. $F_{10}(x)=\begin{cases}0, & x<148,\\ 1/10, & 148\leqslant x<151,\\ 2/10, & 151\leqslant x<154,\\ 3/10, & 154\leqslant x<160,\\ 4/10, & 160\leqslant x<168,\\ 6/10, & 168\leqslant x<170,\\ 8/10, & 170\leqslant x<173,\\ 1, & 173\leqslant x.\end{cases}$

4.(3)不是统计量,其余是统计量.

5.$\overline{x}=99.4,s^2=133.936\ 8,s=11.573\ 1$.

6.(1)根据题意可列出频率分布表：

| 分组 | [140,145) | [145,150) | [150,155) | [155,160) | [160,165) | [165,170) | [170,175) | [175,180) |
|---|---|---|---|---|---|---|---|---|
| 频数 | 1 | 2 | 5 | 9 | 13 | 6 | 3 | 1 |
| 频率 | 0.025 | 0.050 | 0.125 | 0.225 | 0.325 | 0.15 | 0.075 | 0.025 |

(2)频率分布直方图如下：

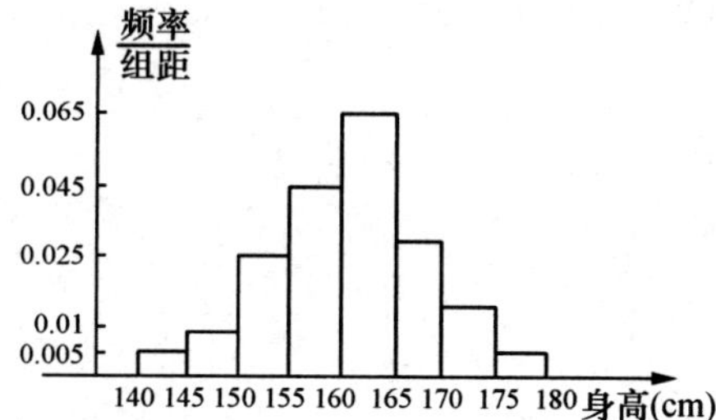


(3)数据落在[150,170]范围内的概率约为0.825.

7.略.

8. $F_{x(1)}(x)=1-[1-F(x)]^n$；$f_{x(1)}(x)=n[1-F(x)]^{n-1}f(x)$；

$F_{x(n)}(x)=[F(x)]^n$；$f_{x(n)}(x)=n[F(x)]^{n-1}f(x)$.

9.0.3,0.291$(n-1)/n$.

10.0.829 3.

11.(1)0.262 8； (2)0.292 3； (3)0.578 5.

12.(1) $P\{X_1=i_1,X_2=i_2,\cdots,X_n=i_n\}\overset{独立}{=\!=\!=}\prod\limits_{k=1}^{n}P\{X_k=i_k\}=\prod\limits_{k=1}^{n}P^{i_k}(1-P)^{1-i_k}$

$=P^{\sum\limits_{k=1}^{n}i_k}(1-P)^{n-\prod\limits_{k=1}^{n}i_k}$，$i_k=0$ 或 $1,k=1,\cdots,n$；

(2) $\sum\limits_{i=1}^{n}X_i\sim B(n,p)$；

(3)$p,\dfrac{p}{n},p(1-p)$.

13. D.

## 习题 5-2 答案

1.$F(5,n-5)$.

2.0.1.

3.(1)$\sqrt{3}/2\sqrt{2}$； (2)$F(1,1)$.

4.$E(\overline{X})=\lambda,D(\overline{X})=\dfrac{\lambda}{n},E(S^2)=\lambda$.

5.$\sigma^2+\mu^2$.

## 习题 5-3 答案

1.(1)$E(\overline{X})21,D(\overline{X})=\dfrac{2^2}{25}=0.4^2$； (2)0.451 4.

2.5.43.

3.A.

4.26.105.

5.(1)$f(x_1,\cdots,x_{10})=(2\pi)^{-5}\sigma^{10}e^{-\frac{\sum\limits_{i=1}^{10}(x_i-\mu)^2}{2\sigma^2}}$;

(2)$f_{\overline{X}}(z)=\dfrac{1}{\sqrt{2\pi}\cdot\dfrac{\sigma}{\sqrt{n}}}e^{-\frac{n(z-\mu)^2}{2\sigma^2}}$.

6.0.75,0.75.

7.0.99.

8.$t(n-1)$.

9.0.674 4.

## 总习题五答案

1.1.57;0.064 6,0.254.

2.$t$,9.

3.$\frac{1}{20}$,$\frac{1}{100}$,2.

4.$F$,(10, 5).

5.$\frac{1}{2}$.

6.C.

7.B.

8.C.

9.D.

10.C.

11.35.

12.略.

13.$\sigma^2$.

14.(1)$1-\frac{1}{n}$; (2)$-\frac{1}{n}$.

15.$2(n-1)\sigma^2$.

## 习题 6-1 答案

1.$\hat{\theta}=\overline{X}$ 与 $\hat{\theta}=\overline{x}=172.7$ 分别为 $\theta$ 的估计量与估计值.

2.B.

3.(1)$E(\hat{\sigma}^2)=\frac{1}{n}\sum\limits_{i=1}^{n}E(X_i^2)=\frac{1}{n}D(X_i)=\frac{1}{n}n\sigma^2=\sigma^2$,故 $\hat{\sigma}^2$ 是 $\sigma^2$ 的无偏估计;

(2)$D(\hat{\sigma}^2)=\frac{2\sigma^4}{n}$.

4.$k=\frac{\sqrt{\pi}}{2n(n-1)}$.

5.$a=2, b=\frac{n+1}{n}$;$\hat{\theta}_2$ 比 $\hat{\theta}_1$ 更有效.

## 习题 6-2 答案

1.$\hat{\mu}=\overline{X}=74.002, \hat{\sigma}^2=\frac{1}{n}\sum_{i=1}^{n}(X_i-\overline{x})^2=6\times10^{-6}, S^2=6.86\times10^{-6}$.

2.$\hat{\lambda}=\overline{X}$ 为矩估计量;$\hat{\lambda}=\overline{X}$ 也为最大似然估计量.

3.0.499.

4.$\hat{\alpha}=\frac{2\overline{X}-1}{1-\overline{X}}$.

5.(1)$\hat{\sigma}^2=\frac{1}{n}\sum_{i=1}^{n}(X_i-\mu_0)^2$;

(2)$E(\hat{\sigma}^2)=\sigma^2, D(\hat{\sigma}^2)=\frac{2\sigma^4}{n}$.

## 习题 6-3 答案

1.0.966.

2.(0.50,0.69).

3.置信下限 $\overline{X}-\frac{S}{\sqrt{n}}t_\alpha(n-1)$,置信上限 $\overline{X}+\frac{S}{\sqrt{n}}t_\alpha(n-1)$.

## 习题 6-4 答案

1.(234.9, 241.1).

2.(38.679 2, 43.820 8).

3.(77.6,82.4).

4.1.96.

5.(500.4,507.1).

6.(181.89,190.11);(9.74,15.80).

7.(14.754,15.146).

8.(1)(1.377,1.439);(2)(1.346,1.454).

9.(1)(0.001 3,0.005 8);(2)(0.036,0.076).

10.(1)(68.11,85.089);(2)(190.33,702.01).

11.(−6.04,−5.96).

12.(−0.40,2.60).

13.(9.23,50.77).

14.[0.221 7,3.600 8].

15.10.65;5.598.

# 总习题六答案

1.(4.804，5.196).

2.(4.412，5.588).

3.$\overline{X}-1$.

4.(39.51，40.49).

5.C.

6.C.

7.(1)$e^{u+\frac{1}{2}}$；(2)$(-1.96,1.96)$；(3)$(e^{-1.46},e^{2.46})$.

8.$\hat{\lambda}=\dfrac{n}{\sum\limits_{i=1}^{n}x_i^{\alpha}}$.

9.$\hat{\theta}_{矩}=\dfrac{2\overline{X}-1}{1-\overline{X}},\hat{\theta}_{\max}=-1-\dfrac{n}{\ln(x_1\cdots x_n)}$.

10.(1)$\hat{\theta}=2\overline{X}$；　(2)$D(\hat{\theta})=\dfrac{\theta^2}{5n}$.

11.$\hat{\theta}=\min\limits_{1\leqslant i\leqslant n}x_i$.

12.$\hat{\theta}_{矩}=\dfrac{1}{4},\hat{\theta}_{\max}=\dfrac{7-\sqrt{13}}{12}$.

13.(1)$F(x)=\begin{cases}0, & x<\theta,\\ 1-e^{-2(x-G)}, & x\geqslant\theta;\end{cases}$　　(2)$f_{\hat{\theta}}(x)=\begin{cases}0, & x<\theta,\\ 1-e^{-2n(x-G)}, & x\geqslant\theta;\end{cases}$

(3)$E(\hat{\theta})=\theta+\dfrac{1}{2n}\neq\theta$,所以$\hat{\theta}$作为$\theta$的估计量不具有无偏性.

14.(1)$\hat{\beta}_{矩}=\dfrac{\overline{X}}{\overline{X}-1}$；(2)$\hat{\beta}_{\max}=\dfrac{n}{\sum\limits_{i=1}^{n}\ln X_i}$.

15.$\hat{\theta}=\dfrac{N}{n}$.

16.(1)$\left(1-\dfrac{1}{n}\right)\sigma^2$；(2)$-\dfrac{\sigma^2}{n}$；(3)$\dfrac{n}{2n-4}$.

17.(1)$\theta_{矩}=\dfrac{3}{2}-\overline{X}$；　(2)$\theta_{\max}=\dfrac{N}{n}$.

18.(1)$\theta=\dfrac{\overline{X}}{\overline{X}-c}$；(2)$\theta=\left(\dfrac{\overline{X}}{1-\overline{X}}\right)$；(3)$\hat{p}=\dfrac{\overline{X}}{m}$.

19.略.

20.(1)$\hat{\theta}_{矩}=\overline{X}$；　(2)$\hat{\theta}_{\max}=\dfrac{2n}{\sum\limits_{i=1}^{n}X_i^{-1}}$.

21.(1)$\hat{\theta}=2\overline{X}-\dfrac{1}{2}$；　(2)$4\overline{X}^2$不是$\theta^2$的无偏估计量.

22.$\sigma_1<\sigma_2$.

23.$\frac{n}{n-1}\sigma$.

24.$-1$.

25.$np^2$.

26.(1 464.42,1 491.58).

27.(1)$\hat{\mu}=\overline{x}=56.8$;(2)(55.56,58.04).

28.(1)$\hat{\mu}=\overline{x}=14.72, s^2=\frac{1}{n-1}, \sum_{i=1}^{n}(x_i-\overline{x})=1.907\ 2$;

(2)(14.292,15.148).

29.(60.33,72.27).

## 习题 7-1 答案

1.D. 2.D. 3.(1)$U>\mu_{1-\alpha}$;(2)$U<\mu_\alpha$.

4.略. 5.略.

6.认为包装机工作正常.

7.(1)0.054 8;(2)0.002 1.

## 习题 7-2 答案

1.认为生产正常.

2.接受猜测.

3.认为电池的寿命不比该公司宣称的短.

4.可认为该天打包机工作正常.

5.接受 $H_0$,该天每袋平均质量可视为 500 g.

6.当 $\alpha=0.01$ 时,接受原假设 $H_0$,即在 $\alpha=0.01$ 的显著性水平下,设备的工作性能尚属良好;

当 $\alpha=0.05$ 时,拒绝原假设 $H_0$,即在 $\alpha=0.05$ 的显著性水平下,设备的性能与良好的要求有显著性差异.

7.拒绝原假设 $H_0$,认为铁水中碳的质量分数的方差有显著变化.

8.可认为总体方差 $\sigma^2=0.03$.

## 习题 7-3 答案

1.认为这两种方法生产出的产品的平均抗拉强度差异显著.

2.$W=\left\{\frac{\overline{x}-2\overline{y}}{\sqrt{\sigma_1^2/n_1+4\sigma_2^2/n_2}}<-u_\alpha\right\}$.

3.可认为增施磷肥对玉米产量有影响.

4.认为这种化肥使小麦产量有显著提高.

5.在 $\alpha=0.05$ 下可认为两台机床的加工精度无显著的差异.

6.认为两厂生产的电阻值的方差不同.

7.可认为两种安睡眠药疗效无显著差异.

## 习题 7-4 答案

1.可选用样本函数 $u=\dfrac{(\xi-\eta)-(\lambda_1-\lambda_2)}{\sqrt{\dfrac{S_1^2}{n_1}+\dfrac{S_2^2}{n_2}}}$作为检验统计量,理论依据略.

2.该药品广告不真实.

3.可判断此部件至少可以连续使用两年.

4.可认为校长看法对.

5.可认为参数 $\lambda=0.001$.

## 习题 7-5 答案

1.认为各鱼类数量之比较 10 年前有显著改变.

2.认为样本来自泊松分布总体,即可认为理论上的结论是符合实际的.

3.认为一页的印刷错误个数服从泊松分布.

4.认为学生身高服从正态分布.

## 总习题七答案

1.B. 2.C. 3.A. 4.A. 5.D.

6.$H_0$ 真而拒绝 $H_0$.

7.$H_0:\mu=0.095, H_1:\mu<0.095$.

8.$t<t_\alpha(n-1)$.

9.$\chi^2=\dfrac{(n-1)s^2}{\sigma^2}$.

10.(1)$H_0:p\leqslant 2\%$, $H_1:p>2\%$;

(2)5 个产品中次品的个数 $X$;

(3)接受域 $X=0$,被接受的概率 $P(X=0)=\dbinom{0}{5}p^0(1-p)^5=0.903\ 9$,

拒绝域 $X\geqslant 1$,拒绝概率 $P(X\geqslant 1)=1-P(X=0)=1-0.903\ 9=0.096\ 1$.

11.认为总体平均值有显著性变化.

12.认为能接受这种假设.

13.认为这堆香烟处于正常状态.

14.(1)拒绝 $H_0$,接受 $H_1$; (2) 接受 $H_0$,拒绝 $H_1$.

15.认为两批强度均值无显著差别.

16.接受 $H_0$,拒绝 $H_1$.

17.不否认原假设,即认为平均成绩为 70 分.

18.认为该批木材的直径不大于 12 cm.

19.若拒绝域为$(\chi^2(n-1),+\infty)$,则备择假设为 $H_1:\sigma^2>\sigma_0^2$.

若拒绝域为$(0,\chi^2_{1-\alpha/2}(n-1))\cup(\chi^2_{\alpha/2}(n-1),+\infty)$,备择假设为 $H_1:\sigma^2\neq\sigma_0^2$.

20.(1)拒绝 $H_0$,新工艺生产的揽绳抗拉强度有显著提高;

(2)接受 $H_0$,认为方差没有显著变化.

21.生产正常.

22.该日机器工作正常.

23.拒绝 $H_0$,接受 $H_1$,认为这批导线的标准差显著地偏大.

24.(1)接受 $H_0$,认为两批器材的正态总体方差相等;

(2)在 $\alpha=0.05$ 下,认为两批器材的电阻值的均值没有显著差异.

25.拒绝 $H_0$,认为器械或操作方法有问题.

## 习题 8-1 答案

1.$H_0:\mu_1=\mu_2=\mu_3$,$H_1:\mu_1,\mu_2,\mu_3$,不全相等.

$$S_E=S_T-S_A=13\ 349.75,\overline{S}_A=\frac{S_A}{s-1}=\frac{S_A}{2}=167.675,\overline{S}_E=\frac{S_E}{37}=360.80,$$

$F=\dfrac{\overline{S}_A}{\overline{S}_E}=0.464\ 7$,而 $F_{0.05}(2,37)=3.27$,故 $F<3.37$,接受 $H_0$.

2.$H_0:\mu_1=\mu_2=\mu_3$　$H_1:\mu_1,\mu_2,\mu_3$ 不全相等,其中 $\alpha=0.05$.

对给定的 $\alpha=0.05$,查表得 $F_{0.05}=(2,9)=4.26$,

因为 $F=10.93>F_{0.05}(2,9)=4.26$,所以拒绝 $H_0$,即认为广告宣传内容的不同对某种大型机械销售量的影响是有显著的.

3.电池的平均寿命有显著差异.

$\mu_A-\mu_B$ 的置信水平为 0.95 的置信区间为[6.75,18.45].

$\mu_B-\mu_C$ 的置信水平为 0.95 的置信区间为[−20.25,−8.55].

$\mu_A-\mu_C$ 的置信水平为 0.95 的置信区间为[−7.65,4.05].

4.分别以 $\mu_1,\mu_2,\mu_3,\mu_4,\mu_5$,表示青霉素,四环素,链霉素,红霉素,氯霉素的百分比的均值需检验假设:$H_0:\mu_1=\mu_2=\mu_3=\mu_4=\mu_5$,$H_1:\mu_1,\mu_2,\mu_3,\mu_4,\mu_5$,不全相等.

$$S_E=S_T-S_A=1\ 153.70,\overline{S}_A=\frac{S_A}{s-1}=\frac{S_A}{4}=1\ 430.75,\overline{S}_E=\frac{S_E}{15}=76.91,$$

$F=\dfrac{\overline{S}_A}{\overline{S}_E}=18.60$,而 $F_{0.05}(4,15)=3.06$,故 $F>3.06$,拒绝 $H_0$,即差异显著.

5.分别以 $\mu_1,\mu_2,\mu_3$ 表示三种售价下的五个商场的平均日销售量,检验假设 $H_0:\mu_1=\mu_2=\mu_3$　$H_0:\mu_1,\mu_2,\mu_3$ 不全相等,其中 $\alpha=0.05$.

对给定的 $\alpha=0.05$,查表得 $F_{0.05}=(2,12)=3.89$,因为 $F=4.12>F_{0.05}(2,12)=3.89$,所以拒绝 $H_0$;若取 $\alpha=0.01$,查表得 $F_{0.01}=(2,12)=6.93$,因为 $F=4.12<F_{0.01}(2,12)=6.93$,所以应接受 $H_0$.

讨论:由所给的数据,在 $\alpha=0.05$ 的显著水平下,我们有足够的理由认为各售价水平的衬衫日销量有所不同;从所给的数据看,低价位的销量要高于高价位的销量.但对于 $\alpha=0.01$,我们没有足够的理由认为各售价水平的衬衫日销量有所不同.我们由此看到,$\alpha$ 的大小体现了保护原假设的程度.

## 习题 8-2 答案

1.$F_A>F_{0.05}(2,6)$,$F_B<F_{0.05}(3,6)$,说明机器的差异对日产量有显著影响,而不同工人对日产量无显著影响.

2.由于 $F_{0.05}(3,12)=3.49<10.72$,$F_{0.05}(4,12)=3.26<13.24$,故拒绝 $H_{01}$ 及 $H_{02}$,即认为不同时间下颗粒状物含量的均值有显著差异.

3.由 $F_{0.05}(1,4)=7.71$,因为 $F_A=1.4<F_{0.05}(1,4)=7.71$,$F_B=10.0>F_{0.05}(1,4)=7.71$,$F_{A\times B}=47.0>F_{0.05}(1,4)7.71$,所以认为时间对强度的影响不显著,而温度的影响显著,且交互作用的影响显著.

4.由 $\dfrac{\overline{S}_A}{\overline{S}_E}=4.09>F_{0.05}(2,12)=3.89$ 拒绝 $H_{01}$;$\dfrac{\overline{S}_B}{\overline{S}_E}=0.708<F_{0.05}(3,12)=3.49$ 接受 $H_{02}$.综上所得,只有浓度因素的效应是显著的.

## 习题 8-3 答案

1.$\hat{y}=13.958\ 4+12.550\ 3x$.

2.$\hat{y}=1.563\ 6+3.566\ 8x$.

3.$\hat{y}=24.628\ 9+0.058\ 86x$.

4.$\hat{y}=5.898+0.961\ 8x$.

5.$\hat{y}=4.13+0.90x$.

6.(1)$\hat{y}=4.495-0.826x$;

(2) 因 $F_0>F_{0.05}(1,8)$,故回归是显著的.

7.$\overline{u}=100.48\mathrm{e}^{-0.313t}$.

8.(1)略; (2)略; (3)$\hat{y}=32.455\ 6\mathrm{e}^{-0.086\ 7x}$.

## 习题 8-4 答案

1.$\begin{pmatrix}\hat{\beta}_0\\ \hat{\beta}_1\\ \hat{\beta}_3\end{pmatrix}=(\boldsymbol{X}^{\mathrm{T}}\boldsymbol{X})^{-1}\boldsymbol{X}^{\mathrm{T}}\boldsymbol{Y}=\begin{pmatrix}\dfrac{1}{3}(y_1+y_2+y_3)\\ \dfrac{1}{2}(-y_1\quad +y_3)\\ \dfrac{1}{6}(y_1-2y_2+y_3)\end{pmatrix}$.

2.$\hat{y}=2.198\ 266\ 29-0.022\ 522\ 36x+0.000\ 125\ 07x^2$.

3.$\hat{y}=18.107\ 8+0.221\ 8x_1+0.055\ 6x_2$.

# 总习题八答案

一、选择题

1.D.　2.A.　3.C.

二、填空题

1.独立,方差.

2.总变差平方和=组间变差平方和+组内变差平方和.

3.数量型变量,品质型变量,数量型变量.

4.正态总体均值.

5.因子,水平或处理.

6.组间,组内.

7.$m-1$,$n-m$.

三.计算题

1.因 $F_{0.05}(2,12)=3.89<32.92$,故在水平 0.05 下拒绝 $H_0$,认为各台机器生产的薄板厚度有显著的差异.

2.因 $F_{0.05}(3,20)=3.10>2.16$,故接受 $H_0$,即四种配方的饲料对小鸡的增重的影响没有显著的差异.

3.由于 $F_B=7.90>3.40$,$F_{A\times B}=7.12>2.51$,所以在 $\alpha=0.05$ 水平上,操作工有显著差异,机器之间无显著差异,交互作用有显著差异.

4.通过原点的一元线性回归模型:

$$\begin{cases} y_\alpha=\beta x_\alpha+\varepsilon_\alpha, \alpha=1,2,\cdots,n, \\ \text{各 } \varepsilon_\alpha \text{ 独立同分布}, \varepsilon_\alpha \sim N(0,\sigma^2). \end{cases}$$

$\beta$ 的最小二乘估计为 $\hat{\beta}=(\boldsymbol{X}^{\mathrm{T}}\boldsymbol{X})^{-1}\boldsymbol{X}^{\mathrm{T}}\boldsymbol{Y}=\sum\limits_{\alpha=1}^{n} x_\alpha y_\alpha / \sum\limits_{\alpha=1}^{n} x_\alpha^2$

通过原点的二元线性回归模型:

$$\begin{cases} y_\alpha=\beta_1 x_{\alpha 1}+\beta_2 x_{\alpha 2}+\varepsilon_\alpha, \alpha=1,2,\cdots,n, \\ \text{各 } \varepsilon_{\text{独}} \text{ 立同分布}, \varepsilon_\alpha \sim N(0,\sigma^2). \end{cases}$$

$\beta_1,\beta_2$ 的最小二乘估计为 $\hat{\beta}=\begin{pmatrix}\hat{\beta}_1\\ \hat{\beta}_2\end{pmatrix}=(\boldsymbol{X}^{\mathrm{T}}\boldsymbol{X})^{-1}\boldsymbol{X}^{\mathrm{T}}\boldsymbol{Y}$.

5.回归方程为 $\hat{p}=-10\ 562.7+4\ 165.85l$.

$\sigma^2$ 的估计是

$$\hat{\sigma}^2=\frac{1}{N-2}\left\{\left[\sum_\alpha p_\alpha^2-\frac{1}{N}\left(\sum_\alpha p_\alpha\right)^2\right]-\hat{\beta}\left[\sum_\alpha p_\alpha l_\alpha-\frac{1}{N}\left(\sum_\alpha p_\alpha\right)\left(\sum_\alpha l_\alpha\right)\right]\right\}$$
$$=428\ 538$$

则 $\sigma$ 的估计为 655.

6.检验假设 $H_0:\beta_1=0$,可用统计量

$$F=\frac{\hat{\beta}_1 L_{xy}}{(L_{yy}-\hat{\beta}_1 L_{xy})/(n-2)}=4\ 416>F_{1-\alpha}(1,3)=34.1, \alpha=0.01$$

因此,拒绝原假设.

# 附录　常用分布表

## 附表 1　常用的概率分布表

| 分布 | 参数 | 分布律或概率密度 | 数学期望 | 方差 |
|---|---|---|---|---|
| 0-1 分布 | $0<p<1$ | $P\{X=k\}=p^k(1-p)^{1-k},\quad k=0,1$ | $p$ | $p(1-p)$ |
| 二项分布 | $n\geqslant 1,0<p<1$ | $P\{x=k\}=\binom{n}{k}p^k(1-p)^{n-k},\quad k=0,1,\cdots,n$ | $np$ | $np(1-p)$ |
| 负二项分布 | $r\geqslant 1,0<p<1$ | $P\{X=k\}=\binom{k-1}{r-1}p^r(1-p)^{k-r},\ k=r,r+1,\cdots$ | $\frac{r}{p}$ | $\frac{r(1-p)}{p^2}$ |
| 几何分布 | $0<p<1$ | $P\{X=k\}=p(1-p)^{k-1},\quad k=1,2,\cdots$ | $\frac{1}{p}$ | $\frac{1-p}{p^2}$ |
| 超几何分布 | $N,M,n(n\leqslant M)$ | $P\{X=k\}=\binom{M}{k}\binom{N-M}{n-k}\Big/\binom{N}{n},k=0,1,\cdots,n$ | $\frac{nM}{N}$ | $\frac{nM}{N}\left(1-\frac{M}{N}\right)\left(\frac{N-n}{N-1}\right)$ |
| 泊松分布 | $\lambda>0$ | $P\{X=k\}=\frac{\lambda^k e^{-\lambda}}{k!},\quad k=0,1,\cdots$ | $\lambda$ | $\lambda$ |
| 均匀分布 | $a<b$ | $f(x)=\begin{cases}1/(b-a), & a<x<b\\0, & 其他\end{cases}$ | $\frac{a+b}{2}$ | $\frac{(b-a)^2}{12}$ |
| 正态分布 | $\mu,\sigma>0$ | $f(x)=\frac{1}{\sqrt{2\pi}\sigma}e^{-\frac{(x-\mu)2}{2\sigma 2}}$ | $\mu$ | $\sigma^2$ |
| Γ 分布 | $\alpha>0,\beta>0$ | $f(x)=\begin{cases}\frac{1}{\beta^\alpha\Gamma(\alpha)}x^{\alpha-1}e^{-x/\beta}, & x>0\\0, & 其他\end{cases}$ | $\alpha\beta$ | $\alpha\beta^2$ |
| 指数分布 | $\theta>0$ | $f(x)=\begin{cases}\frac{1}{\theta}e^{-x/\theta}, & x>0\\0, & 其他\end{cases}$ | $\theta$ | $\theta^2$ |

续表

| 分布 | 参数 | 分布律或概率密度 | 数学期望 | 方差 |
|---|---|---|---|---|
| $\chi^2$ | $n\geqslant 1$ | $f(x)=\begin{cases}\dfrac{1}{2^{n/2}\Gamma(n/2)}x^{n/2-1}\mathrm{e}^{-x/2}, & x>0\\ 0, & 其他\end{cases}$ | $n$ | $2n$ |
| 威布尔分布 | $\eta>0,\beta>0$ | $f(x)=\begin{cases}\dfrac{\beta}{\eta}\left(\dfrac{x}{\eta}\right)^{\beta-1}e^{-\left(\frac{x}{\eta}\right)^{\beta}}, & x>0\\ 0, & 其他\end{cases}$ | $\eta\Gamma\left(\dfrac{1}{\beta}+1\right)$ | $\eta^2\left\{\Gamma\left(\dfrac{2}{\beta}+1\right)-\left[\Gamma\left(\dfrac{1}{\beta}+1\right)\right]^2\right\}$ |
| 瑞利分布 | $\sigma>0$ | $f(x)=\begin{cases}\dfrac{x}{\sigma^2}e^{-x^2/(2\sigma)^2}, & x>0\\ 0, & 其他\end{cases}$ | $\sqrt{\dfrac{\pi}{2}}\sigma$ | $\dfrac{4-\pi}{2}\sigma^2$ |
| $\beta$ 分布 | $\alpha>0,\beta>0$ | $f(x)=\begin{cases}\dfrac{\Gamma(\alpha+\beta)}{\Gamma(\alpha)\Gamma(\beta)}x^{\alpha-1}(1-x)^{\beta-1}, & 0<x<1\\ 0, & 其他\end{cases}$ | $\dfrac{\alpha}{\alpha+\beta}$ | $\dfrac{\alpha\beta}{(\alpha+\beta)^2(\alpha+\beta+1)}$ |
| 对数正态分布 | $\mu,\sigma>0$ | $f(x)=\begin{cases}\dfrac{1}{\sqrt{2\pi}\sigma x}\mathrm{e}^{-\frac{(\ln x-\mu)^2}{2\sigma^2}}, & x>0\\ 0, & 其他\end{cases}$ | $\mathrm{e}^{\mu+\frac{\sigma^2}{2}}$ | $\mathrm{e}^{2\mu+\sigma^2}(\mathrm{e}^{\sigma^2}-1)$ |
| 柯西分布 | $\alpha,\lambda>0$ | $f(x)=\dfrac{1}{n}\dfrac{1}{\lambda^2+(x-\alpha)^2}$ | 不存在 | 不存在 |
| $t$ 分布 | $n\geqslant 1$ | $f(x)=\dfrac{\Gamma\left(\dfrac{n+1}{2}\right)}{\sqrt{n\pi}\Gamma(n/2)}\left(1+\dfrac{x^2}{n}\right)^{-(n+1)/2}$ | $0$ | $\dfrac{n}{n-2},n>2$ |
| $F$ 分布 | $n_1,n_2$ | $f(x)=\begin{cases}\dfrac{\Gamma[(n_1+n_2)/2]}{\Gamma(n_1/2)\Gamma(n_2/2)}\left(\dfrac{n_1}{n_2}\right)\left(\dfrac{n_1}{n_2}x\right)^{(n1/2)-1}\cdot\left(1+\dfrac{n_1}{n_2}x\right)^{-(n1+n2)/2}, & x>0\\ 0, & 其他\end{cases}$ | $\dfrac{n_2}{n_2-2},n_2>2$ | $\dfrac{2n_2^2(n_1+n_2-2)}{n_1(n_2-2)^2(n_2-4)}n_2>4$ |

# 附表 2　泊松分布概率值表

$$P\{X=m\}=\frac{\lambda^m}{m!}e^{-\lambda}$$

| $m$ \ $\lambda$ | 0.1 | 0.2 | 0.3 | 0.4 | 0.5 | 0.6 | 0.7 | 0.8 |
|---|---|---|---|---|---|---|---|---|
| 0 | 0.904 837 | 0.818 731 | 0.740 818 | 0.670 320 | 0.606 531 | 0.548 812 | 0.496 585 | 0.449 329 |
| 1 | 0.090 484 | 0.163 746 | 0.222 245 | 0.268 128 | 0.303 265 | 0.329 287 | 0.347 610 | 0.359 463 |
| 2 | 0.004 524 | 0.016 375 | 0.033 337 | 0.053 626 | 0.075 816 | 0.098 786 | 0.121 663 | 0.143 785 |
| 3 | 0.000 151 | 0.001 092 | 0.003 334 | 0.007 150 | 0.012 636 | 0.019 757 | 0.028 388 | 0.038 343 |
| 4 | 0.000 004 | 0.000 055 | 0.000 250 | 0.000 715 | 0.001 580 | 0.002 964 | 0.004 968 | 0.007 669 |
| 5 | | 0.000 002 | 0.000 015 | 0.00 0057 | 0.00 0158 | 0.00 0356 | 0.00 0696 | 0.001 227 |
| 6 | | | 0.000 001 | 0.000 004 | 0.000 013 | 0.000 036 | 0.000 081 | 0.000 164 |
| 7 | | | | | 0.000 001 | 0.000 003 | 0.000 008 | 0.000 019 |
| 8 | | | | | | | 0.000 001 | 0.000 002 |
| 9 | | | | | | | | |
| 10 | | | | | | | | |
| 11 | | | | | | | | |
| 12 | | | | | | | | |
| 13 | | | | | | | | |
| 14 | | | | | | | | |
| 15 | | | | | | | | |
| 16 | | | | | | | | |
| 17 | | | | | | | | |

| $m$ \ $\lambda$ | 0.9 | 1.0 | 1.5 | 2.0 | 2.5 | 3.0 | 3.5 | 4.0 |
|---|---|---|---|---|---|---|---|---|
| 0 | 0.406 570 | 0.367 879 | 0.223 130 | 0.135 335 | 0.082 085 | 0.049 787 | 0.030 197 | 0.018 316 |
| 1 | 0.365 913 | 0.367 879 | 0.334 695 | 0.270 671 | 0.205 212 | 0.149 361 | 0.105 691 | 0.073 263 |
| 2 | 0.164 661 | 0.183 940 | 0.251 021 | 0.270 671 | 0.256 516 | 0.224 024 | 0.184 959 | 0.146 525 |
| 3 | 0.049 398 | 0.061 313 | 0.125 511 | 0.180 447 | 0.213 763 | 0.224 042 | 0.215 785 | 0.195 367 |
| 4 | 0.011 115 | 0.015 328 | 0.047 067 | 0.090 224 | 0.133 602 | 0.168 031 | 0.188 812 | 0.195 367 |
| 5 | 0.002 001 | 0.003 066 | 0.014 120 | 0.036 089 | 0.066 801 | 0.100 819 | 0.132 169 | 0.156 293 |
| 6 | 0.000 300 | 0.000 511 | 0.003 530 | 0.012 030 | 0.027 834 | 0.050 409 | 0.077 098 | 0.104 196 |
| 7 | 0.000 039 | 0.000 073 | 0.000 756 | 0.003 437 | 0.009 941 | 0.021 604 | 0.038 549 | 0.059 540 |
| 8 | 0.000 004 | 0.000 009 | 0.000 142 | 0.000 859 | 0.003 106 | 0.008 102 | 0.016 865 | 0.029 770 |
| 9 | | 0.000 001 | 0.000 024 | 0.000 191 | 0.000 863 | 0.002 701 | 0.006 559 | 0.013 231 |
| 10 | | | 0.000 004 | 0.000 038 | 0.000 216 | 0.000 810 | 0.002 296 | 0.005 292 |
| 11 | | | | 0.000 007 | 0.000 049 | 0.000 221 | 0.000 730 | 0.001 925 |
| 12 | | | | 0.000 001 | 0.000 010 | 0.000 055 | 0.000 213 | 0.000 642 |
| 13 | | | | | 0.000 002 | 0.000 013 | 0.000 057 | 0.000 197 |
| 14 | | | | | | 0.000 003 | 0.000 014 | 0.000 056 |
| 15 | | | | | | 0.000 001 | 0.000 003 | 0.000 015 |
| 16 | | | | | | | 0.000 001 | 0.000 004 |
| 17 | | | | | | | | 0.000 001 |

续表 1

| m \ λ | 4.5 | 5.0 | 5.5 | 6.0 | 6.5 | 7.0 | 7.5 | 8.0 |
|---|---|---|---|---|---|---|---|---|
| 0 | 0.011 109 | 0.006 738 | 0.004 087 | 0.002 479 | 0.001 503 | 0.000 912 | 0.000 553 | 0.000 335 |
| 1 | 0.049 990 | 0.033 690 | 0.022 477 | 0.014 873 | 0.009 772 | 0.006 383 | 0.004 148 | 0.002 684 |
| 2 | 0.112 479 | 0.084 224 | 0.061 812 | 0.044 618 | 0.031 760 | 0.022 341 | 0.015 555 | 0.010 735 |
| 3 | 0.168 718 | 0.140 374 | 0.113 323 | 0.089 235 | 0.068 814 | 0.052 129 | 0.038 889 | 0.028 626 |
| 4 | 0.189 808 | 0.175 467 | 0.155 819 | 0.133 853 | 0.111 822 | 0.091 226 | 0.072 916 | 0.057 252 |
| 5 | 0.170 827 | 0.175 467 | 0.171 401 | 0.160 623 | 0.145 369 | 0.127 717 | 0.109 375 | 0.091 604 |
| 6 | 0.128 120 | 0.146 223 | 0.157 117 | 0.160 623 | 0.157 483 | 0.149 003 | 0.136 718 | 0.122 138 |
| 7 | 0.082 363 | 0.104 445 | 0.123 449 | 0.137 677 | 0.146 234 | 0.149 003 | 0.146 484 | 0.139 587 |
| 8 | 0.046 329 | 0.065 278 | 0.084 871 | 0.103 258 | 0.118 815 | 0.130 377 | 0.137 329 | 0.139 587 |
| 9 | 0.023 165 | 0.036 266 | 0.051 866 | 0.068 838 | 0.085 811 | 0.101 405 | 0.114 440 | 0.124 077 |
| 10 | 0.010 424 | 0.018 133 | 0.028 526 | 0.041 303 | 0.055 777 | 0.070 983 | 0.085 830 | 0.099 262 |
| 11 | 0.004 264 | 0.008 242 | 0.014 263 | 0.022 529 | 0.032 959 | 0.045 171 | 0.058 521 | 0.072 190 |
| 12 | 0.001 599 | 0.003 434 | 0.006 537 | 0.011 264 | 0.017 853 | 0.026 350 | 0.036 575 | 0.048 127 |
| 13 | 0.000 554 | 0.001 321 | 0.002 766 | 0.005 199 | 0.008 926 | 0.014 188 | 0.021 101 | 0.029 616 |
| 14 | 0.000 178 | 0.000 472 | 0.001 087 | 0.002 228 | 0.004 144 | 0.007 094 | 0.011 304 | 0.016 924 |
| 15 | 0.000 053 | 0.000 157 | 0.000 398 | 0.000 891 | 0.001 796 | 0.003 311 | 0.005 652 | 0.009 026 |
| 16 | 0.000 015 | 0.000 049 | 0.000 137 | 0.000 334 | 0.000 730 | 0.001 448 | 0.002 649 | 0.004 513 |
| 17 | 0.000 004 | 0.000 014 | 0.000 044 | 0.000 118 | 0.000 279 | 0.000 596 | 0.001 169 | 0.002 124 |
| 18 | 0.000 001 | 0.000 004 | 0.000 014 | 0.000 039 | 0.000 101 | 0.000 232 | 0.000 487 | 0.000 944 |
| 19 | | 0.000 001 | 0.000 004 | 0.000 012 | 0.000 034 | 0.000 085 | 0.000 192 | 0.000 397 |
| 20 | | | 0.000 001 | 0.000 004 | 0.000 011 | 0.000 030 | 0.000 072 | 0.000 159 |
| 21 | | | | 0.000 001 | 0.000 003 | 0.000 010 | 0.000 026 | 0.000 061 |
| 22 | | | | | 0.000 001 | 0.000 003 | 0.000 009 | 0.000 022 |
| 23 | | | | | | 0.000 001 | 0.000 003 | 0.000 008 |
| 24 | | | | | | | 0.000 001 | 0.000 003 |
| 25 | | | | | | | | 0.000 001 |
| 26 | | | | | | | | |
| 27 | | | | | | | | |
| 28 | | | | | | | | |
| 29 | | | | | | | | |

续表 2

| $m$ \ $\lambda$ | 8.5 | 9.0 | 9.5 | 10.0 | $m$ \ $\lambda$ | 20 | $m$ \ $\lambda$ | 30 |
|---|---|---|---|---|---|---|---|---|
| 0 | 0.000 203 | 0.000 123 | 0.000 075 | 0.000 045 | 5 | 0.000 1 | 12 | 0.000 1 |
| 1 | 0.001 729 | 0.001 111 | 0.000 711 | 0.000 454 | 6 | 0.000 2 | 13 | 0.000 2 |
| 2 | 0.007 350 | 0.004 998 | 0.003 378 | 0.002 270 | 7 | 0.000 5 | 14 | 0.000 5 |
| 3 | 0.020 826 | 0.014 994 | 0.010 696 | 0.007 567 | 8 | 0.001 3 | 15 | 0.001 0 |
| 4 | 0.044 255 | 0.033 737 | 0.025 403 | 0.018 917 | 9 | 0.002 9 | 16 | 0.001 9 |
| 5 | 0.075 233 | 0.060 727 | 0.048 266 | 0.037 833 | 10 | 0.005 8 | 17 | 0.003 4 |
| 6 | 0.106 581 | 0.091 090 | 0.076 421 | 0.063 055 | 11 | 0.010 6 | 18 | 0.005 7 |
| 7 | 0.129 419 | 0.117 116 | 0.103 714 | 0.090 079 | 12 | 0.017 6 | 19 | 0.008 9 |
| 8 | 0.137 508 | 0.131 756 | 0.123 160 | 0.112 599 | 13 | 0.027 1 | 20 | 0.013 4 |
| 9 | 0.129 869 | 0.131 756 | 0.130 003 | 0.125 110 | 14 | 0.038 7 | 21 | 0.019 2 |
| 10 | 0.110 388 | 0.118 580 | 0.123 502 | 0.125 110 | 15 | 0.051 6 | 22 | 0.026 1 |
| 11 | 0.085 300 | 0.097 020 | 0.106 661 | 0.113 736 | 16 | 0.064 6 | 23 | 0.034 1 |
| 12 | 0.060 421 | 0.072 765 | 0.084 440 | 0.094 780 | 17 | 0.076 0 | 24 | 0.042 6 |
| 13 | 0.039 506 | 0.050 376 | 0.061 706 | 0.072 908 | 18 | 0.084 4 | 25 | 0.051 1 |
| 14 | 0.023 986 | 0.032 384 | 0.041 872 | 0.052 077 | 19 | 0.088 8 | 26 | 0.059 0 |
| 15 | 0.013 592 | 0.019 431 | 0.026 519 | 0.034 718 | 20 | 0.088 8 | 27 | 0.065 5 |
| 16 | 0.007 221 | 0.010 930 | 0.015 746 | 0.021 699 | 21 | 0.084 6 | 28 | 0.070 2 |
| 17 | 0.003 610 | 0.005 786 | 0.008 799 | 0.012 764 | 22 | 0.076 9 | 29 | 0.072 6 |
| 18 | 0.001 705 | 0.002 893 | 0.004 644 | 0.007 091 | 23 | 0.066 9 | 30 | 0.072 6 |
| 19 | 0.000 763 | 0.001 370 | 0.002 322 | 0.003 732 | 24 | 0.055 7 | 31 | 0.070 3 |
| 20 | 0.000 324 | 0.000 617 | 0.001 103 | 0.001 866 | 25 | 0.044 6 | 32 | 0.065 9 |
| 21 | 0.000 131 | 0.000 264 | 0.000 499 | 0.000 889 | 26 | 0.034 3 | 33 | 0.059 9 |
| 22 | 0.000 051 | 0.000 108 | 0.000 215 | 0.000 404 | 27 | 0.025 4 | 34 | 0.052 9 |
| 23 | 0.000 019 | 0.000 042 | 0.000 089 | 0.00 0176 | 28 | 0.018 1 | 35 | 0.045 3 |
| 24 | 0.000 007 | 0.000 016 | 0.000 035 | 0.000 073 | 29 | 0.012 5 | 36 | 0.037 8 |
| 25 | 0.000 002 | 0.000 006 | 0.000 013 | 0.000 029 | 30 | 0.008 3 | 37 | 0.030 6 |
| 26 | 0.000 001 | 0.000 002 | 0.000 005 | 0.000 011 | 31 | 0.005 4 | 38 | 0.024 2 |
| 27 | | 0.000 001 | 0.000 002 | 0.000 004 | 32 | 0.003 4 | 39 | 0.018 6 |
| 28 | | | 0.000 001 | 0.000 001 | 33 | 0.002 0 | 40 | 0.013 9 |
| 29 | | | | 0.000 001 | 34 | 0.001 2 | 41 | 0.010 2 |
| | | | | | | | 42 | 0.007 3 |
| | | | | | | | 43 | 0.005 1 |
| | | | | | 35 | 0.000 7 | 44 | 0.003 5 |
| | | | | | 36 | 0.000 4 | 45 | 0.002 3 |
| | | | | | 37 | 0.000 2 | 46 | 0.001 5 |
| | | | | | 38 | 0.000 1 | 47 | 0.001 0 |
| | | | | | 39 | 0.000 1 | 48 | 0.000 6 |

# 附表 3　标准正态分布表

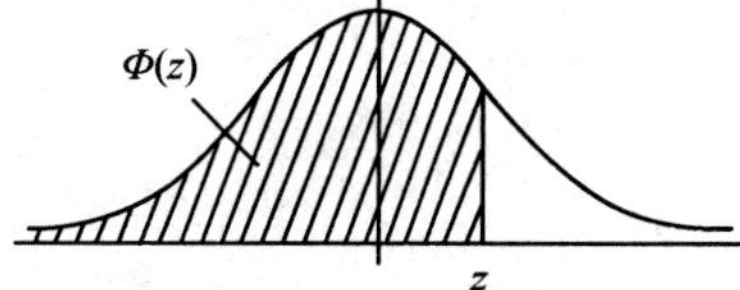


$$\Phi(z)=\int_{-\infty}^{z}\frac{1}{\sqrt{2\pi}}e^{-u^2/2}du=P\{Z\leqslant z\}$$

| z | 0 | 1 | 2 | 3 | 4 | 5 | 6 | 7 | 8 | 9 |
|---|---|---|---|---|---|---|---|---|---|---|
| 0.0 | 0.500 0 | 0.504 0 | 0.508 0 | 0.512 0 | 0.516 0 | 0.519 9 | 0.523 9 | 0.527 9 | 0.531 9 | 0.535 9 |
| 0.1 | 0.539 8 | 0.543 8 | 0.547 8 | 0.551 7 | 0.555 7 | 0.559 6 | 0.563 6 | 0.567 5 | 0.571 4 | 0.575 3 |
| 0.2 | 0.579 3 | 0.583 2 | 0.587 1 | 0.591 0 | 0.594 8 | 0.598 7 | 0.602 6 | 0.606 4 | 0.610 3 | 0.614 1 |
| 0.3 | 0.617 9 | 0.621 7 | 0.625 5 | 0.629 3 | 0.633 1 | 0.636 8 | 0.640 6 | 0.644 3 | 0.648 0 | 0.651 7 |
| 0.4 | 0.655 4 | 0.659 1 | 0.662 8 | 0.666 4 | 0.670 0 | 0.673 6 | 0.677 2 | 0.680 8 | 0.684 4 | 0.687 9 |
| 0.5 | 0.691 5 | 0.695 0 | 0.698 5 | 0.701 9 | 0.705 4 | 0.708 8 | 0.712 3 | 0.715 7 | 0.719 0 | 0.722 4 |
| 0.6 | 0.725 7 | 0.729 1 | 0.732 4 | 0.735 7 | 0.738 9 | 0.742 2 | 0.745 4 | 0.748 6 | 0.751 7 | 0.754 9 |
| 0.7 | 0.758 0 | 0.761 1 | 0.764 2 | 0.767 3 | 0.770 3 | 0.773 4 | 0.776 4 | 0.779 4 | 0.782 3 | 0.785 2 |
| 0.8 | 0.788 1 | 0.791 0 | 0.793 9 | 0.796 7 | 0.799 5 | 0.802 3 | 0.805 1 | 0.807 8 | 0.810 6 | 0.813 3 |
| 0.9 | 0.815 9 | 0.818 6 | 0.821 2 | 0.823 8 | 0.826 4 | 0.828 9 | 0.831 5 | 0.834 0 | 0.836 5 | 0.838 9 |
| 1.0 | 0.841 3 | 0.843 8 | 0.846 1 | 0.848 5 | 0.850 8 | 0.853 1 | 0.855 4 | 0.857 7 | 0.859 9 | 0.862 1 |
| 1.1 | 0.864 3 | 0.866 5 | 0.868 6 | 0.870 8 | 0.872 9 | 0.874 9 | 0.877 0 | 0.879 0 | 0.881 0 | 0.883 0 |
| 1.2 | 0.884 9 | 0.886 9 | 0.888 8 | 0.890 7 | 0.892 5 | 0.894 4 | 0.896 2 | 0.898 0 | 0.899 7 | 0.901 5 |
| 1.3 | 0.903 2 | 0.904 9 | 0.906 6 | 0.908 2 | 0.909 9 | 0.911 5 | 0.913 1 | 0.914 7 | 0.916 2 | 0.917 7 |
| 1.4 | 0.919 2 | 0.920 7 | 0.922 2 | 0.923 6 | 0.925 1 | 0.926 5 | 0.927 8 | 0.929 2 | 0.930 6 | 0.931 9 |
| 1.5 | 0.933 2 | 0.934 5 | 0.935 7 | 0.937 0 | 0.938 2 | 0.939 4 | 0.940 6 | 0.941 8 | 0.943 0 | 0.944 1 |
| 1.6 | 0.945 2 | 0.946 3 | 0.947 4 | 0.948 4 | 0.949 5 | 0.950 5 | 0.951 5 | 0.952 5 | 0.953 5 | 0.954 5 |
| 1.7 | 0.955 4 | 0.956 4 | 0.957 3 | 0.958 2 | 0.959 1 | 0.959 9 | 0.960 8 | 0.961 6 | 0.962 5 | 0.963 3 |
| 1.8 | 0.964 1 | 0.964 8 | 0.965 6 | 0.966 4 | 0.967 1 | 0.967 8 | 0.968 6 | 0.969 3 | 0.970 0 | 0.970 6 |
| 1.9 | 0.971 3 | 0.971 9 | 0.972 6 | 0.973 2 | 0.973 8 | 0.974 4 | 0.975 0 | 0.975 6 | 0.976 2 | 0.976 7 |
| 2.0 | 0.977 2 | 0.977 8 | 0.978 3 | 0.978 8 | 0.979 3 | 0.979 8 | 0.980 3 | 0.980 8 | 0.981 2 | 0.981 7 |
| 2.1 | 0.982 1 | 0.982 6 | 0.983 0 | 0.983 4 | 0.983 8 | 0.984 2 | 0.984 6 | 0.985 0 | 0.985 4 | 0.985 7 |
| 2.2 | 0.986 1 | 0.986 4 | 0.986 8 | 0.987 1 | 0.987 4 | 0.987 8 | 0.988 1 | 0.988 4 | 0.988 7 | 0.989 0 |
| 2.3 | 0.989 3 | 0.989 6 | 0.989 8 | 0.990 1 | 0.990 4 | 0.990 6 | 0.990 9 | 0.991 1 | 0.991 3 | 0.991 6 |
| 2.4 | 0.991 8 | 0.992 0 | 0.992 2 | 0.992 5 | 0.992 7 | 0.992 9 | 0.993 1 | 0.993 2 | 0.993 4 | 0.993 6 |
| 2.5 | 0.993 8 | 0.994 0 | 0.994 1 | 0.994 3 | 0.994 5 | 0.994 6 | 0.994 8 | 0.994 9 | 0.995 1 | 0.995 2 |
| 2.6 | 0.995 3 | 0.995 5 | 0.995 6 | 0.995 7 | 0.995 9 | 0.996 0 | 0.996 1 | 0.996 2 | 0.996 3 | 0.996 4 |
| 2.7 | 0.996 5 | 0.996 6 | 0.996 7 | 0.996 8 | 0.996 9 | 0.997 0 | 0.997 1 | 0.997 2 | 0.997 3 | 0.997 4 |
| 2.8 | 0.997 4 | 0.997 5 | 0.997 6 | 0.997 7 | 0.997 7 | 0.987 8 | 0.997 9 | 0.997 9 | 0.998 0 | 0.998 1 |
| 2.9 | 0.998 1 | 0.998 2 | 0.998 2 | 0.998 3 | 0.998 4 | 0.998 4 | 0.998 5 | 0.998 5 | 0.998 6 | 0.998 6 |
| 3.0 | 0.998 7 | 0.999 0 | 0.999 3 | 0.999 5 | 0.999 7 | 0.999 8 | 0.999 8 | 0.999 9 | 0.999 9 | 1.000 0 |

注：表中末行系函数值 $\Phi(3.0),\Phi(3.1),\cdots,\Phi(3.9)$.

# 附表 4 $t$ 分布表

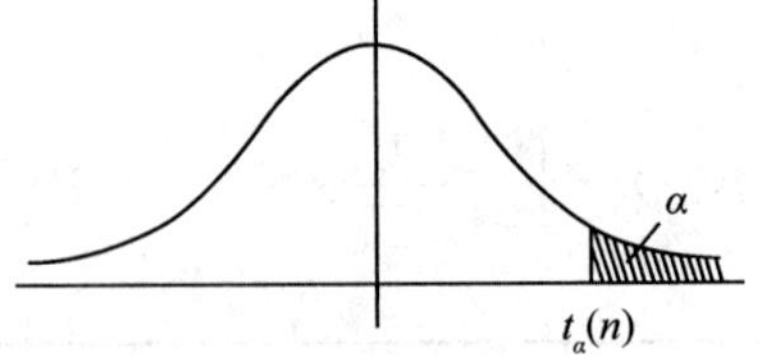


$P\{t(n)>t_{\alpha}(n)\}=\alpha$

| $n$ | $\alpha=0.25$ | 0.10 | 0.05 | 0.025 | 0.01 | 0.005 |
|---|---|---|---|---|---|---|
| 1 | 1.000 0 | 3.077 7 | 6.313 8 | 12.706 2 | 31.820 7 | 63.656 7 |
| 2 | 0.816 5 | 1.885 6 | 2.920 0 | 4.302 7 | 6.964 6 | 9.924 8 |
| 3 | 0.764 9 | 1.637 7 | 2.353 4 | 3.182 4 | 4.540 7 | 5.840 9 |
| 4 | 0.740 7 | 1.533 2 | 2.131 8 | 2.776 4 | 3.746 9 | 4.604 1 |
| 5 | 0.726 7 | 1.475 9 | 2.015 0 | 2.570 6 | 3.364 9 | 4.032 1 |
| 6 | 0.717 6 | 1.439 8 | 1.943 2 | 2.446 9 | 3.142 7 | 3.707 4 |
| 7 | 0.711 1 | 1.414 9 | 1.894 6 | 2.364 6 | 2.998 0 | 3.499 5 |
| 8 | 0.706 4 | 1.396 8 | 1.859 5 | 2.306 0 | 2.896 5 | 3.355 4 |
| 9 | 0.702 7 | 1.383 0 | 1.833 1 | 2.262 2 | 2.821 4 | 3.249 8 |
| 10 | 0.699 8 | 1.372 2 | 1.812 5 | 2.228 1 | 2.763 8 | 3.169 3 |
| 11 | 0.697 4 | 1.363 4 | 1.795 9 | 2.201 0 | 2.718 1 | 3.105 8 |
| 12 | 0.695 5 | 1.356 2 | 1.782 3 | 2.178 8 | 2.681 0 | 3.054 5 |
| 13 | 0.693 8 | 1.350 2 | 1.770 9 | 2.160 4 | 2.650 3 | 3.012 3 |
| 14 | 0.692 4 | 1.345 0 | 1.761 3 | 2.144 8 | 2.624 5 | 2.976 8 |
| 15 | 0.691 2 | 1.340 6 | 1.753 1 | 2.131 5 | 2.602 5 | 2.946 7 |
| 16 | 0.690 1 | 1.336 8 | 1.745 9 | 2.119 9 | 2.583 5 | 2.920 8 |
| 17 | 0.689 2 | 1.333 4 | 1.739 6 | 2.109 8 | 2.566 9 | 2.898 2 |
| 18 | 0.688 4 | 1.330 4 | 1.734 1 | 2.100 9 | 2.552 4 | 2.878 4 |
| 19 | 0.687 6 | 1.327 7 | 1.729 1 | 2.093 0 | 2.539 5 | 2.860 9 |
| 20 | 0.687 0 | 1.325 3 | 1.724 7 | 2.086 0 | 2.528 0 | 2.845 3 |
| 21 | 0.686 4 | 1.323 2 | 1.720 7 | 2.079 6 | 2.517 7 | 2.831 4 |
| 22 | 0.685 8 | 1.321 2 | 1.717 1 | 2.073 9 | 2.508 3 | 2.818 8 |
| 23 | 0.685 3 | 1.319 5 | 1.713 9 | 2.068 7 | 2.499 9 | 2.807 3 |
| 24 | 0.684 8 | 1.317 8 | 1.710 9 | 2.063 9 | 2.492 2 | 2.796 9 |
| 25 | 0.684 4 | 1.316 3 | 1.708 1 | 2.059 5 | 2.485 1 | 2.787 4 |
| 26 | 0.684 0 | 1.315 0 | 1.705 6 | 2.055 5 | 2.478 6 | 2.773 7 |
| 27 | 0.683 7 | 1.313 7 | 1.703 3 | 2.051 8 | 2.472 7 | 2.770 7 |
| 28 | 0.683 4 | 1.312 5 | 1.701 1 | 2.048 4 | 2.467 1 | 2.763 3 |
| 29 | 0.683 0 | 1.311 4 | 1.699 1 | 2.045 2 | 2.462 0 | 2.756 4 |
| 30 | 0.682 8 | 1.310 4 | 1.697 3 | 2.042 3 | 2.457 3 | 2.750 0 |

续表

| $n$ | $\alpha=0.25$ | 0.10 | 0.05 | 0.025 | 0.01 | 0.005 |
|---|---|---|---|---|---|---|
| 31 | 0.682 5 | 1.309 5 | 1.695 5 | 2.039 5 | 2.452 8 | 2.744 0 |
| 32 | 0.682 2 | 1.308 6 | 1.693 9 | 2.036 9 | 2.448 7 | 2.738 5 |
| 33 | 0.682 0 | 1.307 7 | 1.692 4 | 2.034 5 | 2.444 8 | 2.733 3 |
| 34 | 0.681 8 | 1.307 0 | 1.690 9 | 2.032 2 | 2.441 1 | 2.728 4 |
| 35 | 0.681 6 | 1.306 2 | 1.689 6 | 2.030 1 | 2.437 7 | 2.723 8 |
| 36 | 0.681 4 | 1.305 5 | 1.688 3 | 2.028 1 | 2.434 5 | 2.719 5 |
| 37 | 0.681 2 | 1.304 9 | 1.687 1 | 2.026 2 | 2.431 4 | 2.715 4 |
| 38 | 0.681 0 | 1.304 2 | 1.686 0 | 2.024 4 | 2.428 6 | 2.711 6 |
| 39 | 0.680 8 | 1.303 6 | 1.684 9 | 2.022 7 | 2.425 8 | 2.707 9 |
| 40 | 0.680 7 | 1.303 1 | 1.683 9 | 2.021 1 | 2.423 3 | 2.704 5 |
| 41 | 0.680 5 | 1.302 5 | 1.682 9 | 2.019 5 | 2.420 8 | 2.701 2 |
| 42 | 0.680 4 | 1.302 0 | 1.682 0 | 2.018 1 | 2.418 5 | 2.698 1 |
| 43 | 0.680 2 | 1.301 6 | 1.681 1 | 2.016 7 | 2.416 3 | 2.695 1 |
| 44 | 0.680 1 | 1.301 1 | 1.680 2 | 2.015 4 | 2.414 1 | 2.692 3 |
| 45 | 0.680 0 | 1.300 6 | 1.679 4 | 2.014 1 | 2.412 1 | 2.689 6 |

# 附表 5　$\chi^2$ 分布表

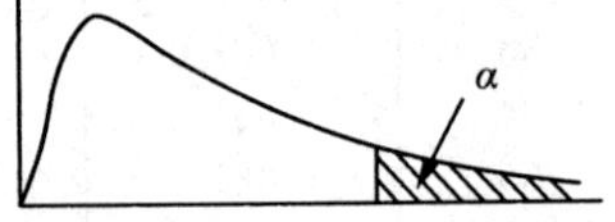


$P\{\chi^2(n)>\chi^2_\alpha(n)\}=\alpha$

| $n$ | $\alpha$=0.995 | 0.99 | 0.975 | 0.95 | 0.90 | 0.75 |
|---|---|---|---|---|---|---|
| 1 | — | — | 0.001 | 0.004 | 0.016 | 0.102 |
| 2 | 0.010 | 0.020 | 0.051 | 0.103 | 0.211 | 0.575 |
| 3 | 0.072 | 0.115 | 0.216 | 0.352 | 0.584 | 1.213 |
| 4 | 0.207 | 0.297 | 0.484 | 0.711 | 1.064 | 1.923 |
| 5 | 0.412 | 0.554 | 0.831 | 1.145 | 1.610 | 2.675 |
| 6 | 0.676 | 0.872 | 1.237 | 1.635 | 2.204 | 3.455 |
| 7 | 0.989 | 1.239 | 1.690 | 2.167 | 2.833 | 4.255 |
| 8 | 1.344 | 1.646 | 2.180 | 2.733 | 3.490 | 5.071 |
| 9 | 1.735 | 2.088 | 2.700 | 3.325 | 4.168 | 5.899 |
| 10 | 2.156 | 2.558 | 3.247 | 3.940 | 4.865 | 6.737 |
| 11 | 2.603 | 3.053 | 3.816 | 4.575 | 5.578 | 7.584 |
| 12 | 3.074 | 3.571 | 4.404 | 5.226 | 6.304 | 8.438 |
| 13 | 3.565 | 4.107 | 5.009 | 5.892 | 7.042 | 9.299 |
| 14 | 4.075 | 4.660 | 5.629 | 6.571 | 7.790 | 10.165 |
| 15 | 4.601 | 5.229 | 6.262 | 7.261 | 8.547 | 11.037 |
| 16 | 5.142 | 5.812 | 6.908 | 7.962 | 9.312 | 11.912 |
| 17 | 5.697 | 6.408 | 7.564 | 8.672 | 10.085 | 12.792 |
| 18 | 6.265 | 7.015 | 8.231 | 9.390 | 10.865 | 13.675 |
| 19 | 6.844 | 7.633 | 8.907 | 10.117 | 11.651 | 14.562 |
| 20 | 7.434 | 8.260 | 9.591 | 10.851 | 12.443 | 15.452 |
| 21 | 8.034 | 8.897 | 10.283 | 11.591 | 13.240 | 16.344 |
| 22 | 8.643 | 9.542 | 10.982 | 12.338 | 14.042 | 17.240 |
| 23 | 9.260 | 10.196 | 11.689 | 13.091 | 14.848 | 18.137 |
| 24 | 9.886 | 10.856 | 12.401 | 13.848 | 15.659 | 19.037 |
| 25 | 10.520 | 11.524 | 13.120 | 14.611 | 16.473 | 19.939 |
| 26 | 11.160 | 12.198 | 13.844 | 15.379 | 17.292 | 20.843 |
| 27 | 11.808 | 12.879 | 14.573 | 16.151 | 18.114 | 21.749 |
| 28 | 12.461 | 13.565 | 15.308 | 16.928 | 18.939 | 22.657 |
| 29 | 13.121 | 14.257 | 16.047 | 17.708 | 19.768 | 23.567 |
| 30 | 13.787 | 14.954 | 16.791 | 18.493 | 20.599 | 24.478 |

续表 1

| $n$ | $\alpha=0.995$ | 0.99 | 0.975 | 0.95 | 0.90 | 0.75 |
|---|---|---|---|---|---|---|
| 31 | 14.458 | 15.655 | 17.539 | 19.281 | 21.434 | 25.390 |
| 32 | 15.134 | 16.362 | 18.291 | 20.072 | 22.271 | 26.304 |
| 33 | 15.815 | 17.074 | 19.047 | 20.867 | 23.110 | 27.219 |
| 34 | 16.501 | 17.789 | 19.806 | 21.664 | 23.952 | 28.136 |
| 35 | 17.192 | 18.509 | 20.569 | 22.465 | 24.797 | 29.054 |
| 36 | 17.887 | 19.233 | 21.336 | 23.269 | 25.643 | 29.973 |
| 37 | 18.586 | 19.960 | 22.106 | 24.075 | 26.492 | 30.893 |
| 38 | 19.289 | 20.691 | 22.878 | 24.884 | 27.343 | 31.815 |
| 39 | 19.996 | 21.426 | 23.654 | 25.695 | 28.196 | 32.737 |
| 40 | 20.707 | 22.164 | 24.433 | 26.509 | 29.051 | 33.660 |
| 41 | 21.421 | 22.906 | 25.215 | 27.326 | 29.907 | 34.585 |
| 42 | 22.138 | 23.650 | 25.999 | 28.144 | 30.765 | 35.510 |
| 43 | 22.859 | 24.398 | 26.785 | 28.965 | 31.625 | 36.436 |
| 44 | 23.584 | 25.148 | 27.575 | 29.787 | 32.487 | 37.363 |
| 45 | 24.311 | 25.901 | 28.366 | 30.612 | 33.350 | 38.291 |

| $n$ | $\alpha=0.25$ | 0.10 | 0.05 | 0.025 | 0.01 | 0.005 |
|---|---|---|---|---|---|---|
| 1 | 1.323 | 2.706 | 3.841 | 5.024 | 6.635 | 7.879 |
| 2 | 2.773 | 4.605 | 5.991 | 7.378 | 9.210 | 10.597 |
| 3 | 4.108 | 6.251 | 7.815 | 9.348 | 11.345 | 12.838 |
| 4 | 5.385 | 7.779 | 9.488 | 11.143 | 13.277 | 14.860 |
| 5 | 6.626 | 9.236 | 11.071 | 12.833 | 15.086 | 16.750 |
| 6 | 7.841 | 10.645 | 12.592 | 14.449 | 16.812 | 18.548 |
| 7 | 9.037 | 12.017 | 14.067 | 16.013 | 18.475 | 20.278 |
| 8 | 10.219 | 13.362 | 15.507 | 17.535 | 20.090 | 21.955 |
| 9 | 11.389 | 14.684 | 16.919 | 19.023 | 21.666 | 23.589 |
| 10 | 12.549 | 15.987 | 18.307 | 20.483 | 23.209 | 25.188 |
| 11 | 13.701 | 17.275 | 19.675 | 21.920 | 24.725 | 26.757 |
| 12 | 14.845 | 18.549 | 21.026 | 23.337 | 26.217 | 28.299 |
| 13 | 15.984 | 19.812 | 22.362 | 24.736 | 27.688 | 29.819 |
| 14 | 17.117 | 21.064 | 23.685 | 26.119 | 29.141 | 31.319 |
| 15 | 18.245 | 22.307 | 24.996 | 27.488 | 30.578 | 32.801 |
| 16 | 19.369 | 23.542 | 26.296 | 28.845 | 32.000 | 34.267 |
| 17 | 20.489 | 24.769 | 27.587 | 30.191 | 33.409 | 35.718 |
| 18 | 21.605 | 25.989 | 28.869 | 31.526 | 34.805 | 37.156 |
| 19 | 22.718 | 27.204 | 30.144 | 32.852 | 36.191 | 38.582 |
| 20 | 23.828 | 28.412 | 31.410 | 34.170 | 37.566 | 39.997 |

续表 2

| $n$ | $\alpha=0.25$ | 0.10 | 0.05 | 0.025 | 0.01 | 0.005 |
|---|---|---|---|---|---|---|
| 21 | 24.935 | 29.615 | 32.671 | 35.479 | 38.932 | 41.401 |
| 22 | 26.039 | 30.813 | 33.924 | 36.781 | 40.289 | 42.796 |
| 23 | 27.141 | 32.007 | 35.172 | 38.076 | 41.638 | 44.181 |
| 24 | 28.241 | 33.196 | 36.415 | 39.364 | 42.980 | 45.559 |
| 25 | 29.339 | 34.382 | 37.652 | 40.646 | 44.314 | 46.928 |
| 26 | 30.435 | 35.563 | 38.885 | 41.923 | 45.642 | 48.290 |
| 27 | 31.528 | 36.741 | 40.113 | 43.194 | 46.963 | 49.645 |
| 28 | 32.620 | 37.916 | 41.337 | 44.461 | 48.278 | 50.993 |
| 29 | 33.711 | 39.087 | 42.557 | 45.722 | 49.588 | 52.336 |
| 30 | 34.800 | 40.256 | 43.773 | 46.979 | 50.892 | 53.672 |
| 31 | 35.887 | 41.422 | 44.985 | 48.232 | 52.191 | 55.003 |
| 32 | 36.973 | 42.585 | 46.194 | 49.480 | 53.486 | 56.328 |
| 33 | 38.058 | 43.745 | 47.400 | 50.725 | 54.776 | 57.648 |
| 34 | 39.141 | 44.903 | 48.602 | 51.966 | 56.061 | 58.964 |
| 35 | 40.223 | 46.059 | 49.802 | 53.203 | 57.342 | 60.275 |
| 36 | 41.304 | 47.212 | 50.998 | 54.437 | 58.619 | 61.581 |
| 37 | 42.383 | 48.363 | 52.192 | 55.668 | 59.892 | 62.883 |
| 38 | 43.462 | 49.513 | 53.384 | 56.896 | 61.162 | 64.181 |
| 39 | 44.539 | 50.660 | 54.572 | 58.120 | 62.428 | 65.476 |
| 40 | 45.616 | 51.805 | 55.758 | 59.342 | 63.691 | 66.766 |
| 41 | 46.692 | 52.949 | 56.942 | 60.561 | 64.950 | 68.053 |
| 42 | 47.766 | 54.090 | 58.124 | 61.777 | 66.206 | 69.336 |
| 43 | 48.840 | 55.230 | 59.304 | 62.990 | 67.459 | 70.616 |
| 44 | 49.913 | 56.369 | 60.481 | 64.201 | 68.710 | 71.893 |
| 45 | 50.985 | 57.505 | 61.656 | 65.401 | 69.957 | 73.166 |

# 附表 6 F 分布表

$$P\{F(n_1,n_2)>F_\alpha(n_1,n_2)\}=\alpha$$

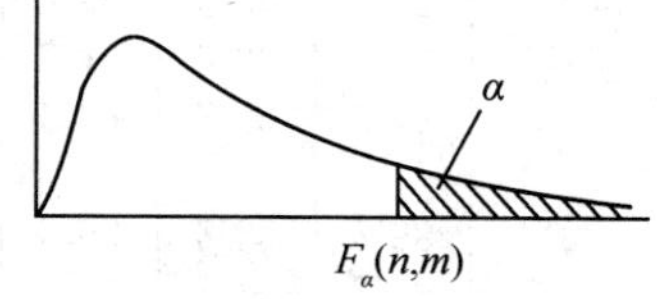


$\alpha=0.10$

| $n_2$ \ $n_1$ | 1 | 2 | 3 | 4 | 5 | 6 | 7 | 8 | 9 | 10 | 12 | 15 | 20 | 24 | 30 | 40 | 60 | 120 | ∞ |
|---|---|---|---|---|---|---|---|---|---|---|---|---|---|---|---|---|---|---|---|
| 1 | 39.86 | 49.50 | 53.59 | 55.83 | 57.24 | 58.20 | 58.91 | 59.44 | 59.86 | 60.19 | 60.71 | 61.22 | 61.74 | 62.00 | 62.26 | 62.53 | 62.79 | 63.06 | 63.33 |
| 2 | 8.53 | 9.00 | 9.16 | 9.24 | 9.29 | 9.33 | 9.35 | 9.37 | 9.38 | 9.39 | 9.41 | 9.42 | 9.44 | 9.45 | 9.46 | 9.47 | 9.47 | 9.48 | 9.49 |
| 3 | 5.54 | 5.46 | 5.39 | 5.34 | 5.31 | 5.28 | 5.27 | 5.25 | 5.24 | 5.23 | 5.22 | 5.20 | 5.18 | 5.18 | 5.17 | 5.16 | 5.15 | 5.14 | 5.13 |
| 4 | 4.54 | 4.32 | 4.19 | 4.11 | 4.05 | 4.01 | 3.98 | 3.95 | 3.94 | 3.92 | 3.90 | 3.87 | 3.84 | 3.83 | 3.82 | 3.80 | 3.79 | 3.78 | 3.76 |
| 5 | 4.06 | 3.78 | 3.62 | 3.52 | 3.45 | 3.40 | 3.37 | 3.34 | 3.32 | 3.30 | 3.27 | 3.24 | 3.21 | 3.19 | 3.17 | 3.16 | 3.14 | 3.12 | 3.10 |
| 6 | 3.78 | 3.46 | 3.29 | 3.18 | 3.11 | 3.05 | 3.01 | 2.98 | 2.96 | 2.94 | 2.90 | 2.87 | 2.84 | 2.82 | 2.80 | 2.78 | 2.76 | 2.74 | 2.72 |
| 7 | 3.59 | 3.23 | 3.07 | 2.96 | 2.88 | 2.83 | 2.78 | 2.75 | 2.72 | 2.70 | 2.67 | 2.63 | 2.59 | 2.58 | 2.56 | 2.54 | 2.51 | 2.49 | 2.47 |
| 8 | 3.46 | 3.11 | 2.92 | 2.81 | 2.73 | 2.67 | 2.62 | 2.59 | 2.56 | 2.54 | 2.50 | 2.46 | 2.42 | 2.40 | 2.38 | 2.36 | 2.34 | 2.32 | 2.29 |
| 9 | 3.36 | 3.01 | 2.81 | 2.69 | 2.61 | 2.55 | 2.51 | 2.47 | 2.44 | 2.42 | 2.38 | 2.34 | 2.30 | 2.28 | 2.25 | 2.23 | 2.21 | 2.18 | 2.16 |
| 10 | 3.29 | 2.92 | 2.73 | 2.61 | 2.52 | 2.46 | 2.41 | 2.38 | 2.35 | 2.32 | 2.28 | 2.24 | 2.20 | 2.18 | 2.16 | 2.13 | 2.11 | 2.08 | 2.06 |
| 11 | 3.23 | 2.86 | 2.66 | 2.54 | 2.45 | 2.39 | 2.34 | 2.30 | 2.27 | 2.25 | 2.21 | 2.17 | 2.12 | 2.10 | 2.08 | 2.05 | 2.03 | 2.00 | 1.97 |
| 12 | 3.18 | 2.81 | 2.61 | 2.48 | 2.39 | 2.33 | 2.28 | 2.24 | 2.21 | 2.19 | 2.15 | 2.10 | 2.06 | 2.04 | 2.01 | 1.99 | 1.96 | 1.93 | 1.90 |
| 13 | 3.14 | 2.76 | 2.56 | 2.43 | 2.35 | 2.28 | 2.23 | 2.20 | 2.16 | 2.14 | 2.10 | 2.05 | 2.01 | 1.98 | 1.96 | 1.93 | 1.90 | 1.88 | 1.85 |
| 14 | 3.10 | 2.73 | 2.52 | 2.39 | 2.31 | 2.24 | 2.19 | 2.15 | 2.12 | 2.10 | 2.05 | 2.01 | 1.96 | 1.94 | 1.91 | 1.89 | 1.86 | 1.83 | 1.80 |
| 15 | 3.07 | 2.70 | 2.49 | 2.36 | 2.27 | 2.21 | 2.16 | 2.12 | 2.09 | 2.06 | 2.02 | 1.97 | 1.92 | 1.90 | 1.87 | 1.85 | 1.82 | 1.79 | 1.76 |
| 16 | 3.05 | 2.67 | 2.46 | 2.33 | 2.24 | 2.18 | 2.13 | 2.09 | 2.06 | 2.03 | 1.99 | 1.94 | 1.89 | 1.87 | 1.84 | 1.81 | 1.78 | 1.75 | 1.72 |
| 17 | 3.03 | 2.64 | 2.44 | 2.31 | 2.22 | 2.15 | 2.10 | 2.06 | 2.03 | 2.00 | 1.96 | 1.91 | 1.86 | 1.84 | 1.81 | 1.78 | 1.75 | 1.72 | 1.69 |
| 18 | 3.01 | 2.62 | 2.42 | 2.29 | 2.20 | 2.13 | 2.08 | 2.04 | 2.00 | 1.98 | 1.93 | 1.89 | 1.84 | 1.81 | 1.78 | 1.75 | 1.72 | 1.69 | 1.66 |
| 19 | 2.99 | 2.61 | 2.40 | 2.27 | 2.18 | 2.11 | 2.06 | 2.02 | 1.98 | 1.96 | 1.91 | 1.86 | 1.81 | 1.79 | 1.76 | 1.73 | 1.70 | 1.67 | 1.63 |
| 20 | 2.97 | 2.59 | 2.38 | 2.25 | 2.16 | 2.09 | 2.04 | 2.00 | 1.96 | 1.94 | 1.89 | 1.84 | 1.79 | 1.77 | 1.74 | 1.71 | 1.68 | 1.64 | 1.61 |

续表 1

$\alpha=0.10$

| $n_2$ \ $n_1$ | 1 | 2 | 3 | 4 | 5 | 6 | 7 | 8 | 9 | 10 | 12 | 15 | 20 | 24 | 30 | 40 | 60 | 120 | ∞ |
|---|---|---|---|---|---|---|---|---|---|---|---|---|---|---|---|---|---|---|---|
| 21 | 2.96 | 2.57 | 2.36 | 2.23 | 2.14 | 2.08 | 2.02 | 1.98 | 1.95 | 1.92 | 1.87 | 1.83 | 1.78 | 1.75 | 1.72 | 1.69 | 1.66 | 1.62 | 1.59 |
| 22 | 2.95 | 2.56 | 2.35 | 2.22 | 2.13 | 2.06 | 2.01 | 1.97 | 1.93 | 1.90 | 1.86 | 1.81 | 1.76 | 1.73 | 1.70 | 1.67 | 1.64 | 1.60 | 1.57 |
| 23 | 2.94 | 2.55 | 2.34 | 2.21 | 2.11 | 2.05 | 1.99 | 1.95 | 1.92 | 1.89 | 1.84 | 1.80 | 1.74 | 1.72 | 1.69 | 1.66 | 1.62 | 1.59 | 1.55 |
| 24 | 2.93 | 2.54 | 2.33 | 2.19 | 2.10 | 2.04 | 1.98 | 1.94 | 1.91 | 1.88 | 1.83 | 1.78 | 1.73 | 1.70 | 1.67 | 1.64 | 1.61 | 1.57 | 1.53 |
| 25 | 2.92 | 2.53 | 2.32 | 2.18 | 2.09 | 2.02 | 1.97 | 1.93 | 1.89 | 1.87 | 1.82 | 1.77 | 1.72 | 1.69 | 1.66 | 1.63 | 1.59 | 1.56 | 1.52 |
| 26 | 2.91 | 2.52 | 2.31 | 2.17 | 2.08 | 2.01 | 1.96 | 1.92 | 1.88 | 1.86 | 1.81 | 1.76 | 1.71 | 1.68 | 1.65 | 1.61 | 1.58 | 1.54 | 1.50 |
| 27 | 2.90 | 2.51 | 2.30 | 2.17 | 2.07 | 2.00 | 1.95 | 1.91 | 1.87 | 1.85 | 1.80 | 1.75 | 1.70 | 1.67 | 1.64 | 1.60 | 1.57 | 1.53 | 1.49 |
| 28 | 2.89 | 2.50 | 2.29 | 2.16 | 2.06 | 2.00 | 1.94 | 1.90 | 1.87 | 1.84 | 1.79 | 1.74 | 1.69 | 1.66 | 1.63 | 1.59 | 1.56 | 1.52 | 1.48 |
| 29 | 2.89 | 2.50 | 2.28 | 2.15 | 2.06 | 1.99 | 1.93 | 1.89 | 1.86 | 1.83 | 1.78 | 1.73 | 1.68 | 1.65 | 1.62 | 1.58 | 1.55 | 1.51 | 1.47 |
| 30 | 2.88 | 2.49 | 2.28 | 2.14 | 2.05 | 1.98 | 1.93 | 1.88 | 1.85 | 1.82 | 1.77 | 1.72 | 1.67 | 1.64 | 1.61 | 1.57 | 1.54 | 1.50 | 1.46 |
| 40 | 2.84 | 2.44 | 2.23 | 2.09 | 2.00 | 1.93 | 1.87 | 1.83 | 1.79 | 1.76 | 1.71 | 1.66 | 1.61 | 1.57 | 1.54 | 1.51 | 1.47 | 1.42 | 1.38 |
| 60 | 2.79 | 2.39 | 2.18 | 2.04 | 1.95 | 1.87 | 1.82 | 1.77 | 1.74 | 1.71 | 1.66 | 1.60 | 1.54 | 1.51 | 1.48 | 1.44 | 1.40 | 1.35 | 1.29 |
| 120 | 2.75 | 2.35 | 2.13 | 1.99 | 1.90 | 1.82 | 1.77 | 1.72 | 1.68 | 1.65 | 1.60 | 1.55 | 1.48 | 1.45 | 1.41 | 1.37 | 1.32 | 1.26 | 1.19 |
| ∞ | 2.71 | 2.30 | 2.08 | 1.94 | 1.85 | 1.77 | 1.72 | 1.67 | 1.63 | 1.60 | 1.55 | 1.49 | 1.42 | 1.38 | 1.34 | 1.30 | 1.24 | 1.17 | 1.00 |

$\alpha=0.05$

| $n_2$ \ $n_1$ | 1 | 2 | 3 | 4 | 5 | 6 | 7 | 8 | 9 | 10 | 12 | 15 | 20 | 24 | 30 | 40 | 60 | 120 | ∞ |
|---|---|---|---|---|---|---|---|---|---|---|---|---|---|---|---|---|---|---|---|
| 1 | 161.4 | 199.5 | 215.7 | 224.6 | 230.2 | 234.0 | 236.8 | 238.9 | 240.5 | 241.9 | 243.9 | 245.9 | 248.0 | 249.1 | 250.1 | 251.1 | 252.2 | 253.3 | 254.3 |
| 2 | 18.51 | 19.00 | 19.16 | 19.25 | 19.30 | 19.33 | 19.35 | 19.37 | 19.38 | 19.40 | 19.41 | 19.43 | 19.45 | 19.45 | 19.46 | 19.47 | 19.48 | 19.49 | 19.50 |
| 3 | 10.13 | 9.55 | 9.28 | 9.12 | 9.01 | 8.94 | 8.89 | 8.85 | 8.81 | 8.79 | 8.74 | 8.70 | 8.66 | 8.64 | 8.62 | 8.59 | 8.57 | 8.55 | 8.53 |
| 4 | 7.71 | 6.94 | 6.59 | 6.39 | 6.26 | 6.16 | 6.09 | 6.04 | 6.00 | 5.96 | 5.91 | 5.86 | 5.80 | 5.77 | 5.75 | 5.72 | 5.69 | 5.66 | 5.63 |
| 5 | 6.61 | 5.79 | 5.41 | 5.19 | 5.05 | 4.95 | 4.88 | 4.82 | 4.77 | 4.74 | 4.68 | 4.62 | 4.56 | 4.53 | 4.50 | 4.46 | 4.43 | 4.40 | 4.36 |
| 6 | 5.99 | 5.14 | 4.76 | 4.53 | 4.39 | 4.28 | 4.21 | 4.15 | 4.10 | 4.06 | 4.00 | 3.94 | 3.87 | 3.84 | 3.81 | 3.77 | 3.74 | 3.70 | 3.67 |
| 7 | 5.59 | 4.74 | 4.35 | 4.12 | 3.97 | 3.87 | 3.79 | 3.73 | 3.68 | 3.64 | 3.57 | 3.51 | 3.44 | 3.41 | 3.38 | 3.34 | 3.30 | 3.27 | 3.23 |
| 8 | 5.32 | 4.46 | 4.07 | 3.84 | 3.69 | 3.58 | 3.50 | 3.44 | 3.39 | 3.35 | 3.28 | 3.22 | 3.15 | 3.12 | 3.08 | 3.04 | 3.01 | 2.97 | 2.93 |
| 9 | 5.12 | 4.26 | 3.86 | 3.63 | 3.48 | 3.37 | 3.29 | 3.23 | 3.18 | 3.14 | 3.07 | 3.01 | 2.94 | 2.90 | 2.86 | 2.83 | 2.79 | 2.75 | 2.71 |
| 10 | 4.96 | 4.10 | 3.71 | 3.48 | 3.33 | 3.22 | 3.14 | 3.07 | 3.02 | 2.98 | 2.91 | 2.85 | 2.77 | 2.74 | 2.70 | 2.66 | 2.62 | 2.58 | 2.54 |
| 11 | 4.84 | 3.98 | 3.59 | 3.36 | 3.20 | 3.09 | 3.01 | 2.95 | 2.90 | 2.85 | 2.79 | 2.72 | 2.65 | 2.61 | 2.57 | 2.53 | 2.49 | 2.45 | 2.40 |
| 12 | 4.75 | 3.89 | 3.49 | 3.26 | 3.11 | 3.00 | 2.91 | 2.85 | 2.80 | 2.75 | 2.69 | 2.62 | 2.54 | 2.51 | 2.47 | 2.43 | 2.38 | 2.34 | 2.30 |
| 13 | 4.67 | 3.81 | 3.41 | 3.18 | 3.03 | 2.92 | 2.83 | 2.77 | 2.71 | 2.67 | 2.60 | 2.53 | 2.46 | 2.42 | 2.38 | 2.34 | 2.30 | 2.25 | 2.21 |
| 14 | 4.60 | 3.74 | 3.34 | 3.11 | 2.96 | 2.85 | 2.76 | 2.70 | 2.65 | 2.60 | 2.53 | 2.46 | 2.39 | 2.35 | 2.31 | 2.27 | 2.22 | 2.18 | 2.13 |
| 15 | 4.54 | 3.68 | 3.29 | 3.06 | 2.90 | 2.79 | 2.71 | 2.64 | 2.59 | 2.54 | 2.48 | 2.40 | 2.33 | 2.29 | 2.25 | 2.20 | 2.16 | 2.11 | 2.07 |

续表 2

$\alpha=0.05$

| $n_2$ \ $n_1$ | 1 | 2 | 3 | 4 | 5 | 6 | 7 | 8 | 9 | 10 | 12 | 15 | 20 | 24 | 30 | 40 | 60 | 120 | ∞ |
|---|---|---|---|---|---|---|---|---|---|---|---|---|---|---|---|---|---|---|---|
| 16 | 4.49 | 3.63 | 3.24 | 3.01 | 2.85 | 2.74 | 2.66 | 2.59 | 2.54 | 2.49 | 2.42 | 2.35 | 2.28 | 2.24 | 2.19 | 2.15 | 2.11 | 2.06 | 2.01 |
| 17 | 4.45 | 3.59 | 3.20 | 2.96 | 2.81 | 2.70 | 2.61 | 2.55 | 2.49 | 2.45 | 2.38 | 2.31 | 2.23 | 2.19 | 2.15 | 2.10 | 2.06 | 2.01 | 1.96 |
| 18 | 4.41 | 3.55 | 3.16 | 2.93 | 2.77 | 2.66 | 2.58 | 2.51 | 2.46 | 2.41 | 2.34 | 2.27 | 2.19 | 2.15 | 2.11 | 2.06 | 2.05 | 1.97 | 1.92 |
| 19 | 4.38 | 3.52 | 3.13 | 2.90 | 2.74 | 2.63 | 2.54 | 2.48 | 2.42 | 2.38 | 2.31 | 2.23 | 2.16 | 2.11 | 2.07 | 2.03 | 1.98 | 1.93 | 1.88 |
| 20 | 4.35 | 3.49 | 3.10 | 2.87 | 2.71 | 2.60 | 2.51 | 2.45 | 2.39 | 2.35 | 2.28 | 2.20 | 2.12 | 2.08 | 2.04 | 1.99 | 1.95 | 1.90 | 1.84 |
| 21 | 4.32 | 3.47 | 3.07 | 2.84 | 2.68 | 2.57 | 2.49 | 2.42 | 2.37 | 2.32 | 2.25 | 2.18 | 2.10 | 2.05 | 2.01 | 1.96 | 1.92 | 1.87 | 1.81 |
| 22 | 4.30 | 3.44 | 3.05 | 2.82 | 2.66 | 2.55 | 2.46 | 2.40 | 2.34 | 2.30 | 2.23 | 2.15 | 2.07 | 2.03 | 1.98 | 1.94 | 1.89 | 1.84 | 1.78 |
| 23 | 4.28 | 3.42 | 3.03 | 2.80 | 2.64 | 2.53 | 2.44 | 2.37 | 2.32 | 2.27 | 2.20 | 2.13 | 2.05 | 2.01 | 1.96 | 1.91 | 1.86 | 1.81 | 1.76 |
| 24 | 4.26 | 3.40 | 3.01 | 2.78 | 2.62 | 2.51 | 2.42 | 2.36 | 2.30 | 2.25 | 2.18 | 2.11 | 2.03 | 1.98 | 1.94 | 1.89 | 1.84 | 1.79 | 1.73 |
| 25 | 4.24 | 3.39 | 2.99 | 2.76 | 2.60 | 2.49 | 2.40 | 2.34 | 2.28 | 2.24 | 2.16 | 2.09 | 2.01 | 1.96 | 1.92 | 1.87 | 1.82 | 1.77 | 1.71 |
| 26 | 4.23 | 3.37 | 2.98 | 2.74 | 2.59 | 2.47 | 2.39 | 2.32 | 2.27 | 2.22 | 2.15 | 2.07 | 1.99 | 1.95 | 1.90 | 1.85 | 1.80 | 1.75 | 1.69 |
| 27 | 4.21 | 3.35 | 2.96 | 2.73 | 2.57 | 2.46 | 2.37 | 2.31 | 2.25 | 2.20 | 2.13 | 2.06 | 1.97 | 1.93 | 1.88 | 1.84 | 1.79 | 1.73 | 1.67 |
| 28 | 4.20 | 3.34 | 2.95 | 2.71 | 2.56 | 2.45 | 2.36 | 2.29 | 2.24 | 2.19 | 2.12 | 2.04 | 1.96 | 1.91 | 1.87 | 1.82 | 1.77 | 1.71 | 1.65 |
| 29 | 4.18 | 3.33 | 2.93 | 2.70 | 2.55 | 2.43 | 2.35 | 2.28 | 2.22 | 2.18 | 2.10 | 2.03 | 1.94 | 1.90 | 1.85 | 1.81 | 1.75 | 1.70 | 1.64 |
| 30 | 4.17 | 3.32 | 2.92 | 2.69 | 2.53 | 2.42 | 2.33 | 2.27 | 2.21 | 2.16 | 2.09 | 2.01 | 1.93 | 1.89 | 1.84 | 1.79 | 1.74 | 1.68 | 1.62 |
| 40 | 4.08 | 3.23 | 2.84 | 2.61 | 2.54 | 2.34 | 2.25 | 2.18 | 2.12 | 2.08 | 2.00 | 1.92 | 1.84 | 1.79 | 1.74 | 1.69 | 1.64 | 1.58 | 1.51 |
| 60 | 4.00 | 3.15 | 2.76 | 2.53 | 2.37 | 2.25 | 2.17 | 2.10 | 2.04 | 1.99 | 1.92 | 1.84 | 1.75 | 1.70 | 1.65 | 1.59 | 1.53 | 1.47 | 1.39 |
| 120 | 3.92 | 3.07 | 2.68 | 2.45 | 2.29 | 2.18 | 2.09 | 2.02 | 1.96 | 1.91 | 1.83 | 1.75 | 1.66 | 1.61 | 1.55 | 1.50 | 1.43 | 1.35 | 1.25 |
| ∞ | 3.84 | 3.00 | 2.60 | 2.37 | 2.21 | 2.10 | 2.01 | 1.94 | 1.88 | 1.83 | 1.75 | 1.67 | 1.57 | 1.52 | 1.46 | 1.39 | 1.32 | 1.22 | 1.00 |

$\alpha=0.025$

| $n_2$ \ $n_1$ | 1 | 2 | 3 | 4 | 5 | 6 | 7 | 8 | 9 | 10 | 12 | 15 | 20 | 24 | 30 | 40 | 60 | 120 | ∞ |
|---|---|---|---|---|---|---|---|---|---|---|---|---|---|---|---|---|---|---|---|
| 1 | 647.8 | 799.5 | 864.2 | 899.6 | 921.8 | 937.1 | 948.2 | 956.7 | 963.3 | 968.6 | 976.7 | 984.9 | 993.1 | 997.2 | 1001 | 1006 | 1010 | 1014 | 1018 |
| 2 | 38.51 | 39.00 | 39.17 | 39.25 | 39.30 | 39.33 | 39.36 | 39.37 | 39.39 | 39.40 | 39.41 | 39.43 | 39.45 | 39.46 | 39.46 | 39.47 | 39.48 | 39.49 | 39.50 |
| 3 | 17.44 | 16.04 | 15.44 | 15.10 | 14.88 | 14.73 | 14.62 | 14.54 | 14.47 | 14.42 | 14.34 | 14.25 | 14.17 | 14.12 | 14.08 | 14.04 | 13.99 | 13.95 | 13.90 |
| 4 | 12.22 | 10.65 | 9.98 | 9.60 | 9.36 | 9.20 | 9.07 | 8.98 | 8.90 | 8.84 | 8.75 | 8.66 | 8.56 | 8.51 | 8.46 | 8.41 | 8.36 | 8.31 | 8.26 |
| 5 | 10.01 | 8.43 | 7.76 | 7.39 | 7.15 | 6.98 | 6.85 | 6.76 | 6.68 | 6.62 | 6.52 | 6.43 | 6.33 | 6.28 | 6.23 | 6.18 | 6.12 | 6.07 | 6.02 |
| 6 | 8.81 | 7.26 | 6.60 | 6.23 | 5.99 | 5.82 | 5.70 | 5.60 | 5.52 | 5.46 | 5.37 | 5.27 | 5.17 | 5.12 | 5.07 | 5.01 | 4.96 | 4.90 | 4.85 |
| 7 | 8.07 | 6.54 | 5.89 | 5.52 | 5.29 | 5.12 | 4.99 | 4.90 | 4.82 | 4.76 | 4.67 | 4.57 | 4.47 | 4.41 | 4.36 | 4.31 | 4.25 | 4.20 | 4.14 |
| 8 | 7.57 | 6.06 | 5.42 | 5.05 | 4.82 | 4.65 | 4.53 | 4.43 | 4.36 | 4.30 | 4.20 | 4.10 | 4.00 | 3.95 | 3.89 | 3.84 | 3.78 | 3.73 | 3.67 |
| 9 | 7.21 | 5.71 | 5.08 | 4.72 | 4.48 | 4.32 | 4.20 | 4.10 | 4.03 | 3.96 | 3.87 | 3.77 | 3.67 | 3.61 | 3.56 | 3.51 | 3.45 | 3.39 | 3.33 |

续表 3

$\alpha=0.025$

| $n_2$ \ $n_1$ | 1 | 2 | 3 | 4 | 5 | 6 | 7 | 8 | 9 | 10 | 12 | 15 | 20 | 24 | 30 | 40 | 60 | 120 | ∞ |
|---|---|---|---|---|---|---|---|---|---|---|---|---|---|---|---|---|---|---|---|
| 10 | 6.94 | 5.46 | 4.83 | 4.47 | 4.24 | 4.07 | 3.95 | 3.85 | 3.78 | 3.72 | 3.62 | 3.52 | 3.42 | 3.37 | 3.31 | 3.26 | 3.20 | 3.14 | 3.08 |
| 11 | 6.72 | 5.26 | 4.63 | 4.28 | 4.04 | 3.88 | 3.76 | 3.66 | 3.59 | 3.53 | 3.43 | 3.33 | 3.23 | 3.17 | 3.12 | 3.06 | 3.00 | 2.94 | 2.88 |
| 12 | 6.55 | 5.10 | 4.47 | 4.12 | 3.89 | 3.73 | 3.61 | 3.51 | 3.44 | 3.37 | 3.28 | 3.18 | 3.07 | 3.02 | 2.96 | 2.91 | 2.85 | 2.79 | 2.72 |
| 13 | 6.41 | 4.97 | 4.35 | 4.00 | 3.77 | 3.60 | 3.48 | 3.39 | 3.31 | 3.25 | 3.15 | 3.05 | 2.95 | 2.89 | 2.84 | 2.78 | 2.72 | 2.66 | 2.60 |
| 14 | 6.30 | 4.86 | 4.24 | 3.89 | 3.66 | 3.50 | 3.38 | 3.29 | 3.21 | 3.15 | 3.05 | 2.95 | 2.84 | 2.79 | 2.73 | 2.67 | 2.61 | 2.55 | 2.49 |
| 15 | 6.20 | 4.77 | 4.15 | 3.80 | 3.58 | 3.41 | 3.29 | 3.20 | 3.12 | 3.06 | 2.96 | 2.86 | 2.76 | 2.70 | 2.64 | 2.59 | 2.52 | 2.46 | 2.40 |
| 16 | 6.12 | 4.69 | 4.08 | 3.73 | 3.50 | 3.34 | 3.22 | 3.12 | 3.05 | 2.99 | 2.89 | 2.79 | 2.68 | 2.63 | 2.57 | 2.51 | 2.45 | 2.38 | 2.32 |
| 17 | 6.04 | 4.62 | 4.01 | 3.66 | 3.44 | 3.28 | 3.16 | 3.06 | 2.98 | 2.92 | 2.82 | 2.72 | 2.62 | 2.56 | 2.50 | 2.44 | 2.38 | 2.32 | 2.25 |
| 18 | 5.98 | 4.56 | 3.95 | 3.61 | 3.38 | 3.22 | 3.10 | 3.01 | 2.93 | 2.87 | 2.77 | 2.67 | 2.56 | 2.50 | 2.44 | 2.38 | 2.32 | 2.26 | 2.19 |
| 19 | 5.92 | 4.51 | 3.90 | 3.56 | 3.33 | 3.17 | 3.05 | 2.96 | 2.88 | 2.82 | 2.72 | 2.62 | 2.51 | 2.45 | 2.39 | 2.33 | 2.27 | 2.20 | 2.13 |
| 20 | 5.87 | 4.46 | 3.86 | 3.51 | 3.29 | 3.13 | 3.01 | 2.91 | 2.84 | 2.77 | 2.68 | 2.57 | 2.46 | 2.41 | 2.35 | 2.29 | 2.22 | 2.16 | 2.09 |
| 21 | 5.83 | 4.42 | 3.82 | 3.48 | 3.25 | 3.09 | 2.97 | 2.87 | 2.80 | 2.73 | 2.64 | 2.53 | 2.42 | 2.37 | 2.31 | 2.25 | 2.18 | 2.11 | 2.04 |
| 22 | 5.79 | 4.38 | 3.78 | 3.44 | 3.22 | 3.05 | 2.93 | 2.84 | 2.76 | 2.70 | 2.60 | 2.50 | 2.39 | 2.33 | 2.27 | 2.21 | 2.14 | 2.08 | 2.00 |
| 23 | 5.75 | 4.35 | 3.75 | 3.41 | 3.18 | 3.02 | 2.90 | 2.81 | 2.73 | 2.67 | 2.57 | 2.47 | 2.36 | 2.30 | 2.24 | 2.18 | 2.11 | 2.04 | 1.97 |
| 24 | 5.72 | 4.32 | 3.72 | 3.38 | 3.15 | 2.99 | 2.87 | 2.78 | 2.70 | 2.64 | 2.54 | 2.44 | 2.33 | 2.27 | 2.21 | 2.15 | 2.08 | 2.01 | 1.94 |
| 25 | 5.69 | 4.29 | 3.69 | 3.35 | 3.13 | 2.97 | 2.85 | 2.75 | 2.68 | 2.61 | 2.51 | 2.41 | 2.30 | 2.24 | 2.18 | 2.12 | 2.05 | 1.98 | 1.91 |
| 26 | 5.66 | 4.27 | 3.67 | 3.33 | 3.10 | 2.94 | 2.82 | 2.73 | 2.65 | 2.59 | 2.49 | 2.39 | 2.28 | 2.22 | 2.16 | 2.09 | 2.03 | 1.95 | 1.88 |
| 27 | 5.63 | 4.24 | 3.65 | 3.31 | 3.08 | 2.92 | 2.80 | 2.71 | 2.63 | 2.57 | 2.47 | 2.36 | 2.25 | 2.19 | 2.13 | 2.07 | 2.00 | 1.93 | 1.85 |
| 28 | 5.61 | 4.22 | 3.63 | 3.29 | 3.06 | 2.90 | 2.78 | 2.69 | 2.61 | 2.55 | 2.45 | 2.34 | 2.23 | 2.17 | 2.11 | 2.05 | 1.98 | 1.91 | 1.83 |
| 29 | 5.59 | 4.20 | 3.61 | 3.27 | 3.04 | 2.88 | 2.76 | 2.67 | 2.59 | 2.53 | 2.43 | 2.32 | 2.21 | 2.15 | 2.09 | 2.03 | 1.96 | 1.89 | 1.81 |
| 30 | 5.57 | 4.18 | 3.59 | 3.25 | 3.03 | 2.87 | 2.75 | 2.65 | 2.57 | 2.51 | 2.41 | 2.31 | 2.20 | 2.14 | 2.07 | 2.01 | 1.94 | 1.87 | 1.79 |
| 40 | 5.42 | 4.05 | 3.46 | 3.13 | 2.90 | 2.74 | 2.62 | 2.53 | 2.45 | 2.39 | 2.29 | 2.18 | 2.07 | 2.01 | 1.94 | 1.88 | 1.80 | 1.72 | 1.64 |
| 60 | 5.29 | 3.93 | 3.34 | 3.01 | 2.79 | 2.63 | 2.51 | 2.41 | 2.33 | 2.27 | 2.17 | 2.06 | 1.94 | 1.88 | 1.82 | 1.74 | 1.67 | 1.58 | 1.48 |
| 120 | 5.15 | 3.80 | 3.23 | 2.89 | 2.67 | 2.52 | 2.39 | 2.30 | 2.22 | 2.16 | 2.05 | 1.94 | 1.82 | 1.76 | 1.69 | 1.61 | 1.53 | 1.43 | 1.31 |
| ∞ | 5.02 | 3.69 | 3.12 | 2.79 | 2.57 | 2.41 | 2.29 | 2.19 | 2.11 | 2.05 | 1.94 | 1.83 | 1.71 | 1.64 | 1.57 | 1.48 | 1.39 | 1.27 | 1.00 |
| $\alpha=0.01$ | | | | | | | | | | | | | | | | | | | |
| 1 | 4 052 | 4 999.5 | 5 403 | 5 625 | 5 764 | 5 859 | 5 928 | 5 981 | 6 022 | 6 056 | 6 106 | 6 157 | 6 209 | 6 235 | 6 261 | 6 287 | 6 313 | 6 339 | 6 366 |
| 2 | 98.50 | 99.00 | 99.17 | 99.25 | 99.30 | 99.33 | 99.36 | 99.37 | 99.39 | 99.40 | 99.42 | 99.43 | 99.45 | 99.46 | 99.47 | 99.47 | 99.48 | 99.49 | 99.50 |
| 3 | 34.12 | 30.82 | 29.46 | 28.71 | 28.24 | 27.91 | 27.67 | 27.49 | 27.35 | 27.23 | 27.05 | 26.87 | 26.69 | 26.60 | 26.50 | 26.41 | 26.32 | 26.22 | 26.13 |

续表 4

$\alpha=0.01$

| $n_2$ \ $n_1$ | 1 | 2 | 3 | 4 | 5 | 6 | 7 | 8 | 9 | 10 | 12 | 15 | 20 | 24 | 30 | 40 | 60 | 120 | ∞ |
|---|---|---|---|---|---|---|---|---|---|---|---|---|---|---|---|---|---|---|---|
| 4 | 21.20 | 18.00 | 16.69 | 15.98 | 15.52 | 15.21 | 14.98 | 14.80 | 14.66 | 14.55 | 14.37 | 14.20 | 14.02 | 13.93 | 13.84 | 13.75 | 13.65 | 13.56 | 13.46 |
| 5 | 16.26 | 13.27 | 12.06 | 11.39 | 10.97 | 10.67 | 10.46 | 10.29 | 10.16 | 10.05 | 9.89 | 9.72 | 9.55 | 9.47 | 9.38 | 9.29 | 9.20 | 9.11 | 9.02 |
| 6 | 13.75 | 10.92 | 9.78 | 9.15 | 8.75 | 8.47 | 8.26 | 8.10 | 7.98 | 7.87 | 7.72 | 7.56 | 7.40 | 7.31 | 7.23 | 7.14 | 7.06 | 6.97 | 6.88 |
| 7 | 12.25 | 9.55 | 8.45 | 7.85 | 7.46 | 7.19 | 6.99 | 6.84 | 6.72 | 6.62 | 6.47 | 6.31 | 6.16 | 6.07 | 5.99 | 5.91 | 5.82 | 5.74 | 5.65 |
| 8 | 11.26 | 8.65 | 7.59 | 7.01 | 6.63 | 6.37 | 6.18 | 6.03 | 5.91 | 5.81 | 5.67 | 5.52 | 5.36 | 5.28 | 5.20 | 5.12 | 5.03 | 4.95 | 4.86 |
| 9 | 10.56 | 8.02 | 6.99 | 6.42 | 6.06 | 5.80 | 5.61 | 5.47 | 5.35 | 5.26 | 5.11 | 4.96 | 4.81 | 4.73 | 4.65 | 4.57 | 4.48 | 4.40 | 4.31 |
| 10 | 10.04 | 7.56 | 6.55 | 5.99 | 5.64 | 5.39 | 5.20 | 5.06 | 4.94 | 4.85 | 4.71 | 4.56 | 4.41 | 4.33 | 4.25 | 4.17 | 4.08 | 4.00 | 3.91 |
| 11 | 9.65 | 7.21 | 6.22 | 5.67 | 5.32 | 5.07 | 4.89 | 4.74 | 4.63 | 4.54 | 4.40 | 4.25 | 4.10 | 4.02 | 3.94 | 3.86 | 3.78 | 3.69 | 3.60 |
| 12 | 9.33 | 6.93 | 5.95 | 5.41 | 5.06 | 4.82 | 4.64 | 4.50 | 4.39 | 4.30 | 4.16 | 4.01 | 3.86 | 3.78 | 3.70 | 3.62 | 3.54 | 3.45 | 3.36 |
| 13 | 9.07 | 6.70 | 5.74 | 5.21 | 4.86 | 4.62 | 4.44 | 4.30 | 4.19 | 4.10 | 3.96 | 3.82 | 3.66 | 3.59 | 3.51 | 3.43 | 3.34 | 3.25 | 3.17 |
| 14 | 8.86 | 6.51 | 5.56 | 5.04 | 4.69 | 4.46 | 4.28 | 4.14 | 4.03 | 3.94 | 3.80 | 3.66 | 3.51 | 3.43 | 3.35 | 3.27 | 3.18 | 3.09 | 3.00 |
| 15 | 8.68 | 6.36 | 5.42 | 4.89 | 4.56 | 4.32 | 4.14 | 4.00 | 3.89 | 3.80 | 3.67 | 3.52 | 3.37 | 3.29 | 3.21 | 3.13 | 3.05 | 2.96 | 2.87 |
| 16 | 8.53 | 6.23 | 5.29 | 4.77 | 4.44 | 4.20 | 4.03 | 3.89 | 3.78 | 3.69 | 3.55 | 3.41 | 3.26 | 3.18 | 3.10 | 3.02 | 2.93 | 2.84 | 2.75 |
| 17 | 8.40 | 6.11 | 5.18 | 4.67 | 4.34 | 4.10 | 3.93 | 3.79 | 3.68 | 3.59 | 3.46 | 3.31 | 3.16 | 3.08 | 3.00 | 2.92 | 2.83 | 2.75 | 2.65 |
| 18 | 8.29 | 6.01 | 5.09 | 4.58 | 4.25 | 4.01 | 3.84 | 3.71 | 3.60 | 3.51 | 3.37 | 3.23 | 3.08 | 3.00 | 2.92 | 2.84 | 2.75 | 2.66 | 2.57 |
| 19 | 8.18 | 5.93 | 5.01 | 4.50 | 4.17 | 3.94 | 3.77 | 3.63 | 3.52 | 3.43 | 3.30 | 3.15 | 3.00 | 2.92 | 2.84 | 2.76 | 2.67 | 2.58 | 2.49 |
| 20 | 8.10 | 5.85 | 4.94 | 4.43 | 4.10 | 3.87 | 3.70 | 3.56 | 3.46 | 3.37 | 3.23 | 3.09 | 2.94 | 2.86 | 2.78 | 2.69 | 2.61 | 2.52 | 2.42 |
| 21 | 8.02 | 5.78 | 4.87 | 4.37 | 4.04 | 3.81 | 3.64 | 3.51 | 3.40 | 3.31 | 3.17 | 3.03 | 2.88 | 2.80 | 2.72 | 2.64 | 2.55 | 2.46 | 2.36 |
| 22 | 7.95 | 5.72 | 4.82 | 4.31 | 3.99 | 3.76 | 3.59 | 3.45 | 3.35 | 3.26 | 3.12 | 2.98 | 2.83 | 2.75 | 2.67 | 2.58 | 2.50 | 2.40 | 2.31 |
| 23 | 7.88 | 5.66 | 4.76 | 4.26 | 3.94 | 3.71 | 3.54 | 3.41 | 3.30 | 3.21 | 3.07 | 2.93 | 2.78 | 2.70 | 2.62 | 2.54 | 2.45 | 2.35 | 2.26 |
| 24 | 7.82 | 5.61 | 4.72 | 4.22 | 3.90 | 3.67 | 3.50 | 3.36 | 3.26 | 3.17 | 3.03 | 2.89 | 2.74 | 2.66 | 2.58 | 2.49 | 2.40 | 2.31 | 2.21 |
| 25 | 7.77 | 5.57 | 4.68 | 4.18 | 3.85 | 3.63 | 3.46 | 3.32 | 3.22 | 3.13 | 2.99 | 2.85 | 2.70 | 2.62 | 2.54 | 2.45 | 2.36 | 2.27 | 2.17 |
| 26 | 7.72 | 5.53 | 4.64 | 4.14 | 3.82 | 3.59 | 3.42 | 3.29 | 3.18 | 3.09 | 2.96 | 2.81 | 2.66 | 2.58 | 2.50 | 2.42 | 2.33 | 2.23 | 2.13 |
| 27 | 7.68 | 5.49 | 4.60 | 4.11 | 3.78 | 3.56 | 3.39 | 3.26 | 3.15 | 3.06 | 2.93 | 2.78 | 2.63 | 2.55 | 2.47 | 2.38 | 2.29 | 2.20 | 2.10 |
| 28 | 7.64 | 5.45 | 4.57 | 4.07 | 3.75 | 3.53 | 3.36 | 3.23 | 3.12 | 3.03 | 2.90 | 2.75 | 2.60 | 2.52 | 2.44 | 2.35 | 2.26 | 2.17 | 2.06 |
| 29 | 7.60 | 5.42 | 4.54 | 4.04 | 3.73 | 3.50 | 3.33 | 3.20 | 3.09 | 3.00 | 2.87 | 2.73 | 2.57 | 2.49 | 2.41 | 2.33 | 2.23 | 2.14 | 2.03 |
| 30 | 7.56 | 5.39 | 4.51 | 4.02 | 3.70 | 3.47 | 3.30 | 3.17 | 3.07 | 2.98 | 2.84 | 2.70 | 2.55 | 2.47 | 2.39 | 2.30 | 2.21 | 2.11 | 2.01 |
| 40 | 7.31 | 5.18 | 4.31 | 3.83 | 3.51 | 3.29 | 3.12 | 2.99 | 2.89 | 2.80 | 2.66 | 2.52 | 2.37 | 2.29 | 2.20 | 2.11 | 2.02 | 1.92 | 1.80 |
| 60 | 7.08 | 4.98 | 4.13 | 3.65 | 3.34 | 3.12 | 2.95 | 2.82 | 2.72 | 2.63 | 2.50 | 2.35 | 2.20 | 2.12 | 2.03 | 1.94 | 1.84 | 1.73 | 1.60 |
| 120 | 6.85 | 4.79 | 3.95 | 3.48 | 3.17 | 2.96 | 2.79 | 2.66 | 2.56 | 2.47 | 2.34 | 2.19 | 2.03 | 1.95 | 1.86 | 1.76 | 1.66 | 1.53 | 1.38 |
| ∞ | 6.63 | 4.61 | 3.78 | 3.32 | 3.02 | 2.80 | 2.64 | 2.51 | 2.41 | 2.32 | 2.18 | 2.04 | 1.88 | 1.79 | 1.70 | 1.59 | 1.47 | 1.32 | 1.00 |

续表 5

$\alpha=0.005$

| $n_2$ \ $n_1$ | 1 | 2 | 3 | 4 | 5 | 6 | 7 | 8 | 9 | 10 | 12 | 15 | 20 | 24 | 30 | 40 | 60 | 120 | ∞ |
|---|---|---|---|---|---|---|---|---|---|---|---|---|---|---|---|---|---|---|---|
| 1 | 16 211 | 20 000 | 21 615 | 22 500 | 23 056 | 23 437 | 23 715 | 23 925 | 24 091 | 24 224 | 24 426 | 24 630 | 24 836 | 24 940 | 25 044 | 25 148 | 25 253 | 25 359 | 25 464 |
| 2 | 198.5 | 199.0 | 199.2 | 199.2 | 199.3 | 199.3 | 199.4 | 199.4 | 199.4 | 199.4 | 199.4 | 199.4 | 199.4 | 199.5 | 199.5 | 199.5 | 199.5 | 199.5 | 199.5 |
| 3 | 55.55 | 49.80 | 47.47 | 46.19 | 45.39 | 44.84 | 44.43 | 44.13 | 43.88 | 43.69 | 43.39 | 43.08 | 42.78 | 42.62 | 42.47 | 42.31 | 42.15 | 41.99 | 41.83 |
| 4 | 31.33 | 26.28 | 24.26 | 23.15 | 22.46 | 21.97 | 21.62 | 21.35 | 21.14 | 20.97 | 20.70 | 20.44 | 20.17 | 20.03 | 19.89 | 19.75 | 19.61 | 19.47 | 19.32 |
| 5 | 22.78 | 18.31 | 16.53 | 15.56 | 14.94 | 14.51 | 14.20 | 13.96 | 13.77 | 13.62 | 13.38 | 13.15 | 12.90 | 12.78 | 12.66 | 12.53 | 12.40 | 12.27 | 12.14 |
| 6 | 18.63 | 14.54 | 12.92 | 12.03 | 11.46 | 11.07 | 10.79 | 10.57 | 10.39 | 10.25 | 10.03 | 9.81 | 5.59 | 9.47 | 9.36 | 9.24 | 9.12 | 9.00 | 8.88 |
| 7 | 16.24 | 12.40 | 10.88 | 10.05 | 9.52 | 9.16 | 8.89 | 8.68 | 8.51 | 8.38 | 8.18 | 7.97 | 7.75 | 7.64 | 7.53 | 7.42 | 7.31 | 7.19 | 7.08 |
| 8 | 14.69 | 11.04 | 9.60 | 8.81 | 8.30 | 7.95 | 7.69 | 7.50 | 7.34 | 7.21 | 7.01 | 6.81 | 6.61 | 6.50 | 6.40 | 6.29 | 6.18 | 6.06 | 5.95 |
| 9 | 13.61 | 10.11 | 8.72 | 7.96 | 7.47 | 7.13 | 6.88 | 6.69 | 6.54 | 6.42 | 6.23 | 6.03 | 5.83 | 5.73 | 5.62 | 5.52 | 5.41 | 5.30 | 5.19 |
| 10 | 12.83 | 9.43 | 8.08 | 7.34 | 6.87 | 6.54 | 6.30 | 6.12 | 5.97 | 5.85 | 5.66 | 5.47 | 5.27 | 5.17 | 5.07 | 4.97 | 4.86 | 4.75 | 4.64 |
| 11 | 12.23 | 8.91 | 7.60 | 6.88 | 6.42 | 6.10 | 5.86 | 5.68 | 5.54 | 5.42 | 5.24 | 5.05 | 4.86 | 4.76 | 4.65 | 4.55 | 4.45 | 4.34 | 4.23 |
| 12 | 11.75 | 8.51 | 7.23 | 6.52 | 6.07 | 5.76 | 5.52 | 5.35 | 5.20 | 5.09 | 4.91 | 4.72 | 4.53 | 4.43 | 4.33 | 4.23 | 4.12 | 4.01 | 3.90 |
| 13 | 11.37 | 8.19 | 6.93 | 6.23 | 5.79 | 5.48 | 5.25 | 5.08 | 4.94 | 4.82 | 4.64 | 4.46 | 4.27 | 4.17 | 4.07 | 3.97 | 3.87 | 3.76 | 3.65 |
| 14 | 11.06 | 7.92 | 6.68 | 6.00 | 5.56 | 5.26 | 5.03 | 4.86 | 4.72 | 4.60 | 4.43 | 4.25 | 4.06 | 3.96 | 3.86 | 3.76 | 3.66 | 3.55 | 3.44 |
| 15 | 10.80 | 7.70 | 6.48 | 5.80 | 5.37 | 5.07 | 4.85 | 4.67 | 4.54 | 4.42 | 4.25 | 4.07 | 3.88 | 3.79 | 3.69 | 3.58 | 3.48 | 3.37 | 3.26 |
| 16 | 10.58 | 7.51 | 6.30 | 5.64 | 5.21 | 4.91 | 4.69 | 4.52 | 4.38 | 4.27 | 4.10 | 3.92 | 3.73 | 3.64 | 3.54 | 3.44 | 3.33 | 3.22 | 3.11 |
| 17 | 10.38 | 7.35 | 6.16 | 5.50 | 5.07 | 4.78 | 4.56 | 4.39 | 4.25 | 4.14 | 3.97 | 3.79 | 3.61 | 3.51 | 3.41 | 3.31 | 3.21 | 3.10 | 2.98 |
| 18 | 10.22 | 7.21 | 6.03 | 5.37 | 4.96 | 4.66 | 4.44 | 4.28 | 4.14 | 4.03 | 3.86 | 3.68 | 3.50 | 3.40 | 3.30 | 3.20 | 3.10 | 2.99 | 2.87 |
| 19 | 10.07 | 7.09 | 5.92 | 5.27 | 4.85 | 4.56 | 4.34 | 4.18 | 4.04 | 3.93 | 3.76 | 3.59 | 3.40 | 3.31 | 3.21 | 3.11 | 3.00 | 2.89 | 2.78 |
| 20 | 9.94 | 6.99 | 5.82 | 5.17 | 4.76 | 4.47 | 4.26 | 4.09 | 3.96 | 3.85 | 3.68 | 3.50 | 3.32 | 3.22 | 3.12 | 3.02 | 2.92 | 2.81 | 2.69 |
| 21 | 9.83 | 6.89 | 5.73 | 5.09 | 4.68 | 4.39 | 4.18 | 4.01 | 3.88 | 3.77 | 3.60 | 3.43 | 3.24 | 3.15 | 3.05 | 2.95 | 2.84 | 2.73 | 2.61 |
| 22 | 9.73 | 6.81 | 5.65 | 5.02 | 4.61 | 4.32 | 4.11 | 3.94 | 3.81 | 3.70 | 3.54 | 3.36 | 3.18 | 3.08 | 2.98 | 2.88 | 2.77 | 2.66 | 2.55 |
| 23 | 9.63 | 6.73 | 5.58 | 4.95 | 4.54 | 4.26 | 4.05 | 3.88 | 3.75 | 3.64 | 3.47 | 3.30 | 3.12 | 3.02 | 2.92 | 2.82 | 2.71 | 2.60 | 2.48 |
| 24 | 9.55 | 6.66 | 5.52 | 4.89 | 4.49 | 4.20 | 3.99 | 3.83 | 3.69 | 3.59 | 3.42 | 3.25 | 3.06 | 2.97 | 2.87 | 2.77 | 2.66 | 2.55 | 2.43 |
| 25 | 9.48 | 6.60 | 5.46 | 4.84 | 4.43 | 4.15 | 3.94 | 3.78 | 3.64 | 3.54 | 3.37 | 3.20 | 3.01 | 2.92 | 2.82 | 2.72 | 2.61 | 2.50 | 2.38 |

续表 6

$\alpha=0.005$

| $n_2$ \ $n_1$ | 1 | 2 | 3 | 4 | 5 | 6 | 7 | 8 | 9 | 10 | 12 | 15 | 20 | 24 | 30 | 40 | 60 | 120 | ∞ |
|---|---|---|---|---|---|---|---|---|---|---|---|---|---|---|---|---|---|---|---|
| 26 | 9.41 | 6.54 | 5.41 | 4.79 | 4.38 | 4.10 | 3.89 | 3.73 | 3.60 | 3.49 | 3.33 | 3.15 | 2.97 | 2.87 | 2.77 | 2.67 | 2.56 | 2.45 | 2.33 |
| 27 | 9.34 | 6.49 | 5.36 | 4.74 | 4.34 | 4.06 | 3.85 | 3.69 | 3.56 | 3.45 | 3.28 | 3.11 | 2.93 | 2.83 | 2.73 | 2.63 | 2.52 | 2.41 | 2.29 |
| 28 | 9.28 | 6.44 | 5.32 | 4.70 | 4.30 | 4.02 | 3.81 | 3.65 | 3.52 | 3.41 | 3.25 | 3.07 | 2.89 | 2.79 | 2.69 | 2.59 | 2.48 | 2.37 | 2.25 |
| 29 | 9.23 | 6.40 | 5.28 | 4.66 | 4.26 | 3.98 | 3.77 | 3.61 | 3.48 | 3.38 | 3.21 | 3.04 | 2.86 | 2.76 | 2.66 | 2.56 | 2.45 | 2.33 | 2.21 |
| 30 | 9.18 | 6.35 | 5.24 | 4.62 | 4.23 | 3.95 | 3.74 | 3.58 | 3.45 | 3.34 | 3.18 | 3.01 | 2.82 | 2.73 | 2.63 | 2.52 | 2.42 | 2.30 | 2.18 |
| 40 | 8.83 | 6.07 | 4.98 | 4.37 | 3.99 | 3.71 | 3.51 | 3.35 | 3.22 | 3.12 | 2.95 | 2.78 | 2.60 | 2.50 | 2.40 | 2.30 | 2.18 | 2.06 | 1.93 |
| 60 | 8.49 | 5.79 | 4.73 | 4.14 | 3.76 | 3.49 | 3.29 | 3.13 | 3.01 | 2.90 | 2.74 | 2.57 | 2.39 | 2.29 | 2.19 | 2.08 | 1.96 | 1.83 | 1.69 |
| 120 | 8.18 | 5.54 | 4.50 | 3.92 | 3.55 | 3.28 | 3.09 | 2.93 | 2.81 | 2.71 | 2.54 | 2.37 | 2.19 | 2.09 | 1.98 | 1.87 | 1.75 | 1.61 | 1.43 |
| ∞ | 7.88 | 5.30 | 4.28 | 3.72 | 3.35 | 3.09 | 2.90 | 2.74 | 2.62 | 2.52 | 2.36 | 2.19 | 2.00 | 1.90 | 1.79 | 1.67 | 1.53 | 1.36 | 1.00 |

# 附表 7　相关系数临界值 $r_\alpha$ 表

$P\{|r|>r_\alpha\}=\alpha$

| $n-2$ \ $\alpha$ | 0.10 | 0.05 | 0.02 | 0.01 | 0.001 | $\alpha$ / $n-2$ |
|---|---|---|---|---|---|---|
| 1 | 0.987 69 | 0.996 92 | 0.999 507 | 0.999 877 | 0.999 998 8 | 1 |
| 2 | 0.900 00 | 0.950 00 | 0.980 00 | 0.990 00 | 0.999 00 | 2 |
| 3 | 0.805 4 | 0.878 3 | 0.934 33 | 0.958 74 | 0.991 14 | 3 |
| 4 | 0.729 3 | 0.811 4 | 0.882 2 | 0.917 20 | 0.974 07 | 4 |
| 5 | 0.669 4 | 0.754 5 | 0.832 9 | 0.874 5 | 0.950 88 | 5 |
| 6 | 0.621 5 | 0.706 7 | 0.788 7 | 0.874 3 | 0.924 90 | 6 |
| 7 | 0.582 2 | 0.666 4 | 0.749 8 | 0.797 7 | 0.898 3 | 7 |
| 8 | 0.549 4 | 0.631 9 | 0.715 5 | 0.764 6 | 0.872 1 | 8 |
| 9 | 0.521 4 | 0.602 1 | 0.685 1 | 0.734 8 | 0.847 1 | 9 |
| 10 | 0.497 3 | 0.576 0 | 0.658 1 | 0.707 9 | 0.823 3 | 10 |
| 11 | 0.476 2 | 0.552 9 | 0.633 9 | 0.683 5 | 0.801 0 | 11 |
| 12 | 0.457 5 | 0.532 4 | 0.612 0 | 0.661 4 | 0.780 0 | 12 |
| 13 | 0.440 9 | 0.514 0 | 0.592 3 | 0.641 1 | 0.760 4 | 13 |
| 14 | 0.425 9 | 0.497 3 | 0.574 2 | 0.622 6 | 0.742 0 | 14 |
| 15 | 0.412 4 | 0.482 1 | 0.557 7 | 0.605 5 | 0.724 7 | 15 |
| 16 | 0.400 0 | 0.468 3 | 0.542 5 | 0.589 7 | 0.708 4 | 16 |
| 17 | 0.388 7 | 0.455 5 | 0.528 5 | 0.575 1 | 0.693 2 | 17 |
| 18 | 0.378 3 | 0.443 8 | 0.515 5 | 0.561 4 | 0.678 8 | 18 |
| 19 | 0.368 7 | 0.432 9 | 0.503 4 | 0.548 7 | 0.665 2 | 19 |
| 20 | 0.359 8 | 0.422 7 | 0.492 1 | 0.536 8 | 0.652 4 | 20 |
| 25 | 0.323 3 | 0.380 9 | 0.445 1 | 0.486 9 | 0.597 4 | 25 |
| 30 | 0.296 0 | 0.349 4 | 0.409 3 | 0.448 7 | 0.554 1 | 30 |
| 35 | 0.274 6 | 0.324 6 | 0.381 0 | 0.418 2 | 0.518 9 | 35 |
| 40 | 0.257 3 | 0.304 4 | 0.357 8 | 0.393 2 | 0.489 6 | 40 |
| 45 | 0.242 9 | 0.287 6 | 0.338 4 | 0.372 1 | 0.464 7 | 45 |
| 50 | 0.230 6 | 0.273 2 | 0.321 8 | 0.354 2 | 0.443 2 | 50 |
| 60 | 0.210 8 | 0.250 0 | 0.294 8 | 0.324 8 | 0.407 9 | 60 |
| 70 | 0.195 4 | 0.231 9 | 0.273 7 | 0.301 7 | 0.379 8 | 70 |
| 80 | 0.182 9 | 0.217 2 | 0.256 5 | 0.283 0 | 0.356 8 | 80 |
| 90 | 0.172 6 | 0.205 0 | 0.242 2 | 0.267 3 | 0.337 5 | 90 |
| 100 | 0.163 8 | 0.194 6 | 0.230 1 | 0.254 0 | 0.321 1 | 100 |

# 参考文献

[1]陈希孺.概率论与数理统计[M].北京:科学出版社,2002.
[2]吴赣昌.概率论与数理统计[M].北京:中国人民大学出版社,2011.
[3]柳金甫,王义东.概率论与数理统计[M].武汉:武汉大学出版社,2006.
[4]潘伟,王志刚.概率论与数理统计[M].北京:高等教育出版社,2010.
[5]盛集明,李学银.概率论与数理统计[M].北京:科学出版社,2013.
[6]李子强.概率论与数理统计教程[M].北京:科学出版社,2011.
[7]张爱武.概率论与数理统计[M].北京:科学出版社,2013.
[8]江海峰.概率论与数理统计[M].合肥:中国科学技术大学出版社,2013.